KB143871

알기 쉬운 대기과학

한국기상학회

대표저자 이태영

국종성 포항공과대학교 환경공학부

김백민 부경대학교 환경대기과학과

김상우 서울대학교 지구환경과학부

문병권 전북대학교 과학교육학부

서경환 부산대학교 대기환경과학과

서명석 공주대학교 대기과학과

안명환 이화여자대학교 미래사회공학부

예상욱 한양대학교 해양융합과학과

윤대옥 충북대학교 지구과학교육과

이광목 경북대학교 지구시스템과학부

이명인 UNIST 도시환경공학부

이재규 강릉원주대학교 대기환경과학과

이태영 연세대학교 대기과학과

정지훈 전남대학교 지구환경과학부

허창회 서울대학교 지구환경과학부

Σ 시그마프레스

알기 쉬운 대기과학

발행일 | 2020년 8월 3일 1쇄 발행
       2021년 7월 5일 2쇄 발행

지은이 | 한국기상학회, 이태영 외 공저
발행인 | 강학경
발행처 | (주)시그마프레스
디자인 | 김은경
편 집 | 류미숙

등록번호 | 제10-2642호
주소 | 서울특별시 영등포구 양평로 22길 21 선유도코오롱디지털타워 A401~402호
전자우편 | sigma@spress.co.kr
홈페이지 | http://www.sigmapress.co.kr
전화 | (02)323-4845, (02)2062-5184~8
팩스 | (02)323-4197

ISBN | 979-11-6226-276-4

＊ 책값은 책 뒤표지에 있습니다.

이 도서의 국립중앙도서관 출판예정도서목록(CIP)은 서지정보유통지원시스템 홈페이지(http://seoji.nl.go.kr)와 국가자료공동목록시스템(http://www.nl.go.kr/kolisnet)에서 이용하실 수 있습니다. (CIP제어번호 : 2020027030)

알기 쉬운 대기과학을 펴내며

한국기상학회가 1999년 8월에 출간한 대기과학개론은 여러 대학에서 대기과학 전공자를 위한 교재로 사용되었으며, 현업예보기관, 기상산업계, 군 등 관련 분야 종사자들에게도 대기과학 전반에 대한 이해를 높이는 데 크게 기여해 왔습니다. 그러나 최근 기후 변화, 미세먼지, 수치예보 등 여러 분야에서 상당한 수준의 변화와 새로운 내용의 추가가 필요해졌으며, 또한 우리나라 및 동아시아 지역의 기상/기후 자료가 추가될 필요가 있는 등 대기과학개론의 개정판 이상의 수정이 요구되었습니다. 이에 한국기상학회는 알기 쉬운 대기과학이라는 이름으로 새로운 책으로 집필하게 되었습니다. 알기 쉬운 대기과학의 출간을 기상학회 회원들과 같이 기뻐하며, 출간에 참여해주신 집필진들의 수고에 깊은 감사의 말씀을 전합니다.

현재 인류가 당면한 가장 도전적인 일은 산업혁명 이후 인간 활동으로 인해 초래된 기후 변화와 빈번한 미세먼지, 폭염, 한파, 태풍 등 위험 기상하에서 지속적인 번영을 영위하는 것입니다. 이는 국가적으로 보건, 재난정책과 연관되어 광범위한 경제 · 사회적 영향력을 갖게 되었습니다. 대기과학은 이러한 중대한 문제에 대한 종합적인 이해와 해결책을 제시할 수 있는 유일한 학문입니다. 한국기상학회는 현재 회원이 3,000명을 넘었을 뿐만 아니라 기상청 기상업무 종사자 1,000여 명, 대기과학 및 관련 학과 30여 개, 기상관련 민간기업 700여 개에 종사자 3,000여 명 등 지난 반세기 동안 급격한 성장을 이루었습니다. 새롭게 출간하는 이 책이 대기과학을 전공하는 학생에게는 포괄적 기초 지식을 제공하여 세계적 수준의 대기과학자로 성장하는 동기가 되기를 바라며, 기상예보 및 기상산업 분야 종사자들에게도 대기과학의 통합적 개념을 이해하는 데 도움이 되길 바랍니다. 또한 대기과학에 관심이 있는 일반인에게도 교양서적으로서의 역할을 충분히 하여, 일기 및 기후와 관련된 과학적 지식을 넓혀주는 도서가 되기를 기대합니다.

바쁜 일정에도 불구하고 대표저자로서 집필 전체를 주관해주신 이태영 교수님, 간사로서 수고해주신 김상우 교수님, 귀한 원고를 제출해주신 집필자님들의 열정과 노고에 감사드립니다. 아울러 본 집필 사업을 시작해주신 서명석 전 회장님에게 감사를 드립니다. 또한 대기과학의 서적 출판에 남다른 열정을 보여주는 ㈜시그마프레스 강학경 사장님에게도 감사 인사를 전합니다.

2020년 7월
한국기상학회장 전혜영

이 책은 한국기상학회가 1999년에 출간한 대기과학개론의 후속편으로서, 최근 들어 빠르게 진행되는 전 지구적 기후와 대기환경 변화에 따라 새로이 요구되는 지식의 필요성, 그리고 대기과학의 다양한 지식을 쉽게 이해할 수 있는 대기과학 입문서의 필요성이 절실하여 집필을 추진하게 되었다. 이를 위해 대학에서 대기과학을 강의하고 있는 15명의 교수로 구성된 집필진이 각자의 경험과 지식을 투입하여 이 책을 완성하였다.

알기 쉬운 대기과학은 (1) 대기의 이해와 설명을 위한 기본 지식, (2) 대기순환과 날씨 현상, (3) 기후와 기후 변화, (4) 대기오염, (5) 대기광학 등의 내용으로 구성되어 있다. 기본 지식 부분에서는 지구대기의 조성과 구조, 기온과 복사 전달, 대기 중 수분의 상변화, 구름과 강수, 공기의 운동 등의 이해와 설명에 필요한 지식과 원리들을 제시하고 있다(제1장~제5장). 대기순환과 날씨 부분에서는 대기 중에서 일어나는 다양한 규모의 순환, 중위도 저기압과 전선, 중규모 폭풍우, 태풍으로 나누어 그들의 구조와 발달을 설명하고 있고, 기상관측과 일기분석 및 예측에 대한 설명도 제시하였다(제6장~제12장). 기후 부분에서는 '세계의 기후'와 '기후 변화'가 두 장으로 분리되어 각각 다루어지며(제13장~제14장), 제15장에서는 대기오염, 제16장에서는 대기광학 현상들에 대한 지식이 제시되었다. 그리고 장마다 '읽을거리'를 삽입하여 흥미로운 주제나 대기현상 또는 대기과학의 역사나 중대한 사건 등에 대한 이해를 돕도록 하였고, '연습문제'를 통해서는 학생들이 본문 내용을 정말 잘 이해했는지를 확인할 수 있도록 하였다.

이 책은 장별로 그 내용과 연관된 전공 분야의 교수가 집필을 맡음으로써 내용의 충실성과 전문성을 높였고, 아울러 모든 자료에서 가장 최신의 정보를 반영하려고 하였다. 특기할 만한 것은 저자들이 책을 집필하면서 상당한 양의 국내 자료를 사용하였다는 점이다. 특히 구름과 안개의 사진, 기상관측, 날씨현상, 일기분석 분야 등에서 국내 자료를 주로 사용하였고, 대기오염을 포함한 다른 분야에서도 그러한 노력이 나타났다.

그동안 대기과학의 주요 입문 교재들은 국외에서 발간된 것이 주류를 이루고 있어서, 대기현상들의 이해를 대부분 국외 지역에서 발생한 현상과 국외 자료 등을 통해 추구해 왔다고 볼 수 있다. 이 책에서는 세계에서 나타나는 대기 현상들과 함께, 한국 등 동아시아에서 나타나는 현상들도 다수 소개함으로써 다른 책과의 차별화를 보여주었다. 그리고 완전히 새로 탄생한 많은 양질의 그림 자료들은 이 책의 가치를 한층 빛내 줄 것이라 생각한다. 그동안의 부족했던 점이 많이 개선된 것으로 판단되어 만족스럽지만 미진한 부분들이 분명 있을 것이다. 앞으로 계속 개선해 나갈 것이며, 독자들의 고언을 부탁드린다.

알기 쉬운 대기과학은 대학에서 대기과학, 환경과학, 지구과학교육 등을 포함한 관련 분야를 전공하는 학생들과 그 외 여러 분야에서 대기과학 관련 지식을 활용하려는 전문인들에게 최신 지식을 제공하는 데 많은 도움이 될 것으로 기대한다.

2020년 7월
대표저자 이태영

차례

03 대기 중 수분

04 구름과 강수

07 기단과 전선

08 중위도 저기압

09 기상관측

10 일기분석과 예측

11 중규모 폭풍우

14 기후 변화

15 대기오염

16 대기광학

제1장

지구의 대기

우리은하 주위를 공전하는 태양계 천체 중 생명체가 생존하는 유일한 행성이 바로 지구이다. 이렇게 지구에만 생명체가 존재하는 이유가 뭘까? 우주에서 지구를 찍은 위성사진에서 그 답을 찾아볼 수 있다. 이 지구 사진을 블루마블(Blue Marble)이라고 부르며, 사진 속에서 짙은 파란색의 해양과 소용돌이 형태의 구름, 지구를 둘러싸고 있는 얇은 남보라색 대기의 층을 볼 수 있다. 지구의 표면을 이불처럼 감싸고 있는 지구대기의 존재, 그리고 대기와 해양의 끊임없는 움직임은 우리가 살고 있는 지구에 생동감을 더해준다. 대기(atmosphere)는 천체를 둘러싸고 있는 기체를 의미하는데, 'atmosphere'를 고대 그리스어 어원으로 살펴보면 *atmos*는 vapour(기체)이고 *sphere*는 ball(구)에 해당한다. 지구 중력에 붙잡혀 지구를 둘러싸고 있는 기체를 흔히 공기(air)로 표현하지만 여기서는 지구의 대기로 부르기로 한다. 이 장에서는 먼저 지구를 포함하는 태양계 행성들을 알아보고 태양계 행성의 분류와 물리량을 설명한다. 지구대기의 차별적인 특성을 잘 이해하기 위해 태양계 행성의 탄생 이후 존재하게 된 원시대기의 생성과 진화과정을 알아본다. 이를 바탕으로 우리가 살고 있는 지구대기의 기원과 진화과정을 소개하고, 현재 지구대기의 조성 및 구조에 대해 살펴본다.

1.1 태양계 행성

우리은하의 나선팔 부분에 위치하고 있는 태양계는 태양을 중심으로 돌고 있는 8개의 행성, 여러 왜소행성, 이들 행성을 돌고 있는 위성, 수천 개의 소행성, 수많은 혜성과 유성체로 이루어져 있다. 그림 1.1은 태양과의 거리에 따라 수성, 금성, 지구, 화성, 목성, 토성, 천왕성, 해왕성의 순서로 위치하는 8개의 행성을 보여주며, 세레스, 명왕성, 에리스라는 왜소행성(dwarf planet)과 오르트 구름을 표시하였다. 태양계 전체 질량 중 약 99.85%를 태양이 차지하고 있으며, 행성들은 단지 약 0.135%밖에 되지 않는다. 그 외 질량은 위성, 소행성, 혜성 등이 채우고 있다. 이 중 행성은 각각 특유의 대기를 가지고 있으며, 몇몇 위성에도 대기가 있는 것으로 알려져 있다.

태양계는 약 46억 년 전에 시작되었다고 추정되며, 태양계의 기원에 대해 지금까지 많은 설이 주장되었다. 이것을 크게 두 가지로 나눌 수 있는데 첫째는 태양의 탄생과 진화과정에서 형성된 것이란 주장으로 성운설과 전자설, 난류설 등이 이에 해당한다. 둘째는 태양과 다른 천체가 우연히 만나거나, 혹은 충돌과 같은 우연적인 사건으로 생겼다는 설로 소행성설, 조석설, 쌍성설 등이 있다. 이와 같은 태양계 형성에 관한 여러 가지 이론 중 대표적인 것이 성운설이다.

성운설(nebula hypothesis)에 의하면 우리은하의 나선팔에서 먼지와 가스로 이루어진 구름이 중력붕괴를 일으키고, 이 구름들은 수축을 계속한다. 수축이 진행되면서 회전속도가 빨라져 구름들은 원반 형태를 갖추게 된다. 수축이 어느 상태에 도달하면 중심부의 온도와 밀도가 높아져서 핵융합 반응을 일으키게 된다. 그 수축된 질량의 대부분이 모여 태양을 형성하고, 남은 것은 편평한 원시 태양계 원반을 형성하여 여기서 행성, 위성, 소행성과 그 밖의 태양계 소천체 등이 생겼다는 것이다.

태양계는 초기의 모습에서 점점 진화해 왔다. 가스나 우주먼지가 행성의 중력에 붙잡혀 위성이 탄생했으며, 천체끼리의 충돌도 계속되어 태양계 진화의 원동력이 되고 있다. 앞으로 태양은 적색거성의 단계를 거쳐 바깥층은 떨어져 나가 행성상 성운이 되고, 중심부는 수축하여 백색왜성이 될 것으로 예상된다. 백색왜성이 된 태양은 행성들을 잡아 둘 수 있는 힘을 잃게 되어 태양계에는 태양 홀로 외로이 남아 있게 될 것이다.

성운설은 그림 1.1과 같이 행성들의 공전 궤도가 원 모양에 가깝고 거의 같은 공전면 위에 놓여 있으며 공전 방향이 태양의 자전 방향과 같다는 사실 등 태양계의 다양한 특징을 설명해준다. 태양의 주위를 공전하는 행성은 지구 궤도면과 거의 평행하며, 반시계 방향으로 공전하는 순행을 하고 있다. 태양계 내의 거리의 기본 단위는 태양과 지구 사이의 평균거리($R_0 = 1.495987 \times 10^8$ km)로서, 이것을 **1천문단위**(astronomical unit, A.U.)라고 한다. 이것은 거리의 주요한 척도가 되며, 이를 이용하여 행성의 궤도와 운동을 나타낸다. 행성의 공전 궤도는 원에 가까운 타원이다. 행성들의 운동에 대한 이해는 오랜 기간 '역법'을 사용한 동양이 앞서 있었으나, 현대에는 1609년 발표된 케플러의 법칙으로 널리 알려져 있다.

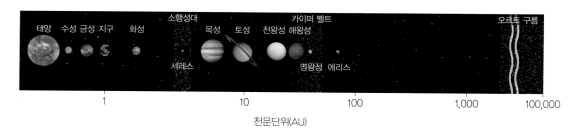

그림 1.1 각 행성으로부터 태양까지의 거리를 실제 규모의 비로 나타낸 태양계 행성들과 왜소행성. 가로축은 AU 단위를 사용한 태양으로부터 평균거리이며, 지수적으로 증가한다. 행성들의 크기는 행성과 세레스의 비율에 로그를 취한 log10(행성 평균반지름/세레스 평균반지름)으로 계산하여 실제 평균 크기를 표현한 것이며, 그림에는 배경별도 표시하였다.

1.1.1 행성의 분류와 물리량

태양계 행성은 위치에 따라 내행성과 외행성으로 분류된다(그림 1.2). **내행성**(inferior planet)으로는 태양계에서 지구보다 안쪽 궤도를 도는 수성, 금성이 해당하며, **외행성**(superior planet)으로는 지구보다 바깥쪽 궤도를 도는 화성, 목성, 토성, 천왕성, 해왕성이 해당한다. 태양계 행성의 또 다른 분류로 구성하는 성분에 따라 목성형 행성과 지구형 행성으로 분류할 수 있다. 비휘발성 핵 주위를 액체 혹은 기체수소나 헬륨이 둘러싼 구조의 행성을 **목성형 행성**(Jovian planets)이라고 부르며, 태양계에서는 목성과 토성이 분류된다. 천왕성과 해왕성도 과거에는 유사한 구성으로 여겨졌으나 행성탐사가 이루어지면서 가스와 중심부와의 비율이 자세히 알려진 결과 목성 및 토성과는 구성이 크게 다르다는 것이 판명되었다. 이 때문에 거대 가스행성인 목성형 행성은 크게 둘로 목성과 토성, 천왕성과 해왕성으로 나눌 수 있다. 천왕성과 해왕성의 바깥 대기에는 소량의 메탄이 섞여 있어 우주에서 볼 때 푸른색을 띠며(표 1.3 참조), 수소나 헬륨보다 무거운 원소가 많아 천왕성형 행성(거대 얼음행성)으로 따로 분류하는 경우가 있다. 태양계 행성에 대한 물리량은 표 1.1에 정리하였다.

　지구형 행성(terrestrial planets)은 주로 암석이나 금속 등 비휘발성물질로 구성된 행성을 말한다. 지구형 행성은 그림 1.3에 보인 것처럼 지각, 맨틀, 핵으로 구성되어 있으며, 태양계에서는 수성, 금성, 지구, 화성이 여기에 해당한다. 이들은 목성형 행성에 비해 질량은 작으나 밀도는 높다. 목성형 행성은 주성분이 기체로 되어 있어 지구형 행성에 비해 밀도는 낮고 크기는 거대하다. 지구형 행성처럼 딱딱한 지표가 없으며 중심부로 들어가면 행성을 구성하는 수소가스가 압력에 의해 액상화되고, 더 깊이 들어갈수록 수소는 액체 금속 상태가 되어 있을 것으로 추정된다. 금속 수소층보다 더 아래에는 지구 10배 정도의 질량을 가진 암석과 금속, 얼음물질 등으로 된 중심핵이 존재할 것으로 추정된다.

1.1.2 유효온도와 표면온도

태양계 모든 행성은 태양으로부터 전자기파의 형태로 방출(방사)되는 복사에너지를 받아 이를 주 에너지원으로 사용하고 있다. 행성의 에너지(열) 출입을 평균적으로 고려하면, 태양과 행성 간의 평균

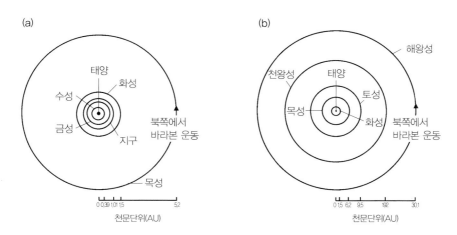

그림 1.2 (a) 내행성의 운행 궤도, (b) 외행성의 운행 궤도 (출처 : 한국천문연구원)

표 1.1 행성들의 물리량

	지구형 행성				목성형 행성			
	수성	금성	지구	화성	목성	토성	천왕성	해왕성
질량 $(10^{24}$ kg)	0.330	4.87	5.97	0.642	1,898	568	86.8	102
적도 반지름(km)	2,440	6,052	6,378	3,396	71,492	60,268	25,559	24,764
평균반지름 r_p(km)	2,439	6,052	6,371	3,389	69,911	58,232	25,362	24,622
밀도 $(kg\ m^{-3})$	5,427	5,243	5,514	3,933	1,326	687	1,271	1,638
적도 중력 $(m\ s^{-2})$	3.7	8.9	9.8	3.7	23.1	9.0	8.7	11.0
이탈속도 v_e(km s^{-1})	4.3	10.4	11.2	5.0	59.5	35.5	21.3	23.5
태양까지의 평균거리 R_p(AU)	0.39	0.72	1.00	1.52	5.20	9.54	19.19	30.07
공전 주기 (항성일)	88.0	224.7	365.2	687.0	4,331	10,747	30,589	59,800
자전 주기* (항성시)	1,407.6	−5,832.5	23.9	24.6	9.9	10.7	−17.2	16.1
알베도**	0.068	0.77	0.306	0.250	0.343	0.342	0.300	0.290

출처 : NASA

* 자전 방향은 공전 방향과 같은 순행 자전의 경우는 양수로, 역행 자전의 경우는 음수로 나타냈다.
** 여기서 알베도는 태양으로부터 행성에 들어오는 총복사량 대비 행성이 반사한 총복사량의 비율인 본드(Bond) 알베도 값이다.

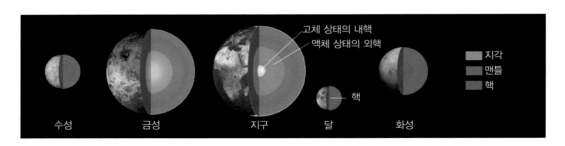

그림 1.3 **지구형 행성** (출처 : 한국천문연구원)

거리를 R_p라 하고 행성의 반경을 r_p라 할 때, 행성에 입사되는 일사량은 거리의 제곱(R_p^2)에 반비례하고 행성의 단면적(πr_p^2)에 비례한다. 지구와 태양 사이의 평균거리를 R_o라 할 때, 단위시간 동안 태양복사의 입사 방향에 수직한 단위면적에 도달하는 평균 태양복사에너지 플럭스(flux)를 **태양상수**(solar constant)라 한다. 태양상수는 태양에서 방사하는 가시광선을 포함한 모든 종류의 분광 복사 조도(조사강도)의 총합이다. 지구의 태양상수를 S_o라 하면, 태양의 평균반경(r_s)은 6.96×10^5 km이고 표면온도가 약 6,000K이므로, S_o의 대략적인 값은 $1,370$ W m^{-2}이다.

단위면적당 행성이 받는 일사는 태양으로부터 거리의 제곱에 반비례하므로 임의 거리 R_p에 있는 행성의 단위면적이 받는 태양복사에너지(S_p)는 다음과 같다.

$$S_p = S_o \left(\frac{R_o}{R_p} \right)^2 \tag{1.1}$$

그러므로 행성의 단면적(πr_p^2)이 받는 태양복사에너지는 $\pi r_p^2 S_o \left(\dfrac{R_o}{R_p} \right)^2$ 이 된다.

일사에 대한 행성의 평균 반사율을 **알베도**(albedo)라 한다. 알베도를 A라 하면 행성이 받는 일사량($F_p^{\downarrow}$)은 다음과 같다.

$$F_p^{\downarrow} = (1-A) \pi r_p^2 S_o \left(\frac{R_o}{R_p} \right)^2 \tag{1.2}$$

스테판-볼츠만 법칙(Stefan-Boltzmann law)에 의하면 흑체가 방출하는 복사에너지는 흑체의 표면온도(T)의 4제곱에 비례한다. 행성은 흑체와 유사하므로 행성이 방출하는 총복사에너지는 다음과 같다.

$$F_p^{\uparrow} = 4 \pi r_p^2 \sigma T^4 \tag{1.3}$$

여기서 σ는 스테판-볼츠만 상수($\sigma = 5.67 \times 10^{-8}$ W m^{-2} K^{-4})다. 태양의 온도보다 현저하게 낮은 온도를 갖는 태양계 행성들은 주로 적외선 영역에서 에너지를 방출($F_p^{\uparrow}$)한다.

일반적으로 행성이 받는 복사에너지와 행성이 방출하는 복사에너지는 평형을 이루므로 $F_p^{\downarrow} = F_p^{\uparrow}$가 된다. 이의 관계로부터 다음 식이 유도된다.

$$T_e = \sqrt[4]{\frac{(1-A)S_o}{4\sigma}} \sqrt{\frac{R_o}{R_p}} \tag{1.4}$$

이와 같이 행성을 흑체로 가정하여 결정되는 행성의 표면온도를 행성의 **유효온도**(effective temperature, T_e)라 한다. 이는 유입되는 복사에너지와 유출되는 복사에너지가 균형을 이루어 결정되므로 **복사평형온도**(radiative equilibrium temperature)라고도 한다(제2장 참조). 행성이 지구보다 가까이 있으면 ($R_p < R_0$) 행성의 유효온도는 지구의 유효온도보다 높고, 멀리 있으면($R_p > R_0$) 그 반대임을 알 수 있다. 유효온도는 행성과 태양과의 거리, 알베도(A)에 의해 결정되며, 행성에 존재하는 대기를 고려하지 않고 있다. 즉, 유효온도는 행성에 존재하는 대기의 구성성분, 밀도 등과 연관된 물리과정을 고려하지 않고 있다.

표 1.2 행성들의 유효온도, 표면온도, 태양상수

	지구형 행성				목성형 행성			
	수성	금성	지구	화성	목성	토성	천왕성	해왕성
유효온도 T_e(K)	438.6	227.5	254.5	210.4	110.1	81.3	58.2	46.7
표면온도 T(K)	440	737	288	210	165*	134*	76*	72*
태양상수 S_0(W m^{-2})	9,007.0	2,643.0	1,370.0	593.0	51.0	15.1	3.7	1.5

* 목성형 행성의 경우 1 bar를 기준으로 함

　그러나 실제로 대기를 통과하는 태양복사는 대기의 구성성분에 흡수 및 산란, 반사라는 물리과정을 거쳐 감쇄된 후 지면에 도달하고, 지면과 대기에 흡수된 복사는 재방출하여 서로 상호 간에 평형을 이루는 과정이 추가로 존재하므로, 대기가 존재하는 행성의 표면온도는 유효온도처럼 단순하게 결정되는 것은 아니다. 즉, 행성의 실질적인 표면온도는 행성이 완전한 흑체가 아니라는 점(지구의 평균 방출률은 0.96)과 대기에 의한 복사 효과를 함께 고려하여 결정해야 한다. 달리 말하면 실제 표면온도는 행성의 유효온도에 대기의 온실효과 등이 더해져서 결정된 온도이다.

　태양계 각 행성에 대한 유효온도와 표면온도, 태양상수의 값은 태양 표면의 평균온도를 5,780K로 고정하여 계산하였고, 이를 표 1.2에 정리하였다. 지구형 행성의 표면온도는 실제 관측된 표면온도와 거의 유사하며, 목성형 행성에서의 표면온도는 복사온도로 기압 1 bar에 대하여 관측한 결과이다.

1.1.3 이탈속도

행성 대기의 상층부는 기체의 밀도가 낮으므로 분자와 원자가 다른 분자나 원자와 충돌할 확률이 매우 낮다. 따라서 평균 자유행로가 길며, 커다란 운동에너지를 가지므로 기체의 속력이 빨라 행성의 중력을 벗어나 외계로 이탈할 수가 있다. 행성의 중력에 속박되어 있지만, 자유롭게 움직이는 물체가 행성 중력의 영향으로부터 벗어나 탈출하는 데 필요한 최소 속도를 **이탈속도**(escape velocity)라 한다.

　물체의 이탈속도는 물체에 작용하는 힘이 행성의 중력밖에 없다는 단순한 가정하에 에너지 보존 법칙을 이용하여 구할 수 있다. 즉, 간단한 방법으로 물체가 갖는 운동에너지와 물체에 작용하는 중력위치에너지의 합은 초기 상태와 이탈된 이후의 마지막 상태가 같아야 하는 에너지 보존을 이용한다. 둥근 형태를 가진 행성의 질량을 m_p, 반경을 r_p라 하면, 행성 표면으로부터 고도 h에 있는 단위질량 물체의 이탈속도 v_e는 아래 식으로 구할 수 있다.

$$v_e = \sqrt{\frac{2Gm_p}{r_p + h}} \tag{1.5}$$

여기서 G는 만유인력상수($G = 6.668 \times 10^{-11}$ kg^{-1}m^{3}s^{-2})이다.

　각 행성에 대해 계산된 이탈속도는 표 1.1에 포함되어 있다. 비교적 질량과 반경이 작은 지구형 행성에서는 물체의 이탈속도가 작으나, 질량과 반경이 큰 목성형 행성에서의 이탈속도는 매우 큼을 알 수 있다.

행성 대기 중 실제 기체분자의 평균속력을 구하여 위 식의 이탈속도와 비교해보자. 이상기체에 적용되는 기체분자 운동론에 의하면, 평균 분자량 M을 갖는 N개의 기체분자의 운동에너지는 기체의 운동학적 온도(kinematic temperature) T_k와 분자의 질량에 의해서 결정된다. 분자의 총질량인 m은 다음과 같다.

$$m = \frac{NM}{N_A} = nM \tag{1.6}$$

여기서 N_A는 아보가드로 수이고, n은 몰수(molecular weight)이다. 부피(V)를 가진 육면체 내부의 기체 압력(P)은 단위면적의 표면에 기체가 작용하는 힘에 해당하고, 세 방향으로 같은 속력으로 운동에너지가 작용하고 있다는 가정이 필요하다. 또한 기체분자는 이상기체의 법칙($PV = nR^*T$)을 만족하고 있다고 가정한다. **맥스웰-볼츠만 속력분포**(Maxwell-Boltzmann velocity distribution)를 가지는 분자 한 개의 평균속력인 $\bar{v}_{rms}$(root-mean-square speed)는 다음 식으로 구할 수 있다.

$$\bar{v}_{rms} = \sqrt{\frac{3k_B T_k}{m}} = \sqrt{\frac{3R^* T_k}{M}} \tag{1.7}$$

여기서 k_B는 **볼츠만 상수**($k_B = 1.3806488 \times 10^{-23}$ J K^{-1})로 입자 하나가 가지는 에너지를 온도와 연관시키는 물리 상수이다. k_B는 보편기체상수(R^*)와 $R^* = N_A k_B$의 관계를 만족한다.

지표로부터 500 km 이상 떨어진 대기권은 약 1,500K 이상의 온도이며, 이러한 외기권에 존재하는 분자의 평균속력을 계산할 수 있다. 외기권 수소(H_2)의 평균속력이 약 4.3 km s^{-1}, 산소(O_2)가 약 1.5 km s^{-1}이다. 외기권에서 지구에 속박된 분자의 이탈속도를 계산하면 대략 11 km s^{-1}이다. 따라서 수소의 경우는 외부로부터 강한 에너지를 받으면 쉽게 지구를 이탈할 수 있으나, 질량이 수소보다 16배 큰 산소는 그렇지 못한다. 또한 가벼운 기체가 외기권에 보다 쉽게 도달할 수 있다는 점을 고려하여야 하며, 다른 관점으로 수소분자 속력의 확률분포를 통해 이를 이해할 수 있다. 분자속력의 확률분포 특성상, 비록 수소분자의 평균속력이 이탈속도보다 작다고 하더라도 분자 중 일부는 이탈속도보다 크므로 오랜 시간이 지나면 대기에서 대부분 이탈할 것이다. 지구형 행성의 경우 대부분의 수소는 행성에서 이탈하여 거의 존재하지 않으나, 목성형 행성에는 수소 등 가벼운 기체가 많이 남아 있는 것도 이 때문이다.

1.2 행성 대기의 진화

태양계를 만든 물질은 태양계 **성운**(nebula)으로 불리게 된 먼지와 기체구름이라고 알려져 있다. 수소(H_2)와 헬륨(He)을 주성분으로 하는 성운의 기체구름은 휘발성 기체분자들(H_2O, CO, CO_2, CH_3OH, CH_4, NH_3, N_2, H_2S)도 포함한다. 이들 분자가 현재 행성 대기에 존재하는 분자들의 근원이 되었을 것이다. 이 절에서는 태양계 행성에 존재하는 대기의 기원과 진화를 살펴본다.

지구형 행성이 형성되던 46억 년 전 기체구름(휘발성 원시기체 포함)과 먼지로 이루어진 거대한 원반인 태양계 성운이 행성을 만들며 남은 기체가 행성 초기의 원시대기이다. 이러한 초기의 원시대기(제1차 원시대기)는 어린 태양이 내뿜는 강력한 **태양풍**(solar wind)에 쓸려 사라지게 되었다. 한편 태양계 성운 내에 존재하던 바위같이 단단한 고체들과 얼음, 성운기체들이 시간이 지나면서 더 커다란 덩어리로 뭉치며 4개의 지구형 행성이 생성되었다. 지구형 행성은 미행성이라는 상대적으로 작은 덩어리들을 쓸어 합치는 부착 과정으로 성장하였다. 지구형 행성의 원시대기는 중력에 의하여 급격하게 수축되는 과정에서 발생한 수축열에 의하여 밀도 성층화가 이루어지며, 이때 화산폭발과 유사한 내부 기체의 폭발적인 분출인 **아웃개싱**(outgassing)에 의하여 생성되었다. 내부에 존재하던 밀도가 낮은 기체의 폭발적인 분출과 저온에서도 쉽게 휘발하는 분출된 휘발성 분자들이 변환하는 과정으로 원시대기가 생성되었다고 생각되며 증기 상태였을 것이다. 이러한 대기 생성과정 말고도 태양계 소행성대에 위치한 미행성으로부터 동일한 양의 휘발성 분자와 물, 탄소, 질소를 받았을 것으로 짐작한다. 소행성 충돌로 화구가 생성되는 과정과 함께 초기 태양에서부터 나오는 고에너지 자외선 플럭스(flux)가 초기의 원시대기에 존재하던 많은 양의 가벼운 기체들을 우주로 이탈시켰을 것이다. 대기가 일단 형성된 이후에는 태양의 에너지 강도가 변화함에 따라, 대기의 산화력과 조성 기체의 성분, 총질량에서도 변화가 진행되었다.

목성형 행성의 대기는 지구형 행성과 거의 같은 시점에서 시작되었을 것이지만, 시간에 따라 진화하는 방법은 달랐을 것이다. 그러나 목성형 행성 대기가 진화하는 도중의 변화과정에 대해서는 많이 알려지지 않았다. 목성과 토성은 주변의 고체 상태의 얼음과 성운기체가 합쳐지면서 성장하였고, 외부의 천왕성과 해왕성은 성장이 너무 느려 성운기체를 포집하지 못하고 매우 낮은 온도에서 얼음 상태로 존재하였다. 이러한 고체 표면을 가진 행성들은 강력한 중력장을 가지고 있지 못하며, 대기 생성 화학과정이 대부분 유사하기 때문에 목성형 행성의 대기는 모두 비슷하게 닮아 있다.

행성 대기가 생성된 후 행성 대기의 온도와 표면 중력에 의한 기체들의 우주로의 탈출(탈주)과정이 대기의 진화에 주된 역할을 하였다. 이때 태양으로부터의 거리가 행성 대기 중 기체성분을 결정하는 데 중요한 요소가 된다. 미행성의 충돌 중에 생성되는 순간적인 열과 압력이 휘발성 물질을 배출하도록 하였고, 대기 중 휘발성 물질들은 암석 표면의 광물들과 화학반응으로 기체의 화학성분을 결정하였다. 배출된 기체들의 일부는 초기 충돌과 태양 자외선 플럭스에 의해 우주로 빠져나갔다.

1.2.1 행성의 생성과 제1차 원시대기

46억 년 전 은하계의 한 모퉁이에 존재하던 성운(질량비를 고려할 때 수소 76%, 헬륨 22%, 나머지 2%는 보다 무거운 원소로 구성)은 초신성 폭발로 인해 발생한 충격파로 압축되기 시작하였다. 어느 정도 수축한 성운이 충분한 밀도에 도달하면 자신의 중력에 의하여 급속히 끌게 되며, 주변의 다른 물질들까지 끌어들이며 더 빠르게 수축한다. 성운은 자신의 중력 때문에 더욱 급속히 수축하며, 그 중심에 원시태양이 탄생하였다. 원시태양은 현재보다 1,000배 정도의 밝기였지만 낮은 온도로 인해 자체 핵융합 반응을 일으키지는 못하였다. 하지만 중력에너지에 의해 점차적으로 온도가 증가하여 원시태양 탄생 이후 1000만 년~1억 년 사이에 열핵 반응인 핵융합이 일어났다. 이 기간을 일컬어

T 타우리 단계(T Tauri phase)라 한다. 그 후 안정된 상태의 주계열성이 되어 현재에 이르고 있다. T 타우리 단계는 항성의 진화에서 중요한 시기로, 그 당시 태양으로부터 불어오는 태양풍은 현재의 10만 배 정도의 세기였을 것으로 추정된다.

태양 주위에 남았던 성운과 고체입자도 충돌을 반복하여 미행성으로 성장한다. 미행성의 크기는 평균 10^4 m, 질량은 10^{15} kg이며, 이 미행성은 아직 밀도가 큰 성간운 때문에 속력이 느렸으며, 충돌해도 파괴되지 않고 성장하는 것이 가능하여 원시태양 탄생 이후 1,000만 년이 지나고 나서 원시행성이 탄생하게 되었다. 핵융합에 의하여 고온 상태인 원시행성 내부로부터 수소와 헬륨을 주성분으로 하는 다양한 휘발성 물질이 빠져나와 행성을 두껍게 휘감고 있는 대기를 형성하였다. 이 시기에도 온도는 계속적인 미행성의 충돌 에너지 때문에 유효복사온도보다 훨씬 높았다. 이러한 원시대기를 제1차 원시대기라 한다.

제1차 원시대기(first primitive atmosphere)의 주성분은 수소와 헬륨이며, 또한 기온이 높아 수소와 헬륨의 평균속력인 $\bar{v}_{rms}$가 상당히 큰 값이었다. 따라서 지구형 행성의 경우 이탈속도가 작으므로, 수소와 헬륨이 우주공간으로 빠져나가기 쉬운 조건이었다. 또한 T 타우리 단계에서는 현재의 10만 배나 강한 태양풍이 태양에 가까운 행성의 대기를 구성하는 입자에게 큰 운동에너지를 전달해주어 입자의 평균속력이 매우 커지게 되었다. 태양과 가까운 행성, 즉 이탈속도가 작은 지구형 행성은 이러한 태양풍 휩쓸림 과정으로 상당히 짧은 기간에 제1차 원시대기를 잃게 되었다. 이것을 설명하는 이론은 **대격변 탈가스설**(catastrophic degas hypothesis)이다. 이와 반대로 태양으로부터 멀리 떨어진 목성형 행성은 이탈속도가 커서 현재까지 제1차 원시대기가 남아 있다고 생각된다.

지구 외부 대기권에서의 분자의 이탈속도가 약 11 km s^{-1}임을 감안할 때 2,000K의 온도에서는 분자량이 10보다 큰 기체만이 이탈하지 못한다는 것을 알 수 있다. 수소가 태양계에 가장 풍부하게 존재하기 때문에 다른 휘발성 물질들에도 수소원자가 풍부하게 존재할 것으로 생각된다. 따라서 네온과 같은 비활성기체(noble gas) 외에 휘발성 기체분자들(H_2O, CO, CO_2, CH_3OH, CH_4, NH_3, N_2, H_2S)은 분자량이 10보다 커서 지구의 제1차 원시대기에 남아 있었을 것이다. 이 때문에 더 무겁고 더 차가운 목성형 행성(목성과 토성, 천왕성, 해왕성)의 대기에는 수소와 헬륨과 같이 상대적으로 가벼운 기체들이 많이 존재하고 있다.

1.2.2 제2차 원시대기의 생성과 진화

제1차 원시대기가 없어진 지구형 행성에는 **제2차 원시대기**(second primitive atmosphere)가 생성되었다. 원시행성은 지속적인 미행성의 충돌과 수축열에 의한 고온 상태가 지속되었으며 아웃개싱이 활발하였다. 이 시기에는 지표면이 마그마로 덮여 있었을 가능성이 크며 고온의 행성 내부로부터 다양한 기체들이 폭발적으로 방출되었을 것이다. 휘발성 물질을 포함한 암석이 땅속 깊은 곳으로 이동한 후 고온 상태로 그 물질이 움직이게 되어 바깥으로 나오게 되는 오늘날의 화산 분출과는 매우 다른 상황이지만, 지구 초기 역사에서는 아웃개싱이라는 화산 분출과 유사한 방식으로 휘발성 기체가 행성 표면으로 지속적으로 뿜어져 나왔을 것이다.

화산에서 대량으로 분출되는 기체 중에서 온실기체인 H_2O(수증기)와 CO_2(이산화탄소)에 주목하

자. 특히 H_2O는 가장 넓은 적외복사 파장 범위에 대해 적외선을 흡수·방출하기 때문에 강한 온실효과를 나타낸다. 시간이 흘러 미행성의 충돌 빈도가 적어지며, 행성 표면온도가 유효온도(복사평형온도)와 비슷할 정도로 온도가 내려갔을 무렵, 제1차 원시대기가 제2차 원시대기로 교체되었다. 금성, 지구, 화성 등은 서로 가깝고 그 크기도 비슷하지만, 이때부터 대기의 진화 경로에 큰 차이가 나타났다.

제2차 원시대기의 생성과 진화를 최대한 간단히 이해하기 위하여 분출된 기체 중 수증기와 그 효과만을 고려해보자. 수증기가 행성 내부로부터 방출되면 온실효과로 인하여 행성 표면의 기온이 상승한다. 포화수증기압은 기온이 증가함에 따라 대략 지수 함수적으로 높아지는 성질을 가지고 있다. 제2차 원시대기가 생성되기 시작했을 무렵의 행성의 표면온도는 유효온도가 중요하여 태양에 가까운 행성일수록 고온이었을 것이다. 같은 양의 수증기가 행성 대기에 존재하여 온실효과가 일어난 경우에도 태양에 가까운 행성이 고온이기 때문에 포화수증기압은 높아지게 된다. 행성 내부로부터의 수증기의 계속적인 방출은 온실효과를 강화시킨다. 그러나 제2차 원시대기가 형성되기 시작했을 때 초기의 온도가 낮아 수증기압이 포화수증기압에 이르면, 그 이상 수증기가 내부로부터 방출되어도 수증기의 응결이 일어나 물방울이나 얼음으로 변하기 때문에, 수증기는 증가하지 않게 되고 대기압도 증가하지 않는다. 제2차 원시대기의 성장은 여기에서 멈춘다. 이것이 화성의 경우이다.

금성의 경우는 초기 온도가 높기 때문에 화성과 같은 양의 수증기의 방출과 온실효과라 해도 기온이 매우 높게 된다. 그 결과 포화수증기압이 기온과 함께 급속히 증가하기 때문에 수증기가 계속 증가하여도 응결이 일어날 수 없다. 온실효과를 주는 수증기가 우주로 탈출(탈주)해 버리는 것을 생각할 수 있다. 기온이 높아지면 다른 물리과정이 작용하기 때문에 무한히 기온이 상승하는 것은 아니지만, 금성은 온실효과에 의한 기온 상승에 따른 포화수증기압의 상승 때문에 수증기가 증가해도 응결이 일어나지 않는 진화과정을 거쳤다고 여겨지며, 이것을 **탈주 온실효과설**(runaway greenhouse effect hypothesis)이라고 한다.

이와 같은 지구형 행성의 제2차 원시대기의 진화설을 설명해주는 것이 그림 1.4이다. 이러한 제2차 원시대기 진화론은 CO_2에 대하여 적용시켜도 기본적인 점은 똑같이 적용된다. 지구대기의 아르곤(Ar)과 제논(Xe)의 동위원소비와 화석 연구 등에 의하면, 제2차 원시대기의 생성과 진화는 지구 탄생 후 5억 년 이내에 거의 생겼다고 하는 대격변 생성설이 유력하다.

이상과 같이 제2차 원시대기 진화설에 의하면 화성의 표면에는 H_2O의 얼음이 있을 것이다. 그러나 우주탐사선의 조사에 의하면 현존하는 CO_2의 양에 비해 고체의 H_2O의 양은 제2차 원시대기의 진화론으로 설명할 수 있을 정도로 존재하는 것 같지는 않다. 하지만 화성 극지역에 존재하는 먼지와 물 얼음의 극빙관(polar ice cap) 위를 덮고 있는 흰색 CO_2 얼음(드라이아이스)층의 변화와 함께, 화성의 표면에서 홍수의 흔적들이 관측에 의하여 확인되고 있어 화성에서도 지질학적으로 긴 기간 기후변화가 있었을 것으로 생각된다.

금성에는 다량의 수증기가 있을 것이다. 수증기는 자외선에 의해 광해리되어, 가벼운 수소원자는 제2차 원시대기가 없어진 원인과 정성적으로 유사한 효과에 의해 우주공간으로 달아나고, 산소는 지표 암석의 산화에 사용되었을 것이다. 현재 금성은 고온이므로 CO_2는 지표에서 탄산칼슘($CaCO_3$)과

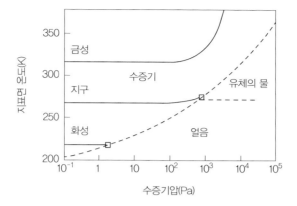

그림 1.4 실선은 제2차 원시대기의 진화와 탈주 온실효과를 표현하며, 지구형 행성의 대기 중에 수증기가 축적되어 증가됨에 따라 지표면 온도가 온실효과에 의하여 얼마나 상승하는지를 나타낸다. 세로축의 지표온도는 표 1.1의 온도와는 다르며, 동일한 알베도를 가정하고 계산한 유효복사온도이다. 화성과 지구에서는 수증기압이 포화수증기압(점선)과 같아지면 온도상승이 중지되고, 수증기의 빙결이나 응결이 일어난다. 태양에 가까운 금성은 고온이기 때문에 수증기는 포화에 도달하지 못한다.

다음과 같은 화학 평형 상태를 유지한다.

$$CaCO_3 = CaO + CO_2 \tag{1.8}$$

지구의 제2차 원시대기는 대략적으로 화성과 금성의 중간 과정으로 변화하였다. 이 말이 현재의 대기 상태가 그 중간이라는 것을 의미하지는 않는다. 지구의 경우 태양과의 거리가 적당하여 그림 1.4에서와 같이 수증기가 온실효과 측면에서도 탈주시킬 정도로 온도를 높이지 못한다. 얼음이 되기에는 온도가 높아서 액체의 물과 평형 상태가 되어 온실효과의 진행이 정지하였다. 결국 제2차 원시대기의 풍부한 수증기의 대부분은 바다를 형성하는 데 사용되었다. 그렇다면 CO_2는 어디로 사라져 버린 것일까? 이 점에 관해서 인류는 환경을 파괴하면서 무의식적으로 귀중한 자료를 남겼다.

1760년경의 산업혁명 이후 다량의 화석연료가 사용되었는데, 1870년부터 2015년까지의 그 양을 추산하면 CO_2 질량으로 약 20,000억 톤이나 된다. 이 기간에 대기 중의 평균 CO_2 농도는 290 ppm에서 400 ppm으로 증가하였다. 증가한 농도를 CO_2 질량으로 계산하면, 약 8,555억 톤이 된다. 따라서 산업혁명 후 145년간 사용된 양의 약 43%는 대기 중 CO_2 농도를 증가시키는 데 사용되었으며, 나머지 57%는 해양에 녹거나 육지에 축적된 것으로 사료된다. 제2차 원시대기의 경우에도 대기로 방출되었던 CO_2 대부분이 해양에 녹았으나 초기의 바다에는 제2차 원시대기의 미량 성분인 유황과 염소의 화합물이 즉시 용해되어 산성의 바다로 되었다. 산성의 바다에서는 CO_2가 녹지 않는다. 많은 강수가 서서히 바다를 중화시켰으며, 강수는 육상으로부터 Ca^{2+}, Mg^{2+}, Na^+, K^+ 등의 이온을 바다로 흘려 보내어 바다에 CO_2가 서서히 녹을 수 있게 되었다.

바다에 어느 정도의 CO_2가 용해되는가의 문제는 현대 과학의 중요한 과제 중의 하나이지만, 현재 해양의 천해에는 다량의 CO_2가 녹아 있지 않다. CO_2가 바다에 녹아 탄산수소 이온(HCO_3^-)으로 되기 시작한 후 몇 가지 화학과정을 거쳐 탄산칼슘($CaCO_3$)이 된다. 이것은 해수에 녹지 않지만, 30억

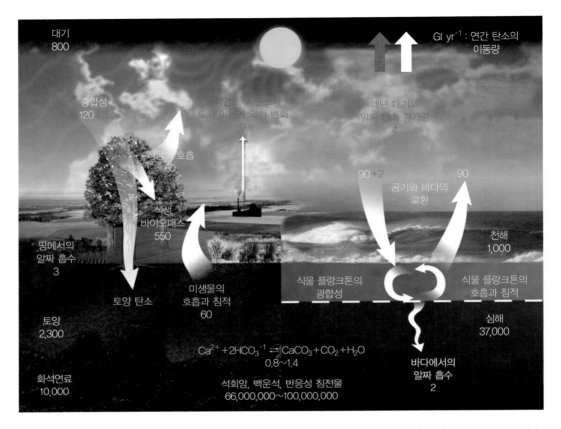

그림 1.5 저장된 탄소량 및 탄소의 순환. 저장된 탄소의 양은 흰색 글자로 기가 톤의 탄소(GtC) 단위로 그 값을 나타내었다. 노란색 글자로 표현된 탄소 흐름을 나타내는 탄소 플럭스는 Gt yr^{-1}의 단위로 화살표로 흐름의 방향을 표시하고, 그 값을 제시하였다(화살표의 크기는 탄소의 흐름에서 탄소의 양에 대략 비례함). 대기 중 CO_2 증가는 빨간색으로 표현되어 있다. 이 그림을 통해 인간 활동에 의한 화석 연료 사용, 시멘트 생산, 토지 이용의 변화는 자연 탄소 순환의 변화를 유도함을 알 수 있다. 그림상의 수치는 미국 에너지부 과학국의 생물환경 연구부가 산출한 값이다. (출처 : 미국 국립대기과학연구센터(NCAR)를 운영하는 북미지역 68개 대학의 컨소시엄인 UCAR 과학교육센터에서 제작한 DOE Carbon Cycle Diagram을 바탕으로 수정함)

년 전에 등장한 산호충의 무리가 껍질로 이용하였고 긴 지구의 역사 동안에 껍질이 퇴적되어 석회암으로 되었다. 현재 지구상에 있는 석회암은 거의 대부분이 이와 같은 과정으로 만들어졌다고 생각된다. 오늘날 탄소와 CO_2의 순환은 그림 1.5와 같다. 탄산수소 이온이 석회암으로 되는 과정만 있다면, 대략 3억 년 동안에 현재의 석회암이 전부 생겨난 것이 되지만, 반대 과정도 존재하므로 그 10배의 시간이 걸려 현재의 석회암이 만들어졌다. 하지만 CO_2 순환 속도는 물의 순환에 비해 정확히 알지 못하기 때문에 대략적인 시간규모로 생각하는 것이 좋다.

1.3 행성 대기의 조성과 구조

태양계 지구형 행성과 목성형 행성이 가지고 있는 대기의 조성을 요약하면 표 1.3과 같다. 표 1.3은 행성탐사 임무(바이킹, 파이어니어 비너스, 베네라, 보이저 1 · 2, 갈릴레오)로부터 직접 얻은 원격탐

표 1.3 지구형 행성과 목성형 행성의 대기 조성성분(단위 : ppm)

	지구형 행성			목성형 행성			
	금성	지구	화성	목성	토성	천왕성	해왕성
수소(H_2)	10	0.53	–	898,000	963,000	825,000	800,000
헬륨(He)	12	5.2	–	102,000	32,500	152,000	190,000
수증기(H_2O)	60	0~40,000	300	5	5	–	–
메탄(CH_4)	0.6	1.7	–	3,000	4,500	23,000	15,000
암모니아(NH_3)	–	<0.01	–	2,600	200	–	–
네온(Ne)	7	18	2.5	–	–	–	–
황화수소(H_2S)	2	10^{-4}	–	?	–	–	–
이산화탄소(CO_2)	965,000	350	953,200	–	–	–	–
질소(N_2)	35,000	780,840	27,000	–	–	–	–
산소(O_2)	<0.3	209,460	1,300	–	–	–	–
일산화탄소(CO)	30	0.04~0.2	700	0.002	–	–	1.2
이산화황(SO_2)	0.1	10^{-4}	–	–	–	–	–
아르곤(Ar)	70	9,340	16,000	–	–	–	–
아산화질소(N_2O)	–	0.3	–	–	–	–	–

출처 : Wayne(2000)

사 자료를 바탕으로 만들어진 것이다. 표 1.3에 정리되어 있는 모든 행성의 대기 조성을 자세히 서술할 수 없어 다음 절에서는 금성, 화성과 목성형 행성으로 대별하여 대기의 수직 구조에 대한 설명과 함께 기술한다.

1.3.1 금성 대기의 조성과 구조

금성의 대기는 대부분 CO_2로 구성되어 있다. 특히 고도 100 km 이하의 대류권에는 CO_2가 96.5%, N_2가 3.5%, H_2O는 약 0.01%, 그 밖에 CO, O_2, O 성분 등이 있다. 금성 대기에는 오존(O_3)이 없다.

금성 대기의 온도분포와 대기권의 구조는 그림 1.6과 같다. 지표면의 온도는 750K로 매우 고온이며, 대류권계면(65 km)에서의 온도는 300K 그리고 중간권(70~110 km)에서는 200K로 매우 낮다. 고도 30~70 km 사이에는 두꺼운 구름층과 연무가 있다.

금성의 기온이 높은 것은 CO_2에 의한 온실효과 때문이다. 초기 금성에는 물이 많았다고 추정되는데, 지면이 방출하는 열복사에너지는 풍부한 CO_2에 의해 흡수되고 재방출되어 지면의 온도와 대기의 온도를 다시 가열시키는 과정이 반복되면서 지면의 물은 증발되어 대기 중의 수증기가 되었다.

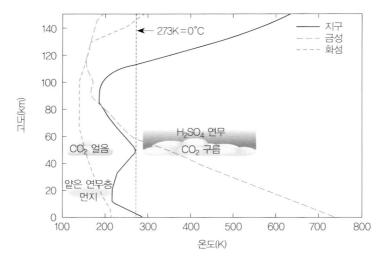

그림 1.6 지구형 행성의 고도에 따른 대기 구조. 화성의 경우 CO_2 얼음, 얇은 연무와 먼지층 등이 존재하고, 금성의 경우에는 H_2SO_4 (황산) 연무, CO_2 구름 등이 존재한다. (출처 : 실측 자료를 바탕으로 한 Nick Strobel 교수의 그림을 수정 사용함)

대기 중에 머무는 수증기에 의해 다시 기온이 상승되는 온실효과가 계속 반복되는 과정에서 금성 지면의 물은 모두 사라지게 되었다.

1.3.2 화성 대기의 조성과 구조

화성의 대기는 주로 CO_2(95%)와 N_2(2.7%), O_2(0.13%), H_2O(0.03%)로 구성되어 있으며, 오존은 0.3 ppm으로 극히 적다. 대기의 총량은 지구대기의 약 1/100로 매우 적으며, 표면의 대기압은 6.1 hPa 정도로 매우 낮다.

화성 대기의 온도분포는 그림 1.6에서 확인할 수 있다. 지표면 부근의 대기온도는 220K(-53°C)로 지구대기의 권계면 부근의 온도와 비슷한 낮은 온도를 보이고 있다. 화성 대기의 대류권계면(180 km 상공)에서의 온도는 120K로 매우 낮다. 대류권계면 상부 열권에서는 기온이 상승하여 300K에 이르고 있다.

화성에서 고도에 따른 기온 감소율은 맑은 대기의 경우 ∼4°C km^{-1} 이내, 먼지바람으로 대기에 먼지가 많을 때는 기온감률은 3°C km^{-1}로 낮아진다. 공기덩어리의 단열감률은 4.5°C km^{-1}로 맑은 대기의 기온감률보다 크다. 따라서 화성의 대류권은 대체로 안정하다.

1.3.3 목성형 행성 대기의 조성과 구조

목성형 행성의 대기는 표 1.3에서 보는 바와 같이, 지구형 행성의 대기에서는 볼 수 없는 H_2(∼10%), He(∼10%), CH_4(∼0.1%), NH_3(∼0.02%) 등의 가벼운 휘발성 기체들로 이루어져 있다. 이러한 구성성분은 태양의 구성성분과 매우 비슷하다. 그러므로 이들 대기는 태양계의 생성 당시 존재했던 원시대기의 성분을 그대로 갖고 있는 것으로 생각된다.

목성형 행성의 대기 온도분포는 그림 1.7과 같다. 목성형 행성은 대부분 짙은 대기로 둘러싸여 있

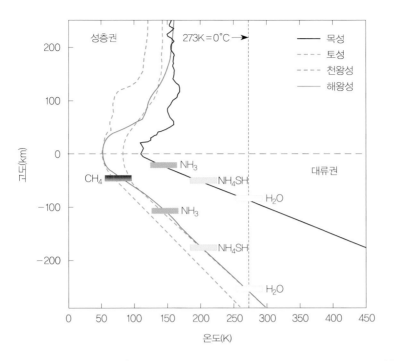

그림 1.7 **목성형 행성의 고도에 따른 대기 구조.** (출처 : 실측 자료를 바탕으로 한 Nick Strobel 교수의 그림을 수정 사용함)

으므로 지표면의 기온과 기압은 잘 알려져 있지 않다. 그러나 대기의 조성, 중력, 내부 온도, 태양복사량이 다름에도 목성형 행성에서는 지구표면 평균기압의 10분의 1(대기압이 약 0.1 bar)인 대류권계면에서 기온이 가장 낮게 나타난다. 이러한 0.1 bar의 기압에서 대류권계면이 나타나는 이유는 아직도 잘 알려지지 않았지만, 두꺼운 대기층으로 이루어진 행성들의 특징으로 생각된다. 목성형 행성의 대류권 온도와 압력은 대류권계면 아래로 내려갈수록 증가한다. 목성형 행성의 대류권에는 두꺼운 구름층이 존재하여 이들은 구성성분에 따라 암모니아(NH_3) 구름층, 유화수소 암모니아(NH_4SH) 구름층, 물방울과 눈송이(H_2O)로 이루어진 구름층, 메탄(CH_4) 구름층으로 되어 있다. 이와 같은 다양한 구름층이 목성형 행성의 대류권을 가리고 있어 대류권계면 이하의 고도는 정확하게 측정되지 않고 있다. 그림 1.7에서 대류권계면 고도를 기준 고도(0 km)로 설정하여 대류권 연직 온도분포가 제시되었다.

1.4 지구대기의 조성과 구조

1.4.1 지구대기의 진화와 조성

지구의 대기는 태양계 다른 행성들의 대기와 다르다(표 1.3과 1.4). 현재의 지구대기의 조성은 지구의 물리·화학적인 변화에 따라 조화를 이루는 생물학적인 과정들에 의해서 결정된다. 태양계 행성 중에서 유일하고 특별한 지구대기는 생명을 유지하기 위해 필수적이다. 공기에서 수증기를 제외한 나머지 기체를 **건조 공기**(dry air)라 한다. 현재의 지구대기를 구성하고 있는 건조 공기에는 질소(N_2,

표 1.4 현재의 지구 대기 조성성분과 그 생성원

	기원	혼합비(ppm)	백분율(%)
질소(N₂)	지구 기원	780,840	78.08
	미생물 기원		
산소(O₂)	광합성	209,460	20.95
아르곤(Ar)	주로 방사성 생성	9,340	0.93
이산화탄소(CO₂)	지구 기원	400	0.04
수증기(H₂O)	지구 기원	0~40,000	
네온(Ne)	지구 기원	18	
헬륨(He)	주로 방사성 생성	5.2	
메탄(CH₄)	미생물 기원	1.7	
수소(H₂)	우주 기원 일부는 화산 기원	0.53	
아산화질소(N₂O)	미생물 기원	0.3	
일산화탄소(CO)	미생물 기원	0.04~0.2	
	산화과정 산물		
암모니아(NH₃)	미생물 기원	<0.01	
황화수소(H₂S)	미생물 기원	10^{-4}	
이산화황(SO₂)	화산 활동	10^{-4}	
오존(O₃)	광화학과정	0~10	
	산소로부터 생성		

출처 : Holloway & Wayne(2010)

78.08%), 산소(O_2, 20.95%), 아르곤(Ar, 0.93%)과 같은 주성분 이외에 이산화탄소(CO_2, 0.04%)를 포함한 미량 기체들이 존재하고 있다. 건조 공기 외에 대기 중에는 시간과 장소에 따라 농도가 크게 변화하는 다양한 에어로졸과 수증기(H_2O, 온도와 지리적 위치에 따라 변화하며 대략 0~4%가 존재) 가 존재한다. 건조 공기의 성분에는 그 양이 일정한 것과 변화하는 것이 있다. 전자를 영구기체라 하고, 후자를 변량기체라 한다. 건조 공기의 조성은 표 1.4와 같다. 영구기체는 생명체와 기타 화학반 응에 중요하며, 미량의 변량기체들은 기상현상에 매우 중요하다. 이러한 지구의 대기는 태양으로부터 오는 해로운 짧은 파장의 복사(자외선)를 막아주고, 온실기체에 의한 온실효과로 지표면을 데워주어 낮과 밤의 극심한 온도차를 줄여준다. 그러나 수십억 년 전의 원시대기는 현재의 대기와는 매우 달랐다.

태양계 생성 이후 지구대기는 1.2절에서 기술한 행성 대기의 진화과정을 거쳤다. 그러나 표 1.2에서 제시된 바와 같이 지구의 복사평형온도는 특별해서 대기의 진화과정은 태양계 다른 행성과 달랐다. 지구의 대기는 매우 긴 지질학적 시간 동안 진화하여 현재의 대기 조성을 갖추게 되었다. 지구가 천천히 식어 가면서 더 영구적인 대기가 형성되었다. 액체처럼 녹아 있던 지표가 딱딱한 고체 지표로 식어 가면서 그 속에 녹아 있던 가스들이 대기 중으로 방출되는 기체분출(아웃개싱, outgassing) 과정을 겪었다. 아웃개싱은 지금도 세계 곳곳에 있는 수백 개의 화산들에 의해 계속되고 있다. 그러므로 지질학자들은 원시 지구대기가 오늘날 화산 분출 시 방출되는 주요 가스들인 수증기, 이산화탄소, 수소, 질소, 여러 가지 소량 가스들(메탄, 암모니아)로 구성되어 있었을 것으로 추정한다. 지구가 계속 식어 가면서 수증기는 구름을 형성하였고 많은 강수가 내리기 시작하였다. 기체 상태의 수증기가 강수로 내리게 될 수 있었던 것은 태양상수인 S_0의 값이 적절하여 수증기가 물 또는 눈 상태로 상변화할 수 있는 환경이었기 때문이다.

초기의 강수는 지면에 닿기 전에 뜨거운 공기로 인해 증발되거나 뜨거운 지면에 닿아 마치 뜨거운 철판에 떨어진 물방울처럼 빠르게 끓어올랐다. 이런 과정은 지표의 냉각을 가속하였다. 지표온도가 물의 끓는점(100°C 또는 212°F) 이하로 내려간 이후 강한 강수로 떨어진 물은 대양을 형성하는 낮은 지역에서부터 차오르기 시작했다. 원시대기 중의 CO_2는 이렇게 해서 생성된 물속으로 용해되었다. 강수와 용해로 대기 중의 수증기와 CO_2는 감소하였고, 지질학적인 시간을 거치면서 질소가 풍부한 대기로 변하게 된 것이다.

만약 지구의 원시대기가 화산 분출에 의해서만 생성된 것이라 한다면 우리는 어려운 문제에 봉착하게 된다. 화산 분출은 산소를 방출하지 않는다. 그러면 현재 대기에서 상당한 양(21%)을 차지하고 있는 산소는 어디서 발생한 것일까? 이에 대한 답변은 '지구대기의 산소'에서도 찾을 수 있지만, 아래와 같이 정리할 수 있다.

원시지구에서는 대기 중 수증기가 강한 자외선에 의하여 광분해되어 산소가 발생하였다. 하지만 이 과정만으로는 현재의 많은 양의 산소를 설명하지 못한다. 약 35억 년 전 바다에서 원핵생물인 남세균으로 이루어진 **스트로마톨라이트**(stromatolite)는 계속적인 광합성을 통해 원시지구 대기의 산소를 증가시켰다. 1.4.3절의 '지구대기의 산소'에서 알 수 있는 바와 같이, 바닷속 남세균의 급격한 성장에 의한 산소의 눈에 띄는 증가는 거대한 산소 공급원인 녹색식물이 번성하도록 하였다. 이를 달리 말하면 생명 그 자체가 현재 대기의 구성에 큰 영향을 미쳤다는 것이다. 식물은 환경에 순응하지 않았다. 도리어 환경에 영향을 미쳤다. 식물은 CO_2를 소모하고 산소를 배출하여 전체 행성 대기의 성분을 바꾸어 놓았다. 이것은 지구가 생명체와 그 환경이 상호작용하는 거대한 시스템으로서 어떻게 변화되어 가는지를 보여주는 좋은 예이다.

식물이 대기를 어떻게 바꾸었을까? 답은 식물이 양분을 생산하는 방법에 있다. 식물은 빛에너지를 이용하여 CO_2와 물을 합성하여 당분을 생산하는 광합성을 한다. 그 과정에서 배출되는 기체가 산소이다. 동물은 신진대사 활동을 위해서 산소를 이용한다. 그리고 숨을 내쉴 때 CO_2를 배출한다. 식물은 이 CO_2를 다시 광합성을 하는 데 사용하고, 이런 과정은 계속 반복된다. 대기의 진화과정 중 발생한 산소로 인해 생명체의 출현과 진화에 도움을 주었고, 결국 산소 호흡을 하는 생명체의 탄생과 보호 역할을 하게 된 것이다.

　대기의 조성은 대기분자의 운동에 의한 분자 확산과 난류 운동에 의한 혼합에 따라 크게 좌우된다. 고도 80 km 이하에서는 난류 운동에 의해 대기의 혼합이 활발히 일어나 대기의 조성비율이 일정하여 **균질대기**(homogeneous atmosphere)라고 부른다. 80 km 이상의 고도에서는 분자 확산이 크기 때문에 대기의 조성비율이 일정하지 않게 되어 **비균질대기**(heterogeneous atmosphere)가 된다. 오존(O_3)은 10~50 km의 고도에서 큰 값을 가진다. 지구대기는 약 1,000 km까지 존재하고 있다.

1.4.2 대기권의 구조

지구 대기권은 일반적으로 고도에 따른 온도의 변화로 구분한다. 그림 1.8은 지구대기의 온도와 기타 변수의 고도분포를 나타낸 것이다. 고도에 따른 온도분포를 보면 기온이 고도에 따라 감소하는

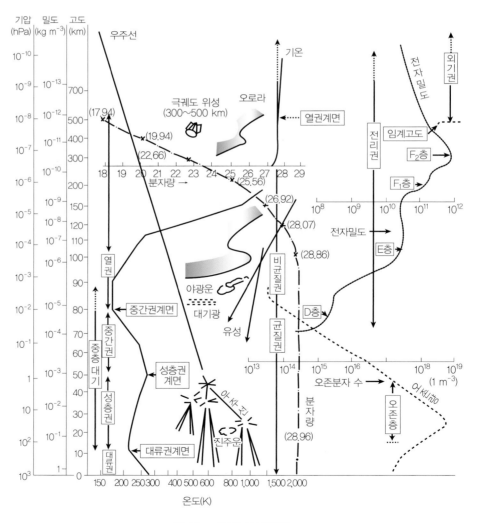

그림 1.8　**지구대기의 연직구조**

대류권(troposphere)이 있다. 지표면의 온도는 15°C(288K)이나 상공 12 km, 즉 대류권계면까지 약 6.5°C km^{-1}의 기온감률로 하강하여 이 고도에서는 −55°C까지 하강한다. 대류권 내에서는 다소 강한 수직혼합 및 대류현상이 일어나며 기상현상이 나타난다. 'tropo'는 그리스어로 'turning'을 의미한다. 공기분자는 대류권 밑바닥에서 꼭대기까지 맑은 날씨에는 매우 느리게 며칠 만에, 강한 대류가 발생할 때는 몇십 분 만에 이동할 수 있다.

'읽을거리 : 기상학 발전의 주요 이정표'에서 살펴볼 수 있듯이, 지구대기의 과학적 연구는 대류권의 기상현상을 과학적으로 이해하는 **기상학**(meteorology)으로 시작되었다. 대류권 내의 기상현상을 주로 다루는 기상학은 인류 역사와 함께 발전하였다. 우리 인류는 대류권에서 발생하는 태풍, 폭우, 폭설, 한파, 열파 등과 같은 기상학적 현상들과 연관된 재난과 재해의 영향을 끊임없이 받고 있다. 이를 극복하려 노력하는 인류는 대류권의 날씨 및 기후현상을 이해하려 지속적으로 노력하고 있다.

대류권 이상의 고도에서 기온은 다소 일정하다가 고도 50 km까지 상승하는 **성층권**(stratosphere)이 있다. 성층권은 대기가 매우 안정한 기층이며 20~30 km에는 오존(O_3)이 많이 분포하고 있다('strato'는 라틴어로 'layered'를 의미한다). 성층권 내의 이러한 온도분포는 오존과 오존의 생성과정의 결과물이다. 성층권계면에서의 온도는 지표보다는 약간 낮으나 성층권계면 이상의 **중간권**(mesosphere)에서 기온은 다시 하강하여 중간권계면에서는 200K에 이르고 그 이상에서 기온은 증가한다. 이 층을 **열권**(thermosphere)이라 하고 열권 상층부에서 기온은 2,000K 이상에 달한다. 중간권 이상에서의 온도는 대기의 분자운동에 의해 결정된 온도로서 직접 관측된 온도와는 다르다. 열권은 공기가 매우 희박하므로 비록 분자의 운동속력이 커서 고온을 형성하더라도 우리의 피부에 충돌하는 분자의 수가 매우 적기 때문에 뜨겁게 느껴지지 않는다. 열권에서의 온도는 낮과 밤의 온도차가 수백 도나 되며, 또 태양 활동이 클 때와 작을 때 온도차가 크다.

일반적으로 다양한 기상현상이 나타나는 대류권을 하층 대기, 성층권과 중간권을 중층 대기 그리고 열권을 고층 대기라 한다. 중층과 고층 대기권은 높이에 따른 온도분포 외에도 대기권 중에 나타나는 여러 특성에 의해 나누어지기도 한다. 이 책은 기상학과 관련한 내용을 주로 설명하고 있지만, 이 절에서는 중층과 고층 대기의 주요 특성으로 오존층, 전리권, 자기권을 서술하였다.

오존층

고도 20~50 km 부근에는 **오존층**(ozone layer)이 있다. 대기 중 오존의 총량은 매우 적어서 무게로 보아 약 100만 분의 2(2 ppm)에 불과하지만 생명체에 유해한 자외선을 차단하는 우산과 같은 역할을 한다. 다양한 관측 장비를 이용하여 측정된 오존 농도의 수직분포를 그림 1.9에 제시하였다. 오존층 내의 오존량은 수농도 또는 혼합비 단위를 이용하여 표현하며, 어떤 단위를 사용하느냐에 따라 오존의 최댓값이 나타나는 고도가 다르다. 이는 단위의 정의에 따라 발생하는 효과이며, 해석에 유의해야 한다.

대부분의 오존은 높은 고도에서 광화학적(photochemical) 과정을 통해 생성된다. 보통 산소분자(O_2)는 파장 0.24 μm 이하의 자외선에 노출되면 산소원자(O)로 분리된다.

$$O_2 + 태양복사에너지(<0.242 \ \mu m) \rightarrow O + O \tag{1.9}$$

$$O_2 + \text{태양복사에너지}(<0.176\ \mu m) \rightarrow O(^1D) + O(^3P) \qquad (1.10)$$

그리고 O와 O_2가 주변의 제3의 중성분자 M(주로 질소)과 함께 반응하면, 이들은 결합해서 오존(O_3)을 생성하며 에너지는 안정화된다. 광분해된 산소원자가 안정화되는 과정은 궁극적으로 주변 분자 M에 열을 전달하는 과정이다.

$$O_2 + O + M \rightarrow O_3 + M^* \qquad (1.11)$$

그러나 오존은 태양광선에 노출되면 매우 불안정하고 $0.310\ \mu m$ 이하 파장의 태양복사를 흡수하면 광해리되어 O_2와 O로 분리된다.

$$O_3 + \text{빛에너지}(<0.310\ \mu m) \rightarrow O + O_2 \qquad (1.12)$$

광해리 반응 식(1.12)는 오존이 오존 생성원인 산소원자를 만들어내므로 오존을 파괴하는 반응이 아니다. 오존을 파괴하는 반응은 다음과 같다.

$$O + O + M \rightarrow O_2 + M^* \qquad (1.13)$$

$$O_3 + O + M \rightarrow 2O_2 + M^* \qquad (1.14)$$

위의 식들은 오존층의 생성 및 파괴 기제(mechanism)를 설명하는 채프만(Chapman) 기제 반응식에 해당한다. 채프만 기제는 순산소(O, O_2, O_3)와 질소(N_2)로 이루어진 대기에 대해 적용한 것이다. 1964년까지도 산소 대기만을 고려한 채프만 반응으로 대기 중 존재하는 오존을 설명할 것으로 생각되었다. 하지만 실험실에서 오존 반응률이 측정되고 실질적인 오존 농도의 수직 측정이 수행되면서 이론적인 채프만 반응식만으로는 성층권 오존층의 고도와 오존량을 설명하기 어렵다는 것을 알게 되었다. 또한 실제 대기에서는 다양한 물질에 의한 **순환 환원반응**(catalytic reaction cycle)에 의하여 오존이 빠르게 파괴될 수 있음이 발견되었다.

　지구대기에서는 오존 파괴 반응이 있으며 이에 따라 실제 측정된 오존의 수직구조(그림 1.9)는 단순 이론적인 수직구조와 매우 다르다. 장비에 따라 같은 지역을 측정하고 있음에도 그 값의 차이가 나타나는 것은 바로 장비가 직접 현장(측정 지점)에서 측정하는 방법과 원격탐사를 통해 추정해내는 방법의 차이에서 기인한다. 원격탐사는 지면에 고정되어 있거나 인공위성 또는 비행기에 탑재한 UV 센서, 라이다(lidar) 장비, 등의 광학센서를 이용하여 원거리지역의 농도값을 추정해내는 것이므로 지정된 지점의 값을 완벽하게 알아내기에는 어려움이 있다.

전리권

1882년 밸푸어 스튜어트(Balfour Stewart)는 지상에서 관측되는 자기장의 변화로부터 대기 상공의 전리권의 존재를 제안하였고, 그 후 1902년 커널리와 해비사이드(Kenelly & Heaviside)는 독립적으로 대기의 상층부에 **전리권**(ionosphere)이 있음을 주장하였으며 이로써 라디오파의 장거리 송신 이유가 설명되었다.

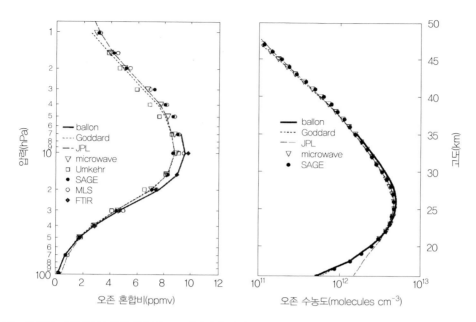

그림 1.9 하와이 마우나로아 근처 성층권 고도에서의 측정된 오존 혼합비와 수농도 수직분포. 오존 농도를 표현하는 단위에 따라 오존의 최곳값이 나타나는 고도가 달라진다. 농도가 관측된 고도는 측정 장비에 따라 차이가 나며, 측정 장비는 그림에 표시되어 있다. 그림에서 balloon은 오존 존데 관측자료(0~35 km), Goddard는 라이다 관측자료(14~50 km), JPL(Jet Propulsion Laboratory)은 라이다 관측자료(14~50 km), microwave는 마이크로파 관측자료(20~65 km), Umkehr는 15~43 km 관측자료, SAGE II(Stratospheric Aerosol and Gas Experiment II)는 위성 관측자료(11~56 km), MLS(Microwave Limb Sounder)는 마이크로파 위성 관측자료(20~65 km), FTIR(Fourier Transform Infrared)은 적외선 자료(5~32 km)이다. (출처 : McPeters et al., 1999)

그림 1.10에서 살펴볼 수 있는 바와 같이 고도 약 60~80 km에 D층, 100 km에 E층, 180~250 km와 250~400 km에 각각 F1, F2층이 존재한다. D층은 저주파수의 라디오파를 반사하지만, 중간 및 고주파수의 파는 매우 강하게 흡수한다. E층은 라디오파를 강하게 반사하며, F층은 종종 F1, F2층으로 나뉘며, F2층은 장거리 통신에 매우 유용하다. D층은 태양의 수소에 의해 방출된 복사 때문에 형성되며 E층과 F1층은 태양으로부터 들어오는 X선에 기인하는 것으로 알려졌다.

전리권의 전기적 상태에 영향을 주는 강한 요란은 **태양 플레어**(solar flare)에 의해 일어난다. 태양에서 매우 짧은 단파의 복사 폭발은 약 8분 후 전리층에 영향을 미쳐 상층 대기에 이상 이온화 현상을 일으킨다. 플레어와 관련되는 X선의 폭발은 D층을 강화시켜 라디오파를 흡수하게 되고, 폭발의 강도가 강한 경우에는 라디오파의 통신두절, 즉 **델린저 현상**(Dellinger pbenomena)이 일어난다.

자기권

지표에서 약 500 km 상공에는 입자들 간의 충돌이 거의 없기 때문에 하전입자와 중성입자 사이의 상호작용이 거의 없는 대기가 존재한다. 이 고도에는 지구 자기력선(magnetic field line, 자기장)이 존재하기 때문에 하전입자의 운동은 매우 억제된다. 이 고도가 **자기권**(magnetosphere)이다.

먼저 지구 자기장은 지구 자전축에서 약 11° 기울어진 곳의 중심 쌍극자에 의해 일정하게 형성된

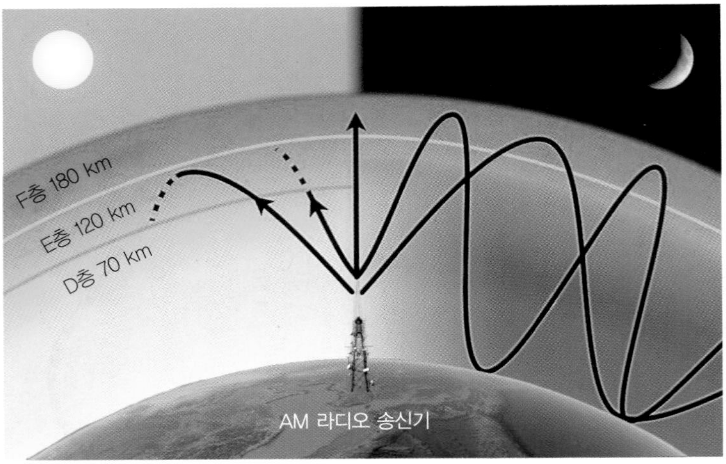

그림 1.10 　전리권과 연관된 AM 라디오파의 진행. 낮에는 D층에 의해 AM 라디오파가 흡수되어 장거리 통신에 지장이 생기나, 밤에는 F층에 의해 AM 라디오파가 강하게 반사되어 장거리 전파가 가능하다.

다. 그러나 자기력선은 500 km s^{-1} 속력으로 태양에서 방출되는 이온입자들의 흐름인 **태양풍**(solar wind)의 영향에 의해 완전한 쌍극자 모양에서 좀 일그러지는 형태가 된다. 지구의 낮 반구 쪽에서 자기장은 태양풍의 압력에 의해 다소 조밀해지는 반면에, 밤 반구에서는 긴 꼬리 형태로 바깥쪽으로 뻗쳐 있다. 자기권계면이 태양풍 입자를 분산시키고, 자기권 내에 하전입자들을 잡아둠으로써 태양풍을 차단시키는 작용을 한다.

태양의 요란은 태양풍 입자들의 속력과 밀도를 증가시키는 효과를 준다. 이런 태양입자 구름이 지구에 도달하면, 자기장의 변화, 전리층 흐름의 변화, 고에너지 입자가 낮은 극전리층으로 침투하는 것과 같은 다양한 현상들이 생긴다. 자기권에서 생성된 이런 고에너지 입자들은 태양 활동이 강한 후 며칠 동안 아름다운 **극광**(aurora)을 만들기도 한다. 자기권 내에서의 요란은 역시 태양 주위를 도는 행성의 내부 자기장 형성과도 밀접한 관계가 있다.

지구의 자기권 내부로 유입된 하전입자 중 일부는 극지방에서 극광을 일으키고 나머지 대부분의 입자는 지구 주위의 자기력선에 붙잡혀 지구를 중심으로 도넛 형태의 분포를 하게 된다. 이것을 **반알렌대**(van Allen Belt)라 한다. 반알렌대에 붙잡힌 하전입자의 에너지는 매우 크기 때문에 이는 마치 방사능 조사와 같이 생명체에 매우 유해하다. 따라서 이를 **방사능대**(radiation belt)라고도 한다.

1.4.3　지구대기의 산소

현재 지구대기 중에는 1.22×10^{18} kg의 산소가 존재한다. 하지만 이것은 제2차 원시대기에서 대격변에 의해 생긴 것이 아니다. 최초의 산소는 지구가 탄생하는 동안에 수증기가 자외선에 의해 광해리됨으로써 생성된 것이다.

$$H_2O + 태양복사에너지(0.1 \sim 0.2\ \mu m) \rightarrow 2H + O \tag{1.15}$$

기압이 높으면 위와 같은 과정으로 생긴 산소원자의 수명은 짧아지고 즉시 다음의 광화학 과정이 일어난다.

$$O + O + M \rightarrow O_2 + M$$
$$O_2 + O + M \rightarrow O_3 + M$$
$$O + O_3 \rightarrow 2O_2$$
$$O_2 + 태양복사에너지(0.1 \sim 0.2 \ \mu m) \rightarrow O + O \tag{1.16}$$

수증기가 충분히 많이 존재하면 수증기의 광해리로 만들어진 산소원자가 증가한다. 어느 정도 이상의 산소가 대기 중에 있을 때 식 (1.16)과 같은 반응이 발생하여 산소와 오존분자를 만들어낸다. 하지만 이때 생성된 산소와 오존은 자외선을 흡수하여, 수증기의 광해리 과정이 자동적으로 억제되는 효과가 초래된다. 이것을 **유레이 효과**(Urey effect)라 한다. 이 효과 때문에 제2차 원시대기에서의 산소량은 현재 산소량의 1/1,000 이상을 넘지 못하였다. 이것은 대략 20 Pa에 상당하며 현재의 CO_2 분압보다도 낮은 양이다. 이와 같은 산소의 생성은 오늘날의 대류권과 성층권에 해당하는 하층에서 일어났으며, 지표 근처에서는 오존이 존재해 지표를 산화시켰던 것으로 생각되고 있다.

지구대기의 진화에서 간략하게 설명한 바와 같이 원시지구의 대기와 달리 현재 지구에서는 번창한 식생에 의한 광합성으로 산소가 대량 생성된다. 이 양을 그림 1.5의 식생에 의한 CO_2의 소비량으로부터 계산하면 $6.0 \times 10^{13} \ kg \ yr^{-1}$으로 현재의 대기 중의 산소는 생성된 지 2만 년이 안 되는 것으로 알려져 있다. 광합성에 의한 산소의 생성은 처음에는 느리게 진행되었지만, 광합성 생명체가 증가하며 5억 년 전부터 급격하게 증가하였다(그림 1.11).

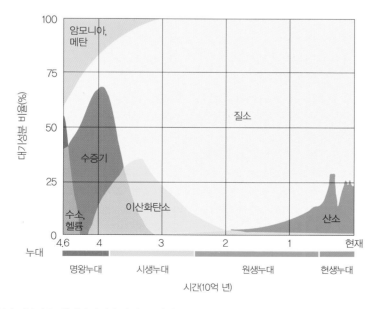

그림 1.11 46억 년 전부터 누대(지질시대의 가장 큰 단위) 시간규모에서의 대기 구성성분 비율의 시간 변화 (출처 : Victor M. Ponce 교수의 그림을 바탕으로 수정 사용함)

생물은 자외선에 의해 치명적인 타격을 받는다. 자외선이 생물에 미치는 영향을 논할 경우에는 자외선을 파장에 따라 UV-A(0.32~0.4 μm), UV-B(0.28~0.32 μm), UV-C(0.19~0.28 μm), 진공 자외선(0.01~0.19 μm)으로 나누어 고려한다. 이 중에서 UV-B, UV-C, 진공 자외선이 생물에 유해한 영향을 미친다. 버크너와 마셜(Berkner & Marshall, 1965)은 이러한 문제에 대해 다음과 같은 주장을 하였다.

지구상의 생명체는 산성에서부터 중화된 해양에서 생겨났으며, 대략 38억 년 전에 생물이 해양에서 탄생한 것이 지질고생물학적 연구에 의해 확인되고 있다. 광합성이 시작된 것은 생명이 탄생한 후 약 10억 년 후 지금으로부터 약 27억 년 전이다.

27억 년 전 산소량이 0.001 P.A.L.(현재 대기 수준값)이었을 때에는 10 m 이하의 수심에서 약한 빛으로 광합성을 해야 했다. 그 후로부터 20억 년이 지나 캄브리아기(약 6억 년 전)에 들어서면서 산소량은 0.01 P.A.L.로 증가하였고, 수중의 유해한 자외선은 수심 수 cm로 제한되어 격감하였다. 이때의 산소량을 제1 임계값이라고 한다. 식물의 생활 범위는 뚜렷하게 확대되었고, 생물은 폭발적으로 진화하였다. 산소량의 증가 속력이 커져 실루아기 말기(4억 2000만 년 전)에 산소량은 0.1 P.A.L.에 달하여 오존층이 형성되고, 처음으로 리니아 등으로 부르는 조류의 일종인 식물이 상륙하였다. 이때의 산소량을 제2 임계값이라고 한다. 3억 8000만 년 전에 삼림이 생겨나고 양서류가 등장하였으며 그 후 변화를 계속하여 현재에 이르고 있다.

기상학 발전의 주요 이정표 　　읽을거리

지구대기의 과학적 연구는 **기상학**(meteorology)으로 시작되었다. 기상학은 인류 역사와 함께 발전하였다. 인류가 이룬 농업혁명과 산업혁명에서도 기상학은 큰 역할을 하였다. 4차 산업혁명이라는 21세기를 살고 있는 인류에게 태풍, 폭우, 폭설, 한파, 열파 등과 같은 기상학적 현상들은 끊임없이 재난과 재해로 우리에게 영향을 주고 있다. 우리 인류는 기상현상과 연관된 재난과 재해를 극복하려고 노력하고 있다.

1593년에는 갈릴레오가 온도계를 발명했고, 1643년에 토리첼리가 첫 번째 기압계를 제작하였다. 1661년에 로버트 보일(Robert Boyle)은 기체의 압력과 부피 간의 기본적인 관계를 발견하였다. 17세기 이후로 여러 기상요소를 측정하기 위한 측정기구의 발달에서부터 기상학은 과학의 한 부분으로 발전하게 되었다. 18세기 동안 기상 관측 기기(측기)들이 개선되고 규격화되어 광범위한 자료 수집이 이루어지기 시작했다. 기상 측기를 통한 관측자료를 바탕으로 19세기에는 주로 물리학적 연구 성과를 토대로 각종 기상현상이 연구되기 시작하였

다. 1802년 프랑스의 화학자이자 물리학자인 조제프 루이 게이뤼삭(Joseph Louis Gay-Lussac)은 '기체팽창 법칙'을 발견하였다. 1802년 12월 영국의 기상학자 루크 하워드(Luke Howard)는 구름 모양에 기초한 최초의 실용적인 구름 분류를 소개하였다. 1817년 독일의 알렉산더 폰 훔볼트(Alexander von Humboldt)는 등온선을 사용하여 기온의 분포를 나타내는 지도를 제작하였다. 1821년에는 충분한 기상자료가 축적돼 독일의 하인리히 브란데스(Heinrich Wilhelm Brandes)에 의해서 엉성하나마 최초의 일기도가 작성되었다. 그 후 얼마 지나지 않은 1827년에 독일의 하인리히 도베(Heinrich Wilhelm Dove)는 한대와 적도 기류를 분석하여 국지 기상을 설명하였다. 1825년 프랑스의 가스파르-귀스타브 코리올리(Gaspard-Gustav Coriolis)는 지구의 자전이 대기 운동에 미치는 효과를 **코리올리 효과**를 수학적으로 입증하였다. 이후 오스트리아 율리우스 폰 한(Julius Ferdinand von Hann)을 중심으로 한 오스트리아 기상학파에 의해서 기상역학 분야가 등장하게 되

었다.

20세기에 이르러 대기 특징은 더욱 상세히 밝혀졌다. 기상학은 수학, 물리학, 화학, 전자기학과 같은 관련 학문 발달에 의해서 영향을 받아 과학적으로 급격한 팽창을 경험하였다. 1902년에는 프랑스의 기상학자인 레옹 테스랑 드 보르(Léon Philippe Teisserenc de Bort)와 리샤르 아스망(Richard Assman)에 의해 대기층들을 대류권과 성층권으로 구분하여 부르기 시작하였다. 간단한 대기 운동을 기술하는 방정식에 대한 최초의 수학적인 해답은 1905년 스웨덴 해양물리학자인 방 에크만(Vagn Walfrid Ekman)에 의해서 유도되었다.

날씨의 분석과 이해를 다루는 종관기상학은 노르웨이의 기상학자인 빌헬름 비야크네스(Vilhelm Friman Koren Bjerknes)와 그의 제자들을 포함한 노르웨이 기상학파에 의해서 제1차 세계대전 후 괄목할 만한 발전이 이루어졌다. 1904년 비야크네스는 '역학과 물리학의 문제로서의 날씨예보(Weather Forecasting as a Problem in Mechanics and Physics)'란 제목의 논문을 발표하였다. 이 논문에서 비야크네스는 날씨 예보를 할 수 있는 절차를 계획하였다. 그는 계속해서 일어나는 대기 상태는 물리법칙에 따라 이전의 상태로부터 발달한다고 주장하였다. 날씨를 예보하기 위해서는 대기의 초기 상태와 법칙들을 알고 있어야만 했다. 또한 비야크네스는 대기의 상태를 적절하게 기술하기 위해서는 기본적인 기상요소(기압, 기온, 습도, 바람 등)를 전 세계적으로 관측해야 할 필요성이 있다고 인식하였다. 그는 특정한 시간의 대기 상태에 알려진 물리법칙을 적용시켜 대기의 미래 상태를 예측하려고 시도하였다.

상층 대기 관측의 중요성에 대한 인식은 라디오존데의 발명으로 이루어졌다. 첫 번째 라디오존데는 1939년 러시아의 기상학자인 파벨 몰차노프(Pavel Aleksandrovich Molchanov)에 의해서 이루어졌다. 또한 스코틀랜드의 공학자 겸 기상학자인 로버트 왓슨-와트(Robert Watson-Watt)는 1938년, 적의 항공기 접근을 초기 경보할 수 있는 7~14 m 파장을 사용하는 최초의 레이더 관측소망을 설치하였다. 이 관측소망은 전쟁 후에 기상 레이더로 발전하였다.

스웨덴 기상학자인 카를-구스타프 로스비(Carl-Gustaf Arvid Rossby)는 미국 매사추세츠 공과대학교에서 교수로 활동하고 있던 1930년대, 고도가 높은 곳으로부터 기압, 기온, 다른 기상변수들을 연구하여 이론화시키기 시작하였다. 따라서 기상학자들은 대기대순환에 관한 새로운 정보를 얻게 되었다. 로스비는 극지방 바람에서 굽이치는 상황이 일어나는 조건을 예측할 수 있었다. 이에 따라 부분적으로 대기 파동의 변화를 설명할 수 있게 되었다. 대규모 날씨현상은 이러한 변화에 의존하기 때문에, 그의 방정식은 이론적으로 변화하는 대규모 날씨 패턴을 예보할 수 있도록 하였다. 로스비의 업적은 기상학을 과학으로 바꾼 것으로 인정되고 있다. 또한 그는 해류를 연구하였고 제트기류의 기본 개념을 개발하였다. 제트기류란 이름은 로스비가 명명한 것이다. 컴퓨터의 출현으로 인하여, 로스비의 계산과 방정식은 복잡한 예보기술 개발에 적용될 수 있었다. 로스비는 최초로 컴퓨터를 활용한 날씨 예보 시스템을 1950년에 구축하였다. 로스비를 중심으로 활동한 연구 그룹을 시카고 기상학파라 부른다.

지구물리 유체역학의 관점에서 시카고대학교의 풀츠(D. Fulz) 교수가 1951년 발표한 회전수조 실험은 획기적이었다. 그러나 회전판 위에 놓인 개수통 내부의 물을 이용한 풀츠 교수의 실험은 재현하기 매우 어려웠다. 레이먼드 하이드(Raymond Hide)의 1953년 박사 논문에서 재현 가능한 장치를 만들었고, 이를 통해 유체 내에서 주기적인 로스비파 및 준주기적인 진동 현상을 발견하였다(그림 1.R1). 대규모 날씨현상과 관련되어 있는 로스비파를 회전수조 실험과 같이 상대적으로 간단한 실험으로 재현할 수 있었다. 그 후 로렌츠 교수는 1967년 "대기대순환은 기본적으로 관측과 이론, 실험, 수치해석을 통한 접근법을 통해 이해될 수 있다."라고 기술하였다.

대기 연구의 새로운 차원은 대기를 탐사하기 위한 기상위성을 궤도에 진입시킴으로써 이루어졌다. 최초의 기상위성은 1960년 미국이 발사한 극궤도 위성 TIROS(Television Infrared Observation Satellite) 1호이고, 그 뒤 1966년에는 정지궤도 기상위성 ATS(Applications Technology Satellite) 1호를 발사한 이후 괄목할 만한 발전을 이루게 되어 현재에는 날씨(일기) 예보에 필수적인 기상 장비로 대두되었다.

앞의 선구자들에 의한 1950년대까지의 이론과 실험의 진보는 대기 움직임에 대해 깊이 있게 이해하는 데 도움이 되었다. 현대의 원격탐사(인공위성, 레이더, 라이다 등)와 수치 모델링 실험과 같은 더 깊은 수준의 대기과학 연구는 이와 같은 과거의 이론과 실험이 없었다면 어려웠을 것이다.

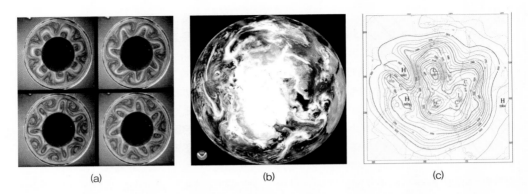

(a)   (b)   (c)

그림 1.R1 지구를 둘러싸고 있는 파동 : 회전수조 실험 결과(a), 위성에서 관측한 북극 모습(b), 500 hPa 북반구 일기도(c). 위성의 구름분포 이미지와 반구 일기도에서 확인되는 지구를 둘러싼 파동현상인 로스비파가 회전수조 실험으로 재현될 수 있다. [출처 : (a) : Ghil et al. (2010), (b) : www.nesdis.noaa.gov/content/noaa-shares-first-new-view-north-pole-earth-day, (c) : 기상청]

연습문제

1. 기체분자 운동론을 이용하여 기체 1몰의 평균 운동에너지가 절대온도에 비례함을 유도하라.

2. 평균온도 300K인 지표면에서의 수소와 산소분자의 평균속력(v_{rms})을 구하라.

3. 본문을 참조하여 태양의 평균 반경과 표면온도, 태양과 지구 사이의 거리를 기호를 사용하여 표현한 후 지구의 태양상수를 기호로 제시하라.

4. 표 1.2의 행성들에 대한 유효온도, 표면온도, 태양상수를 본문에 주어진 변수들을 이용하여 모두 계산하라.

5. 원시지구에 존재하지 않았던 산소가 지질학적인 시간규모를 거치며 산소가 급속하게 증가할 수 있었던 이유를 설명하라.

6. 태양계 행성 중 유일하게 지구에만 생명체가 살 수 있게 된 가장 중요한 요인은 무엇인지 설명하라.

7. 지구대기가 갑자기 사라지게 된다면 지구표면에 생길 변화를 기상요소를 기반으로 설명해보라.

8. 풀츠 교수의 회전수조 실험에 대해 실험 방법과 그 의미에 대하여 설명하라.

9. 대기과학 연구를 위한 자료들은 현장 관측과 원격탐사를 통해 얻을 수 있다. 대기과학에서 사용하는 측정 장비를 조사하여 정리하고, 측정 장비별로 얻을 수 있는 기상요소들을 설명하라.

10. 성층권의 온도가 고도에 따라 증가하는 이유를 채프만 반응식을 이용하여 제시하고, 채프만 반응식만으로 현재의 오존층과 성층권의 고도가 설명되지 않는 이유를 설명하라.

참고문헌

김경익 외 8인, 2015 : 환경대기과학, 동화기술, 350pp.

윤일희, 2018 : 자연의 이치를 알아낸 지구과학자, 대기권 과학자, 북스힐, 348pp.

한국기상학회, 2012 : 대기과학개론, 시그마프레스, 405pp.

한국기상학회, 2014 : 대기과학용어사전, 시그마프레스, 800pp.

한국기상학회, 2013 : 대기과학용어집, 시그마프레스, 1042pp.

AMS(American Meteorological Society), 2000 : Glossary of Meteorology, American Meteorological Society, 855pp.

Fanale, F. P., 1971 : A case for catastrophic early degassing of the Earth, *Chemical Geology*, 8, 79-105pp.

Ghil M. et al., 2010 : Geophysical flows as dynamical systems: the influence of Hide's experiments, *Astronomy and Geophysics*, 51, 4.28.

Holloway, A. M. and R. P. Wayne, 2010 : Atmospheric Chemistry, *Royal Society of Chemistry*, 736pp.

Lammer, H., A. L. Zerkle, et al., 2018 : Origin and evolution of the atmospheres of early Venus, Earth and Mars, *Astron. Astrophys. Rev*. 26:2.

McElroy, M. B., 2002 : The atmospheric environment: Effects of human activity, Princeton University Press, 360pp.

McPeters et al., 1999 : Results from the 1995 Stratospheric Ozone Profile Intercomparison at Mauna Loa, *Journal of Geophysical Research*, 104, 30505-30514 pp.

Thiabaud, A. et al., 2015 : Gas composition of the main volatile elements in protoplanetary discs and its implication for planet formation, *Astronomy and Astrophysics*, 574, A138.

Wayne, R. P., 2000 : *Chemistry of Atmospheres*, Oxford, 775pp.

제2장

기온과 복사

지구에 살고 있는 모든 생명체의 활동은 주변 공기의 온도에 영향을 받는다. 우리의 일상생활에 서는 외출할 때의 의복뿐만 아니라 냉난방의 시작과 에너지 사용량도 기온에 영향을 받는다. 그러면 공기의 온도는 어떻게 결정되는 것일까? 우리는 겨울에 북쪽에서 차가운 바람이 불어와서 기온이 내려가는 것과 여름에 태평양의 고온다습한 공기가 밀려오거나 햇빛이 지표면을 가열하고 공기가 그 열을 전달 받아 무더운 날씨가 되는 것을 알고 있다. 기온은 다양한 열전달 과정에 의하여 결정된다고 알고 있는데, 여기에서는 대기에서 연직 방향의 에너지 전달과정을 살펴보기로 한다. 특히 빛에 의한 에너지 전달은 기온의 결정에 중요할 뿐만 아니라 온실효과에 의한 지구온난화를 이해하는 데도 중요하기 때문에 '복사'로 절을 할애하여 설명하였다. 빛을 흡수하고 방출하는 관점에서의 물질, 그리고 빛과 물질과의 상호작용과 그 영향에 대하여 살펴보기로 하자.

2.1 기온

2.1.1 기온의 측정

공기의 온도는 섭씨, 화씨 혹은 절대온도(absolute temperature)로 나타낸다. 섭씨온도(C)의 척도는 1기압에서 물이 어는 온도를 0°C로 그리고 물이 끓는 온도를 100°C로 정의한 반면 화씨온도(F)의 척도는 물이 어는 온도를 32°F 그리고 물이 끓는 온도를 212°F로 정의한다. 이러한 척도의 차이 때문에 화씨온도를 섭씨온도로 혹은 섭씨온도를 화씨온도로 나타내기 위해서는 다음의 변환식을 이용한다.

$$C = (F-32) \times 5/9 \tag{2.1a}$$
$$F = C \times (9/5) + 32 \tag{2.1b}$$

절대온도(K)는 섭씨온도에 273.15를 더한 값이다. 따라서 1기압에서 물이 어는 온도를 절대온도로 나타내면 273.15K, 그리고 물이 끓는 온도를 나타내면 373.15K이다.

2019년까지 우리나라에서 관측된 지상기온의 기록을 보면 최고기온은 2018년 8월 1일 홍천에서 관측된 40.3°C이며 최저기온은 1981년 1월 5일 경기도 양평에서 관측된 −32.6°C이다. 세계의 기록으로는 1922년 9월 13일 리비아 엘아지지아에서 관측된 58°C가 최고기온이며, 1983년 7월 21일 남극 보스토크에서 관측된 −89°C가 최저기온의 기록이다.

2.1.2 열과 기온

기온은 무엇을 측정한 것이며 무엇을 나타내는 것인가? 공기에 에너지가 전달되면 기온은 상승하고 에너지가 방출되면 기온은 하강한다. 여름에는 덥게 느끼고 겨울에는 춥게 느끼는 것 외에 과학적인 기온의 정의를 '읽을거리 : 기온과 기체의 운동에너지'에서 설명하였다. 이 설명에 의하면 공기분자의 **운동에너지**(kinetic energy)는 공기의 온도에 의하여 결정되기 때문에 기온은 공기분자의 운동에너지 크기를 나타내는 것이라 할 수 있다. 그 운동에너지의 크기를 정의하는 온도가 절대온도이며 섭씨온도와는 273.15 차이가 난다. 기온이 상승하면 공기분자의 운동에너지가 증가하고 기온이 하강하면 운동에너지가 감소한다. 예를 들어 공기의 "절대온도가 0K이면 공기분자가 움직이지 않는다."는 것은 바로 기온이 운동에너지의 크기를 나타내는 것을 의미한다.

열(heat)은 한 물체에서 다른 물체로 전달된 에너지(단위 : J 혹은 Cal)이다. 그림 2.1에서와 같이 온도가 높은 물체 A와 온도가 낮은 물체 B가 접촉하였을 때 시간 Δt 동안 A에서 B로 전달된 에너지, 즉 열이 ΔQ이고 질량이 m인 물체 B의 온도는 ΔT 상승하였다고 하자. 물체 B의 **비열**(specific heat capacity)을 C라 한다면 이들의 관계는 다음과 같다.

$$\Delta Q = mC\Delta T \tag{2.2}$$

즉, 물체 B의 비열과 온도의 증가량을 측정하면 전달된 열을 알 수 있다. 비열은 단위질량의 물질을 1K 상승시키기 위해 필요한 에너지(에너지가 전달되는 시간과는 관계없음)를 의미하며, 물질의 구조와 성분에 따라 다르다. 표 2.1에 물, 금속, 암석 등 다양한 물질의 비열을 정리하였다.

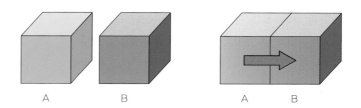

그림 2.1 열의 전달. 온도가 높은 물체 A와 온도가 낮은 물체 B가 접촉하였을 때 열은 화살 방향으로 전달된다.

표 2.1 물질의 비열

물질	비열($J\ g^{-1}\ K^{-1}$)
물	4.18
얼음	2.11
건조 공기	1.01
쇠	0.45
유리	0.84
구리	0.38
모래	0.83
현무암	0.84
화강암	0.79

2.1.3 대기에서 연직 방향의 열전달

기온을 결정하는 열은 대기에서 (1) 전도, (2) 대류(요란에 의한 공기덩이의 이동을 포함), (3) 복사, (4) 잠열 이동에 의하여 연직 방향으로 전달된다. 제1장에서 설명한 바와 같이 대류권에서는 고도에 따라 대기의 온도가 약 $6.5K\ km^{-1}$의 비율로 감소하는데, 이러한 온도구조는 대류권에서의 연직 방향 열전달에 의하여 결정된다. 햇빛을 받아 온도가 높은 지표에 가까울수록 기온이 높고 멀수록 기온이 낮은 구조를 이루게 된다.

전도

균질한 물질 내에서 분자 간의 충돌로 **운동 · 회전 · 진동에너지**(kinetic, rotation, and vibration energy)가 이웃 분자에 전달되어 에너지가 이동하는 것을 전도라 한다. 그림 2.2는 가열되는 바늘에서 열전도의 예를 나타낸 것이다. 열을 받은 곳은 온도가 높아지고 분자의 진동에너지가 증가하며 진동에너지는 인접한 분자에 전달되어 온도가 낮은 곳으로 전달되는 것을 보여주고 있다. 공기에서도 분자 간의 충돌로 운동 · 회전 · 진동에너지가 전달되기 때문에 전도에 의하여 열이 연직 방향으

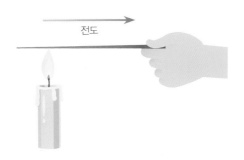

그림 2.2 **열전도.** 열을 흡수한 곳의 쇠 분자는 진동에너지가 증가하며 온도가 낮은 인접 분자에 진동에너지가 전달된다.

표 2.2 열전도도

물질	열전도도($W\ m^{-1}\ K^{-1}$)
은	429
구리	400
금	318
쇠	80
얼음	2.2
콘크리트	1.7
유리	1.1
물	0.6
나무	0.04~0.4
공기	0.025

로 전달된다. 그러나 공기의 **열전도도**(thermal conductivity)는 매우 작기 때문에 열전도에 의해 연직 방향으로 전달되는 에너지는 작은 편이다. 물질의 열전달의 특성을 나타내는 열전도도(k)는 다음의 식으로 정의된다.

$$Q = -kA\ \frac{\Delta T}{d} \tag{2.3}$$

즉, 전도에 의하여 단위시간 동안 전달되는 에너지($J\ sec^{-1}$)는 열전도도와 거리에 따른 온도 변화율($\Delta T/d$)에 면적 A를 곱한 것이다. 표 2.2는 공기와 나무 등 다양한 물질의 열전도도를 요약한 것이다. 열전도도가 작은 물질은 건축물에서 방열재 혹은 보온재로 사용되기도 한다.

대류

대류(convection)는 물질이 연직 방향으로 이동하여 에너지를 전달하는 방법이다. 그림 2.3은 주전자에서 물이 대류에 의하여 열을 위쪽으로 전달하는 것을 보여주고 있다. 아래쪽에서 뜨거운 물이 상승하고 위쪽에서는 상대적으로 주변보다 차가운 물이 하강하는 것을 볼 수 있다. 이것이 대류인데, 대기에서도 국지적으로 다른 곳보다 더 따뜻한 공기덩이가 부력을 받아 상승하게 된다. 한편 대기에서는 역학적으로 혹은 열적으로 **요란**(turbulence)이 발생한다. 대기 요란도 공기덩이의 이동이므로 에너지 전달과정으로는 대류 범주에 속한다. 대기와 지표면과의 에너지 수지를 나타낸 그림 2.26을 보면 대류와 전도가 연직 방향 열전달의 일부를 담당하는 것을 볼 수 있다.

잠열 이동

액체 상태인 물은 대기에서 기체 상태인 수증기 혹은 고체 상태인 얼음으로 변하기도 한다. 물이 수

그림 2.3 대류에 의한 열전달. 뜨거운 물이 상승하고 차가운 물이 하강한 결과는 위쪽으로 에너지를 전달한 것이 된다. (출처 : 셔터스톡)

증기로 **상변화**(phase change)를 할 때 0°C에서는 1 kg당 2,500 kJ(1 g당 600 cal)이 소요되는데, 물이 증발되는 것은 에너지가 수증기의 잠열로 변환되는 것을 의미한다. 지표에서 물이 증발할 때는 지표의 에너지를 소모하게 되며 대기에서 수증기가 다시 액체로 응결할 때 그 잠열이 대기로 방출된다. 이러한 과정은 지표로부터 대기로 에너지가 전달된 것과 동일하다. 그림 2.4는 잠열 이동에 의한 에너지 전달을 개략적으로 나타낸 것이다. 대기에서는 연직 방향 열전달의 상당 부분이 이러한 잠열 이동에 의하여 이루어진다(그림 2.26 참조).

복사

겨울철 난로 곁에 서 있으면 따뜻한 온기를 느낄 수 있다(그림 2.5). 이는 난로에서 방출된 빛에너지가 전달되었기 때문이다. 대기에서도 태양의 빛에너지 혹은 지표에서 방출된 적외선에너지가 공기의 구성 성분에 흡수되어 에너지가 전달된다. 태양광이 지표면에 흡수되어 지표면이 따뜻해지고 지표면에서 방출된 적외선이 대기의 온실기체에 흡수되는 것들이 모두 **복사**(radiation)에 의한 에너지 전달이다.

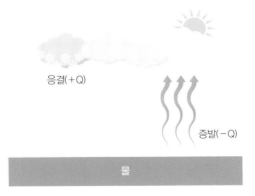

그림 2.4 잠열 이동. 지표에서 물이 Q의 에너지를 흡수하여 증발하고, 그 수증기는 대기에서 응결되면서 Q의 에너지를 방출한다.

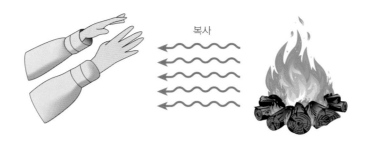

그림 2.5 복사에 의한 에너지 전달. 빛으로 에너지가 전달되어 우리는 따뜻함을 느낄 수 있다.

2.1.4 기온의 변화

기온의 일변화

기온의 일변화는 앞에서 설명한 에너지 전달과정에 의하여 결정된다. 에너지 수지는 특정한 공간의 공기에 유입되는 에너지와 유출되는 에너지의 차이인데, 유입되는 에너지(혹은 열)가 많으면 기온이 상승하고 유출되는 에너지가 많으면 기온이 하강하게 된다. 공기의 이류, 즉 따뜻한 공기가 바람에 의해 이동되어 오는지 혹은 차가운 공기가 이동되어 오는지에 따라 특정 지점의 기온이 달라지기도 하는데, 여기에서는 바람이 불지 않는 맑은 날 지상기온의 일변화를 살펴보았다.

지상기온의 일변화는 지표면의 온도와 밀접한 관계가 있다. 해가 뜨면서 태양빛에너지를 흡수한 지표면이 가열되고 그 지표면으로부터 열을 전달 받기 때문이다. 지표면에서 에너지 수지는 주로 태양빛에너지의 흡수와 지표면에서 적외선으로 방출하는 에너지에 의하여 결정된다. 그림 2.6은 지표

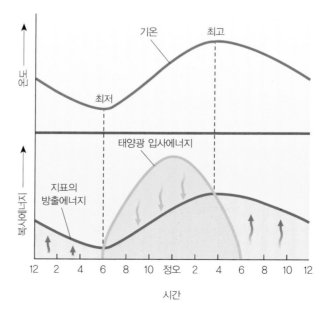

그림 2.6 기온의 일변화. 지표면에서는 태양광 입사에너지와 지표의 적외선 방출에너지가 오후 4시경에 균형을 이룬다. 지표면 및 인접한 공기의 온도는 해가 뜨기 직전인 오전 6시에 최저온도, 그리고 에너지 수지가 균형을 이루는 오후 4시에 최고온도가 나타난다.

면에 입사하는 태양복사에너지와 지표면에서 방출되는 적외선에너지의 일변화와 그에 따른 지상기온의 일변화를 나타낸 그림이다. 오후 4시경에 입사와 방출 에너지는 균형을 이루게 되는데, 그 이전에는 지표면에 입사하는 태양빛에너지의 양이 지표면의 적외선 복사에 의한 에너지 손실보다 크기 때문에 지표면 및 지표면과 인접한 공기의 온도는 상승한다. 최고기온이 나타난 이후에는 지표면에서 적외선으로 방출하는 에너지가 더 많기 때문에 지표면의 온도와 그에 인접한 공기의 온도가 하강한다. 태양이 진 이후에는 지표면에서 적외선 방출로 에너지를 잃게 되어 기온은 계속 하강한다.

기온의 계절 변화

기온의 계절 변화도 일변화와 같이 **일사량**(insolation)에 영향을 받는다. 일사량은 태양빛에너지가 지표면에 도달하는 양을 의미하므로 낮의 길이와 **태양 천정각**(solar zenith angle)의 크기에 의하여 결정된다. 태양광이 지표면에 수직으로 입사할수록, 즉 태양의 천정각이 작을수록 단위면적에 입사하는 태양빛에너지가 증가한다. 지구는 자전축이 공전 궤도면에 수직인 선과 23.5° 기울어져 있으며, 태양을 기준으로 타원 궤도로 공전하고 있다. 이러한 자전축의 기울기 때문에 낮의 길이와 태양 천정각은 위도와 계절에 따라 다르다. 그림 2.7은 계절에 따른 지구의 공전 궤도 위치와 자전의 방향을 나타낸 것이다. 그림에서 알 수 있는 바와 같이 북위 23.5°에서는 하짓날 정오에 태양 천정각이 0°이지만 다른 위도에서는 그보다 천정각이 크기 때문에 지표의 단위면적에 도달하는 일사량은 북위 23.5°에서의 값보다 작다.

일사량에 영향을 미치는 낮의 길이 역시 위도와 계절에 따라 다르다. 표 2.3은 북반구에서 위도에 따른 낮의 길이를 계절에 따라 나타낸 것이다. 예를 들어 60°N에서 하지 때는 낮의 길이가 약 18시간 18분이지만 동지 때는 약 5시간 36분이다. 그림 2.8은 서울(위도 37.5°N)에서 월평균 기온의 평년값을 나타낸 것이다. 하지 때에 낮의 길이가 길고 태양 천정각이 작아서 일사량이 최대이지만 월평균 기온의 최대는 8월에 나타난다. 이것은 기온의 일변화가 일사량이 최대인 정오를 지나서 일 최고온도가 나타나는 것과 동일한 원리이다.

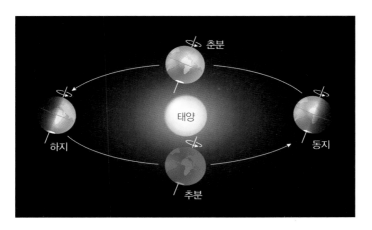

그림 2.7　지구의 공전 궤도와 자전 방향. 태양빛은 춘분과 추분날에는 적도, 하짓날에는 북위 23.5°, 동짓날에는 남위 23.5°에 수직으로 입사한다. (출처 : 셔터스톡)

표 2.3 북반구에서 위도에 따른 낮의 길이

위도	춘분	하지	추분	동지
0°N	12시간	12.0시간	12시간	12.0시간
10°N	12시간	12.6시간	12시간	11.4시간
20°N	12시간	13.2시간	12시간	10.8시간
30°N	12시간	13.9시간	12시간	10.1시간
40°N	12시간	14.9시간	12시간	9.1시간
50°N	12시간	16.3시간	12시간	7.7시간
60°N	12시간	18.3시간	12시간	5.6시간
70°N	12시간	2개월	12시간	0.0시간
80°N	12시간	4개월	12시간	0.0시간
90°N	12시간	6개월	12시간	0.0시간

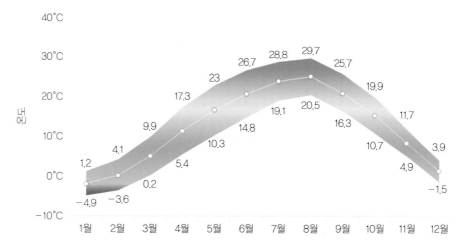

그림 2.8 서울에서 월평균 기온의 계절 변화. 기온의 범위(최고, 평균, 최저)가 표시됨. 월평균 기온의 최고온도는 일사량이 가장 많은 6월을 지나서 8월에 나타난다.

2.1.5 체감온도와 열지수온도

바람과 체감온도

같은 기온에서도 바람이 불면 사람은 더 시원하게 혹은 더 춥게 느낀다. 이것은 사람과 접촉하여 따뜻해진 공기가 바람에 날려가고 온도가 보다 낮은 새로운 공기가 사람에 접촉하기 때문이다. 이것은 바람이 부는 겨울에 사람들이 보다 쉽게 저체온증에 걸리는 원인이기도 하다. 이러한 이유로 바람이 불 때 사람의 피부가 잃는 열을 고려하여 정의한 온도, 즉 사람이 실제 느끼는 온도를 **체감온도**(wind

표 2.4 기온과 풍속에 따른 체감온도

	온도(°C)									
0	5	0	−5	−10	−15	−20	−25	−30	−35	−40
10	3	−3	−9	−15	−21	−27	−33	−39	−45	−51
20	1	−5	−12	−18	−24	−31	−37	−43	−49	−56
30	1	−7	−13	−20	−26	−33	−39	−46	−52	−59
40	−1	−7	−14	−21	−27	−34	−41	−48	−54	−61
50	−2	−8	−15	−22	−29	−35	−42	−49	−56	−63
60	−2	−9	−16	−23	−30	−37	−43	−50	−57	−64
70	−2	−9	−16	−23	−30	−37	−44	−51	−59	−66
80	−3	−10	−17	−24	−31	−38	−45	−52	−60	−67
90	−3	−10	−17	−25	−32	−39	−46	−53	−61	−68
100	−3	−11	−18	−25	−32	−40	−47	−54	−61	−69

풍속(km h^{-1})

동상에 걸리는 시간 30분 10분 5분

출처 : U. S. National Weather Service

-chill temperature)라 한다. 기상청은 체감온도가 10°C 이하로 될 때 제공하는데, 기온과 풍속(km h^{-1})에 따른 체감온도를 표 2.4에 나타내었다.

예를 들어 기온이 −15°C이고 풍속이 60 km h^{-1}일 때 체감온도는 −30°C인데, 이것은 기온이 −30°C일 때 피부가 열을 잃는 것과 동일하다는 것을 의미한다. 이 경우 피부가 30분 동안 노출되어 있으면 동상에 걸릴 위험이 있기 때문에 주의해야 한다.

습도와 열지수온도

한편 여름철에 습도가 높은 경우는 더욱 무덥게 느껴진다. 사람은 더위를 느끼면 땀을 흘려서 그 증발에 의해 열을 방출함으로써 체온을 유지하는데, 상대습도가 높은 경우에는 피부에서 땀이 잘 증발되지 않는다. 따라서 열 방출이 감소되고 체온이 올라가게 되어 사람은 더욱 무덥다고 느끼게 된다. 습도와 온도를 결합하여 사람이 느끼는 온도로 환산한 것이 **열지수온도**(heat index)이다.

표 2.5에 습도를 고려한 열지수온도를 나타내었다. 예를 들어 공기온도가 35°C 이고, 상대습도가 75%이면 열지수온도는 53°C이다. 열지수온도가 높을 때 야외활동을 하면 열사병 혹은 일사병에 걸릴 수 있으므로 주의하여야 한다. 표 2.6은 열지수온도에 따른 위험도 분류와 사람에게 나타나는 증상을 정리한 것이다.

표 2.5 열지수온도

상대습도(%) \ 온도(°C)	27	28	29	30	31	32	33	34	35	36	37	38	39	40	41	42	43
40	27	28	29	30	31	32	34	35	37	39	41	43	46	48	51	54	57
45	27	28	29	30	32	33	35	37	39	41	43	46	49	51	54	57	
50	27	28	30	31	33	34	36	38	41	43	46	49	52	55	58		
55	28	29	30	32	34	36	38	40	43	46	48	52	55	59			
60	28	29	31	33	35	37	40	43	46	48	52	55	59				
65	28	30	32	34	36	39	41	44	48	51	55	59					
70	29	31	33	35	38	40	43	47	50	54	58						
75	29	31	34	36	39	42	46	49	53	58							
80	30	32	35	38	41	44	48	52	57								
85	30	33	36	39	43	47	51	55									
90	31	34	37	41	45	49	54										
95	31	35	38	42	47	51	57										
100	32	36	40	44	49	54											

□ 주의　□ 매우 주의　□ 위험　■ 매우 위험

출처 : NOAA National Weather Service

표 2.6 열지수온도와 신체에 나타나는 증상

열지수온도	분류	증상
27~32°C	주의	지속적인 활동을 하면 피로를 느끼고 경련이 날 수 있음
32~41°C	매우 주의	경련이 날 수 있으며, 지속적 활동은 일사병과 열사병을 유발
41~54°C	위험	경련 가능성이 커지고 지속적 활동은 일사병과 열사병의 가능성이 증가
54°C 이상	매우 위험	일사병과 열사병의 위험이 매우 높음

2.2 복사

2.2.1 빛

전자기 파

빛은 파동의 성질과 입자의 성질을 동시에 나타낸다. 개기일식 때 태양 뒤쪽에 위치한 별의 빛이 지구에서 관측되는 현상은 빛이 태양 중력의 영향을 받아 진로가 휘어졌기 때문이다. 이것은 빛이 무게를 가진 입자라는 것을 의미한다. 빛의 입자를 **광자**(photon)라 하는데, 그 에너지는 다음과 같다.

$$E = h\nu \tag{2.4}$$

기온과 기체의 운동에너지

공기는 질소분자(N_2), 산소분자(O_2), 아르곤(Ar), 이산화탄소(CO_2) 등 다양한 기체로 구성되어 있다. 실내 공기를 보면 바람은 불지 않지만 기체분자들은 공간에 정지해 있는 것이 아니라 서로 충돌하면서 에너지를 주고받는다. **분자운동학**(kinetic theory)에 의하면 기체 성분마다 속력에 따른 수분포를 나타낼 수 있는데, 이를 맥스웰-볼츠만(Maxwell-Boltzmann) 분포라 한다. 이 분포는 기체 성분의 분자량과 기체상수뿐만 아니라 절대온도의 함수이다. 그림 2.R1은 질소분자의 속력에 따른 상대적인 수분포를 나타낸 것이다. 온도에 따라 수분포의 모양이 다르며 최대 수분포가 나타나는 속력은 온도에 따라 증가하고 있음을 보여준다. 이러한 분포를 정의하는 온도를 **운동온도**(kinetic temperature)라 한다. 온도계로 측정한 대류권 공기의 온도를 절대온도로 환산하였을 때 그 절대온도는 운동온도와 동일하다. 우리는 대기의 온도구조에서 본 바와 같이 300 km 고도의 열권에서는 공기의 온도가 태양 활동이 약한 경우에 500°C 그리고 태양 활동이 활발한 경우에 1,500°C라

고 알고 있다. 이러한 온도는 어떻게 정의한 것일까? 우리가 어떠한 방법으로 열권에 있는 기체 성분의 속도(혹은 속력)를 측정하고 수분포를 알 수 있다면 그에 해당하는 운동온도를 정의할 수 있을 것이다. 열권의 온도가 1,500°C라는 것은 바로 이러한 운동온도를 의미한다.

공기의 각 성분에 대한 맥스웰-볼츠만 분포를 알고 있으면 각 성분의 운동에너지를 계산할 수 있다. 아울러 각 성분의 운동에너지를 더하면 단위부피에 있는 공기의 총운동에너지를 알 수 있다. 따라서 "공기의 온도를 측정하였다는 것은 결국 공기의 운동에너지를 측정하였다."는 것이 된다. 어떤 기체 성분의 분자량과 기체상수가 각각 M과 R이라면 그 기체의 평균속력은 다음과 같다.

$$\bar{v} = \sqrt{8RT/\pi M} \qquad (2.E1)$$

이 관계식에 의하면 절대온도(T)가 0K일 때 기체 성분의 평균속력은 0이 되므로 그 기체 성분은 움직이지 않는다.

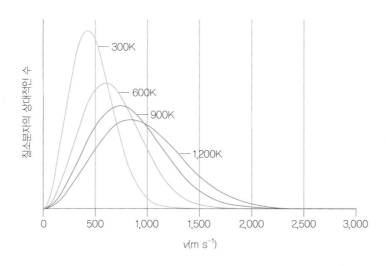

그림 2.R1 맥스웰-볼츠만의 속력에 따른 질소분자의 수분포. 최대 수분포가 나타나는 속력은 온도에 따라 증가하고 있다.

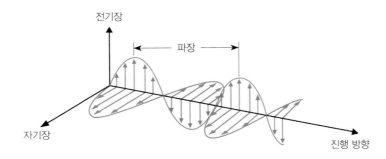

그림 2.9   전자기파로 나타낸 빛. 전기장과 자기장의 진동 방향은 서로 수직이며, 이들은 파의 진행 방향과 수직이다.

여기서 h(6.62617×10^{-34} J sec)는 **플랑크 상수**(Planck constant)이며 ν는 빛의 진동수이다. 빛은 다른 한편으로 파동의 특성을 나타낸다. 두 개 이상의 파동이 합쳐지면 서로 간섭하여 다른 형태의 파동이 되는데 빛도 이러한 성질을 나타낸다. 빛을 파동으로 표현할 때는 전자기파로 나타낸다. 그림 2.9는 전자기파로 나타낸 빛이다. 전기장과 자기장의 진동 방향은 서로 수직이며 위상이 동일하여 전기장의 능(골)이 나타나는 위치에 자기장의 능(골)이 나타난다. 파장 λ는 파의 능(골)에서 다음 능(골)까지의 거리이다. 파장 대신에 진동수 혹은 파수로 표현하기도 한다. 빛의 속도 c(진공에서의 속도= 2.99793×10^8 m sec^{-1})는 다음과 같이 파장과 진동수의 곱으로 정의된다.

$$c=\lambda\nu \tag{2.5}$$

그러므로 파동의 파장이 λ이면 그 파동의 진동수는 $\nu=c/\lambda$로 계산할 수 있다. 파수는 $\omega=1/\lambda$로 정의된다. 즉, 파장이 μm의 단위로 표현되었다면 파수는 1 μm 안에 있는 파의 수를 나타내는 것이다. 파동의 관점에서 태양빛은 다양한 파장을 가진 전자기파의 합성된 파동이라고 이해한다.

파동의 간섭

파동은 종류(예 : 전자기파, 소리, 물결파)가 같고 진동수와 진폭이 다른 파동과 만나면 합성되는 특징이 있다. 그림 2.10은 진동수가 다른 동일한 종류의 두 파동이 합성된 결과를 나타낸 것이다. 각 파동의 능과 능(혹은 골과 골)이 합성된 경우 그 합성된 파동의 진폭은 2배로 증가한다. 이를 보강간섭이라 한다. 반면에 능과 골이 합성되면 서로 상쇄되어 진폭은 0이 되는데, 이것을 상쇄간섭이라 한다. 파동의 합성을 간섭이라고도 하는데, 간섭된 파동은 원래의 파동과는 다른 특성을 나타낸다. 빛의 이러한 특성은 **간섭계**(interferometer)를 이용한 빛의 **분광**(spectroscopy)에 활용되기도 한다. 그리고 대기광학 현상 중에는 파장이 다른 빛의 간섭으로 인하여 다양한 색의 빛으로 나타나는 현상들이 있다.

빛의 구분

빛은 파장에 따라 다르게 불리는데, 그림 2.11에 그 이름을 구분하여 나타내었다. 사람이 눈으로 감지할 수 있는 가시광선은 400~700 nm의 파장 범위이며, 파장이 400 nm보다 짧은 빛을 자외선 이라 하고 파장이 700 nm보다 긴 빛을 적외선이라 한다. 자외선은 다시 파장에 따라 UV-C(200~280

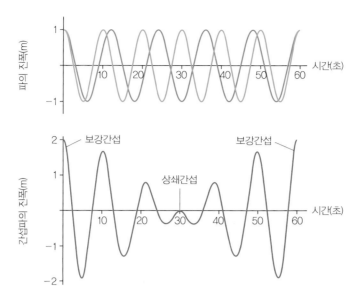

그림 2.10　진동수가 다른 두 파동의 간섭. 두 파동이 합성되어 원래 파동과는 다른 파동이 되었고, 두 파동의 위상 차이에 따라 보강간섭과 상쇄간섭이 나타난다.

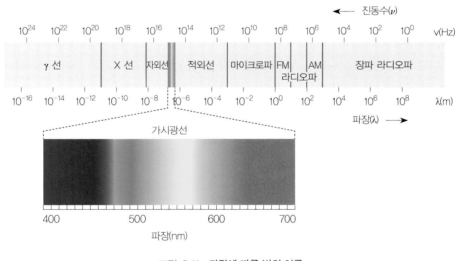

그림 2.11　파장에 따른 빛의 이름

nm), UV-B(280~315 nm), UV-A(315~400 nm)로 구분한다. 그리고 적외선은 파장에 따라 근적외선(0.7~5.0 μm), 중적외선(5.0~40.0 μm), 원적외선(40.0~350 μm)으로 구분된다(천문학 분류법).

2.2.2　빛과 대기성분의 상호작용

빛은 물질과 상호작용을 한다. 물질에 의하여 반사되거나 산란 혹은 회절되기도 한다. 아울러 물질은 빛을 흡수하고 방출하는 능력이 있다. 여기에서는 이들에 관하여 살펴보기로 한다.

반사와 굴절

한 매질 A에서 전파하는 빛은 **굴절률**(refractive index)이 다른 매질 B와 만나면 그 경계면에서 진행하는 방향이 변하게 된다. 경계면으로 입사한 빛이 매질 A로 방향이 바뀌면 반사라 한다. 경계면에 입사한 빛이 매질 B로 진행하면서 방향이 변하면 굴절이라 한다. 매질의 굴절률(실수 부)은 진공에서 빛의 속도 c와 매질에서 빛의 속도 v의 비율로 다음과 같이 정의된다.

$$n = \frac{c}{v} \tag{2.6}$$

거울에 빛이 반사되는 것과 물로 입사한 빛이 굴절되는 현상은 반사와 굴절의 대표적인 사례이다. 매질 A와 B의 굴절률에 따라 입사각과 반사각 그리고 입사각과 굴절각이 달라진다. 스넬(Snell)의 법칙은 이들의 관계를 나타낸 것인데, 제16장(대기광학)에서 보다 자세하게 설명할 것이다.

흡수도, 반사도 및 투과도

파장이 λ인 가시광선이 유리에 입사한 경우를 보면, 그림 2.12에서와 같이 일부는 반사되고 일부는 흡수되며 또 일부는 투과된다. 빛에너지가 유리에서 생성되거나 소멸되지 않는다면 그 에너지는 보존될 것이기 때문에 에너지 보존법칙을 적용하면 다음과 같이 표현된다.

$$I_\lambda(\text{입사}) = I_\lambda(\text{반사}) + I_\lambda(\text{흡수}) + I_\lambda(\text{투과}) \tag{2.7}$$

여기에서 $I_\lambda(\text{입사})$, $I_\lambda(\text{반사})$, $I_\lambda(\text{흡수})$, $I_\lambda(\text{투과})$는 각각 입사, 반사, 흡수 그리고 투과된 빛에너지를 의미한다. 입사한 빛에너지로 양변을 나누면 다음과 같이 표현할 수 있다.

$$1 = r_\lambda + a_\lambda + t_\lambda \tag{2.8}$$

이 식에서 반사도(r_λ : reflectance), 흡수도(a_λ : absorptance), 투과도(t_λ : transmittance)는 각각 다음과 같이 정의되었다.

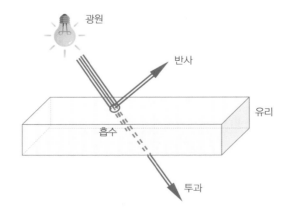

그림 2.12 반사, 흡수 및 투과. 유리에 입사한 빛은 일부는 흡수되고 일부는 반사되며 또 일부는 투과된다.

$$r_\lambda = I_\lambda(\text{반사})/I_\lambda(\text{입사}) \tag{2.9a}$$

$$a_\lambda = I_\lambda(\text{흡수})/I_\lambda(\text{입사}) \tag{2.9b}$$

$$t_\lambda = I_\lambda(\text{투과})/I_\lambda(\text{입사}) \tag{2.9c}$$

입사한 빛에너지와 반사된 빛에너지 그리고 투과된 빛에너지는 손쉽게 측정할 수 있기 때문에 위의 관계식을 이용하면 흡수된 빛에너지도 결정할 수 있다. 불투명한 물질의 경우에는 투과도가 0이므로 에너지 보존법칙은 $1 = r_\lambda + a_\lambda$가 되며, 반사도를 측정하면 흡수도를 구할 수 있다. 여기에서 설명한 반사도, 흡수도, 투과도는 물질에 따라 그리고 파장에 따라 다른 값을 나타낸다.

산란

빛은 굴절률이 다른 작은 입자(예 : 공기분자, 에어러졸, 구름입자)와 만나면 진행해 오던 방향과 다른 무작위한 방향으로 전파하는데, 이를 산란(scattering)이라 한다. 빛이 산란되는 3차원적 형태는 입자의 크기와 파장의 상대적인 크기에 따라 다르다. 그림 2.13은 **크기인자**($x = 2\pi r_p/\lambda$, $r_p =$ 입자의 반경)에 따른 산란 형태를 나타낸 것이다.

　파장에 비하여 입자의 크기가 매우 작은 경우, 즉 크기인자가 0.002보다 작은 경우에는 산란이 무시된다. **레일리 산란**(Rayleigh scattering)은 크기인자가 상당히 작을 때($0.2 < x < 0.002$) 나타나는 산란 형태이다. 이 경우 산란된 빛에너지의 크기는 $1/\lambda^4$에 비례하며 그 분포는 그림 2.14에 보인 바와 같이 3차원으로는 찐빵 모양을 나타낸다. 가시광선이 공기분자에 의하여 산란되는 것이 레일리 산

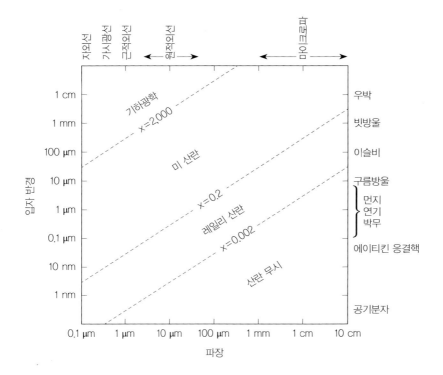

그림 2.13　크기인자에 따른 산란 형태. 산란입자의 크기와 파장의 상대적 크기에 따라 산란 형태가 다르다. (출처 : Petty, 2004)

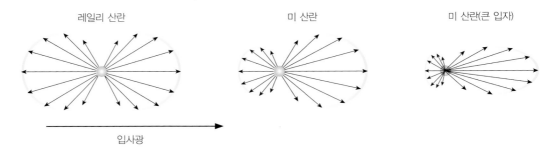

레일리 산란   미 산란   미 산란(큰 입자)

입사광

그림 2.14   레일리 산란과 미 산란. 레일리 산란은 전후방으로 산란되는 빛에너지의 양이 같지만 미 산란의 경우 전방으로 산란되는 양이 훨씬 많다.

란이다. 태양광의 경우 파장이 상대적으로 작은 파란색이 많이 산란되고 빨간색은 적게 산란된다. X-band(λ=3 cm)의 레이더파가 빗방울에 산란되는 것도 거의 레일리 산란으로 설명된다.

미 산란(Mie scattering)은 산란입자가 파장과 비슷하거나 클 때(0.2<x<2,000) 나타나는 산란 형태이다. 산란된 빛에너지의 분포는 전방으로 산란되는 양이 많으며 크기인자가 증가할수록 산란 형태는 불규칙한 분포를 나타낸다. 자동차 전조등 빛이 안개에 의하여 산란되는 것이 미 산란이다. 크기인자가 매우 크면(x>2,000) 그림자가 생성된다. 태양광에 구슬을 놓으면 그림자가 생기는 현상이다.

회절

물체의 가장자리를 지나가는 파동이 휘어지거나 혹은 작은 구멍을 통과하면서 새로운 파동이 생성되는 현상을 **회절**(diffraction)이라 한다. 그림 2.15에는 굴절률이 다른 물체의 가장자리와 작은 구멍에 입사하여 회절되는 빛을 나타내었다. 휘어지는 정도는 입사하는 빛의 파장과 구멍의 상대적인 크기에 따라 다르다. 이러한 특성은 빛의 분광에 이용되기도 한다. 구멍의 크기가 매우 큰 경우, 즉 물체의 가장자리에서는 휘는 정도가 매우 작으며 구멍의 크기가 작은 경우에는 그 구멍이 광원 역할을 하여 2차 파동이 생성된다.

구름입자가 많은 경우 그 사이의 공간이 구멍 역할을 하여 입사한 태양광이 회절되기도 한다. 구

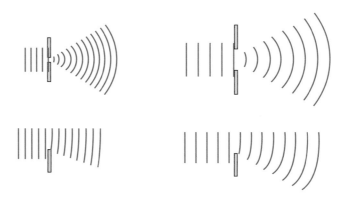

그림 2.15   물체의 가장자리와 구멍에서 빛의 회절 현상. 물체의 가장자리에서 빛이 휘어지는 정도는 파장에 따라 다르다.

름입자에 의하여 회절된 빛은 서로 간섭하여 다양한 색을 나타내기도 하는데, 구름이 낀 흐린 날 태양 주변에서 관측되는 코로나가 빛의 회절과 간섭에 의하여 생성된 것이다.

2.2.3 복사 법칙

흑체

모든 물질은 빛을 흡수하고 방출하는 능력이 있다. 물질에 따라 흡수하는 빛의 파장이 제한된 경우도 있고 연속적인 경우도 있다. 그리고 빛의 흡수도는 물질과 파장에 따라 다르다. 여러 물질 중에 **흑체**(blackbody)는 입사하는 모든 파장의 빛을 흡수하는 물질이다. 이러한 특성 때문에 흑체의 흡수도는 모든 파장에서 1이다. 한편 흑체는 모든 파장의 빛을 방출하는데, 파장에 따른 에너지 분포는 온도에 따라 다르며 방출되는 빛에너지는 **등방성**(isotropic)의 특징이 있다.

물질 혹은 흑체가 방출하는 빛에너지의 특성을 나타내는 기초적인 물리량은 **단색 복사휘도**(monochromatic intensity, radiance)이다. 그림 2.16과 같이 빛의 진행 방향에 수직인 미소 면적(dA)에 미소 파장범위($d\lambda$)와 미소 입체각($d\Omega$)에 제한된 태양광이 미소 시간(dt) 동안 입사할 때, 그 빛에너지를 측정한 경우를 보자. 그 태양광의 단색 복사휘도는 다음과 같이 정의된다.

$$I_\lambda = \lim_{\substack{dA,\,d\Omega \\ d\lambda,\,dt}\to 0} \frac{E}{dA\,dt\,d\Omega d\lambda} \tag{2.10}$$

여기서 E는 측정한 빛에너지(J)이며, **입체각**(solid angle)은 물체의 단면($d\sigma$)을 거리의 제곱(r^2)으로 나눈 $d\Omega = d\sigma/r^2$로 정의되었다. 따라서 단색 복사휘도의 단위는 J sec^{-1} m^{-2} sr^{-1} μm^{-1}으로 표시되며(주의 : 파장이 μm로 표시된 경우이며, 입체각은 단위가 없기 때문에 생략되기도 한다), 그 의미는 단위 면적에 단위시간 동안 단위 입체각과 단위파장에 제한되어 입사한 빛에너지이다. 작은 쇳덩이의 미

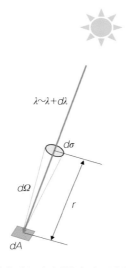

그림 2.16 미소 면적에 미소 파장범위와 미소 입체각에 제한된 빛의 입사

소 부피가 dv이고 미소 질량이 dm일 때, 그 밀도를 dm/dv으로 계산하고 단위부피당 질량(kg m^{-3})으로 이해한다. 여기서 밀도는 그 부피의 평균 밀도이다. 단색 복사강도 역시 면적, 파장, 입체각 및 시간에 대한 평균 개념이다.

흑체의 경우에는 물질이 방출하는 빛과 구별하기 위하여 단색 복사휘도를 B_λ로 표시하며, 다음과 같이 플랑크 식으로 표현한다.

$$B_\lambda(T) = \frac{2hc^2}{\lambda^5(e^{hc/\lambda kT}-1)} \tag{2.11}$$

여기서 h는 플랑크 상수이고, c는 빛의 속도이며, $k(1.38065 \times 10^{-23}$ J K^{-1})는 **볼츠만 상수**(Boltzman constant)이다. 그림 2.17은 온도가 6,000K와 300K인 흑체가 방출하는 빛의 파장에 따른 단색 복사휘도를 나타낸 것이다. 온도가 6,000K인 흑체의 경우 파장 1.0 μm에서 단색 복사휘도는 1.1×10^7 W m^{-2} sr^{-1} μm^{-1}인데, 이것은 단위파장 범위(1.0~2.0 μm)에 대한 값이다. 태양과 지구를 온도가 6,000K와 300K인 흑체라 한다면 이들에서 근원한 빛의 단색 복사휘도는 그림 2.17에서 본 바와 같이 매우 큰 차이가 있다. 흑체의 온도가 높을수록 최대 에너지가 방출되는 파장은 짧으며, 온도가 높은 흑체는 온도가 낮은 흑체보다 모든 파장에서 더 많은 에너지를 방출한다.

흑체가 방출하는 빛의 에너지가 최대인 파장은 다음과 같이 **빈의 변위법칙**(Wien's displacement law)으로 계산할 수 있다.

$$\lambda_{max}T = 2.897 \times 10^3 \; [\mu m \; K] \tag{2.12}$$

이 식으로 계산한 λ_{max}는 흑체 온도가 6,000K인 태양의 경우 0.48 μm이며, 온도가 300K인 지구의 경우 9.7 μm이다.

그런데 태양은 하늘 전체 중에 매우 작은 부분을 차지하고 있는 반면 대류권의 임의 고도에서 아래쪽을 보면 아래쪽 반구 전체를 지표면이 덮고 있다. 따라서 대류권에서 태양과 지구에서 근원한

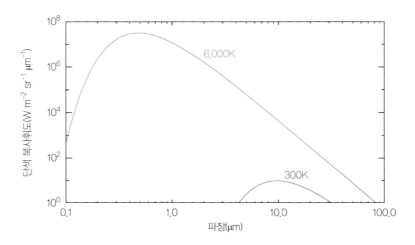

그림 2.17 흑체에서 방출되는 단색 복사휘도. 최대 에너지가 나타나는 파장은 흑체의 온도가 높을수록 짧다.

빛에너지를 비교하기 위해서는 태양과 지표면이 차지하는 입체적인 각, 즉 입체각을 고려해야 한다. 태양의 입체각은 $\beta_s = \pi R_s^2/d^2 = 6.107 \times 10^{-5}$($R_s$ = 태양의 반경, d = 지구−태양의 거리)으로 매우 작은 반면 아래쪽 반구를 차지하고 있는 지표면의 입체각은 $\beta_e = 2\pi$(반구의 면적/r^2, r = 반경)이다. 온도가 6,000K인 흑체의 단색 복사휘도에 태양의 입체각을 곱한 물리량을 태양광의 **단색 복사속**(monochromatic irradiance, monochromatic flux)이라 한다. 이것은 태양광에 수직인 단위면적에 단위파장 범위의 태양광이 단위시간 동안 입사하는 빛에너지이다. 같은 방법으로 온도가 300K인 흑체의 단색 복사휘도에 지표면의 입체각을 곱하면 지표면이 방출하는 빛의 단색 복사속을 구할 수 있다. 그림 2.18은 이들 단색 복사속을 나타낸 것이다. 약 4 μm를 경계로 이보다 파장이 긴 빛은 주로 지표면에서 근원한 것이고, 이보다 파장이 짧은 빛은 주로 태양에 근원한 것이다. 이런 이유로 4 μm를 경계로 지구복사와 태양복사를 구분한다.

실제 대기 꼭대기에서 태양광에 수직인 면에서 측정한 태양광의 단색 복사속은 그림 2.18에 보인 흑체의 단색 복사속과는 약간의 차이가 있다(그림 2.22 참조). 그 측정한 단색 복사속을 파장에 대하여 적분한 총 복사속(solar irradiance)을 **태양상수**(solar constant, 1370 W m^{-2})라 한다. 이것은 대기 꼭대기에서 태양광에 수직인 단위면적에 단위시간 동안 입사하는 총 태양빛에너지를 의미한다.

앞에서 언급한 바와 같이 물질은 빛을 방출하는 능력이 있지만, 방출되는 빛에너지는 동일한 온도의 흑체가 방출하는 빛에너지보다 작거나 같다. 물질이 빛을 방출하는 능력을 나타내는 것이 **방출도**(emissivity)인데, 이것은 동일한 온도의 흑체가 방출하는 복사휘도와 비교한 양이다.

$$e_\lambda = I_\lambda(물질)/B_\lambda(흑체) \tag{2.13}$$

여기서 I_λ(물질)는 온도가 T(K)인 물질이 방출한 빛의 단색 복사휘도이고 B_λ(흑체)는 온도가 T(K)인 흑체가 방출한 빛의 단색 복사휘도를 의미한다. 그림 2.19는 바닷물, 초목, 사막 그리고 눈(얼음)에 대한 적외선 영역에서의 방출도를 나타낸 것이다. 사막의 모래는 3.3~8 μm 범위에서 95% 이상의 방출도를 나타내고 있다. 즉, 모래는 중적외선 범위에서는 거의 흑체의 특성을 나타낸다고 할 수 있

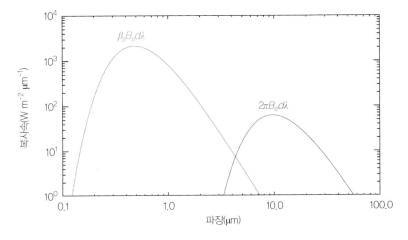

그림 2.18 태양과 지표면에서 근원한 단색 복사속. 태양복사(빨간색)와 지구복사(파란색)는 4 μm를 경계로 구분한다.

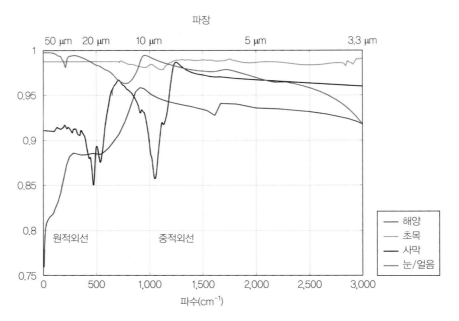

그림 2.19 **물질의 방출도.** 물질의 종류와 파장에 따라 방출도가 다르다. (출처 : Feldman et al., 2014)

다. 반면 얼음(눈)은 4~50 μm 범위에서 거의 흑체의 특성을 나타낸다. 방출도 역시 반사도와 흡수도처럼 물질에 따라 그리고 파장에 따라 다르다.

스테판·볼츠만 법칙

흑체가 단위시간(1 sec)에 방출하는 총에너지는 얼마나 될까 ? 19C 후반에 실험 자료를 이용하여 스테판(Josef Stefan)은 그 에너지가 흑체온도의 4승에 비례함을 보여주었고, 볼츠만(Ludwig Boltzmann)은 이론으로 그 결과를 증명한 바 있다. 흑체의 표면과 수직인 방향에서 각 θ만큼 떨어진 방향으로 방출되는 빛의 경우, 흑체 표면과 수직인 성분은 $B_\lambda(T)\cos\theta$가 된다. 이것을 위쪽 반구 모든 방향에 대하여 다음과 같이 적분한 양을 단색 복사속이라 한다(식 2.14a). 이 단색 복사속을 모든 파장에 대하여 적분한 양이 흑체에서 위쪽 반구 모든 방향으로 방출된 총에너지이며, 이는 흑체의 절대온도 4승에 비례한다.

$$F_\lambda^\uparrow = \int_0^{2\pi} \int_0^{\pi/2} B_\lambda(T)\cos\theta\sin\theta d\theta d\phi \qquad (2.14a)$$

$$F^\uparrow = \int_0^\infty F_\lambda^\uparrow d_\lambda = \sigma T^4 \qquad (2.14b)$$

여기서 $\sigma(5.67032 \times 10^{-8}$ J sec^{-1}m^{-2}K^{-4})는 **스테판-볼츠만 상수**(Stefan-Boltamann constant)이다. 예를 들어 온도가 300K인 지표면에서 방출되는 총에너지는 (방출도가 모든 파장에서 1이라 가정) 459.3 J sec^{-1} m^{-2}나 된다. 온도가 6,000K인 흑체(태양)와 300K인 흑체(지구)가 1초 동안 1 m^{2}에서 방출하는 총에너지를 비교하면 그 비율은 $20^4 = 160,000$이 된다.

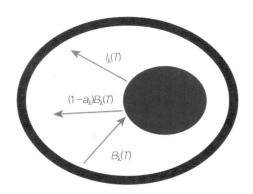

그림 2.20 흑체의 동공에 놓인 물질과 흑체와 복사평형. 흑체가 방출하는 빛에너지와 흑체에 입사하는 빛에너지가 평형을 이루어야 한다.

키르히호프의 법칙

키르히호프의 열복사 법칙은 빛을 잘 흡수하는 물질이 빛을 잘 방출한다는 것이다. 실험 자료가 이러한 사실을 보여주었는데, 키르히호프(Gustav Robert Kirchhoff)가 이론을 정립하였다. 간단한 설명을 위하여 그림 2.20에서와 같이 온도가 T인 흑체의 동공 안에 온도가 T인 불투명 물질이 있고, 이들은 **복사평형**(radiative equilibrium)을 이루고 있다고 하자. 물질이 방출하는 빛의 단색 복사휘도는 $I_\lambda(T)$이고 물질의 흡수도는 a_λ이다. 이 경우 흑체의 표면에서 복사에너지의 평형을 살펴보자.

- 흑체가 방출한 빛에너지 $=B_\lambda(T)$
- 물질이 방출한 빛과 물질에서 반사되어 흑체에 입사한 빛에너지 $=I_\lambda(T)+(1-a_\lambda)B_\lambda(T)$

이들이 평형을 이루고 있으므로 $I_\lambda(T)=a_\lambda B_\lambda(T)$의 관계식을 구할 수 있다. 즉, $a_\lambda=I_\lambda(T)/B_\lambda(T)$가 된다. 그런데 우변은 식 (2.13)에서 정의한 방출도이므로 $a_\lambda=e_\lambda$의 관계, 즉 "물질의 흡수도는 방출도와 같다."는 결과를 구할 수 있다. 다르게 표현하면 "빛을 잘 흡수하는 물질은 빛을 잘 방출한다."는 것이며, 이를 키르히호프의 법칙이라 한다.

2.2.4 대기성분의 선택적 빛에너지 흡수

기체에 의한 빛의 흡수

지구대기에는 기체뿐만 아니라 구름 및 에어러졸과 같은 액체 혹은 고체 성분이 공존하고 있다. 액체와 고체 성분의 흡수 혹은 방출 스펙트럼은 넓은 파장 범위에서 연속적으로 나타나며, 기체에 의한 흡수와 방출 스펙트럼은 연속적으로 나타나기도 하고 좁은 파장 범위에 선택적으로 나타나기도 한다. 그 이유는 기체에 의한 빛의 흡수와 방출이 다음 과정에 의하여 발생하기 때문이다.

$$\text{이온화}: xy+h\nu \rightarrow xy^+ + e^- \tag{2.15a}$$

$$\text{광해리}: xy+h\nu \rightarrow x+y \tag{2.15b}$$

$$\text{전자의 여기}: xy+h\nu \leftrightarrow xy^* \tag{2.15c}$$

$$내부에너지 \text{ 전이}: xy + h\nu \leftrightarrow xy^* \tag{2.15d}$$

이들 반응에서 표시한 $h\nu$는 진동수가 ν인 빛(에너지가 $h\nu$인 광자)을 의미하고 화살 →은 오른쪽 방향으로 반응이 진행되는 것, 즉 빛의 흡수를 의미한다. 그리고 화살 ↔은 양방향으로 반응이 진행할 수 있음을 의미하는데, 오른쪽 방향의 반응은 빛의 흡수를 의미하고 왼쪽 방향의 반응은 빛의 방출을 의미한다. **이온화**(ionization) 과정과 **광해리**(photodissociation) 과정에는 많은 에너지가 필요하기 때문에 흡수되는 빛은 에너지가 큰 자외선 혹은 가시광선 영역이며, 임계파장(이온화와 광해리에 필요한 빛에너지의 파장)보다 파장이 작은 빛도 흡수되기 때문에 흡수 스펙트럼은 연속적으로 나타난다.

기체의 **내부에너지**(internal energy)는 운동, 회전, 진동 및 전자에너지로 구성되어 있는데, 이들 중 운동에너지를 제외한 다른 에너지 준위가 모두 양자화되어 있다. 기체가 빛을 흡수하면 에너지 준위가 상승하고 빛을 방출하면 에너지 준위가 하강한다. 이때 흡수 혹은 방출되는 빛의 에너지는 내부에너지 준위의 차이 ΔE와 동일하다. 이것을 플랑크 관계식이라 하며 다음과 같다.

$$\Delta E = h\nu = \frac{hc}{\lambda} \tag{2.16}$$

플랑크 관계식의 의미는 기체의 내부에너지 전이로 나타나는 흡수(방출) 스펙트럼은 특별한 파장에 **흡수(방출)선**[absorption (emisson) line]이 나타난다는 것이다. 에너지 준위의 전이 때 ΔE가 크면 흡수(방출)되는 빛의 파장이 짧고 ΔE가 작으면 파장이 길다. 전자에너지는 준위 간의 에너지 차이가 크기 때문에 이들 준위의 전이 때 흡수되는 빛은 파장이 짧은 가시광선 영역이다. 그림 2.21은 산소원자에 대한 것으로, 전자에너지 준위의 전이로 생성되는 방출 스펙트럼을 나타낸 것이다. 가시광선 영역에 여러 개의 방출선이 나타나 있다. 북극에서 관측되는 녹색 오로라는 열권의 산소원자가 방출한 녹색빛(파장=558 nm)이다. 전자에너지와 비교하면 기체분자의 진동에너지는 준위 간의 에너지 차이가 전자에너지의 경우보다 작다. 그러므로 진동에너지 준위의 전이 때 흡수(방출)되는 빛의 파장은 근적외선–중적외선 영역이다. 반면 회전에너지는 준위 간의 차이가 매우 적기 때문에 에너지 준위의 전이 때 흡수(방출)되는 빛은 원적외선 파장 영역이다.

대기성분에 의한 빛에너지의 선택적 흡수

대기의 기체 성분에 의한 빛에너지의 선택적 흡수를 보여주기 위하여 대기 꼭대기와 해수면 고도에서 측정한 태양광의 단색 복사속 스펙트럼을 그림 2.22에 나타내었다. 예를 들어 해수면 고도의 스펙

그림 2.21 가시광선 영역에서 산소원자의 방출 스펙트럼. 전자에너지 준위의 전이로 녹색빛(파장=558nm)이 방출된다. (출처 : 위키미디아)

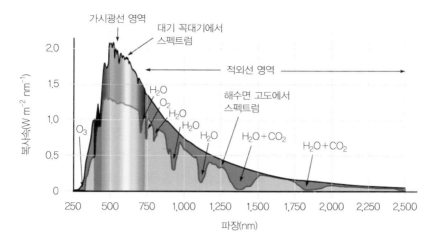

그림 2.22   태양광의 단색 복사속 스펙트럼. 대기 중의 O_3, H_2O, O_2, CO_2가 특정 파장의 빛을 흡수하여 해수면에 도달한 에너지는 대기 꼭대기의 값에 비하여 상당히 감소되었다.

트럼에는 파장 1,100 nm 부근의 빛에너지가 대기 꼭대기에서의 값에 비하여 상당히 감소된 것을 볼 수 있다. 이것은 대기 중의 H_2O가 태양광을 흡수하여 감소된 것임을 이론과 실험을 통해 알고 있다. 대기 꼭대기에서 이 파장의 단색 복사속은 $0.6 \ W \ m^{-2} \ nm^{-1}$인데 해수면 고도에서는 $0.15 \ W \ m^{-2} \ nm^{-1}$ 이다. 앞의 절에서 정의한 투과도, 즉 대기의 투과도는 $t_\lambda = 0.15/0.6 = 0.25$이며 흡수도는 $a_\lambda = 1 - t_\lambda$ $= 0.75$이다. 그림 2.23은 태양광에 대한 대기의 흡수도와 중요 온실기체에 대한 흡수도를 나타낸 것이다. 파장 1.1 μm 부근의 흡수도가 약 0.75인 것을 볼 수 있다. 적외선 영역을 보면 H_2O가 1.1, 1.4, 1.9, 2.7과 6.3 μm 부근의 빛을 상당 부분 흡수하고 있으며 20 μm 이상의 빛은 거의 대부분 흡수하

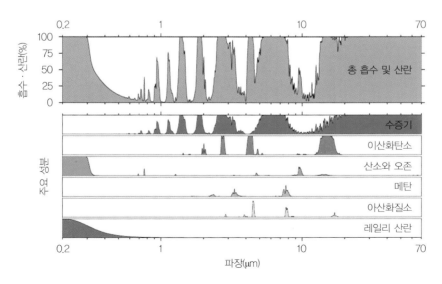

그림 2.23   태양광에 대한 대기의 파장에 따른 흡수도(= 1 − 투과도). 대기 꼭대기와 해수면 고도에서의 태양광 단색 복사속을 비교하여 구한 대기의 흡수도이다. 각 온실기체에 대한 흡수도와 레일리 산란에 의한 빛에너지의 감소를 백분율로 나타내었다.

고 있다. CO_2는 2.0, 2.7, 4.3, 15 μm 부근의 빛을 흡수하며 O_3는 9.6 μm 부근의 빛을 흡수한다. 자외선 영역($\lambda < 315$ nm)에서는 O_2와 O_3가 태양빛에너지를 대부분 흡수하기(흡수도＝100%) 때문에 해수면 고도에 도달하는 빛에너지는 매우 적다. 가시광선 영역에서는 공기분자에 의한 레일리 산란에 의하여(그림 2.23의 제일 아래 그림) 태양빛에너지의 상당량이 소산(extinction)된 결과 해수면 고도에 도달하는 양은 대기 꼭대기에서 측정한 빛에너지의 약 60~65% 정도이다.

한편 지구-대기에서 방출한 빛은 태양광의 경우와 상당히 다른 모습을 보여준다. 그림 2.24(a)는 대기복사 모델을 이용하여 계산한 것으로 위성에서 직하의 지표면을 보고 측정한 스펙트럼, 즉 지구-대기에서 방출한 상향 단색 복사휘도 스펙트럼을 나타낸 것이다. 그림 2.24(b)는 위성에 도달하는 광자가 방출된 고도를 개략적으로 나타낸 것인데, 이 경우 지표면의 온도는 약 280K이다. 파장이 8~9 μm와 10~12 μm인 빛은 지표면에서 방출된 광자가 대기를 통과하여 위성에 도달한 것이다. 이것은 마치 유리를 통하여 바깥 경치를 볼 수 있듯이 우주에서 대기를 통하여 지표면을 볼 수 있음을 의미한다. 이러한 관점에서 8~9 μm와 10~12 μm의 파장 범위를 **대기의 창**(atmospheric window)이라 한다. 파장 15 μm 부근의 빛은 온도가 낮은 대류권계면 근처에서 CO_2가 방출한 빛이 대기를 통과하여 위성에 도달한 것이며 9.6 μm 부근의 빛은 성층권 O_3가 방출한 빛이다.

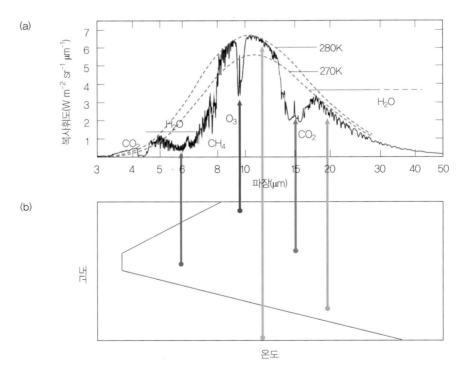

그림 2.24 위성에서 측정한 지구복사의 단색 복사휘도 스펙트럼. 파장이 8~9 μm와 10~12 μm인 빛은 지표면에서 방출된 광자가 대기를 통과하여 위성에 도달하기 때문에 이들 파장범위를 대기의 창이라 한다. (출처 : (a) Glenar et al., 2019)

2.2.5 지구-대기의 에너지 균형

지구-대기의 에너지 수지

지구-대기에 입사하는 에너지는 태양에서 근원한 빛에너지이다. 다른 한편으로 지구-대기에서 우주로 방출되는 것도 빛에너지이다. 우주 공간에 독립적으로 있는 지구-대기는 에너지 측면에서 유입되는 에너지와 유출되는 에너지가 균형을 이루고 있다. 균형이 이루어지지 않는다면 지구-대기의 온도는 하강하거나 상승할 것인데, 관측자료에 따르면 지구-대기의 온도는 거의 일정한 수준을 유지하고 있다.

그림 2.25는 태양복사에너지가 지구-대기에 입사하여 반사되거나 흡수되는 에너지량을 나타낸 것으로, 지구 전체에 대한 연평균값이다. 예를 들어 지구-대기에 입사하는 총 태양복사에너지는 $S \times \pi R^2$ (S=태양상수, R=지구 반경)인데, 이들이 지구의 전체 표면($4\pi R^2$)에 고르게 분포된 양, 즉 $S/4$(=342 W m^{-2})를 100단위로 하였다. 지표에 도달하는 태양복사에너지는 55단위인데 4단위는 지표에서 반사되어 우주로 되돌아간다. 구름에 의해 20단위 그리고 공기에 의해 6단위가 반사되어 우주로 되돌아간다. 따라서 지구-대기에 의한 태양광의 반사도(알베도)는 30%이다. 대기 중의 기체(오존, 수증기, 이산화탄소 등; 그림 2.22 참조)에 흡수되는 태양복사에너지량은 19단위이다.

한편 그림 2.26은 대기와 지표면의 에너지 수지, 그리고 지구-대기와 우주의 적외선에너지 수지를 나타낸 것이다. 지표면의 온도를 290K라 한다면 스테판-볼츠만 법칙에 의하여 지표면에서 단위면적당 방출되는 빛에너지는 401 W m^{-2}이 되는데, 이것은 117단위(342 : 100 = 401 : x, x=117)가 된다. 이 중에서 6단위는 우주로 방출되고 111단위는 대기의 온실기체, 구름 및 에어러졸에 흡수된다. 앞 절에서 설명한 대류, 전도 및 잠열의 이동으로 지표면에서 대기로 30단위가 전달된다. 따라서 대기는 지표면으로부터 141단위의 에너지를 받고 태양빛에너지를 19단위 흡수하므로 총 160단위의

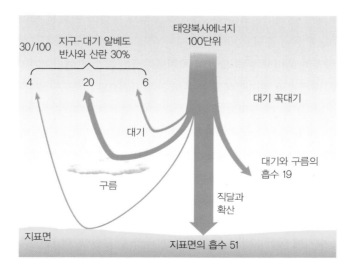

그림 2.25 지구-대기에 대한 태양복사에너지 수지. 지구-대기에 입사하는 총 태양복사에너지가 지구 전체 표면에 고르게 분포되었을 때 단위면적당 단위시간에 입사하는 에너지를 100단위로 정의하였다. (출처 : Ahrens, 2011)

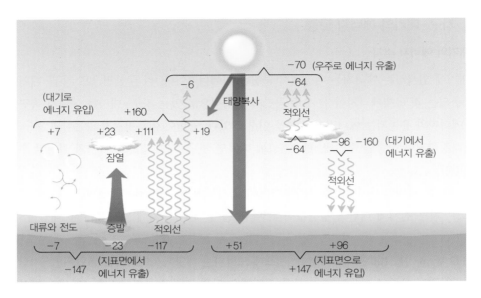

그림 2.26 대기와 지표면의 에너지 수지 (출처 : Ahrens, 2011)

에너지를 받는다. 대기에서 유출되는 에너지를 보면, 대기의 온실기체가 적외선을 방출하여 우주로 잃는 에너지가 64단위이며 지표로 복사하는 에너지는 96단위(지표에서의 하향 적외선 복사속은 약 $329 \ W \ m^{-2}$)이다. 이들의 합은 160단위가 되어, 대기에 유입되는 에너지와 균형을 이룬다. 대기 꼭 대기에서 지구−대기에 입사하는 빛에너지 역시 우주로 방출되는 빛에너지와 균형을 이룬다. 즉, 입사하는 태양복사에너지의 100단위 중에 30단위가 반사되며, 지표에서 방출된 적외선 중에 6단위가, 그리고 대기의 온실기체가 방출한 에너지 64단위가 우주로 방출되어 총 100단위가 우주로 방출된다.

복사에너지 수지의 위도 변화

지구−대기가 흡수한 태양 빛에너지와 지구−대기가 우주로 방출한 적외선 에너지의 연평균 위도분포를 그림 2.27에 나타내었다. 중위도(약 37°)에서는 이들 복사에너지 간에 균형이 이루어지지만 고위도에서는 우주로 방출한 에너지가 더 많으며 저위도에서는 흡수한 에너지가 더 많다. 고위도와 저위도에서 이러한 복사에너지의 불균형에도 불구하고 장기적으로는 지구−대기 온도가 일정한 값을 유지한다. 그 이유는 저위도에서 에너지가 고위도로 이동되기 때문인데, 그 에너지 이동은 대기와 해양에서 이루어진다. 예를 들어 서태평양에서는 난류가 고위도 쪽으로 흐르며 동태평양에서는 한류가 저위도 쪽으로 흘러서 결과적으로 에너지가 고위도로 이동되는 것이다. 물론 대기의 운동과 순환도 저위도의 열을 고위도로 전달하는 역할을 한다.

복사에 의한 대기의 가열과 냉각

지구−대기의 에너지 수지에 대한 그림 2.25에 의하면 태양복사에너지의 19단위는 대기에 흡수된다. 대기에 흡수되는 에너지는 주로 O_2, O_3, CO_2, H_2O, CH_4 등의 기체 성분들이 태양의 자외선−가시광선 및 근적외선 에너지를 흡수한 것이다(그림 2.22 참조). 예를 들어 태양의 자외선이 대기에 입사

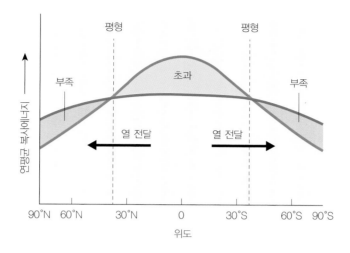

그림 2.27 지구-대기가 흡수, 방출한 복사에너지의 연평균 위도분포 (출처 : Ahrens, 2011)

하여 아래쪽으로 전파하는 동안 오존에 흡수되면 오존은 다음과 같이 산소분자와 산소원자로 광해리된다.

$$O_3 + h\nu \rightarrow O_2 + O \tag{2.17}$$

오존이 태양광의 UV-B를 흡수한다는 것은 이 광해리 과정을 의미한다. 중간권과 성층권의 오존에 의한 흡수로 UV-B 영역의 태양광 복사속은 아래쪽으로 내려갈수록 감소한다. 이러한 복사속 감소는 대기에 어떠한 결과를 불러올까? 그림 2.28은 성층권계면 고도에 대기층 dz의 위쪽과 아래쪽에서 하향 태양광 복사속을 나타낸 것이다. 태양광의 UV-B 복사속은 대기층 dz를 통과하면서 감소되었다 ($F_{위}^{\downarrow} > F_{아래}^{\downarrow}$). 에너지 수지를 보면 대기층 dz에 유입된 양이 유출된 양보다 더 많으므로 이 대기층의

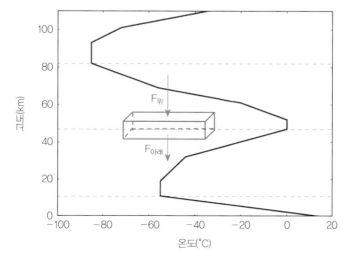

그림 2.28 대기층을 통과한 태양 UV-B 복사속의 변화 ($F_{위} > F_{아래}$). 오존에 의한 UV-B의 흡수로 복사속은 아래로 갈수록 감소한다.

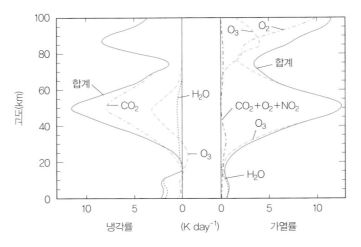

그림 2.29 중위도 대기에 대한 대기 가열률과 냉각률(K day⁻¹). 대기 가열은 대기성분이 태양복사에너지를 흡수한 결과이고, 대기 냉각은 온실기체의 적외선 방출에 의한 결과이다. (출처 : Salby, 2012)

기온은 상승하게 된다. 그림 2.29의 오른쪽에 O_3로 표시된 점선은 이러한 과정으로 대기온도가 상승되는 율, 즉 대기 **가열률**(heating rate)을 나타낸 것이다. 대기 가열률은 단위시간 동안 기온 상승률($K \, sec^{-1}$)로 계산되지만 그 값이 너무 작기 때문에 일반적으로 24시간 동안의 가열률로 환산하여 나타낸다. 약 50 km에서 최대 가열률이 나타나는데, 이 고도가 성층권에서 온도가 제일 높은 성층권계면이다. 온실기체에 의한 대기 냉각률도 동일한 방법으로 생각하면 된다. 예컨대 적외선 복사과정으로 CO_2에 의한 대기 냉각률을 계산할 때는 CO_2 **흡수대**(absorption band)에 대한 순복사속($= F_z^{\uparrow} + F_z^{\downarrow}$)의 연직방향 변화율, 즉 dF/dz를 구하여 계산한다. 그림 2.29의 왼쪽은 적외선 복사에 의한 대기 냉각률을 나타낸 것이다. H_2O, CO_2, O_3에 의한 대기 냉각률이 하부 대류권에서는 약 2.4 K day⁻¹ 이지만 성층권계면에서는 약 11.6 K day⁻¹이나 된다. 이와 같이 빛이 대기를 전파하면서 대기성분과 상호작용으로 발생하는 대기의 냉각 혹은 가열은 대기의 온도구조와 대기의 운동 및 순환에 매우 커다란 영향을 미친다.

지구의 복사평형온도와 온실효과

지구-대기가 흡수하는 태양복사에너지는 대기 꼭대기에서 지구-대기가 방출하는 지구복사에너지와 평형을 이루어야 한다고 앞에서 설명한 바 있다. 간단한 수식을 이용해 지구-대기의 복사평형온도와 온실효과를 살펴보자. 그림 2.30은 우주에서 본 지구의 복사에너지를 나타낸 것이다. 태양광은 지구에 입사해 30%가 반사되기(알베도 $a = 0.3$) 때문에 지구-대기가 흡수하는 에너지는 $S(1-a) \times \pi R^2$이다. 지구를 온도가 T인 흑체라 가정하면 복사로 방출하는 총에너지는 $\sigma T^4 \times 4\pi R^2$이 된다. 이들 2개의 에너지가 균형을 이루고 있으므로 다음 식이 성립된다.

$$S(1-a) \times \pi R^2 = \sigma T^4 \times 4\pi R^2 \tag{2.18}$$

식 (2.18)을 정리하면 다음과 같이 지구-대기의 복사평형온도를 계산하는 식이 된다.

온실효과

대기 중에는 H_2O, CO_2, N_2O, CH_4, O_3 등 다양한 온실기체가 있다. 질소분자와 산소분자를 제외한 다원자분자는 온실기체이다. 각 온실기체의 **온실효과** (greenhouse effect)는 적외선을 흡수-방출하는 능력과 대기 중의 양(혼합비)에 따라 다르다. 그런데 온실기체는 빛의 전파에 있어서 온실의 지붕 역할을 하는 유리와 어떠한 유사점이 있기 때문에 온실기체라 할까? 그림 2.R2는 온실과 대기에서 단파(자외선–가시광선) 및 장파(적외선)의 전파를 개략적으로 나타낸 것이다. 유사한 점들은 다음과 같다. (1) 태양빛에너지를 통과시킨다, (2) 지표면에서 방출된 적외선 일부를 흡수한다, (3) 유리와 온실기체는 상하 양방향으로 적외선을 방출한다. 이런 유사한 과정으로 인하여 입사한 태양광은 대기(유리)를 통과하여 지표면을 가열하며, 아울러 온실기체(유리)가 방출하여 아래쪽으로 향한 적외선은 지표면을 추가적으로 가열한다.

실제 대기의 온실기체가 방출해 지표면에 도달하는 적외선에너지를 보자. 그림 2.R3은 여름철에 중위도의 지표면에서 측정한 복사속의 일변화를 나타낸 것이다. 태양에너지는 12시 부근에서 최대 820 W m^{-2}의 에너지가 지표면에 흡수된다. 지표면에서 위쪽으로 방출한 적외선에너지는 약 400~650 W m^{-2} 이며, 대기의 온실기체가 방출한 하향 적외선에너지는 300~360 W m^{-2} 정도이다. 이러한 하향 적외선에너지는 태양빛에너지와 함께 지면을 가열하기 때문에 하향 적외선에너지가 없을 때보다 지표의 온도는 더 따뜻해진다. 아울러 지표로부터 더 많은 열을 전달 받은 대류권 공기도 하향 적외선에너지가 없을 때보다 더 따뜻해진다. 즉, 온실기체가 방출한 하향 적외선에너지는 지표면과 하부 대류권 온도를 상승시키는 역할을 한다. 이것을 '온실효과'라 한다. 대기 중의 온실기체 양이 증가하면 하향 적외선에너지도 증가하기 때문에 온실효과도 증가하게 된다. 이것은 지구온난화를 유발하는 원인이기도 하다.

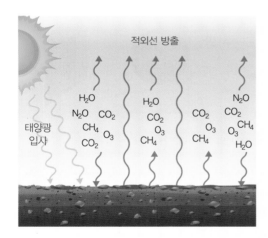 

그림 2.R2 대기와 온실에서 단파(자외선–가시광선)와 장파(적외선)의 전파. 복사 관점에서 보면 온실기체와 온실의 천장 유리창은 지표면에서 방출된 적외선 일부를 흡수하고 다른 한편으로는 적외선을 상하 양방향으로 방출하는 유사점이 있다. (출처 : 셔터스톡)

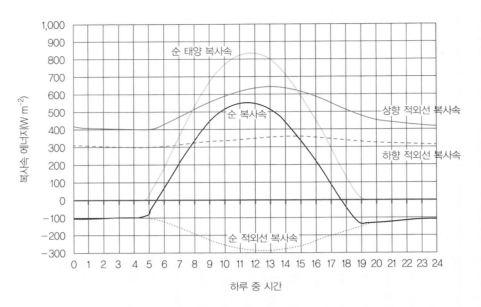

그림 2.R3 중위도의 여름철 지표면에서 복사속 에너지의 일변화 (출처 : Spencer, 2016)

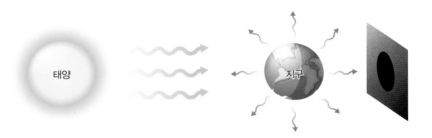

그림 2.30 지구-대기에 입사하는 태양복사와 지구-대기가 방출하는 지구복사

$$T = \left[\frac{S(1-a)}{4\sigma}\right]^{1/4} \tag{2.19}$$

이렇게 계산한 온도는 우주에서 본 지구의 온도로 **유효온도**(effective temperature)라 하며 255K이다. 대기와 해양은 에너지를 지구의 모든 지역에 균등하게 분배하는 역할만 한다고 가정하면 유효온도는 지표면의 온도로 이해할 수 있다.

대기 중에 온실기체가 있는 경우 지표면에는 태양복사에너지와 온실기체가 방출한 적외선에너지 ($F_{ir}^{\downarrow}$)가 입사한다. 글상자 '읽을거리 : 온실효과'의 그림 2.R3을 보면 지표면에 도달하는 하향 적외선에너지는 낮과 밤 동안 차이는 있지만 약 300~360 W m^{-2}이다. 태양복사에너지는 대기성분에 의해 일부 흡수되는데, 그 비율을 f_{abs}(=0.19)로 나타내었다(태양의 자외선 영역 에너지는 O$_2$, O$_3$가 흡수하고 가시광선 영역에서는 O$_3$가 흡수하며 근적외선 영역에서는 H$_2$O, CO$_2$가 흡수한다; 그림 2.22 참조). 지표면에서는 복사에너지 방출과 아울러 대류와 전도 및 잠열 이동($F_{conv}^{\uparrow}$) 등으로 에너지를 대기로 전달하기 때문에 지표면에서의 에너지 균형은 다음과 같다.

$$S(1-a-f_{abs})\times\pi R^2 + F_{ir}^{\downarrow}\times 4\pi R^2 = \sigma T^4 \times 4\pi R^2 + F_{conv}^{\uparrow}\times 4\pi R^2 \tag{2.20}$$

위의 식을 정리하면 지표면의 온도는 다음 식으로 계산된다.

$$T = \left[\frac{S(1-a-f_{abs})+4F_{ir}^{\downarrow}-4F_{conv}^{\uparrow}}{4\sigma}\right]^{1/4} \tag{2.21}$$

그림 2.26에 의하면 지구의 연평균 $F_{conv}^{\uparrow}$ 값은 30단위($S/4\times\frac{30}{100}\cong 103$ W m^{-2})이고 $F_{ir}^{\downarrow}$는 96단위($S/4$ $\times\frac{96}{100}\cong 329$ W m^{-2})이다. 이러한 값들을 이용하여 식 (2.21)로 계산한 지표면의 온도는 290K이다. 지구의 유효온도와 비교하면 약 35K 더 높은 온도이며, 이것은 온실효과 때문에 상승된 양이라 할 수 있다.

연습문제

1. 대류권, 성층권, 중간권 및 열권의 온도구조를 결정하는 물리과정을 설명하라.
2. 태양의 천정각이 30°일 때의 태양빛에너지는 천정각이 0° 값의 몇 %인지 계산하라.
3. 기온이 −12°C이고 풍속이 15 m sec^{-1}일 때 체감온도를 계산하라.
4. 온도가 25°C일 때 공기분자의 평균속력을 계산하라.
5. 이산화탄소의 흡수선은 15 μm에 나타난다. 파수로 표현하면 몇 cm^{-1}에 해당하는지 계산하라.
6. 형광등 불빛과 백열전구 불빛은 어떠한 차이가 있을까?
7. 태양온도가 3,000K라면 대기 최상부에서 측정한 태양상수는 얼마일까?
8. 온도가 300K이고 반경이 1 cm인 물방울이 진공에 있다. 이 물방울이 1초 동안 방출하는 에너지를 계산하라.
9. CO_2의 진동에너지 준위 1의 에너지는 1.32432×10^{-20} J이다. 에너지 준위 0(에너지=0 J)으로 복사전이 할 때 방출하는 빛의 파장을 계산하라.
10. 복사평형과 열평형의 차이를 설명하라.

참고문헌

이광목, 2003 : 대기복사 : 장파복사와 응용, 시그마프레스, 194pp.

Ahrens, C. D., 2011 : *Essentials of Meteorology*, Central Learning, 528pp.

Feldman, D. R., W. D. Collins, R. Pincus, X. Huang, and X. Chen, 2014 : Far-infrared surface emissivity and climate, *PNAS*, 46, pp. 16297−16302, doi:10.1073/pnas.1413640111.

Glenar, D. A., T. J. Stubbs, E. W. Schwieterman, T. D. Robinson, and T. A. Livengood, 2019 : Earthshine as an Illumination Source at the Moon, *Icarus*, 321, pp. 841−856, doi:10.1016/j.icarus.2018.12.025.

Petty, G. W., 2004 : *A first course in Atmospheric Radiation*, Sundog Publishing, 444pp.

Salby, M. R., 2012 : *Physics of the Atmosphere and climate*, Cambridge University Press, 718pp.

Spencer, R. W., 2016 : Observational Evidence of the "Greenhouse Effect" at Desert Rock, Nevada, Available at http://www.drroyspencer.com/2016/08/ observational-evidence-of-the-greenhouse-effect-at-desert-rock-nevada/

제3장

대기 중 수분

대기에서 가장 많은 두 기체인 질소와 산소는 그 합이 총 대기 부피에서 99%를 차지한다. 이와 달리 수증기는 많아야 0.25%를 차지하고 있다. 질소와 산소에 비해 아주 적은 양이지만 수증기는 구름과 강수의 근원이기 때문에 대기과학에서 가장 중요한 성분 중의 하나이다. 대기 중의 수분은 주로 수증기를 일컫는다. 그러나 구름 내의 수증기가 응결한 물방울, 과냉각수와 얼음입자도 포함한다. 대기의 수분에 의해 비, 눈, 진눈깨비, 우박, 구름, 안개, 이슬, 서리, 대류 등의 여러 날씨 현상과 호우, 폭설, 가뭄, 태풍 등의 재해를 유발하는 극한 기상현상이 만들어진다. 이러한 여러 기상현상이 일어나는 가장 큰 이유는 수분의 상변화에 의해서 잠열의 방출과 흡수가 발생하기 때문이다. 잠열의 방출 또는 흡수에 의해 온도가 바뀌면 기압 변화가 생겨 대기의 운동이 바뀌고 이것이 수분의 수평 및 연직 이동을 일으켜 다양한 날씨를 만들어낸다. 이번 장에서는 수분의 상변화, 대기의 포화과정 및 습도, 단열감률 및 대기 안정도에 대해 설명한다.

3.1 물의 증발과 포화

3.1.1 물의 상변화

수분의 상태가 변화할 때는 그림 3.1에서와 같이 열을 방출하거나 흡수한다. 가장 먼저 고체인 얼음에서 액체인 물로 상태의 변화가 일어나는 것을 **융해**(fusion)라고 한다. 1 g의 얼음이 물이 되기 위해 80 cal의 열(1 cal는 4.184 J에 해당함)이 필요하다. 액체에서 고체로의 상변화를 **빙결**(freezing)이라 하고, 이때는 80 cal g^{-1}의 열이 방출된다. 액체인 물에서 기체인 수증기로의 상변화를 **증발**(evaporation)이라 하고, 이를 위해서는 1 g당 600 cal의 기화열이 필요하다. 증발 시 높은 온도의 물분자가 물 표면으로부터 이탈하게 되면 남아 있는 물 표면의 온도가 내려가게 된다. 이러한 증발과정은 냉각을 수반한다. 사람이 운동으로 땀을 많이 흘리면 주변 대기는 상대적으로 건조하므로 수분이 증발하게 되고, 이때 몸 표면의 온도는 내려가게 된다. 반대로 수증기가 액체인 물로 되는 과정이 **응결**(condensation)이다. 상변화가 있을 때 기체가 가지고 있는 열에너지가 방출된다. 따라서 우리가 외부에서 아무런 열을 가하지도 않았는데 열이 방출되므로 이를 **숨은열** 또는 **잠열**(latent heat)이라 부른다. 이 응결 잠열은 위의 기화열과 같은 600 cal g^{-1}이다. 실제 수분의 모든 상변화 시 잠열의 방출 또는 흡수가 동반된다. 응결과정이야말로 날씨 변화에 있어 매우 중요하다. 수증기의 응결을 통해 안개 및 구름이 생성되기 때문이다.

한편 얼음에서 기체인 수증기로 바로 상변화가 일어나는 것을 **승화**(sublimation)라고 하고, 그 반대인 수증기에서 고체인 얼음이 되는 상변화를 **침적**(deposition)이라 한다. 이때 필요한 잠열은 1 g당 680 cal이다. 승화 현상은 공연 등에서 많이 사용하는 드라이아이스에서 확인할 수 있다. 바람 없이 추운 날 아침에 볼 수 있는 서리는 침적 현상의 대표적인 예이다. 그림 3.1에서 보듯이 승화 및 침적과정의 잠열 흡수량과 방출량은 서로 다른 두 과정을 거쳤을 때의 잠열 흡수량 또는 방출량의 합과 같음을 알 수 있다.

위에서 언급한 구름, 안개, 이슬, 서리 등의 여러 현상을 이해하기 위해 우선 수증기의 포화를 이해해야 한다. 이때 그림 3.2와 같이 아래쪽에 순수한 물이 들어 있는 밀폐된 용기를 생각하는 것이 쉽다. 밀폐된 용기의 가운데에 차단막이 있어 수증기가 투과하지 못하도록 하여 용기의 윗부분에는 초기에 수증기가 존재하지 않는다고 가정하자. 이후 차단막을 제거하면 물의 표면에서 물분자가 수증기 형태로 위의 공간으로 튀어나가게 된다. 이렇게 물분자들이 표면에서 이탈해 수증기가 되는 증발이 발생한다. 동시에 이와 반대로 수증기분자가 물분자로 되는 현상인 응결 또한 발생한다. 이탈된 수증기의 일부는 아래쪽 물과 충돌하여 물분자가 되기도 한다. 이렇게 차단막을 제거하면 증발이 응결보다 활발해서 수증기가 없는 위의 공간이 수증기 분자로 빨리 채워진다. 하지만 시간이 경과하면 물 표면에서 위의 공간으로 무한정으로 수증기입자의 순이탈이 일어나는 것이 아니라 일정한 수증

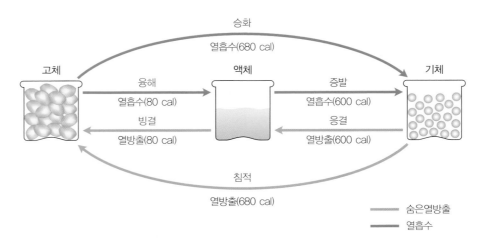

그림 3.1 **물의 상변화**

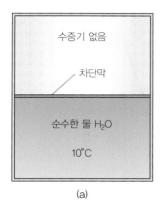
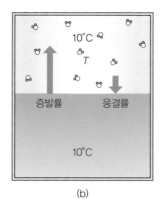
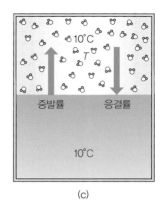

그림 3.2 물의 증발과 포화. (a) 순수한 물이 아래에 있고 차단막 위에 수증기가 없는 상태, (b) 차단막 제거 시 증발이 되는 상태, (c) 이후 증발률과 응결률이 같은 포화 상태

기량을 유지하는 시점이 존재한다. 이때는 증발률과 응결률이 같은 상태인 평형 상태가 되고, 이 상태에서 공기는 물 표면(평면)에 대해 **포화**(saturation)되었다고 한다.

3.1.2 포화수증기압

대기는 늘 수증기를 어느 정도 포함하고 있다. 하지만 수증기를 포함할 수 있는 양은 한계가 있다. 수증기의 양을 압력으로 표현한 것이 수증기압이다. 상태방정식을 이용하면 포화 상태일 때의 수증기압을 온도의 함수로 표현할 수 있다. 그림 3.3처럼 온도에 따라서 수증기를 포함할 수 있는 최대의 양인 **포화수증기압**(saturated vapor pressure)이 정해진다. 수증기압은 보통 hPa로 나타내며 1 hPa = 100 Pa이다. 1 Pa은 단위면적에 1N의 힘이 작용할 때의 압력으로 N m^{-2}으로 표현된다. 물과 얼음에 대한 포화수증기압은 각각 다음의 근사식으로 표현할 수 있다.

$$e_s = 6.1094 \times \exp\left(\frac{17.625t}{t+243.04}\right) \tag{3.1}$$

$$e_{si} = 6.1121 \times \exp\left(\frac{22.587t}{t+273.86}\right) \tag{3.2}$$

여기서 포화수증기압은 hPa로 표현되고 t는 섭씨온도이다.

식 (3.1)과 (3.2)에서처럼 온도에 따른 포화수증기압은 지수함수의 형태로 증가한다. 따라서 온도가 대체로 10°C 이상이 되면 포화수증기압이 급격하게 증가하는 모습을 보인다. 여기서 재미있는 것은 물이 0°C 이하가 되어도 얼음이 아닌 물로 존재할 수 있다. 이를 **과냉각수**(supercooled water)라고 하는데, 과냉각수에 대한 포화수증기압은 얼음에 대한 포화수증기압보다 크다(그림 3.3의 왼쪽 그래프가 이를 표현하고 있다). 이는 얼음을 구성하는 물분자 사이의 힘이 과냉각수를 구성하는 물분자 력보다 크므로 얼음 표면에서의 수증기로의 이탈이 과냉각수 표면에서의 수증기로의 이탈보다 작기 때문이다. 이러한 특징은 실제 중위도에서의 구름 생성 및 강수 과정에 있어 중요한데, 습윤한 공기가 상승하여 구름이 생성되고 강수가 만들어지는 과정에서 빙정이 성장하게 되는 **빙정설**(ice crystal

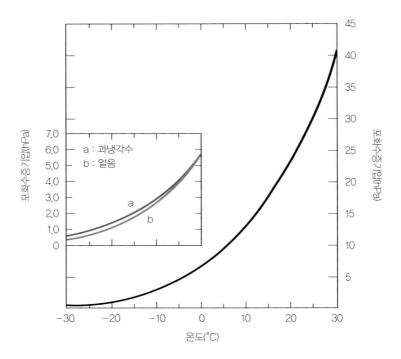

그림 3.3 물 표면에 대한 포화수증기압의 온도에 따른 변화. 왼쪽 그래프는 0°C 이하일 때 물(과냉각수)과 얼음 표면에 대한 포화수증기압의 변화

theory)의 핵심 요인이다. 이는 제4장에서 자세하게 설명할 것이다.

3.2 습도와 포화과정

3.2.1 습도

대기는 건조공기와 수증기가 혼합되어 있다. **습도**(humidity)는 대기 중의 수증기가 포함된 정도를 표현한다. 일반적으로 네 가지 방법을 사용하는데, 대기과학에서는 절대습도를 가장 적게 사용하고 혼합비와 상대습도를 가장 많이 사용하고 있다.

절대습도 : **절대습도**(absolute humidity)는 공기 1 m³의 부피에 포함된 수증기의 질량을 표시한다. 절대습도는 단위체적에 존재하는 수증기량이므로 공기가 수축하거나 팽창하여 체적이 바뀌게 되면 절대습도 값이 달라지므로 많이 사용되지 않는 편이다.

$$절대습도 = \frac{수증기의\ 질량(g)}{공기의\ 부피(m^3)} \tag{3.3}$$

절대습도는 이상기체 상태방정식으로부터 다음과 같이 표현할 수 있다.

$$절대습도 = \frac{217e}{T} \tag{3.4}$$

식 (3.4)에서 절대습도의 단위는 $g\ m^{-3}$이고 e는 수증기압(hPa)이고 T는 절대온도(K)이다.

비습 : **비습**(specific humidity)은 건조공기와 수증기가 포함된 공기 1 kg에 대한 수증기의 질량비로 나타낸 값이다. 대기 중에 포함된 수증기의 질량은 대체로 50 g 미만이므로 $g\ kg^{-1}$ 단위로 표현한다. 비습은 절대습도와 달리 공기의 수축과 팽창에도 거의 변하지 않는다. 주어진 온도에 대해 가질 수 있는 최대의 수증기 질량으로 계산된 비습을 **포화비습**(saturation specific humidity)이라 한다.

$$비습 = \frac{수증기의\ 질량(g)}{공기의\ 질량(kg)} \tag{3.5}$$

혼합비 : **혼합비**(mixing ratio)는 건조공기 1 kg에 대한 수증기의 질량비로 나타낸 값이다. 비 값을 계산할 때 비습의 분모는 수증기를 포함한 공기의 질량이지만 혼합비의 분모는 수증기를 제외한 건조공기만의 질량이므로 혼합비가 비습보다 약간 더 크게 계산된다. 하지만 혼합비는 비습과 비슷한 특징이 있다. 어느 특정한 온도에서 최대로 가능한 혼합비를 포화혼합비라 한다.

$$혼합비 = \frac{수증기의\ 질량(g)}{건조공기의\ 질량(kg)} \tag{3.6}$$

상대습도 : **상대습도**(relative humidity)는 현재의 기온에서 대기가 함유할 수 있는 최대 수증기량인 포화수증기압에 대해 실제 대기가 함유하고 있는 수증기량을 압력으로 표현한 수증기압과의 비이다. 보통 이 값에 100을 곱하여 백분율인 %로 표현한다. 따라서 상대습도는 공기 중의 실제 수증기량을 나타내는 것이 아니라 현재 공기덩이가 포화에 근접하는 정도를 나타낸다. 식 (3.7)에서 보는 것처럼 현재 수증기압이 일정하더라도 기온에 따라 포화수증기압이 바뀌므로 상대습도가 달라질 수 있다. 즉, 상대습도는 현재 수증기량과 기온에 의해서 바뀔 수 있다. 어느 한 지역에서, 가령 저기압이나 고기압 주변에서 수증기의 이동인 이류가 많이 일어나게 되면 식의 분자항이 바뀌어 상대습도가 크게 변할 수 있다. 하지만 바람이 세게 불지 않아 수증기의 이류가 많이 일어나지 않는다면 분자항의 변화가 작게 된다. 하지만 이 경우에도 기온의 변화에 의해 상대습도가 변할 수 있다. 온도에 따른 포화수증기압의 변화에 의해 상대습도 계산식에서 분모가 변하기 때문이다.

$$상대습도(\%) = \frac{현재의\ 수증기압(hPa)}{현재\ 기온에서의\ 포화수증기압(hPa)} \times 100 \tag{3.7}$$

한편 상대습도를 수증기의 질량비로 표현하는 혼합비를 사용하여 나타낼 수 있다. 즉, 아래와 같은 근사식으로 계산한다.

$$상대습도(\%) ≒ \frac{혼합비(g\ kg^{-1})}{포화혼합비(g\ kg^{-1})} \times 100 \tag{3.8}$$

그림 3.4는 상대습도의 일변화를 나타낸다. 어느 가을 구름이 조금 있는 맑은 날씨에서의 기온과 상대습도의 하루 중 변화를 한반도 모든 관측 지점에 대하여 평균하여 표시하였다. 상대습도는 새벽에

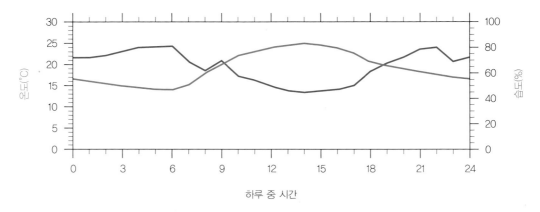

그림 3.4 상대습도와 기온의 일변화(2019.9.24. 서울 · 부산 · 대구 · 인천 · 광주 · 대전 관측소 평균)

가장 높다가 일출부터 낮아진다. 해가 뜨면 기온이 상승함에 따라 포화수증기압이 커지기 때문이다. 특히 오후 2시 즈음에 기온이 가장 높아져 상대습도는 가장 낮다. 대체로 상대습도의 일변화는 기온의 일변화와 반대 경향을 보임을 알 수 있다.

3.2.2 포화과정

대체로 대기는 건조공기와 수증기의 합으로 이루어진 습윤공기이다. 습윤공기가 응결이 발생하는 포화 상태가 되기 위한 세 가지 방법으로 공기의 냉각, 수증기의 첨가, 찬 공기와 온난 습윤한 공기의 혼합이 있다.

불쾌지수　　　　　　　　　　　　　　　　　　　　　읽을거리

1957년 미국의 톰(E. C. Thom)에 의해 고안된 지수로 기온이 높은 여름철 습도를 고려하여 사람이 느끼는 더위의 정도를 지수로 만든 것이다. 즉, 불쾌지수는 기온과 습도의 조합으로 구성되어 있는데 아래의 식을 사용하여 지수를 산출한다.

$$불쾌지수 = (9/5)T - 0.55(1-RH)[(9/5)T - 26] + 32$$

여기서 RH는 상대습도(소수단위)이고 T는 섭씨온도이다.

여름철 무더위 지수로 활용되고 있는 이 불쾌지수는 바람 등에 의한 증발로 생기는 냉각효과는 고려하지 않으므로 사용 시 한계가 있다는 점에 유의하여야 한다. 참고로 지수 범위에 따른 불쾌감의 범위를 아래의 표에 정리하였다.

단계	불쾌지수 범위	느낌 정도
매우 높음	80 이상	전원 불쾌감을 느낌
높음	75~80 미만	50% 정도 불쾌감을 느낌
보통	68~75 미만	불쾌감을 나타내기 시작함
낮음	68 미만	전원 쾌적함을 느낌

출처 : 기상청

공기 중에 수증기가 많아지면 무거워질까?

본문에서 기술하였듯이 공기는 대체로 건조공기에 수증기가 포함된 습윤공기이다. 수증기가 많이 포함될수록 습도가 높아진다. 더운 여름철 습도마저 높아 불쾌지수가 높아지면 우리는 저절로 습윤한 공기가 무겁게 느껴진다. 즉, 건조한 날보다 아주 습한 날이 공기가 더 무겁게 느껴진다. 무더운 날은 습도가 높아 우리 몸에서 수분 증발을 막기 때문에 냉각효과가 줄어들어 더 덥게 느껴지고 주위 공기가 더 무겁게 느껴지는 것이다. 그렇다면 정말 습윤공기가 건조공기보다 무거운 것일까? 아니다! 오늘 날씨가 습도가 낮아 쾌청하게 느껴져서 오늘은 공기가 가볍구나 하고 생각한다. 수증기가 적어지면 가벼워질까? 아니다!

그 이유는 공기의 99%를 차지하고 있는 질소(N_2)와 산소(O_2)의 분자량은 수증기를 이루는 물(H_2O)의 분자량보다 더 크기 때문이다. 즉, 질소의 원자량은 14이므로 2개의 원자로 이루어진 질소 분자량은 28이다. 이와 비슷하게 산소 원자량은 16이므로 O_2 분자량은 32가 된다. H는 원자량이 1이므로 2개의 원자로 구성된 수소 분자의 분자량은 2이고 O의 원자량은 16이므로 H_2O의 분자량은 18이 된다. 즉, 실제로는 수증기가 질소나 산소보다 더 가벼운 물질인 것이다. 가볍기 때문에 수증기가 응결된 구름이 하늘에 떠 있을 수 있다. 우리의 느낌과는 다르게 공기 중에 수증기가 많아지면 무거워지는 것이 아니라 더 가벼워진다.

냉각에 의한 포화

가장 먼저 생각할 수 있는 포화 방법은 공기 내 수증기량을 유지한 채로 불포화 공기의 온도를 낮게 하여 수증기를 응결시키는 과정인 냉각에 의한 포화과정이다. 불포화 공기가 산을 타고 상승하는 경우 고도 상승에 의해 온도가 낮아져 포화 공기가 되는 경우이다. 아래 그림 3.5의 A에서 B의 과정이 이를 나타낸다. 즉, 불포화 상태인 공기 A를 그 공기의 수증기압이 포화수증기압이 되는 기온(B에서의 온도)까지 냉각시키면 상대습도가 100%인 포화 상태에 도달하게 된다. 이때 포화가 되는 온도를 **이슬점 온도**(T_d, dew point temperature)라 한다. 실제로 수증기가 응결되어 물방울이 생기는, 즉 **이슬**(dew)이 생기는 온도를 말하는 것이다. 아래 그림에서 이슬점 온도는 10°C이다.

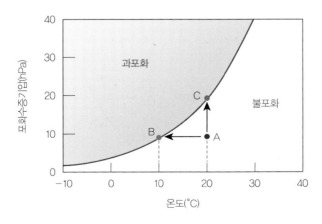

그림 3.5 불포화 공기의 두 가지 방법의 포화과정. 불포화 상태인 공기 A를 수증기압이 포화수증기압이 되는 B까지 냉각시키면 상대습도가 100%인 포화에 도달하게 된다. 불포화 상태인 공기 A에 수증기를 첨가하면 포화수증기압인 C지점에 도달하여 상대습도가 100%인 포화에 도달하게 된다.

한편 기온이 0°C 이하로 떨어지게 되면 지표면에 **서리**(frost)가 생기는데, 이때의 온도를 **서리점 온도**(frost point temperature)라 한다. 즉, 서리점 온도는 등압과정에서 불포화 공기가 냉각되어 얼음에 대해 포화가 되는 온도이다. 서리는 수증기가 응결과 빙결과정을 순차적으로 겪어서 발생하는 것이 아니라 침적과정을 통해 수증기가 바로 얼음이 되어 형성된다.

날씨가 맑고 구름이 없는 날 야간에 지표 부근의 습윤한 대기가 장파복사로 기온이 떨어질 때 발생하는 복사안개 또한 이러한 냉각에 의해 응결된 것이다. 대기에 구름이 있다면 구름에서 아래로의 장파복사에 의해 지상이 약하게 냉각되어 안개가 생기지 않는다. 즉, 안개는 지상과 맞닿아 있는 하층 대기에서의 응결 현상이라 한다면 이슬과 서리는 지표면에서 수증기의 응결과 침적으로 일어나는 현상인 것이다.

한편 포화 공기의 수증기량을 유지한 상태에서 더 냉각하면 과포화 공기가 되지만(그림 3.5) 온도를 높이면 불포화 공기가 된다. 실제로 높은 고도의 포화된 공기가 산을 따라 하강하게 되면 다시 건조한 불포화 공기가 된다.

수증기의 첨가에 의한 포화

그림 3.5에서 불포화된 공기덩이인 A에 수증기를 첨가하면 같은 온도에서 수증기압이 증가하고 더 첨가하면 마침내 포화수증기압인 C지점에 도달하여 상대습도가 100%인 포화 상태가 될 수 있다.

이에 대한 예로써 비가 내릴 때 구름 하부와 지표면 사이는 불포화 상태인데, 빗방울이 이곳을 지나면서 수적 표면에서 증발이 발생하여 수증기가 불포화 대기로 첨가되어 포화에 이를 수 있는 것이다. 이렇게 강수운 아래에 있는 지표에 강수안개가 생성되기도 한다.

혼합에 의한 포화

한편 공기의 냉각이나 수증기 첨가 없이도 성질이 다른 두 공기덩이의 혼합에 의해서도 포화가 될 수 있다. 찬 공기와 따뜻하고 습윤한 공기 각각은 불포화 상태이지만 바람이나 난류 등에 의해 혼합될 때 최종 기온은 이 두 공기의 온도 사이에 놓이게 되고, 이때 수증기압은 변경된 이 최종 기온에 대한

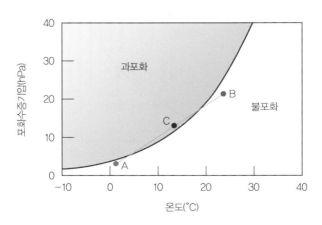

그림 3.6 성질이 다른 두 공기의 혼합에 의한 포화과정. 불포화 상태인 공기 A와 B를 섞으면 C의 상태가 되어 과포화 상태가 될 수 있다.

포화수증기압보다 더 커질 수 있다. 그림 3.6을 보면 원래의 불포화 공기덩이 A와 B가 섞인 후에는 C가 되어 포화수증기압선의 위쪽에 위치하여 과포화 상태가 될 수 있다. 이는 포화수증기압선이 기온에 대해서 직선이 아니라 지수적으로 증가하는 곡선으로 나타나기 때문이다.

3.2.3 안개의 형성

안개(fog)는 수증기가 응결되어 생긴 물방울들이 지표면에 접해 있는 하부 기층에 존재하는 기상 상태를 지칭한다.

냉각에 의한 안개

복사안개 : 복사안개(radiation fog)는 밤에 지면에 인접한 공기가 지구복사에 의해 열에너지를 대기로 방출해서 냉각되어 생긴다(그림 3.7). 하늘이 맑게 갠 날 야간에 많이 생기는데, 흐리거나 구름이 많은 날은 대기나 구름으로부터 지표면 쪽으로 장파복사가 있기 때문에 지표면을 가열시켜서 냉각이 되지 않는다. 이 안개는 야간에 생긴 후 일출이 되어 태양복사가 도달하게 되면 응결된 물방울이 차츰 증발되어 소산된다.

이류안개 : 온난 다습한 공기가 상대적으로 찬 지면이나 수면 위로 이동하여 공기의 하부가 냉각되면 수증기가 응결되어 이류안개(advection fog)(그림 3.8)가 생긴다. 찬 해류가 있는 바다나 연안에 잘 생기는데, 이 경우 해무(sea fog)라고 한다.

봄에서 초가을 사이 우리나라 서해안에서 해무가 많이 발생한다. 부산 해운대의 해무 또한 유명하다. 미국의 경우 샌프란시스코만에서는 여름철 동태평양의 북에서 남으로 흐르는 캘리포니아 한류에 의해 상대적으로 따뜻한 공기가 서쪽에서 동쪽 한류지역으로 이류될 때 광범위한 해무가 발생한다.

그림 3.7 **복사안개** (출처 : 기상청)

그림 3.8 이류안개(부산의 해무) (출처 : 기상청)

활승안개 : 활승안개(upslope fog)는 수증기를 품은 습윤한 공기가 산사면을 따라서 상승할 때 단열 팽창으로 냉각, 응결되어 생기는 안개이다(그림 3.9).

수증기의 증가에 의한 안개

증발안개 : 증발안개(evaporation fog)는 찬 공기가 그보다 훨씬 따뜻한 물 위를 이동할 때 물 표면에서의 증발로 생기는 안개이다. 즉, 발생된 수증기가 찬 공기에 혼합되면서 포화가 되어 생성되는 안개로 **증기안개** 또는 **김안개**(steam fog)라고도 부른다(그림 3.10). 한랭한 지방에서 맑은 날 새

그림 3.9 활승안개(강원도 인제군 내린천 부근의 산안개)

그림 3.10　증발안개(보령댐의 안개) (출처 : 공주대학교)

벽에 주위에 산과 같은 지형에 의해 찬 공기가 호수나 하천으로 모일 때 이에 접한 수면에서 김같이 서리는 안개도 증발안개이다.

전선안개 : 전선안개(frontal fog)(그림 3.11)는 성질이 다른 두 기단 사이 접촉면인 전선면에 의해 발생하는 안개로 한랭전선보다 온난전선에서 더 많이 발생한다. 온난전선의 전면에서 형성된 구름에 의해 만들어진 약한 비가 불포화된 하층 대기로 내리면서 강수입자가 증발되어 포화에 이른다. 강수에 의한 안개이므로 **강수안개**(precipitation fog)라고도 한다.

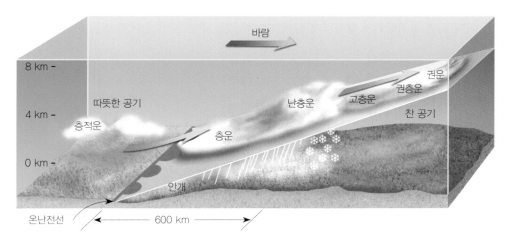

그림 3.11　전선안개

3.3 대기의 단열과정

3.3.1 건조단열감률

대기는 여러 과정을 통해 주위 공기와의 열 출입으로 온도를 변화시킨다. 전도, 복사, 대류, 마찰 등에 의해 열 출입이 발생한다. 이러한 과정을 통해서 공기덩이의 온도가 변화하는 과정을 **비단열과정**(diabatic process)이라 한다. 반대로 공기덩이와 주위와의 열 출입이 없는 과정을 **단열과정**(adiabatic process)이라 한다. 실제 대기는 엄격한 의미에서 비단열과정을 따르지만 단열과정을 가정하면 여러 날씨나 기후 현상을 설명하는 데 용이하다. 특히 구름의 형성과 발달을 설명하는 데 있어 유용하다.

공기덩이가 단열적으로 상승하면 주위의 기압이 낮아지므로 팽창하게 되는데, 이때 공기덩이의 온도가 하강한다. 만일 비단열과정을 가정하면 더 복잡해진다. 가령 공기덩이가 상승할 때 팽창에 의한 온도 하강과 더불어 공기덩이가 상승하는 중에 태양복사에 의해 가열된다. 따라서 최종 공기덩이의 온도는 단파복사에 의한 상승 부분을 반영해야 하므로 복잡해진다. 하지만 대기는 대체로 단열과정을 가정하여도 무방한 경우가 많다.

단열과정을 따르는 공기덩이가 하강을 하게 되면 주위의 기압이 더 높기 때문에 그 공기덩이는 수축하게 되어 공기덩이의 온도는 상승하게 된다. 이를 **열역학 제1법칙**(first law of thermodynamics)으로 설명할 수 있다. 즉, 그림 3.12처럼 외부에서 시스템 또는 공기덩이로 열에너지(ΔQ)가 투입되면 온도(ΔT)로 표현되는 내부 에너지를 증가시키고 공기덩이의 체적을 증가(ΔV)시켜 외부에 대해 일을 하는 것으로 표현된다. 이를 식으로 표현하면 아래 식 (3.9)가 된다.

$$\Delta Q = C_v \Delta T + p \Delta V \tag{3.9}$$

여기서 C_v는 정적 비열이고, p는 압력이다.

식 (3.9)에서 외부 열에너지의 출입이 없는 단열과정을 가정하면 $C_v \Delta T = -p \Delta V$가 된다. 즉, 단열 상승을 하게 되면 공기덩이가 팽창하게 되어 가만히 있는 주변 공기에 대해 일을 하여 그만큼 내부

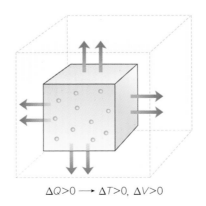

$$\Delta Q > 0 \longrightarrow \Delta T > 0,\ \Delta V > 0$$

그림 3.12 외부로부터의 가열에 의한 시스템(공기덩이)의 팽창. 외부에서 시스템으로 열에너지(ΔQ)가 투입되면 온도(ΔT)가 증가되고 체적이 증가(ΔV)한다.

에너지가 줄어들게 되어 온도가 내려가게 된다. 반대로 단열 하강을 하게 되면 주위 공기의 압력이 그 공기덩이에 가해져 주위 공기가 그 공기덩이에 일을 하는 격이 되어 공기덩이의 내부 에너지를 증가시켜 온도가 올라가게 된다.

대류권은 고도가 상승함에 따라 기온이 감소하는 연직 구조를 보인다. 지표면이 태양복사를 흡수하고 대기분자의 확산 운동인 전도에 의해 그 열에너지가 상층으로 전달되므로 대류권 상층으로 갈수록 기온이 떨어진다. 이렇게 공기의 온도가 고도에 따라 떨어지는 기온의 감소율을 **기온감률**(temperature lapse rate)이라 하고 아래의 식 (3.10)으로 표현한다.

$$\Gamma = -\frac{\Delta T}{\Delta Z}$$
(3.10)

한편 불포화된 공기의 높이에 따른 기온 감소율을 **건조단열감률**(Γ_d, dry adiabatic lapse rate)이라 하며 약 10°C km^{-1}이다.

3.3.2 습윤단열감률

불포화 공기가 단열 상승하면 팽창에 의해 공기덩이가 냉각된다. 일정 고도 이상으로 상승하면 공기덩이가 포화되어 수증기가 응결되기 시작한다. 이 시점에 구름이 형성되는데, 이 고도를 **상승 응결고도**(lifting condensation level, LCL)라 한다. 이렇게 물방울이 형성되는 과정에서 숨은열인 응결열이 발생한다. 따라서 포화된 공기의 기온감률, 즉 습윤단열감률은 이러한 잠열로 인해 건조단열감률보다 작다. **습윤단열감률**(Γ_m, moist adiabatic lapse rate)은 평균 5°C km^{-1} 정도로 계산되지만 수증기의 함량에 의해서 결정되므로 위도나 하층의 습한 정도에 따라 차이가 있어 $4 \sim 7^\circ$C km^{-1}의 감률을 보인다. 중위도에서의 실제 대기의 평균적인 기온감률은 6.5°C km^{-1}이다.

한편 이슬점 온도도 고도가 증가함에 따라 감소하며 약 2°C km^{-1}의 감률(**이슬점 온도감률**)을 보인다. 불포화된 공기가 건조단열감률을 따라 상승하여 포화가 되는 응결고도에서는 그 공기덩이의 온도와 이슬점 온도가 같으므로 아래의 상승 응결고도 추정식을 이용하여 응결고도를 추정할 수 있다.

$$H = 125(T - T_d)$$
(3.11)

여기서 H는 응결고도(m), T와 T_d는 지표에서의 기온($^\circ$C)과 이슬점 온도($^\circ$C)이다.

3.4 대기의 안정도와 구름 유형

3.4.1 대기의 안정도

대기의 안정도(atmospheric stability)는 현재 대기의 기온감률과 공기덩이가 상승 또는 하강 시에 따르는 단열감률의 비교를 통하여 결정된다. 즉, 대기의 안정도는 실제 대기 기온의 연직 분포와 단열감률에 의한 기온 연직 분포를 비교하면 된다. 예를 들면 어떤 고도에서 정지 상태에 있는 불포화 공기덩이를 연직으로 상승시켰을 때(이 경우 단열선을 따라서 감) 가질 수 있는 온도가 주위 대기의 온도보다 더 높다면 상승한 공기는 양의 부력을 갖기 때문에 계속 상승할 수 있는 **불안정**(unstable)한 상태를 나타낸다. 반대로 상승한 공기의 온도가 주위 대기의 온도보다 낮다면 음(−)의 부력을 갖기 때문에 처음 출발한 고도로 다시 돌아오게 되므로 대기는 **안정**(stable)한 상태를 나타낸다. 만일 상승된 공기덩이의 온도가 주위의 대기온도와 같다면 그 자리에 머물게 되는 **중립**(neutral) 상태가 된다. 불포화된 공기에 대해 이 세 가지 경우는 아래와 같이 표현되고 그림 3.13에 나타내었다.

$$\Gamma > \Gamma_d : 불안정$$
$$\Gamma < \Gamma_d : 안정$$
$$\Gamma = \Gamma_d : 중립 \tag{3.12}$$

한편 포화된 공기의 연직 안정도는 현재 환경 대기의 기온감률인 Γ를 습윤단열감률인 Γ_m과 비교하여 결정하면 된다. 위에서 설명하였듯이 상승 응결고도에서 공기덩이가 포화되므로 습윤단열감률을 이용한다. 구름의 연직 발달의 조건을 알기 위해서 Γ_m과 비교해야 한다.

$$\Gamma > \Gamma_m : 불안정$$
$$\Gamma < \Gamma_m : 안정$$
$$\Gamma = \Gamma_m : 중립 \tag{3.13}$$

절대불안정(absolutely unstable) 또는 **조건부불안정**(conditionally unstable) 등 나머지 대기 상태에 대한 안정도 판단은 식 (3.12)와 (3.13)을 이용하면 식 (3.14)와 같다.

$$\Gamma > \Gamma_d \, (> \Gamma_m) : 절대불안정$$
$$\Gamma_m < \Gamma < \Gamma_d : 조건부불안정$$
$$\Gamma < \Gamma_m (< \Gamma_d) : 절대안정 \tag{3.14}$$

식 (3.14)의 괄호는 항상 성립하므로 필요하지는 않지만 절대불안정과 **절대안정**(absolutely stable)을 쉽게 이해하기 위해 첨가하였다. 불포화된 공기덩이에 대해서는 안정하지만 포화된 공기덩이에 대해서는 불안정한 상태를 조건부불안정이라 한다. 그림 3.14에 대기의 안정도를 단열감률과 비교하여 나타내었다.

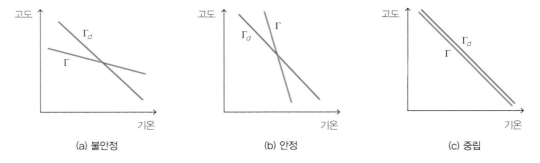

(a) 불안정   (b) 안정   (c) 중립

그림 3.13 대기의 안정도. 빨간색 선은 건조단열감률 선을 나타내고 파란색 선은 주변 대기 기온이다.

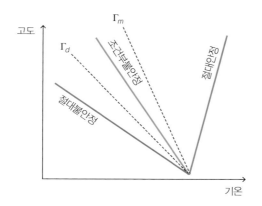

그림 3.14 건조단열감률과 습윤단열감률을 이용한 대기의 여러 안정 상태. 실선이 주변 대기의 연직 기온선이다. 주변 대기의 기온선에 따라 절대불안정, 조건부불안정, 절대안정 상태가 결정된다.

3.4.2 안정도와 구름 유형

위의 대기의 안정도 판별을 실제로 적용한 예를 살펴보자. 건조단열감률을 사용하여 굴뚝에서 나오는 연기의 운동 모습은 제15장을 참고하기 바란다. 대신에 습윤단열감률을 사용하여 구름의 연직 발달을 판별할 수 있다. 구름은 대기의 안정도에 따라 크게 연직으로 많이 발달한 **적운형의 구름**(cumuliform cloud)과 옆으로 퍼져 있는 **층운형의 구름**(stratiform cloud)으로 나눌 수 있다(그림 3.15).

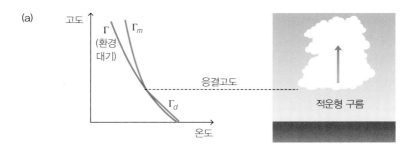

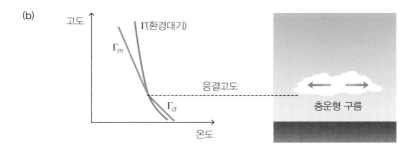

그림 3.15 적운형 구름과 층운형 구름의 형성과 대기 상태. (a) 지표의 공기덩이가 건조단열감률 선을 타고 상승하다가 응결고도보다 높은 곳에서 습윤단열감률 선을 타고 올라간다. 주위의 공기에 비해 온도가 높기 때문에 불안정 상태로 계속 상승 운동을 하게 되어 적운형의 구름이 생성된다. (b) 응결고도에서 구름이 형성되지만 그 고도보다 높은 곳에서 습윤단열 선을 타고 상승할 때 이 공기덩이의 온도가 주위 공기의 온도보다 낮아져 옆으로 퍼지는 층운형 구름이 생성된다.

이해를 위해서 지표에 있는 공기덩이를 상승시킨다고 생각해보자. 건조단열감률 선을 타고 올라가다가 응결고도에서 구름이 형성되고 이 고도 이상은 습윤단열감률 선을 타고 올라간다. 주위의 공기에 비해 온도가 높기 때문에 불안정 상태로 계속 상승 운동을 하게 되어 적운형 구름이 발생한다(그림 3.15a). 반면 응결고도에서 구름이 형성되어 습윤단열 선을 타고 올라갈 때 이 공기덩이의 온도가 주위 공기의 온도보다 낮게 되면 그림 3.15(b)처럼 연직으로 더 이상 발달하지 못하고 옆으로 퍼지게 되는 층운형 구름이 형성된다.

연습문제

1. 하루 중 상대습도가 가장 높았을 때와 낮았을 때는 언제인가? 그 이유는 무엇인가?
2. 공기가 포화될 수 있는 세 가지 대표적인 방법은 무엇인가?
3. 어느 온도에서 얼음에 대한 포화수증기압이 과냉각수에 대한 포화수증기압보다 큰지 작은지 기술하고 그 이유를 설명하라.
4. 이슬과 서리는 어떻게 다른지 설명하라.
5. 열역학 제1법칙을 이용하여 고려하는 시스템에 열의 첨가나 유출이 없을 때 압력 변화와 온도 변화와의 관계를 설명하라.
6. 안개의 종류를 주 발생 요인에 따라 구분하여 제시하라.
7. 습윤단열감률이 건조단열감률보다 작은 이유를 설명하라.
8. 기온이 20°C이고 이슬점 온도가 12°C인 공기덩이가 높이 3 km인 산을 넘는다고 하자.
   (1) 이때 상승응결고도를 구하라.
   (2) 최정상에서의 기온과 이슬점을 구하라.
   (3) 이 공기덩이가 산을 넘었을 때 기온과 이슬점 온도를 구하라.
9. 대기 안정도와 구름의 유형에 대하여 설명하라.
10. 열대지역에서의 단열감률은 대체로 어떻게 형성되어 있는지 설명하라.

참고문헌

김경익, 김영섭, 김해동, 류찬수, 서경환, 서명석, 오재호, 전종갑, 하경자, 2011 : 환경대기과학, 동화기술, 347pp.
기상청, 2009 : 불쾌지수, 생활기상지수(웹 페이지).

구름과 강수

구름은 미세한 물방울이나 얼음결정이 하늘에 떠 있는 것이다. 우리는 구름의 크기, 모양, 두께 등이 끊임없이 변하는 것을 볼 수 있다. 구름이 없다면 하늘은 늘 지루한 파란색일 것이다. 그 것뿐일까? 비와 눈, 천둥과 번개, 무더운 여름날 시원한 그늘 등이 더는 없을 것이다. 폭풍우 치는 무서운 밤도 사라질 것이다. 그리고 비가 내리지 않아 땅은 메마르고 결국은 현재와 전혀 다른 황량한 지구가 될지도 모른다. 여기서는 구름의 여러 형태와 구름에서 강수가 만들어지는 과정 등을 소개한다.

4.1 구름의 분류

구름은 언뜻 어지러울 정도로 여러 모양으로 나타난다. 그러나 우리가 먼저 주목할 점은 구름의 고도가 조금씩 다르다는 것이다. 예를 들어 지면에 닿을 정도로 낮게 떠 있는 구름이 있는가 하면, 아주 아주 높은 곳이나 중간 높이에 떠 있는 구름도 있다. 이를 토대로 구름의 고도를 상층, 중층, 하층의 세 가지로 나눌 수 있다. 구체적으로 구름 밑면 높이를 기준으로 구분 짓는데 상층운은 구름 밑면이 6~13 km, 중층운은 2~6 km, 하층운은 2 km 이하에 나타난다.

4.1.1 기본 유형

구름의 고도와 더불어 형태도 구름을 분류하는 기준이 된다. 어떤 구름은 깃털이나 머리카락 타래처럼 보인다. 일부는 층상으로 납작하게 보이기도 한다. 혹은 겹겹이 쌓여 있는 것처럼 보이기도 한다. 구름은 강수를 동반하기도 한다. 이런 특징을 고려하여 세계기상기구(WMO)는 고도와 형태의 조합에 따라 구름을 10가지 기본 유형으로 분류하였다(표 4.1).

표 4.1 기본 구름형 10종

그룹 및 고도	기본 유형	기호	특징
상층운 6~13 km	권운	Ci	얇고 가느다란 실타래 모양(그림 4.1)
	권적운	Cc	작고 둥근 모양이 열을 지어 나타남(그림 4.2)
	권층운	Cs	얇은 이불 모양, 종종 햇무리나 달무리가 보임(그림 4.3)
중층운 2~6 km	고적운	Ac	분리된 두루마리 모양의 회색 구름(그림 4.4)
	고층운	As	넓은 하늘을 덮은 회색 구름, 둥근 원반의 태양 보임(그림 4.5)
하층운 2 km 이하	층운	St	낮고 균일한 모양, 안개처럼 보이지만 지면에 닿지 않고 떠 있음(그림 4.6)
	층적운	Sc	울퉁불퉁한 공이나 두루마리 형태(그림 4.7)
	난층운	Ns	짙은 회색의 구름으로 비를 내림(그림 4.8)
연직 발달운	적운	Cu	편평한 밑면이 있고 부풀어 오른 구름(그림 4.9)
	적란운	Cb	연직으로 탑처럼 발달하고 강수가 있음(그림 4.10)

상층운

상층운은 보통 6 km 이상에서 나타난다. 이 고도는 매우 차갑고 건조하므로 대체로 빙정(ice crystal)으로 이뤄지며 두께도 얇고, 비를 뿌리지 않는다. 상층운은 권운, 권적운, 권층운이 있는데, 가장 흔하게 볼 수 있는 것이 권운이다(그림 4.1). **권운**(cirrus)은 사진처럼 얇고 가는 하얀 실이나 머리카락처럼 보이는데, 강한 바람에 의해 휘거나 엉키기도 한다. 흔히 날씨가 좋은 화창한 하늘에서 볼 수 있다. **권적운**(cirrocumulus)은 작고 둥근 하얀 조각들이 나열된 듯 보인다(그림 4.2). 권적운에는 때때로 잔물결 모양이 나타나는데, 이것으로 다른 두 상층운과 구별할 수 있다. 이 잔물결은 물고기 비늘처럼 보여 권적운이 낀 하늘을 '비늘구름하늘(mackerel sky)'이라 부르기도 한다. **권층운**(cirrostratus)은 얇은 이불이나 면사포가 전체 하늘을 덮은 것처럼 보이며, 얇기 때문에 권층운 너머 태양이나 달을 볼 수 있다(그림 4.3). 이때 빛이 빙정에 굴절되어 햇무리나 달무리가 생성되기도 한다.

그림 4.1 권운

그림 4.2 권적운

그림 4.3 권층운

그림 4.4 고적운

중층운

중층운은 2~6 km에서 나타나며 대부분 작은 물방울로 이루어져 있다. 고적운과 고층운이 여기에 속한다. **고적운**(altocumulus)은 공이나 두루마리 형태의 구름들을 모아 놓은 것처럼 나타나며 파형이 보이기도 한다(그림 4.4). 고적운은 권적운과 자주 혼동되는데, 고적운의 구름 조각이 더 크다는 것으로 구별하면 된다. **고층운**(altostratus)은 회색으로 전체 하늘을 덮을 정도로 넓게 발달한다. 권층운과 비슷하게 구름층을 통과하여 태양과 달을 볼 수 있다(그림 4.5). 그러나 대부분 물방울로 이루어져 있어 무리가 나타나기 힘들다.

하층운

하층운은 2 km 이하에 나타나며 층운, 층적운, 난층운이 있다. **층운**(stratus)은 안개와 비슷하게 하늘을 덮고 있지만 지표에 닿지 않는 점이 특징이다(그림 4.6). 이슬비가 내리기도 한다. **층적운**(stratocumulus)은 공 모양의 구름 파편들이 열을 지어 나타나는데, 구름 사이로 푸른 하늘을 볼 수 있다(그림 4.7). 이런 특징은 고적운에도 볼 수 있지만, 층적운의 밑면 고도가 더 낮고 구름 조각의 크기가 더 크다. **난층운**(nimbostratus)은 어두운 회색을 띠며 비나 눈을 동반하는데 강수 강도는 폭우

그림 4.5 고층운

그림 4.6 층운

그림 4.7 층적운

그림 4.8 난층운

가 내릴 정도는 아니다. 이때 비가 내리면서 수증기 증발로 구름이 다시 생성되기도 한다. 따라서 난층운의 하부에 조각난 구름이 흔히 나타난다. 난층운은 두꺼운 고층운으로 오해되기도 한다. 그러나 고층운과는 다르게 난층운을 통해 태양을 보기는 어렵다.

연직 발달운

구름이 연직으로 발달하여 여러 고도에 걸쳐 있을 때는 앞의 세 운형으로 분류하기 어렵다. 이런 구름을 연직 발달운이라 하며 적운과 적란운이 있다. **적운**(cumulus)은 그림 4.9와 같이 연직으로 탑처럼 발달하며 편평한 밑면을 볼 수 있다. 맑은 날 지면 가열에 따른 대류로 발생한 적운을 갠날적운(fair-weather cumulus)이라 하는데(그림 4.9), 이런 경우는 강수가 발생할 정도로 아주 높게 발달하지 않기에 편평적운(cumulus humilis)이라 부르기도 한다. 반면에 대기가 불안정하면 적운이 크게 발달하여 강한 비, 천둥, 번개, 우박, 돌풍 같은 악기상이 발생하는 **적란운**(cumulonimbus)으로 성장한다(그림 4.10). 적란운은 12 km 이상 높이까지 성장하며 정상 구름은 모루 형태로 수평으로 퍼진다.

지금까지 구름의 기본 유형 10가지를 살펴봤다. 그림 4.11은 이를 그림으로 요약한 것이다.

그림 4.9 적운. 맑은 날 지면 가열로 생성된 갠날적운이다.

그림 4.10 적란운. 구름 밑면에서 비가 내리는 것을 볼 수 있다.

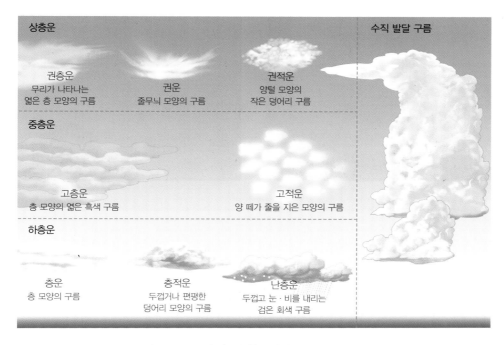

그림 4.11 **구름의 기본 유형 10가지** (출처 : 한국기상학회)

4.1.2 다양한 형태의 구름

앞서 살펴본 10가지 기본 구름 형태가 주로 나타나지만 그 외의 다양한 형태의 구름이 있다. 먼저 그림 4.12는 렌즈 형태로 나타나는 렌즈구름(lenticular cloud)이다. 이 구름은 흔히 산악 부근에서 형성된다. 공기가 산을 넘어가면서 연직으로 굽이치는데, 기류가 상승할 때는 수증기가 응결하면서 구름이 생성된다. 반대로 하강할 때는 수증기가 증발하면서 구름이 사라진다. 따라서 바람이 부는 상황에서도 렌즈구름은 제자리에 머물게 된다. 때로 산 때문에 만들어진 공기의 상하 진동이 바람을 따라 멀리 전파된다. 이를 산악파(mountain waves)라 하는데, 산악파에 의해 렌즈구름이 만들어질 때는 그림 4.13과 같이 여러 개의 구름이 생성되기도 한다.

그림 4.14는 뇌우 전면에서 생성되는 선반구름(shelf cloud)이다. 뇌우가 다가오면 뇌우 전면에 위치한 공기가 상승하면서 뇌우로 들어가는데 이때 선반구름이 생성된다. 그림의 선반구름은 오른쪽으로 움직이는 중이며 구름 뒤로 강한 비가 내리는 것을 볼 수 있다.

우리는 종종 비행기가 날아가면서 하얗고 길게 늘여진 비행운(contrail)을 보게 된다(그림 4.15). 이 구름은 고온 다습한 비행기 배기가스가 상층의 차갑고 건조한 공기와 혼합되면서 생성된다. 겨울철에 입김이 하얗게 발생하는 것과 비슷한 원리다. 게다가 비행기 배기가스에 포함된 황산염 입자들은 구름 응결핵[1](cloud condensation nuclei)으로 작용하여 구름 생성을 촉진할 것이다. 비행기는 보통 기온이 매우 낮은 대류권계면 부근을 날기에 비행운은 대부분 빙정으로 이뤄진다. 어떤 비행운은 생성

---

1 수증기가 응결하는 데 필요한 친수성 입자

그림 4.12 렌즈구름 (출처 : 기상청)

그림 4.13 산악파에 의한 렌즈구름 (출처 : 기상청)

된 후에 매우 짧은 시간 만에 증발하여 사라지는 것을 볼 수 있다. 이때는 그 주위의 공기가 매우 건조한 상태라는 것을 추측할 수 있다. 그런데 상층의 공기가 포화 상태에 있을 때는 상당한 시간 동안 남아 있게 된다. 이 경우 비행운은 바람을 따라 이동하면서 넓은 띠 모양으로 퍼져가는데, 이를 비행권운(contrail cirrus)이라 한다(그림 4.16).

적란운이 강하게 발달해 성층권까지 뻗어가는 것을 제외하면 지금까지 소개한 구름은 모두 대류권에서 볼 수 있다. 그런데 성층권과 중간권에서도 구름이 관측되곤 한다. 극성층운(polar stratospheric clouds)은 15~30 km 성층권에서 발생한다. 이 구름은 매우 낮은 기온(-85°C)에서 생성되므로 보통 겨울철 극지방에서 볼 수 있다. 일부 극성층운은 오존을 파괴할 수 있는 물질을 포함하므로 오존층 파괴 과정에 관여하기도 한다. 그리고 극성층운은 매우 높은 곳에 있기에 태양빛이 강한 시간에는 관측하기 어려우며 새벽녘이나 황혼에 태양빛에 비춰진 극성층운을 볼 수 있다. 극성층운은 진주처럼 하얗게 보이거나 무지개 빛깔로 나타나므로 진주모운(mother-of-pearl-cloud)이나 자개구름(nacreous cloud)으로 부르기도 한다.

중간권에는 야광운(noctilucent cloud)이 관측된다. 야광운은 매우 높은 고도(75~85 km)에서 생성되므로 자개구름과 마찬가지로 극지방에서 여명기에만 볼 수 있다. 이 시간에는 구름이 햇빛을 받아 빛나지만 지상의 관측자는 아직 어둠에 있게 된다. 이 구름을 야광운이라 부르게 된 이유다. 야광운

그림 4.14 선반구름 (출처 : 기상청)

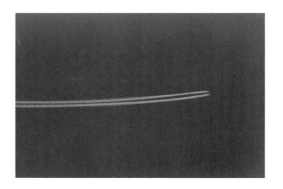

그림 4.15 비행운 (출처 : 기상청)

그림 4.16 비행권운. 비행운이 시간이 지나면서 상당히 분산된 모습

은 매우 작은 빙정으로 이뤄지는데, 이때 필요한 물분자는 유성(meteoroid)이 고층 대기에서 분해되거나 메탄의 산화에 의해 공급된다.

4.2 강수과정

앞 절에서 알 수 있듯이 모든 구름이 비를 뿌리지는 않는다. 맑은 날 볼 수 있는 갠날적운이 좋은 예다(그림 4.9 참조). 이것은 구름방울의 크기가 미세한 기류에도 떠 있을 만큼 매우 작기 때문이다. 비가 내리려면 상승기류가 있더라도 이를 상쇄할 수 있도록 구름방울이 커져야 된다. 충분히 성장하여 무거워지면 중력에 의해 지표로 떨어져 비가 내리는 것이다. 그렇다면 얼마나 크게 자라야 비로 내릴 수 있을까? 보통의 빗방울(rain droplet)은 구름방울보다 100배 크다(그림 4.17). 이 둘의 부피를 비교하면 구름방울 100만 개가 모여야 빗방울이 된다는 것을 알 수 있다.

　상승하는 공기가 냉각되면 수증기가 구름 응결핵에 응결되면서 구름방울이 만들어진다. 이후 수증기 응결이 지속되면 구름방울이 커질 수 있다. 그런데 응결에 의한 물방울의 성장 속도는 시간이 흐르면서 점차 느려진다. 구름방울이 커질수록 수증기 응결에 의한 성장효율이 감소하기 때문이다. 이런 까닭에 응결은 빗방울을 만들기에는 충분하지 않다. 실험에 따르면 응결만으로 빗방울 크기로 구름방울을 성장시키는 데는 며칠이 걸린다. 그런데 우리는 종종 맑은 하늘에서 갑자기 구름이 발달하고 소나기가 내리는 것을 보곤 한다. 소나기는 보통 1시간 안에 그친다. 그러므로 비가 만들어지는

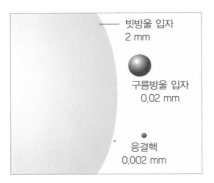

그림 4.17 응결핵, 구름방울, 빗방울의 크기. 빗방울이 되기 위해서는 구름방울 100만 개가 합쳐져야 한다.

데는 응결이 아닌 다른 과정이 깊게 관여하는 것을 추정할 수 있다. 여기서는 비가 만들어지는 두 가지 과정인 빙정과정과 충돌–병합과정을 알아본다.

4.2.1 빙정과정

연직으로 발달하여 기온 0°C 고도 위까지 확장되는 구름을 한랭구름(cold cloud)이라 하며 주로 중위도나 고위도에서 나타난다. 한랭구름에서 빗방울의 성장은 **빙정과정**(ice-crystal process)[2]으로 이해할 수 있다. 먼저 그림 4.18은 대표적인 한랭구름인 적란운의 전형적 구조를 나타낸다. 중요한 특징은 적란운에는 기온 0~−40°C 구역이 있으며 여기에 빙정과 과냉각물방울(supercooled water droplet)이

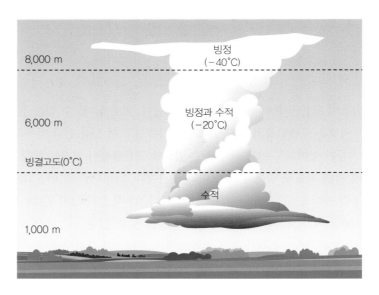

그림 4.18 적란운의 기온과 물방울과 빙정의 분포

---

2 이 과정을 제안한 스위스 기상학자의 이름을 따서 베르게론(Bergenron) 과정이라고도 하며, 또한 관련된 세 사람을 들어 베르게론–핀다이젠–베게너(Bergeron-Findeisen-Wegener) 과정이라고도 한다.

섞여 있다는 점이다. 과냉각물방울은 0°C 이하에서 존재하는 물방울을 말한다. 영하에도 물이 얼지 않을 수 있는 것에 의아하게 여길 수 있다. 그런데 실험에 따르면 크기 1 μm 정도인 순수한 물이 얼기 위해서는 −40°C 정도로 냉각되어야 한다. 만약 순수한 물이 아닌 **빙정핵**(ice nuclei)이 포함된 물방울이라면 좀 더 높은 온도에서 빙결이 발생할 수 있다(그림 4.19). 여기서 빙정핵은 얼음결정이 생성되는 데 필요한 작은 입자를 말하며 수증기가 응결되는 입자인 응결핵을 떠올리면 그 역할을 쉽게 이해할 수 있다. 어떤 연구에 따르면 지표에 내린 눈 결정의 87% 정도에서 토양입자가 발견된다. 이는 토양입자가 효과적인 빙정핵이라는 것을 가리킨다. 그런데 자연계에는 흡습성(hygroscopic) 물질이 매우 풍부하기 때문에 대기 중의 빙정핵의 개수는 응결핵보다 더 적다.

그렇다면 비나 눈은 적란운 속에서 어떻게 만들어질까? 빙정과 과냉각물방울이 함께 있을 때를 생각해보자. 이때 이들 표면에서는 수증기 분자들이 승화(증발)나 침적(응결)을 통해 활발하게 주위 공기를 드나들게 된다. 그런데 얼음보다 물 표면을 벗어나는 게 더 쉽기 때문에 빙정보다 과냉각물방울 주위에 더 많은 수증기 분자가 있게 된다(그림 4.20). 이것은 영하에서 물 표면에 대한 포화수증기압(saturation vapor pressure)이 얼음 표면에 대한 것보다 더 크다는 사실에서도(그림 4.21) 유추할 수 있다. 이 포화수증기압 차이로 수증기 분자는 과냉각물방울에서 빙정으로 확산(diffusion)된다. 이런 수증기 분자의 이동은 물방울 주위를 불포화 상태로 만들게 되므로 과냉각물방울의 증발을 더 촉진시킨다. 동시에 빙정 주위는 물방울에서 공급된 수증기 분자로 인해 과포화(supersaturation) 상태가 된다. 결국 많아진 수증기가 빙정에 침적(deposition)되면서 빙정이 빠르게 성장한다(그림 4.22). 이와 같이 포화수증기압 차이로 과냉각물방울이 증발하면서 빙정이 성장하는 과정을 빙정과정이라 한다. 이를 통해 성장하여 무거워진 빙정은 중력에 이끌려 낙하하면서 눈이나 비가 된다.

빙정과정에 의해 성장한 빙정은 낙하하면서 때로는 과냉각물방울과 충돌하면서 성장하게 된다. 이때 물방울은 빙정 표면에 닿으면서 빠르게 얼게 된다. 이것을 상고대화 또는 결착(riming)이라 하

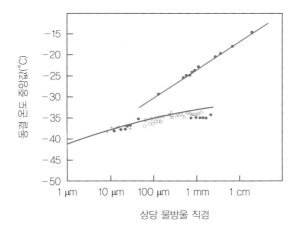

그림 4.19 실험을 통해 얻은 물방울 크기에 따른 어는 점(°C). 여러 개의 물방울 중 절반 이상이 어는 온도를 나타낸다. 빨간색은 빙결핵을 포함할 때이고, 파란색은 빙결핵이 없을 때를 가리킨다. 이 결과는 빙결핵이 존재할 때는 순수한 물에 비해 좀 더 높은 온도에서 빙결이 일어남을 보여주고 있다.

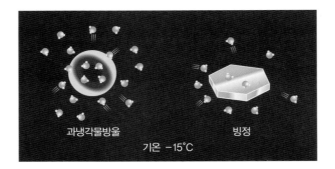

그림 4.20 과냉각물방울과 빙정 주위에서 나타나는 수증기 분자의 이동. 물방울 주위에 수증기 분자가 더 많은 것은 물 표면에 대한 포화수증기압이 얼음 표면에서보다 더 크다는 것을 나타낸다.

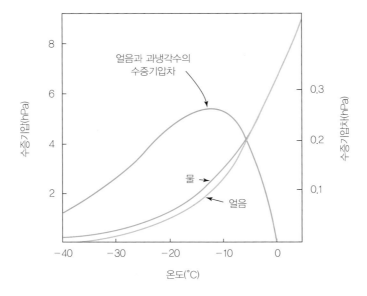

그림 4.21 물과 얼음의 포화수증기압과 그 둘의 차이. 과냉각수의 포화수증기압이 더 큰 것을 볼 수 있다.

며, 이 과정으로 싸락눈(graupel 혹은 snow pellets)이 생성된다[3]. 싸락눈은 낙하하면서 서로 충돌하여 더 작은 얼음 조각으로 부서지기도 한다. 때로는 빙정과정에 의해 성장한 빙정들이 서로 뭉쳐져 눈송이가 생성된다. 이 눈송이가 지면에 닿기 전에 녹으면 비가 된다. 그러므로 중·고위도에 내리는 비는 대체로 내리던 눈이 녹은 것이라 할 수 있다.

4.2.2 충돌-병합과정

열대지방이나 중위도 여름철에는 최상부의 온도가 0°C보다 높은 따뜻한 구름이 발생한다. 이런 구름은 전부 물방울로 이루어져 있으므로 여기서 내리는 강수를 빙정과정으로 설명할 수 없다. 이때는 물방울들이 서로 충돌하여 병합(collision, coalescence)되면서 비가 생성된다. 구름 속에서 물방울들

---

3 우박은 과냉각물방울이 많고 강한 상승기류가 있을 때 빙정이나 싸락눈 등이 결착되어 형성된다(4.3.6절 참조).

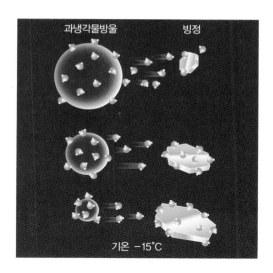

그림 4.22 빙정과정. 과냉각물방울 주위에 많이 존재하는 수증기 분자가 확산돼 결국 빙정에 침적된다. 이런 과정으로 빙정은 성장하여 눈이 된다.

이 충돌하기 위해서는 서로의 낙하속도에 차이가 있어야 한다. 낙하속도는 물방울의 크기에 달려 있으며 큰 물방울일수록 낙하속도가 빠르다. 따뜻한 구름에서 강수가 잘 생성되기 위해서는 구름입자가 다양한 크기로 분포해야 한다. 이때 큰 물방울들은 빠르게 떨어지면서 그 낙하 경로에 있는 작은 물방울들과 충돌하여 병합하면서 빗방울로 성장한다. 만약 크기가 작은 입자로만 구성된 구름이 있다면 서로 비슷한 속도로 낙하하기 때문에 충돌이 일어나기 어려워 비가 생성되지 않을 것이다(그림 4.23).

구름방울의 성장에 영향을 주는 또 다른 중요한 요소는 구름 내부에서 머무르는 시간이다. 오래 머무를수록 충돌-병합의 기회가 많아지므로 구름방울이 크게 성장할 수 있는 것이다. 그러므로 두

(a)

(b)

그림 4.23 (a) 비슷한 크기의 작은 물방울들이 있을 때는 충돌이 잘 일어나지 않는다. (b) 크기가 서로 다른 경우는 큰 물방울이 빠르게 낙하하면서 경로에 있는 작은 물방울이 충돌하여 병합한다.

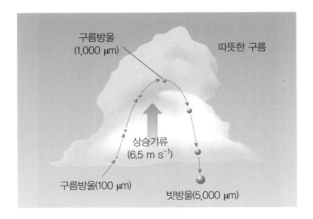

그림 4.24 따뜻한 구름에서 구름방울이 상승기류에 의해 성장하는 모습. 구름방울은 상승과 하강하는 동안 충돌-병합과정으로 성장하여 큰 빗방울이 된다.

께가 두꺼운 구름일수록 낙하하면서 통과하는 경로가 길어지므로 굵은 빗방울이 생성된다. 비슷한 원리로 강한 상승기류는 구름방울의 낙하를 지연시켜 구름방울을 효과적으로 성장시킬 것이다. 그림 4.24는 상승기류에 의해 빗방울이 크게 성장하는 과정을 나타낸다. 또한 충돌하는 물방울이 서로 반대 부호의 전하(electric charge)를 갖는다면 끌어당기는 전기력(electric force)에 의해서 병합이 촉진될 것이다. 특히 구름방울의 전하는 강한 전기장(electric field)을 동반하는 뇌우 내부에서 일어나는 병합과정에 중요한 역할을 하는 것으로 알려져 있다.

지표에 도달하는 빗방울의 크기는 5 mm를 넘지 않는다. 구름방울들의 병합에 의해 더 큰 빗방울이 생성되더라도 낙하하면서 공기의 저항 때문에 쪼개지기 때문이다. 따뜻한 구름에서 빗방울이 효과적으로 성장하기 위해서는 구름이 함유하고 있는 물의 양이 가장 중요하다. 구름방울의 수가 많을수록 효과적으로 빗방울이 만들어지기 때문이다. 그 외에도 중요한 요인으로 구름방울 크기의 다양성, 구름 두께, 상승 운동 크기, 구름방울의 전하와 구름 내부의 전기장 세기 등이 있다.

지금까지 두 강수과정을 살펴봤다. 그런데 강한 대류활동에 의해 발달하는 적란운과 같은 한랭구름에는 빙정과정과 충돌-병합과정이 함께 작용하여 빠르게 비를 만든다(그림 4.25). 반면에 난층운과 같이 물 함량이 적은 경우 강수는 빙정과정으로 촉발된다. 이때는 충돌-병합과정은 그다지 효과적이지 않다. 그림 4.26은 난층운의 강수과정을 간략히 나타내고 있다. 난층운은 대체로 과냉각물방울을 적게 포함하고 있으므로 빙정과정에서 만들어진 빙정들이 서로 부착(aggregation)되어 눈송이를 만들고 낙하하여 눈이나 비가 된다.

4.2.3 구름씨 뿌리기

앞에서 우리는 강수가 만들어질 때 구름 내부에서 어떤 과정이 나타나는지를 살펴보았다. 특히 과냉각물방울과 빙정이 함께 있을 때는 빙정이 빗방울 크기로 빠르게 성장한다는 것을 알았다. 그런데 구름 속에 빙정이 필요한 만큼보다 적게 있다면 어떻게 될까? 이때는 빙정과정의 효율이 떨어져 강수가 생성되지 않을 것이다. 이때 빙정과 비슷한 물질을 뿌려준다면 아마도 부족한 빙정이 보충되면

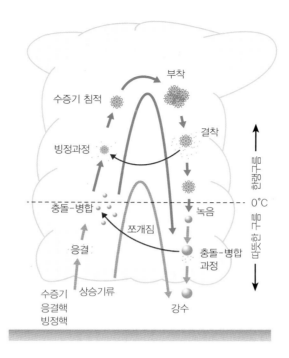

그림 4.25 적란운에서 빗방울이 생성되는 과정. 상승기류에 의해 공급된 구름 응결핵이 빙정과정과 충돌-병합과정을 거치면서 성장하여 비로 낙하하고 있다.

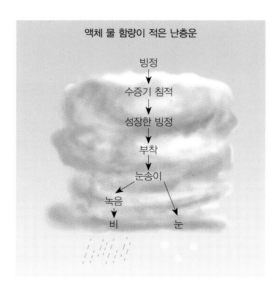

그림 4.26 액체 물 함량이 적은 난층운의 강수과정. 빙정이 수증기 침적에 의해 성장하고 서로 부착하여 눈송이를 만들고 눈이나 비로 내린다.

서 강수과정이 다시 활성화될 것이다. 이것을 구름씨 뿌리기(cloud seeding)라 하는데 빙정과정을 촉진시켜 인위적으로 강수를 만드는 데 목적이 있다.

구름씨 뿌리기는 1946년에 드라이아이스 가루를 뿌리는 것으로 처음 시도됐다[4]. 드라이아이스는 매우 낮은 온도($-78°C$)에서 승화되므로 구름 속에 뿌려지면 공기를 냉각시켜 과포화 상태로 만든다. 이때 수증기가 응결하여 작은 구름방울들이 만들어지고 또다시 이들이 얼어서 빙정이 된다. 드라이아이스를 뿌린 결과로 새롭게 생성된 이 빙정들은 주위의 과냉각물방울에서 확산된 수증기를 침적시켜(즉, 빙정과정으로 성장하여) 비가 된다.

또 다른 물질로는 요오드화은(silver iodide, AgI)이 사용되는데[5], 이것은 요오드화은의 결정구조가 얼음과 유사하기 때문이다. 요오드화은은 $-4°C$와 같이 상대적으로 높은 온도에도 효과적인 빙정핵이 된다. 요오드화은은 비행기 날개에 달아 연소시키거나 지상에서 태워서 그 연기가 구름 속에 들어가게 한다.

최근 기상청은 2019년 1월 25일 서해상에서 인공강우(artificial rainfall) 실험을 실시했다. 기상항공기를 이용하여 요오드화은 연소탄 24발을 살포하고(그림 4.27) 항공기, 레이더, 지상기상 관측자료를 분석하였다. 그 결과 구름과 강수입자의 수가 증가하고(그림 4.28, 표 4.2), 하층 구름이 발달하였다. 또한 구름씨 뿌리기의 영향을 받은 일부 지역에서 강수가 감지되었다. 그러나 육지에서는 감지되지 않았는데, 이것은 대기가 건조하여 강수가 낙하하면서 증발한 것으로 추정되었다. 이 결과만 보면 아직까지 구름씨 뿌리기가 인공강우에 활용되기 위해서는 상당한 기술적 난관을 극복해야만 함을 알 수 있다. 또한 어떤 기상 조건에서 구름씨 뿌리기가 효과적으로 강수를 증가시킬 수 있느냐와 이런 조건을 미리 예측할 수 있느냐도 중요한 문제일 것이다. 그러나 아직까지 이 문제들은 해결되지 못한 채 남아 있다.

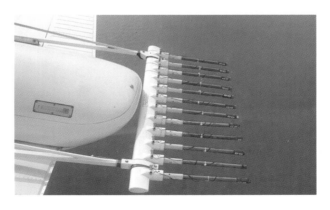

그림 4.27　기상청 기상항공기 날개에 설치된 요오드화은 연소탄 모습 (출처 : 기상청)

4　1946년 11월 13일 사이러스 프로젝트(Cirrus project)에서 시도되었으며 드라이아이스 가루 1.5 kg을 5 km 길이의 고층운에 뿌렸다. 이 결과 구름 하부에서 눈이 내리는 것이 관찰되었다.

5　최초의 요오드화은 살포는 1948년 12월 21일 역시 사이러스 프로젝트에서 수행되었다. 넓이 16 km², 두께 0.3 km, 기온 $-10°C$인 층운에 뿌려졌으며 단 30 g의 요오드화은을 사용하여 빙정이 생성되는 것을 볼 수 있었다.

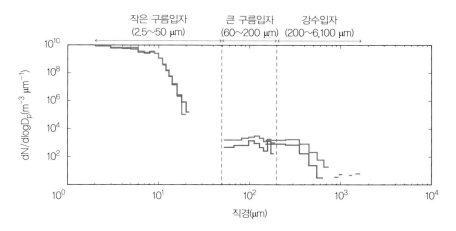

그림 4.28 크기에 따른 구름입자의 수 농도. 구름씨 뿌리기의 영향이 없는 구름(파란색)과 영향이 있는 구름(빨간색). 구름씨 뿌리기에 의해 큰 구름입자와 강수입자 수 농도가 증가한 것을 볼 수 있다. (출처 : 기상청)

표 4.2 구름씨 뿌리기에 따른 구름입자 수의 변화

	작은 구름입자 (2.5~50 μm)	큰 구름입자 (60~200 μm)	강수입자 (200~6,100 μm)
구름씨 뿌리기의 영향이 없는 구름	$3,541 \times 10^6$	1,101	141
구름씨 뿌리기의 영향을 받은 구름	$5,855 \times 10^6$	4,440	481
증가량	1.7배	4.0배	3.4배

출처 : 기상청

　기상청 자료에 따르면 인공강우 선진국들은 국가적 차원에서 인공강우 프로그램을 운영하여 기술을 실용화하는 단계이다. 예를 들어 미국은 2006년부터 겨울철 시에라네바다산맥의 수자원 확보를 위해 적설을 증가시키기 위한 기상조절 프로그램을 실시하고 있다. 바람, 기온, 습도가 최적일 때 지상에서 요오드화은을 연소시켜 방출하면 약 10% 정도의 강수 확률을 높일 수 있다고 한다. 중국은 2008 베이징 올림픽 개·폐막식 때 비구름 소산을 위해 인공강우를 실시한 바 있다. 그 외에 러시아와 이스라엘 등이 인공강우 선진국으로 알려져 있다.

　여기서 흥미로운 점은 비구름의 소산이나 우박의 강도를 낮추는데도 구름씨 뿌리기가 시도되는 것이다. 이때는 구름씨를 과도하게 뿌린다. 우박을 동반하는 폭풍우에 과잉 씨 뿌리기(overseeding)를 하면 구름 속 많은 양의 과냉각물방울이 빙결될 것이다. 따라서 우박이 성장하는 데 필요한 과냉각물방울의 결착이 감소하여 결국 우박의 크기를 줄일 수 있을 것이다. 최근에는 구름씨 뿌리기로 강수를 유발하여 대기 중 미세먼지를 씻겨 내려가게 하는 방법이 구상되기도 하였다. 그러나 보통 미세먼지 농도가 높은 때는 구름 발달이 억제된 상황이므로 이 방법의 효용성에 대해 아직까지는 회의적인 시각이 강하다.

4.3 강수 유형

이제까지 구름 내부에서 발생하는 구름방울이 어떻게 비나 눈으로 성장하는지를 살펴보았다. 그런데 이들은 낙하하여 지면에 닿을 때까지 통과하는 대기 환경의 영향을 받는다. 예를 들어 빙정과정에서 생성된 눈송이가 낙하하면서 영상인 기층을 지나면 녹아 비가 된다. 그리고 이 빗방울이 영하의 기층을 통과하면 다시 얼게 될 것이다. 이런 과정을 거치면서 지면에 도달하는 강수의 형태는 다양하게 나타난다.

4.3.1 비

우리는 보통 빗방울로 내리는 것을 모두 비(rain)라고 부른다. 그런데 이를 먼저 크기에 따라 구분할수 있다. 빗방울 크기가 0.5 mm 이상인 것을 비라 하고, 그보다 작은 것을 이슬비(drizzle)라고 한다. 이슬비는 흔히 대류활동이 약한 층운에서 생성된다. 그런데 비가 건조한 기층을 통과하면서 증발하여 크기가 작아져서 이슬비로 내리기도 한다. 때로는 대기가 매우 건조하여 빗방울이 지면에 닿기전에 증발되어 사라지기도 한다. 이때는 마치 꼬리가 끄는 것처럼 보이는 꼬리구름(virga)을 볼 수 있다(그림 4.29).

여름철에는 몇십 분 안에 적란운이 발달하여 내리는 비를 만나곤 하는데 이렇게 갑작스레 내리는 비를 소나기(shower)라 한다. 소나기를 주의 깊게 살펴보면 재미있는 사실을 발견할 수 있다. 초기에는 굵은 빗방울이 드문드문 떨어지지만 이내 작은 빗방울이 많이 내린다. 이유는 강수과정을 생각하면 쉽게 알 수 있다. 빙정과정과 충돌-병합과정에서 생성된 다양한 크기의 빗방울 중 종단속도(terminal velocity)가 큰 굵은 것들이 먼저 도달하기 때문이다. 덧붙여 크기가 작은 빗방울은 초기의 건조한 기층을 통과하면서 증발할 가능성이 있는 것도 또 다른 이유다.

그림 4.29 꼬리구름. 강수입자가 낙하하면서 증발되고 있다. (출처 : 기상청)

4.3.2 눈

앞에서 중위도 대부분의 강수는 눈으로 시작한다는 것을 알았다. 여름철 적란운에서 내리는 비도 사실 눈이 낙하하면서 녹은 것이다. 그런데 겨울에는 빙정과정에서 생성된 눈송이들이 녹지 않고 지면에 떨어지기에 우리가 흔히 만나는 눈(snow)이 된다. 눈의 형태는 육각형, 기둥, 비늘 모양, 나뭇가지 모양 등이 있다. 어떤 모양의 눈이 만들어지는지는 빙정이 성장할 때의 기온과 습도에 달려 있다. 그림 4.30은 기온과 과포화도에 따른 빙정의 모양을 보여준다.

가장 흔하게 보게 되는 눈송이는 나뭇가지 모양이다. 최근 강릉지역 관측에 따르면 나뭇가지 모양이 약 70% 정도 차지한다(서원석 외, 2015). 그 많은 모양 중 왜 나뭇가지일까? 이것은 앞에서 배운 빙정과정에서 힌트를 얻을 수 있다. 빙정이 효율적으로 성장하기 위해서는 물과 얼음의 포화수증기압 차이가 커야 한다. 이 차이는 −12°C 정도에서 가장 크다. 그런데 이 기온에서는 나뭇가지 모양의 빙정이 생성된다(그림 4.30). 따라서 나뭇가지 모양의 빙정이 다른 것보다 쉽게 생성된다. 따라서 우리는 나뭇가지 모양의 눈송이를 가장 흔하게 보는 것이다.

4.3.3 언비와 어는 비

그림 4.31처럼 눈송이가 따뜻한 구역을 통과하여 녹아 빗방울로 됐다가 영하의 기층을 만나 다시 얼어 떨어지는 것이 **언비**(혹은 진눈깨비, sleet)다. 일반적으로 언비는 직경 5 mm 이하의 반투명한 알갱이로 나타난다. 녹은 빗방울이 다시 얼기 위해서는 지표 부근이 차가워야 한다. 따라서 그림과 같이 높이에 따라 기온이 증가하는 **역전층**(inversion layer)이 생기게 된다. 그리고 지면 부근의 한랭한

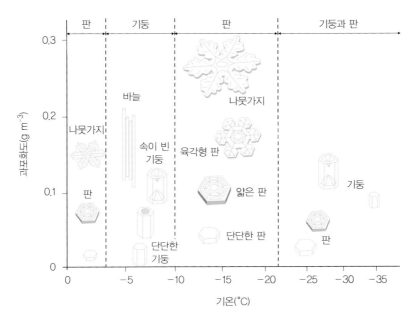

그림 4.30 기온과 과포화도에 따른 빙정의 모양. 나뭇가지 모양의 눈을 쉽게 볼 수 있는 것은 빙정이 그때의 온도와 과포화도에서 효율적으로 성장하기 때문인 것으로 생각된다.

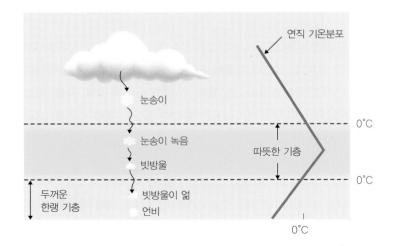

연직 기온분포

눈송이

0°C

눈송이 녹음

따뜻한 기층

빗방울

0°C

두꺼운
한랭 기층

빗방울이 얾

언비

0°C

그림 4.31 언비가 내리는 과정과 기온분포. 눈송이가 따뜻한 기층을 통과하면서 녹았다가 지표 부근에서 다시 얼어서 언비가 된다.

기층이 상당히 두꺼워야 한다. 만약 얇으면 비가 완전히 얼지 못하고 과냉각물방울로 지면에 도달한다. 이처럼 지면 부근의 찬 기층이 잘 발달하지 못할 때는 과냉각된 빗방울이 내리는데, 이를 **어는 비**(freezing rain)라 한다. 어는 비는 지표에 도달하면 얇고 미끄러운 얼음막을 형성한다. 그러므로 어는 비가 내린 도로는 매우 미끄러워 위험하다. 겨울철 대형 교통사고를 초래하는 블랙아이스(black ice)는 도로가 투명한 얼음으로 덮이는 것을 말하는데, 어는 비가 주요 발생 원인이다. 이때 운전자는 도로가 얼지 않은 것으로 착각하여 사고 위험성이 증가한다. 종종 어는 비가 내린 나뭇가지나 전선은 얼음 무게로 주저앉게 된다. 이처럼 어는 비는 일상에 중대한 문제를 일으키기도 한다.

4.3.4 상고대

앞에서 우리는 구름 속에서 과냉각물방울이 빙정을 만나 빙정 표면에 얼음막을 만드는 과정이 결착임을 알았다. 구름 속뿐만 아니라 지표 부근에서도 과냉각물방울이 차가운 물체에 닿으면 하얗게 빛나는 조그만 과립형의 얼음이 생성된다. 만약 과냉각물방울로 이루어진 구름이나 안개가 바람에 날리면서 물체에 부딪치게 되면 과냉각물방울들이 그 표면에 계속 얼어붙어서 쌓이게 될 것이다. 이 과정으로 얼음 알갱이가 뭉쳐 쌓인 것을 **상고대**(rime)라 한다. 그림 4.32는 나뭇가지에 생긴 상고대를 보여준다. 상고대는 겨울철 높은 산에서 볼 수 있는데, 마치 나뭇가지에 꽃이 핀 듯이 보이므로 일상에서 흔히 눈꽃이라고 부른다. 나뭇가지의 한쪽으로만 상고대가 나타나기도 한다. 이것은 과냉각물방울이 강풍에 날려서 나뭇가지 한쪽에만 결착이 잘 일어나기 때문이다.

4.3.5 쌀알눈과 눈싸라기

쌀알눈(snow grains)은 작고 불투명한 얼음 알갱이가 내리는 것을 말하는데, 마치 얼음 알갱이가 이슬비처럼 내리는 것이라 볼 수 있다. 이것은 층운에서 잔잔하게 조금씩 내리며 지면에서 튀어 오르기

그림 4.32 나뭇가지에 핀 상고대

도 하는데 부서지지는 않는다. 반면에 **눈싸라기**[snow pellets 혹은 싸락눈(graupel)]는 희고 불투명한 얼음 알갱이로 쌀알눈과 비슷하다. 그러나 눈싸라기는 지면에 부딪쳐 튀어 오르기도 하는데 부서진다. 그리고 소나기처럼 갑작스레 내린다.

그림 4.33에서 눈싸라기가 적운에서 생성되는 과정을 볼 수 있다. 적운 상부에서 낙하한 빙정이 과냉각물방울과 빙정들이 많은 적운 중간 부분(−23°C)에 도달한다. 이곳에서는 빙정들이 충돌하면 합쳐지지 않고 서로 튕겨 나간다. 반면에 빙정이 과냉각물방울과 충돌하면 결착되어 미세한 공기방울을 포함하는 얼음 알갱이가 된다. 이 공기방울로 인하여 얼음 알갱이가 불투명하게 보인다. 이것이 구름 하부로 낙하하면서 계속 과냉각물방울을 결착하면서 성장하고 결국 지상으로 낙하하는 눈싸라기가 된다. 만약 대류활동이 강한 구름이라면 눈싸라기는 커다란 우박(hailstone)으로 성장하게 된다.

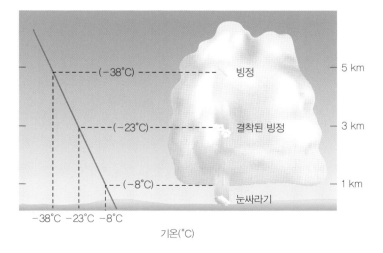

그림 4.33 눈싸라기가 생성되는 과정. 빙정이 과냉각물방울과 충돌하면서 결착되어 눈싸라기가 된다.

4.3.6 우박

우박(hail)은 작은 콩에서 골프공보다 큰 정도의 얼음덩어리가 비처럼 내리는 것이다(그림 4.34). 기상청에서는 지름 5 mm 이상의 얼음덩어리를 우박으로 간주한다. 우박은 적란운에서 싸락눈이나 언 빗방울 등이 씨앗으로 작용하여 구름 내부에서 과냉각물방울을 계속 결착시키면서 생성된다. 앞에서 언급했듯이 구름방울 100만 개가 모여야 빗방울이 생성되지만, 골프공 크기의 우박이 되기 위해서는 대략 100억 개의 구름방울이 필요하다. 그리고 우박이 이렇게 성장하려면 구름 속에서 5~10분 정도 머물러야 한다.

　구름 내부의 강한 상승기류는 얼음덩어리가 오랫동안 구름 속에서 머물 수 있게 한다. 특히 그림 4.35와 같이 상승기류가 비스듬히 기울어져 있다면 얼음덩어리가 옆으로 이동하면서 과냉각물방울

그림 4.34 우박. 수 mm에서 수 cm 크기의 얼음 알갱이를 볼수 있다. (출처 : 셔터스톡)

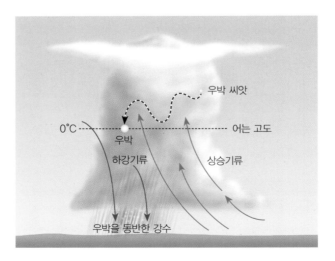

그림 4.35 적란운에서 우박이 생성되는 과정. 비스듬한 상승기류에 의해 우박 씨앗이 구름을 옆으로 가로지르면서 과냉각물방울의 결착으로 성장한다. 얼음덩어리가 무거워져 지면에 낙하하여 우박이 된다.

을 결착하면서 효율적으로 성장하게 된다. 이후 얼음덩어리가 충분히 무거워지면 낙하한다. 이때 격렬한 상승기류를 만나게 된다면 구름 상부로 다시 이동하여 앞의 과정을 반복하면서 더욱 크게 성장한다.

크기가 작은 우박은 지면에 닿기 전에 녹기도 한다. 그러나 여름철 강한 뇌우에서 우박은 크게 성장하여 지면에 낙하한다. 우박의 단면을 보면 나이테처럼 동심원으로 여러 층이 있는 것을 보게 된다(그림 4.36). 이것은 우박이 성장할 때 다양한 환경을 지나온 것을 말해준다. 예를 들어 우박이 과냉각물방울이 많지 않은 매우 차가운 영역에 들어갈 경우는 과냉각물방울이 빠르게 우박에 결착된다. 이때 수많은 공기방울이 빠져나가지 못하고 얼음에 포함되므로 불투명한 층이 형성된다. 반면에 따뜻하고 습윤한 영역에서는 물방울이 즉시 얼지 않고 우박 표면에 물 피막을 형성한다. 이후 다시 상승하여 차가운 영역으로 들어간다면 우박 주위의 물이 천천히 얼게 되는데, 이때는 공기방울이 모두 빠져나가면서 투명한 층이 형성된다. 이처럼 우박 단면에서 볼 수 있는 여러 층 구조를 통해 우박이 생성될 때의 환경을 추측할 수 있다.

커다란 우박은 실로 파괴적 피해를 준다. 유리창을 깨뜨리고, 자동차를 찌그러뜨리고, 지붕을 박살내며, 항공기의 창문이 파손되기도 한다. 게다가 농작물을 단 몇 분 만에 깡그리 망가뜨린다. 그러므로 우박 발생과정을 이해하고 이를 예측하는 게 매우 중요하다. 연구에 의하면 우박은 지면 가열에 의한 대류활동에 의한 것보다는 대류권 중·상층에서 찬 공기가 이류해 오면서 발생하는 대기 불안정(atmospheric instability)에 의하여 발생한다. 찬 공기 이류에 의해 상층이 냉각되면 대기 불안정성이 커져 대류활동이 활발해진다. 여기에 강한 연직 바람시어(vertical wind shear)가 더해지면 더욱 격렬한 상승 및 하강기류가 발생하여 우박의 성장이 촉진된다.

앞서 언급한 바와 같이 우박 피해를 줄이기 위해 구름 속에 요오드화은을 살포하는 방법도 연구되고 있다. 기본 아이디어는 요오드화은을 다량 뿌리면 이들이 빙정이 되는데, 그 수가 너무 많아서 과냉각 구름방울을 경쟁적으로 끌어들이면서 크게 성장하지 못하게 하여 파괴력을 약화시키는 것이다. 하지만 이런 기술 개발에 성공했다는 보고는 아직 없다.

그림 4.36 우박 단면의 모습으로 동심원으로 된 여러 층이 보인다. 이 우박은 1970년 9월 3일 미국 캔자스 코피빌에 내린 것으로 직경 14 cm, 무게 757 g이었다. (출처 : https://opensky.ucar.edu/islandora/object/imagegallery%3A317)

4.4 강수 측정

현대의 강수 측정도 조선 왕조의 측우기 시대와 별반 다르지 않다(읽을거리 : '측우기 : 조선시대의 강우량 관측망' 참조). 일정 기간에 내린 비를 수집하여 그 양을 재는 것이다. 이 절에서는 강우량을 측정하는 우량계를 소개하고 현대적 측정 장비로 도플러 레이더[6]에 대해 알아본다.

4.4.1 우량계

지상에 내리는 비를 수집하여 그 양을 측정하는 기구를 **우량계**(rain gauge)라 한다. 과거에는 표준 우량계(standard rain gauge)를 주로 사용하였다. 이것은 입구가 깔때기 모양인 기다란 원통 모양이다 (그림 4.37). 기본적 원리는 측우기와 같다. 빗방울이 깔때기 모양의 수집기 안에 떨어지면 측정관에 쌓이게 되고 이 양을 측정자로 재는 것이다. 이 방법은 사람이 직접 강우량을 읽어야 하는 불편함이 있다. 이와 달리 강우량을 자동으로 측정지에 기록하는 **자기우량계**(automatic rain recording gauge)가 있다. 이것은 저수통 내에 설치한 부표가 강수에 따라 떠오르게 고안되었다. 부표에는 펜이 부착돼 있는데, 이 펜이 강우량에 따라 움직이면서 기록지에 강우량이 기록된다.

현재 기상청에서 실무적으로 사용되는 강우량 관측 표준 장비는 **전도형 우량계**(tipping bucket rain gauge)다(그림 4.38). 빗방울이 강우 수집구로 떨어지면 전도용기에 쌓인다. 이 전도용기에 0.5 mm[7]가 고이면 그 무게로 인해 기울어져 비워지고 그 순간 다른 용기가 강우 수집구와 연결되어 비를 받는다. 이후 빗물이 채워지면 또 비우고 처음 용기가 비를 수집하는 일이 반복된다. 이때 전도용기가 기울어질 때마다 발생된 전기 신호를 이용하여 강우량을 측정하여 기록한다. 전도형 우량계는 자동화가 쉬워 세계적으로 강수를 자동으로 측정하는 데 널리 사용된다. 우리나라도 자동기상관측시스

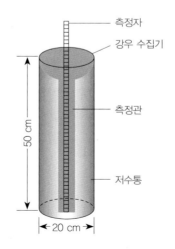

측정자
강우 수집기
측정관
50 cm
저수통
20 cm

그림 4.37 표준 우량계의 구조

---

6 도플러 레이더에 대해서는 제9장에 자세히 설명되어 있다.

7 전도용기의 용량은 0.1 mm, 1.0 mm도 있지만, 0.5 mm가 가장 많이 사용된다.

원격 기록계

그림 4.38 전도형 우량계의 원리. 전도용기에 빗물이 차서 기울어지는데 이와 동시에 전기 신호를 보내 우량이 기록된다.
(출처 : 한국기상학회)

템(AWS)에 전도형 우량계를 설치하여 0.5 mm 해상도로 1분 간격으로 강우량을 측정하고 있다.

그러나 전도형 우량계는 분해능(resolution) 이하의 강우량을 감지할 수 없다는 점과 전도용기가 기울어지는 순간에 빗물이 유실되는 단점이 있다. 어떤 연구에 따르면 전도형 우량계가 실제보다 10~30% 정도 강우량을 적게 기록한다고 한다. 이런 단점을 보완할 수 있는 것이 **중량 우량계**(weighing-type rain gauge)다. 중량 우량계는 빗물을 받은 용기를 민감한 저울에 놓아 그 무게를 측정하고[8] 이를 이용하여 몇 mm가 왔는지를 계산한다. 중량 우량계는 빗물의 무게를 연속적으로 측정할 수 있으므로 전도형에 비해 분해능이 더 좋다. 또한 눈과 우박 등 고체성 강수도 측정할 수 있는 장점이 있다. 그러나 바람이 강할 때 하중이 수직에서 치우쳐 작용하면서 정확한 무게를 측정하지 못하는 단점이 있다.

적설량은 쌓인 눈의 깊이를 측정하여 구한다. 이때 크게 두 가지 방법으로 높이를 측정한다. 먼저 적설판에 쌓인 눈의 깊이를 자를 이용하여 직접 측정하는 방법과 레이저, 초음파 등을 이용하여 자동으로 측정하는 방법이다. 일반적으로 약 10 cm 눈이 녹으면 1 cm 물이 된다. 즉, 눈 물당량(water equivalent of snow) 비율이 10 : 1이다. 하지만 이 비율은 눈의 밀도에 좌우된다. 매우 습한눈(wet snow)은 이 비율이 6 : 1 정도이지만, 건조한 가루눈(powdery snow)은 30 : 1 정도로 커진다.

우리는 가끔 가까운 지역의 친구들과 통화하면서 내가 있는 곳만 비가 오거나 혹은 오지 않거나 하는 경험을 한다. 갑작스러운 소나기를 뿌리는 구름의 수평규모가 대략 10 km^{2}인 것을 고려하면 강수가 지역적으로 큰 차이를 보이는 것을 이해할 수 있다(그림 4.39). 최근 기후 변화가 진행되면서 호우의 국지적 특성이 큰 관심을 끌고 있다. 그런데 앞에서 살펴본 우량계로 얻은 강우량은 그리 넓은 지역을 대표하지 않는다. 또한 지상에 설치한 우량계는 주변 건물, 나무, 지면 경사 등의 지형지물과 국지적 바람에 크게 영향을 받는다. 이런 문제점은 적설량을 측정하는데도 마찬가지다. 이 단점을 보완할 수 있는 도플러 레이더를 살펴보자.

---

8 무게를 전기 신호로 변환시켜주는 로드셀(load cell)을 이용한다.

그림 4.39 도시 한편에 소나기가 내리는 모습. 비를 내리는 대류활동의 규모가 매우 작음을 보여준다. (출처 : 기상청)

4.4.2 도플러 레이더

제9장에서 상세히 설명되어 있는 바와 같이 기상 레이더(radio detection, ranging, radar)는 전자파를 이용하여 넓은 지역의 강우, 강설, 우박 등을 파악할 수 있는 첨단 장비다. 마치 X선으로 인체 내부를 검진하듯이 구름 내부를 들여다볼 수 있다(그림 4.40). 우리나라는 1968년 서울 관악산에 기상 레이더를 처음 도입하였고, 현재는 전국과 주위 해역을 관측하는 데 사용되고 있다[9]. 레이더에서 발사한 전파는 낙하하는 강수입자에 의해 산란되는데, 이를 감지한다. 이때 레이더 반사도는 강수 강도와 직접 관련된다. 따라서 레이더 영상으로 강수 지역뿐만 아니라 강수 강도도 파악할 수 있다. 제9장에서 강수 강도를 산출하는 경험식과 레이더 영상을 해석하는 방법을 볼 수 있다.

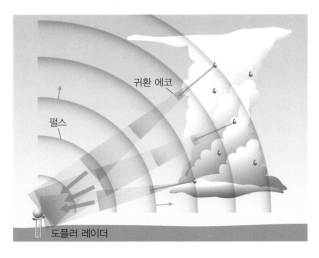

그림 4.40 레이더에서 발사한 전파가 낙하하는 빗방울에 산란되어 되돌아오는 것을 감지한다. 이를 이용하여 넓은 지역의 강수분포를 알아낸다.

---

9 기상청 홈페이지(https://www.weather.go.kr) → 영상 · 일기도에서 실시간 레이더 영상을 볼 수 있다.

도플러 레이더(Doppler radar)는 도플러 변이(Doppler shift)[10]를 이용하여 빗방울의 움직임을 함께 탐지할 수 있다. 즉, 레이더 안테나 방향으로 강수가 다가오는지 아니면 멀어지는지를 알 수 있다. 이를 이용하여 뇌우 속에서 발달하는 토네이도 주위의 바람이 어떤 방향으로 부는지를 파악한다. 더 진보된 최신의 도플러 레이더는 구름 속의 강수를 눈, 비, 우박으로 구별할 수 있어 정확한 관측을 수행하도록 해준다.

항공기 착빙 읽을거리

비행기가 어는 비가 내리는 곳을 지나거나 적운 속의 과냉각물방울 영역을 통과할 때 어떤 위험이 있을까? 과냉각물방울이 비행기 날개에 부딪치면 빠르게 얼어서 단단한 얼음막이 형성된다(그림 4.R1). 이것은 맑은얼음(clear ice)이라는 투명한 얼음이 착빙(icing)되는 것인데, 마치 눈보라가 칠 때 어는 비에 의해 나무들이 얼음으로 코팅되는 것과 비슷하다. 맑은얼음은 착빙제거 장치로도 제거가 잘 안 될 정도로 비행기 표면에서 빠르게 성장하기도 한다. 착빙의 가장 큰 위험은 비행기를 무겁게 만들어 비행 효율을 떨어뜨리는 데 있다. 착빙이 날개나 동체에 생기면 얼음이 기류의 흐름을 변화시켜 비행 안전성이 위협을 받는다. 항공 사고 분석에 따르면 눈으로 확인하기 어려울 정도로 얇은 얼음막도 비행기를 추락시킬 수 있다. 만약 착빙이 엔진의 공기 흡입구에 생기면 연소에 필요한 공기 공급이 감소되어 엔진 추

그림 4.R1 비행기 동체에 생긴 착빙 (출처 : www.nasa.gov/offices/oct/40-years-of-nasa-spinoff/anti-icing-technology)

력을 감소시킬 것이다. 또한 착빙은 브레이크, 착륙장치 등에 영향을 줄 수 있다. 이러한 이유로 기온이 낮은 날씨에는 비행하기 전에 착빙에 관한 예보를 확인하고 착빙 방지제를 날개에 뿌리는 등의 대비를 하게 된다.

측우기 : 조선시대의 강우량 관측망 읽을거리

조선시대는 세종 때(1441년) 발명한 측우기를 이용하여 강우량을 측정하였다. 전국적으로 334개 지역에 측우기를 설치하여 관측하고 중앙 정부에 보고하였다. 세계적으로도 유례없는 훌륭한 관측망이었다(그림 4.R2). 외국의 우량계는 1662년에 영국에서 최초로 만들어졌다. 측우기보다 200년 이상 늦은 것이다. 측우기 및 관측망은 과학적 관측자료를 농업에 활용하여 궁극적으로 농업 생산량을 늘리려는 국가적 노력이었다. 측우기

는 청동으로 만들어졌고, 이것을 측우대라는 돌로 된 받침에 올려놓고 사용했다. 현재 측우기는 기상청이 소장하고 있는 금영측우기가 유일하게 남아 있다(측우대는 5기가 남아 있음). 이것은 1837년 공주 감영(금영)에서 사용한 것이다. 금영측우기의 외형은 지름 14 cm, 높이 30 cm로 현대의 우량계와 큰 차이가 없다. 강우량 측정 방식도 기본적으로 수백 년이 지난 오늘날과 별반 다르지 않다. "비가 몇 시에 시작하여 몇 시에 그치고, 측

---

10 기차 소리가 다가올 때와 멀어질 때가 서로 다르게 들리듯이, 파동이 진동수와 파장이 움직이는 방향에 따라 변하는 현상. 다가올 때는 진동수가 커지고, 멀어질 때는 진동수가 작아진다(제9장 참조).

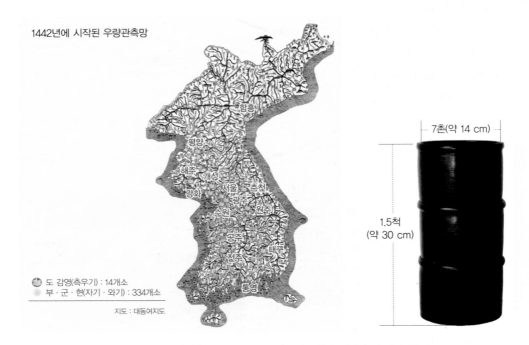

그림 4.R2 측우기를 이용한 조선시대 강우량 관측망과 공주 충청감영 측우기 (출처 : 기상청)

우기 수심이 몇 척(20 cm), 몇 촌(2 cm), 몇 푼(mm)이었다." 등으로 기록하였다. 천문과 기상업무를 담당했던 관상감 관리들이 하루 3번 관측하여 보고하였다. 임진왜란 등으로 초기 자료는 유실되었지만 1770년 이후 자료는 승정원일기 등에 수록되어 있어서 현대 강우량 단위로 복원되었다. 문화재청은 2020년 2월에 금영측우기를 공주 충청감영 측우기로 이름을 변경하고 국보

로 지정하였다. 더불어 측우대 2점(대구 경상감영 측우대와 창덕궁 이문원 측우대)도 국보가 되었다. 조선시대 과학기술의 우수성을 상징한다는 점이 인정받은 것이다. 측우기 강우량은 수백 년의 장기간 관측자료이므로 한반도 기후 변화 연구에 매우 중요하게 여겨지고 있다 (그림 4.R3).

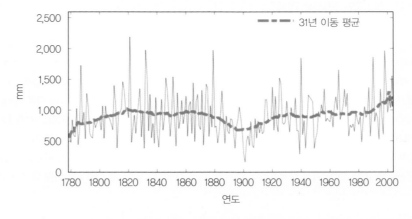

그림 4.R3 측우기 자료(1778~1907년)와 현대 강수량 자료를 이용한 여름철(6~9월) 서울 강수 시계열. 1900년대 전후로 큰 가뭄이 들었던 것을 볼 수 있다.

연습문제

1. 순수한 물로 이루어진 작은 물방울은 상대습도가 100% 환경일지라도 증발하여 사라진다. 왜 그럴지 생각해보자.

2. 어떻게 권층운과 고층운을 구별할 수 있을까?

3. 야광운을 만드는 응결핵과 수증기는 어떻게 공급되는지 조사하라.

4. 구름방울이 지면으로 낙하하지 못하는 이유를 설명하라.

5. 보통 따뜻한 적운이 한랭한 층운보다 더 많은 강수를 만든다. 왜 그럴까?

6. 눈송이를 관찰할 수 있는 장치를 고안해보자.

7. 언비(진눈깨비)가 내릴 때 연직 기온분포를 그려보자.

8. 블랙아이스 생성을 예측하거나 위험을 줄일 수 있는 방법을 생각해보자.

9. 왜 우박은 겨울보다 여름철에 더 자주 생성될까?

10. 구름씨 뿌리기가 미세먼지를 제거하는 데 활용될 수 있을지를 조사해보자.

참고문헌

기상청 홈페이지, http://www.kma.go.kr

민경덕, 민기홍, 2012 : 대기환경과학. 센게이지러닝코리아, 450pp.

반기성, 2005 : 겨울철 항공기 안전에 영향을 주는 착빙(Icing). 항공진흥, 4, 158–174.

서원석, 은승희, 김병곤, 고아름, 성대경, 이규민, 전혜림, 한상옥, 박영산, 2015 : 2014년 대설관측실험 (Experiment on Snow Storms At Yeongdong: ESSAY) 기간 강설 및 눈결정 특성분석. Atmosphere, 25, 261–270.

한국기상학회, 2014 : 대기과학용어사전. 시그마프레스, 800pp.

한국기상학회, 2012 : 대기과학개론. 시그마프레스, 405pp.

Ahrens, C. D., 2013 : *Essentials of Meteorology*. 6th Edition, Cengage Learning, 450pp.

AMS, 2000 : *Glossary of Meteorology*. 2nd Edition, American Meteorological Society, 855pp.

Lamb, D. and Verlinde, J., 2011 : *Physics and Chemistry of Clouds*, Cambridge University Press, 600pp.

제5장

기압과 바람

무더운 여름날에는 우리를 시원하게 해주지만 추운 겨울날에는 더 춥게 느끼게 하는 바람의 정체는 무엇일까? 바람이란 공기의 3차원 흐름인데 일반적으로 수평 방향 흐름을 의미한다. (이 공기의 흐름, 즉) 바람은 물이 높은 곳에서 낮은 곳으로 흐르듯이 기압이 높은 고기압에서 기압이 낮은 저기압으로 분다. 그러나 현실은 그렇게 단순하지 않은데, 그 이유를 이 장에서 배우게 될 것이다. 한편 바람은 열을 이동시켜서 기온을 변화시킬 뿐만 아니라 수분을 이동시켜 강수량의 변화를 일으키기도 한다. 아울러 지상에서 바람이 수렴하거나 발산하면 각각 상승기류나 하강기류를 만들기도 한다. 이때 상승기류는 구름을 생성시키고 때로는 강수 현상을 유발하기도 한다. 이처럼 바람은 우리가 늘 경험하는 날씨 변화에 큰 역할을 하고 있음을 알 수 있다. 이 장에서는 바람을 일으키는 가장 기본적인 힘인 기압의 의미와 기압 변화에 대한 기본적인 개념을 설명한다. 또한 기압경도력과 함께 다른 여러 힘들의 작용에 의해 부는 바람의 유형, 그리고 상층 및 지상에서 부는 바람의 특성에 대해 알아볼 것이다. 그리고 수평 바람과 연관된 연직 운동을 소개하며 바람 관측에 대한 내용을 살펴볼 것이다.

5.1 기압

공기의 압력인 기압이란 무엇일까? 지구의 중력 때문에 무게를 갖게 되는 공기는 어떤 지역에 힘을 미치게 되는데, 이 힘을 **대기압**(air pressure), 간단히 **기압**이라고 한다. 엄격히 말하면 기압은 단위면적에 미치는 공기의 힘이다. 공기분자가 무게를 갖고 있기 때문에 지구를 둘러싸고 있는 공기의 전체 무게를 계산할 수 있는데, 그 무게가 무려 5,600조 톤(ton)으로 알려져 있다.

5.1.1 기압의 단위와 고도에 따른 변화

기압은 단위면적당 공기기둥이 누르는 힘으로 그 단위는 N m^{-2}이다. 기압의 단위가 N m^{-2}이지만 지상일기도에서 통상적으로 사용하고 있는 기압의 단위는 **헥토파스칼**(hPa, hectopascal)이다. 과거에는 기압의 단위로 **밀리바**(mb, millibar)를 사용하였다. 1 hPa은 100 Pa(Pascal)로서 1 mb와 동등하며, 1 Pa은 1 m^{2}의 면적에 1 N(Newton)의 힘이 작용하는 압력을 의미한다. 서유럽에서는 수은주의 길이로 기압을 표시하고 있는데, 그 단위는 수은 인치(inHg)이다. 이 수은 인치 단위는 항공기 등에서 통상적으로 사용하고 있다. 그 외 지역에서는 수은 센티미터(cmHg)를 사용한다.

표준대기(standard atmosphere)에서 해수면에서의 기압은 1013.25×10^2 N m^{-2}(Pa)이다. 이 기압을 **표준기압**(standard pressure)이라고 하며, 또한 그 값을 1기압이라고 말하기도 한다. 표준기압을 여러 가지 압력 단위로 표현하면 다음과 같다.

$$1013.25 \text{ hPa} = 1013.25 \text{ mb} = 29.92 \text{ inHg} = 76 \text{ cmHg} = 1기압$$

기압은 해수면으로부터 대기의 꼭대기까지 존재하는 밑면 1 m^{2}인 공기기둥의 무게가 해수면을 누르는 힘이라고 할 수 있다. 이처럼 어떤 고도에서의 기압이 그 지점 상공의 공기기둥 무게와 관련되어 있으므로 기압은 위로 갈수록 낮아진다. 한편 공기기둥 안의 공기분자 수가 적을수록 공기의 무게는 가벼워지고 기압도 감소한다. 따라서 공기의 밀도 변화에 따라 기압의 변화도 생기므로 기압이 고도에 따라 낮아지는 모습은 공기의 밀도가 고도에 따라 낮아지는 모습과 매우 유사하다(그림 5.1).

기압이 연직 방향으로 감소하는 모습을 보면 해수면 부근에서는 기압이 고도에 따라 급격히 감소하지만 위로 올라갈수록 감소율이 작아지는 지수함수적 감소 양상임을 알 수 있다(그림 5.2). 해수

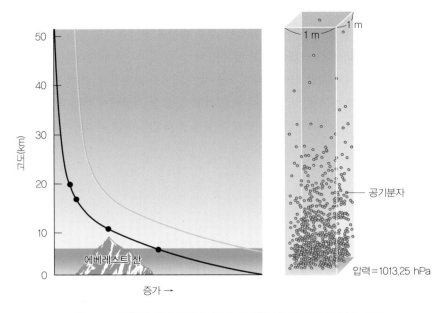

그림 5.1 기압(검은색)과 공기의 밀도(노란색)가 고도에 따라 감소하는 모습

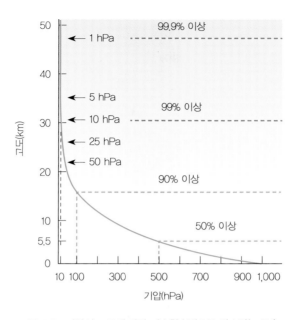

그림 5.2 기압이 고도에 따라 지수함수적으로 감소하는 모습

면 근처에서는 기압이 약 1000 hPa이지만 5.5 km만 올라가도 기압은 절반으로 감소하여 약 500 hPa 정도가 된다. 즉, 5.5 km 고도에서는 대기 전체 공기의 절반이 그 밑에 있다는 의미이다. 이로부터 5 km 정도 더 올라가면 기압은 그 절반인 약 250 hPa로 떨어지고 50 km 고도까지 올라가면 기압은 겨우 1 hPa 정도밖에 안 된다. 결국 기압은 지구 상공 수백 km에서는 0 hPa에 가까워지는데, 이 고도 이상에서는 공기가 거의 존재하지 않는 상태, 즉 진공이 된다.

5.1.2 기압의 측정

앞에서 기압을 공기의 무게 개념으로 설명하였으나 기압이란 공기분자들이 운동하면서 주어진 면에 작용하는 힘으로도 말할 수 있다. 공기 속에 들어 있는 수많은 공기분자들은 끊임없이 움직이면서 힘을 미치게 되는데, 이 힘은 모든 방향으로 고르게 미친다. 따라서 국지적으로 기압이 일정할 때에는 공기분자들의 운동에 의해 공기 중에 있는 물체의 모든 면에 힘이 작용하게 되는데, 그 힘의 크기가 비슷하기 때문에 물체가 이동하거나 부서지지 않는다. 우리 인체에도 공기분자들이 끊임없이 충돌하여 힘을 미치지만 그것을 느끼지 못하는 것은 인체 내부에 있는 공기분자들이 몸 바깥쪽으로 같은 크기의 힘을 미치기 때문이다. 그러나 기압이 급격히 변할 때는 인체가 그것을 쉽게 감지한다. 예를 들어 고층 빌딩의 승강기가 고속으로 올라갈 때나 비행기가 이륙하여 상공으로 급속히 올라갈 때 귀가 먹먹해진다. 이것은 기압이 급속히 감소하여 고막 밖의 공기분자의 충돌이 작아지기 때문이다.

이와 같은 기압의 변화를 알기 위해 기압을 정량적으로 측정하기 위한 노력들이 오래전에 시도되었다. 기압을 측정하는 기기를 **기압계**(barometer)라 하는데, 1643년 갈릴레이(Galileo Galilei)의 제자 토리첼리(Evangelista Torricelli)가 발명한 **수은기압계**(mercury barometer)가 최초의 기압계이다. 이 기압계는 오늘날 사용하고 있는 기압계와도 크게 다르지 않은데, 한쪽 끝은 열려 있고 다른 쪽 끝이 닫

그림 5.3 기압을 측정하는 데 사용하고 있는 수은기압계 (출처 : 한국기상학회)

혀 있는 긴 유리관으로 되어 있다. 현재 기압을 측정하는 데 사용되고 있는 수은기압계는 그림 5.3에서 볼 수 있다. 토리첼리는 이 유리관에서 공기를 제거하고 유리관의 열린 끝을 덮개로 막고 수은이 담긴 그릇에 담근 후 덮개를 제거했더니 수은이 그릇 속의 수은 면으로부터 76 cm가량 유리관을 따라 올라가는 것을 발견하였다. 그는 이 유리관 속 수은기둥의 무게가 그릇 위에 있는 공기의 총무게를 나타낸다고 생각했으며, 수은기둥의 높이가 바로 대기압의 값이라고 결론지었다. 이 값을 기압으로 환산하면 $0.76 \text{ m} \times 13,600 \text{ kg m}^{-3} \times 9.8 \text{ m s}^{-2} = 101,292.8 \text{ Pa} = 1012.92 \text{ hPa}$이다.

그 밖에 보편적으로 사용되는 기압계로는 **아네로이드 기압계**(aneroid barometer)가 있다. 이 기압계 속에는 액체가 들어 있지 않고 작고 신축성 있는 금속 상자가 들어 있다. 이 상자는 아네로이드 셀(공합)로 구성되어 있는데, 기압 변화에 민감하게 상자가 팽창이나 수축할 수 있도록 제작되었다. 기압 변화에 따른 상자의 부피 변화를 지렛대로 연결하여 증폭시킴으로써 현재의 기압을 지시기로 표시하도록 하였다(그림 5.4).

아네로이드 기압계 중에는 기압을 나타내는 눈금 위쪽에 기상 상태를 알려주는 문구를 표시해 놓은 것도 있다. 이 문구의 내용은 기압의 정도에 따라 예상되는 기상 조건에 대한 것이다. 즉, 기압이 높으면 맑은 날씨가 될 가능성이 크고 반대로 기압이 낮으면 흐리거나 비가 올 수 있으므로 아네로이드 기압계에 이와 관련된 내용이 표시되어 있다. 아네로이드 기압계와 같이 아네로이드 셀을 이용한 기압계에는 고도계와 자기기압계가 있다. 고도계(altimeter)는 주로 항공기에 장착되어 있는데, 기압을 측정하여 고도 눈금을 가리키도록 제작되었다. 자기기압계(recording barometer)는 아네로이드 셀과 연결된 지렛대에 붙어 있는 지시기 끝에 펜이 있어 내장된 모터에 의해 서서히 돌아가는 드럼에 부착된 기록지에 기압의 변화를 이 펜이 연속적으로 기록하도록 제작되었다(그림 5.5).

수은기압계로 기압을 측정할 때는 세 가지 보정, 즉 (1) **기차(계기오차) 보정**(correction for

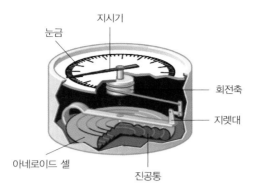

그림 5.4 아네로이드 기압계

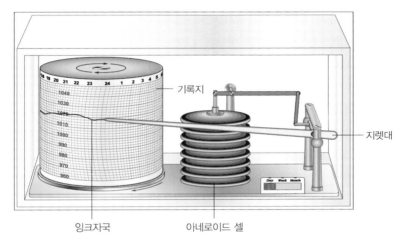

그림 5.5 자기기압계의 모식도 (출처 : 셔터스톡)

instrument error), (2) **온도 보정**(temperature correction), (3) **중력 보정**(gravity correction)을 해야 한다. 기차 보정은 제작된 수은기압계와 표준 수은기압계 사이의 체계적인 측정 기압차, 즉 사용 기압계 자체의 측정 오차(instrument error)를 보정하는 것으로 수은기압계마다 고유한 고정값이 부여되어 있다. 그리고 수은은 액체이므로 온도 변화에 민감하게 팽창 또는 수축한다. 온도가 올라가면 수은기둥이 팽창하여 실제 기압보다 기압이 높게 측정되며, 온도가 낮아지면 수은기둥이 수축하여 실제 기압보다 기압이 낮게 측정된다. 따라서 어떤 동일한 온도에서 수은기둥의 높이를 읽어야 하므로 온도 보정이 필요한데, 통상적으로 0°C를 기준으로 하기 때문에 이보다 높은 온도에서는 온도 보정값이 음(−)의 값을 갖게 되고, 이보다 낮은 온도에서는 그 값이 양(+)의 값을 갖게 된다. 한편 중력 보정을 하는 이유는 관측소 위치에 따라 중력가속도가 달라서 수은기둥의 높이에 영향을 주기 때문이다. 이 중력 보정은 표준 중력가속도(9.80665 m s^{-2})를 기준으로 이루어진다. 이와 같이 세 가지 보정을 거쳐서 얻은 기압을 **관측소 기압**(station pressure)이라 부른다.

5.1.3 기압의 변화

기압은 시간과 장소에 따라 달라지는데, 이는 여러 원인에 의해 공기의 밀도(또는 총무게)가 끊임없이 변하기 때문이다. 우주 규모로 보면 기압은 태양과 달이 일으키는 **대기 조석**(atmospheric tide)에 의해 반일 주기로 변한다. 그러나 이 변화의 진폭은 그다지 크지 않다. 지구에서 일어나는 여러 기상현상과 관련된 기압의 시·공간적 변화는 매우 큰 편이나 여기서는 기압의 시간적 변화보다는 공간적 변화를 살펴보기로 한다. 기압은 크게 네 가지 요인에 의하여 변한다. 기압의 가장 큰 변화는 **고도에 따른 변화**(pressure change with height)이고, 두 번째는 **온도에 따른 변화**(pressure change with temperature), 세 번째는 **수증기 함량에 따른 변화**(pressure change with water-vapor content) 그리고 네 번째는 **공기의 수렴·발산에 의한 변화**(pressure change with convergence and divergence of air)이다. 기압은 측정지점 상공의 연직 기둥에 포함된 공기의 질량에 비례하기 때문에 고도에 따른 기압 변화는 매우 크다. 예를 들어 지표면 근처에서는 지면으로부터 1 km만 올라가도 기압이 약 100 hPa이나 감소한다. 공기는 온도가 높아질수록 팽창하기 때문에 밀도가 작아져 기압이 감소하고 반대로 기온이 하강하면 압축되어 밀도가 커지므로 기압이 높아진다. 아시아 대륙의 경우 기온의 계절 변화에 따라 여름철에는 열저기압이 발달하고 겨울에는 시베리아 고기압이 발달한다. 또한 이러한 이유로 온도가 높고 낮은 적도와 극지방의 지상에서는 각각 저기압과 고기압이 발달하고, 상층에서는 반대로 고기압과 저기압이 발달한다. 그 결과 상층에서는 적도로부터 극으로 향하는 바람이 불게 되고 하층에서는 극에서 적도로 향하는 바람이 불게 된다. 이러한 바람을 대기대순환이라 하며, 제6장에서 상세히 다룬다. 일반적으로 대기가 포함할 수 있는 수증기량이 많지 않아 그 영향은 크지 않지만 수증기의 분자량(18)이 질소(28)나 산소(32)보다 작기 때문에 수증기가 많이 포함될수록 공기는 가벼워져 기압이 낮아진다. 또한 도로에서 붉은 신호등이 켜지면 교차로에 차가 집중되고 초록 신호등이 켜지면 차가 분산되듯이 공기의 수렴과 발산 등 공기의 흐름도 공기의 밀도 및 총량에 영향을 주어 기압을 변화시킨다.

앞에서 설명한 네 가지 요인에 의해 기압이 변하지만 일반적으로 태풍이나 강한 저기압 영역을 제외하면 수평 방향으로는 100 km당 수 hPa 정도로 기압 변화가 작은 편이다. 나중에 구체적으로 설명하겠지만 이 작은 수평적 기압 변화라도 기상현상에 큰 영향을 줄 수 있다는 점을 명심해야 한다. 기압의 수평 변화는 관측소 기압으로는 계산하기 어렵다. 그 이유는 관측소가 위치한 장소의 해발고도가 서로 다르기 때문이다. 따라서 동일한 고도에서의 기압으로 기압의 수평 변화를 구하는 것이 의미가 있으므로 수평 기압차를 알기 위하여 통상적으로 평균 해수면의 값을 이용한다. 이처럼 관측소 기압을 평균 해수면 기압으로 바꾸는 것을 **고도 보정**(altitude correction) 또는 **해면경정**(reduction to sea level)이라 하고, 이렇게 구한 기압을 **해면기압**(sea-level pressure)이라고 부른다. 지표 부근에서 기압은 100 m 올라가면 약 10 hPa 정도 감소하므로 관측소의 해발고도를 알면 해면기압을 대략적으로 계산할 수 있다. 실제로 고도 보정을 할 때는 기온의 영향까지 고려하여 해면기압을 구한다. 지상일기도에서는 이렇게 구한 해면기압을 기입하고 **등압선**(isobarometric line, isobaric line, isobar)을 그려서 기압의 분포를 파악하는데, 이때 등압선은 1000 hPa을 기준으로 하여 4 hPa 간격으로 그린다.

압력, 온도 및 밀도 사이의 관계

공기의 경우에 압력(p)과 온도(T) 그리고 밀도(ρ) 사이에는 다음과 같은 관계가 있다.

$$p = \rho RT \qquad (5.\text{E}1)$$

여기서 R은 공기의 기체상수이다. 이 관계식을 기체의 **상태방정식**(equation of state)이라 부른다. 이 식은 세 변수 사이의 관계를 나타내므로 이 중 한 변수에서 변화가 생기면 나머지 두 변수에도 상응하는 변화가 생긴다는 것을 알 수 있다. 그런데 한 변수가 변하지 않는다고 가정하면 나머지 두 변수 사이의 변화 관계가 뚜렷해진다. 예를 들어 온도를 일정하게 유지시키면 압력이 밀도에 비례하게 된다. 즉, 밀도가 증가하면 압력도 증가하고 밀도가 감소하면 압력도 감소한다. 따라서 동일한 기온에서는 기압이 높은 공기가 기압이 낮은 공기보다 더 큰 밀도를 갖게 된다. 다시 말해 대기에서 기온이 서로 같다면 고기압 영역의 공기 밀도는 저기압 영역의 공기 밀도보다 더 크다.

압력이 일정하게 유지되는 경우에는 기체의 온도와 밀도가 반비례함을 알 수 있다. 즉, 온도가 올라가면 밀도는 작아지고 온도가 내려가면 밀도는 커진다. 그러므로 기압이 같다면 찬 공기의 밀도가 따뜻한 공기의 밀도보다 크다. 이러한 사실 때문에 한 지역에서 따뜻한 공기가 찬 공기 위로 올라가려는 경향이 있다.

5.2 바람의 발생 요인과 유형

공기의 수평적 흐름을 바람이라고 했는데, 공기가 수평적으로 이동하려면 공기에 힘이 작용해야 한다. 어떤 물체의 이동과 힘에 대한 개념은 뉴턴(Isaac Newton, 1642~1727)의 운동법칙으로 이해할 수 있다.

5.2.1 뉴턴의 운동법칙

뉴턴의 운동법칙(Newton's law of motion)은 세 가지로 이루어져 있다. 제1법칙은 관성의 법칙, 제2법칙은 가속도의 법칙, 제3법칙은 작용-반작용의 법칙이다. 제1법칙은 어떤 물체에 힘이 작용하지 않는 한 그 물체는 그대로 정지해 있거나 일정한 속도로 움직인다는 관성의 법칙이다. 제2법칙은 어떤 물체의 운동량에 대한 시간적 변화율은 그 물체에 작용하는 모든 힘의 합력과 같다는 **가속도의 법칙**(Newton's second law)이다. 즉, 어떤 물체에 힘이 작용하면 힘의 방향으로 가속도가 생긴다는 법칙이다. 제3법칙은 어떤 두 물체가 서로에게 힘을 작용할 때 그 힘들은 크기가 같고 방향이 반대라는 작용-반작용의 법칙이다. 대기과학에서는 주로 뉴턴의 제2법칙을 이용하여 공기의 흐름을 설명하고 있다.

뉴턴의 제2법칙을 수식으로 표현하면 다음과 같다.

$$F = ma \qquad (5.1)$$

여기서 F는 물체에 작용하는 힘, m은 물체의 질량, a는 물체의 가속도이다. 이 수식을 말로 표현하면 어떤 물체에 가해지는 힘은 물체의 질량에 물체의 가속도를 곱한 것과 같다는 것이다. 원래 힘과 가속도는 크기와 방향을 갖는 벡터 물리량이므로 방향까지 고려하여 벡터로 표시하여야 하나 여기서는 편의상 방향에 관계없는 스칼라량으로 표현하였다. 이 제2법칙에 따르면 정지해 있는 물체에 힘이 작용하거나 이동하는 물체에 이동 방향과 같은 방향으로 힘이 작용하면 그 물체는 가속을 받아 속도는 점점 증가하게 된다. 어떤 물체에 여러 힘이 작용할 경우에는 그 힘들의 벡터 합을 구하여 제2법칙을 적용시켜야 한다.

5.2.2 바람에 영향을 주는 힘

공기에 힘이 작용하면 공기는 힘의 방향으로 가속 또는 감속되기 시작한다. 그러면 공기를 움직이게 하는 힘들에는 어떤 것들이 있는지 살펴보자. 공기는 다음 다섯 가지 힘을 받고 있다: (1) 중력, (2) 기압경도력, (3) 전향력(코리올리힘), (4) 원심력, (5) 마찰력. 이 중에서 중력, 기압경도력 및 마찰력은 기본(또는 진짜) 힘이고 전향력과 원심력은 겉보기 힘이다.

중력

중력(gravitation)이란 지구가 물체를 끌어당기는 힘이다. 보통 중력을 만유인력과 혼용하고 있으나 엄격히 말하면 중력은 만유인력과 원심력을 벡터로 합한 힘이다(그림 5.6). 그러나 원심력이 만유인력과 비교하여 상대적으로 매우 작기 때문에 여기서는 만유인력을 중력으로 대신 사용하기로 한다. 그러므로 중력은 지면에 직각인 아래 방향으로 향하고, 그 크기는 질량에 중력가속도($9.8\,\mathrm{m}\,s^{-2}$)를 곱한 값이다. 대기과학에서는 통상적으로 힘을 단위질량당 힘으로 표현하기 때문에 단위질량당 중력은 중력가속도와 같게 된다. 만일 중력이 공기에 작용하는 유일한 힘이라면 모든 공기가 중력에 의해 지표면으로 집중되었을 것이다. 그러나 그와 같은 일은 일어나지 않는다. 그 이유는 앞으로 배우게 될 기압경도력의 연직 성분이 중력과 크기가 거의 같고 방향은 서로 반대이기 때문이다.

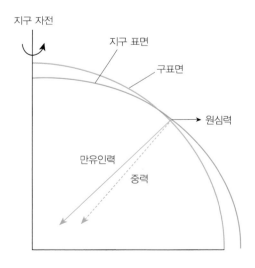

그림 5.6 자전하는 지구에서의 만유인력과 중력

기압경도력

바람을 일으키는 원천은 기압차이고, 주어진 두 지점 사이의 기압차가 클수록 더 강한 바람이 분다. 주어진 두 지점 사이의 거리에 대한 기압차를 기압경도라 하는데, 이 기압경도에 의해 생기는 힘이 **기압경도력**(pressure gradient force)이다. 기압경도력은 항상 기압이 높은 곳으로부터 기압이 낮은 곳으로 향하며, 그 크기는 두 지점 사이의 기압차와 거리 및 공기 밀도에 따라 변한다. 단위질량당 기압경도력(F_{pg})은 식 (5.2)와 같이 표현된다.

$$F_{pg} = -\frac{1}{\rho}\frac{\Delta p}{\Delta s} \tag{5.2}$$

여기서 ρ는 공기 밀도, Δp는 두 지점 사이의 기압차, 그리고 Δs는 두 지점 사이의 거리이다. 이때 음(−)의 부호는 기압이 높은 쪽에서 기압이 낮은 쪽으로 작용한다는 뜻이다. 만약 기압이 짧은 거리에 대하여 크게 변한다면 기압경도력이 커져서 바람이 강하게 불게 된다.

그림 5.7은 2019년 12월 10일 동북아시아 지역에서의 해면기압의 분포를 보여주는 지상일기도로서 전형적인 형태의 고기압과 저기압을 볼 수 있다. 산둥반도 부근에 1016 hPa의 저기압이 위치하고 있고, 몽골 서쪽에 중심기압이 약 1040 hPa인 고기압이 위치하고 있다. 또한 일본 동쪽에 중심기압이 1030 hPa인 고기압이 위치하고 있으며, 캄차카반도 동쪽에는 매우 발달한 저기압이 위치하고 있다. 몽골 서쪽에 위치한 고기압 중심과 산둥반도에 위치한 저기압 중심 사이의 거리는 약 2,400 km이므로 이 두 중심 사이의 기압경도는 100 km당 약 1.0 hPa이다. 한편 앞에서 설명했듯이 기압은 연직 방향으로 지수함수의 형태로 감소하여 연직 방향의 기압경도는 수평 기압경도에 비하여 매우 크다. 일반적으로 표준대기에서 해면기압이 1013.25 hPa일 때 5,640 m 고도에서는 500 hPa로 줄어든다. 이 경우에 연직 방향 기압경도는 1 km당 약 91 hPa이나 된다.

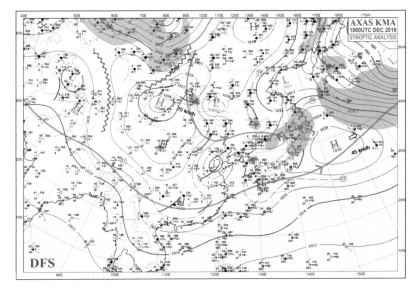

그림 5.7 동북아시아 지역의 지상일기도의 예(2019.12.10. 오전 9시) (출처 : 기상청)

전향력

앞에서 설명했듯이 기압경도력은 공기를 기압이 높은 쪽에서 낮은 쪽으로 움직이게 하는데, 이 힘의 크기가 바람의 강도를 결정하게 된다. 그런데 바람의 방향을 결정할 때는 지구의 자전도 반드시 고려하여야 한다. 지구 위에서 움직이는 물체는 지구 자전 효과를 받게 되는데, 이 효과를 설명하기 위하여 그림 5.8과 같이 지구가 자전을 하지 않는 경우와 자전을 하는 경우 각각 극에서 발사된 로켓이 어떻게 날아가는지를 살펴보자. 먼저 그림 5.8(a)에서 보는 바와 같이 지구가 자전을 하지 않을 경우 극에서 발사된 로켓은 정확히 목표지점에 도달할 것이다. 하지만 지구가 자전을 할 경우 극에서 발사된 로켓이 날아가는 동안 지구가 서에서 동으로 자전을 하므로 로켓은 목표지점보다 오른쪽에 도달할 것이다. 이와 같이 지구 자전의 영향으로 북반구에서 움직이는 모든 물체의 이동 방향이 오른쪽으로 휘게 된다. 이러한 현상은 로켓이 이동하는 동안 지구가 자전하여 생기는 현상이지만 물체의 이동 방향이 오른쪽 방향으로 휘어지도록 가상적인 힘이 작용한다고 할 수 있으며 이 가상적인 힘을 전향력이라 한다.

이 힘은 이동하는 물체의 방향을 바꾸기 때문에 **전향력**(deflecting force)이라고 부르는데, 프랑스 수학자 코리올리(Gustave Gaspard de Coriolis, 1792~1843)가 처음 수학적으로 설명해서 그의 이름을 따 **코리올리힘**(Coriolis force)이라고도 부른다. 전향력은 물체의 이동 방향에 직각으로 작용하기 때

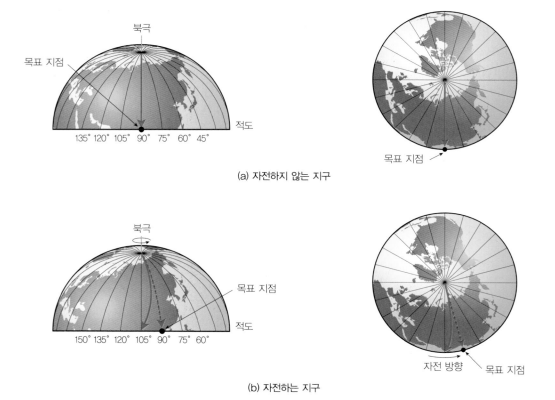

(a) 자전하지 않는 지구

(b) 자전하는 지구

그림 5.8 지구가 자전하지 않는 경우와 자전하는 경우 각각 지구의 북극에서 로켓이 발사되었을 때의 이동경로

문에 그 물체의 운동 방향만 바꿀 수 있고 물체의 속도에는 영향을 주지 않는다. 단위질량당 전향력(F_{co})의 크기는 다음과 같이 나타낼 수 있다.

$$F_{co} = 2\Omega\sin\phi V \tag{5.3}$$

여기서 Ω는 지구 자전 각속도, ϕ는 위도 그리고 V는 물체의 속력이다. 전향력의 특징을 열거하면 다음과 같다.

- 운동하는 모든 물체에 작용하며 북반구에서는 물체의 이동 방향의 오른쪽 직각 방향으로, 남반구에서는 왼쪽 직각 방향으로 작용한다.
- 적도에서는 전향력이 없고($\sin\phi = 0$), 운동하는 물체의 속력이 일정한 경우 위도에 비례하게 전향력이 증가하여 극에서 최대가 된다.
- 운동하는 물체의 속력에 비례한다.
- 운동하는 물체의 운동 방향만 바꾸고 속력은 변화시키지 못한다.

원심력

물체가 곡선 운동을 할 때 물체의 속력이 변하지 않더라도 그 물체는 가속을 받게 된다. 이때 생기는 가속도를 구심가속도라 하고, 이와 관련된 힘을 **구심력**(centripetal force)이라 한다. 우리가 버스를 타고 갈 때 운전자가 버스의 방향을 갑자기 변화시키면 그 반대 방향으로 넘어지게 되는데, 이 경우에 원심력을 경험하게 된다. 버스 밖에 있는 관측자의 입장에서 보면 버스의 방향 변화가 구심력을 일으킨 것이고, 버스에 타고 있는 사람의 입장에서 보면 어떤 힘이 그 사람에게 넘어지는 방향으로 작용한 셈이다. 이 힘을 **원심력**(centrifugal force)이라 부른다. 이처럼 원심력은 구심력과 반대 방향으로 작용하고 그 크기가 구심력과 같다. 구심력은 항상 곡선 운동의 중심을 향하므로 원심력은 그 반대 방향인 바깥쪽을 향한다. 원운동을 하는 단위질량의 물체에 작용하는 원심력(F_{ce})의 크기는 다음과 같이 표현된다.

$$F_{ce} = V^2/R \tag{5.4}$$

여기서 V는 물체의 속력이고, R은 물체가 만드는 곡선 경로의 곡률반경이다. 따라서 원심력은 속력이 증가할수록 그리고 작은 원형 운동일수록 커진다.

마찰력

대기 운동에서 중요하게 취급하는 **마찰력**(frictional force)은 지표가 거칠기 때문에 생긴다. 지표는 일반적으로 평평하지 않고 산, 건물, 수목 등 복잡한 지형으로 이루어져 있다. 바다의 경우에도 파도가 생기면 해면이 평평하지 않다. 이와 같은 복잡한 지형으로 인하여 거칠어진 지표 위로 바람이 불면 풍속이 감소하게 된다. 이러한 풍속의 감소 현상은 지형에 의해 생긴 마찰력이 풍향의 반대 방향으로 공기에 작용했기 때문에 발생한 것으로 볼 수 있다. 수학적으로 단위질량당 마찰력(F_{fr})은 다음과 같이 간단히 표현될 수 있다.

$$F_{fr} = -kV \tag{5.5}$$

여기서 k는 지표의 거칠기를 나타내는 상수이고, V는 풍속이다. 그리고 음($-$)의 부호는 마찰력이 풍향과 반대임을 가리킨다. 이처럼 마찰력은 지표가 거칠수록 그리고 풍속이 증가할수록 커진다. 따라서 일반적으로 평평한 지면이나 해면 위에서는 마찰력이 작고 나무 또는 건물이 있는 영역이나 산악 지역에서는 상대적으로 마찰력이 크다. 대기에서 마찰력은 지면으로부터 약 1.0 km 고도까지 유효하게 작용하는데, 이 층을 **행성경계층**(planetary boundary layer, PBL) 또는 **대기경계층**(atmospheric boundary layer, ABL)이라 부른다. 반면에 행성경계층 위에서는 마찰력이 아주 작아서 대기가 마찰의 영향을 거의 받지 않고 운동하며 이 층을 **자유대기**(free atmosphere)라고 한다.

5.2.3 바람의 유형

앞에서 우리는 바람에 영향을 주는 여러 가지 힘의 특징을 살펴보았다. 대기에서 이 힘들이 모두 항상 동일하게 대기의 운동을 지배하지는 않는다. 경우에 따라서는 어떤 특정한 힘이 다른 힘들에 비하여 매우 작아 무시될 수 있다. 여기서는 우세한 힘들 사이의 균형을 살펴보고 우세한 힘들끼리 균형을 이루며 부는 특별한 바람의 특성을 고찰하고자 한다.

정역학 평형

지면 근처에서 고도별 기압을 측정하면 10 m 올라감에 따라 기압이 약 1 hPa씩 감소하는 것을 알 수 있다. 이와 같은 연직 방향의 기압경도는 태풍 중심에서 나타나는 수평 기압경도보다 훨씬 더 크다. 그럼에도 불구하고 이렇게 큰 연직 방향 기압경도력에 대응하는 강한 연직 풍속이 관측되지는 않는다. 특히 적란운과 같은 구름 내부를 제외하고 종관 규모 대기 운동에서는 연직 속도가 커야 수 cm s^{-1}에 불과하다. 그 이유는 무엇일까? 이것은 연직 방향으로 힘의 균형이 이루어져 있기 때문이다. 즉, 위로 향하는 기압경도력의 크기가 아래로 향하는 중력의 크기와 거의 같기 때문이다. 이와 같이 연직 방향의 기압경도력과 중력이 힘의 균형을 이룰 때 이를 **정역학 균형**(hydrostatic equilibrium, 또는 **정역학 평형**)이라 부른다. 정역학 균형이 이루어질 때 연직 방향 가속도는 0이고 종관 규모 대기에서 대표적인 연직 속도는 1 cm s^{-1}이다. 그러나 천둥 번개가 치는 구름 속에서는 정역학 균형이 깨져 연직 속도가 수십 cm s^{-1} 내지 수 m s^{-1}까지 관측되기도 한다.

정역학 균형을 수식으로 나타내면 다음과 같다(그림 5.9 참조).

$$-\frac{1}{\rho}\frac{\Delta p}{\Delta z} = g \tag{5.6}$$

여기서 ρ는 공기 밀도, Δz는 연직 방향 거리, Δp는 Δz에 대한 기압차, g는 중력가속도를 나타낸다. 이 식의 왼쪽은 연직 방향 기압경도력을, 오른쪽은 중력을 표현한 것이다. 위 식을 아래와 같이 다시 표현할 수 있다.

$$\Delta p = -\rho g \Delta z \tag{5.7}$$

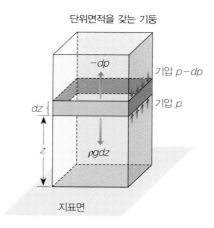

그림 5.9 정역학 균형 개념도

이 식을 **정역학 방정식**(hydrostatic equation)이라 부른다. 이 방정식은 기압차(Δp)와 고도차(Δz) 사이의 관계식으로서 고도 증가에 따라 기압이 어떻게 감소하는지를 나타내고 있다. 이 식을 이용하면 지표 근처에서 10 m 상공으로 올라가면 기압이 약 1 hPa 감소함을 확인할 수 있다.

지균풍

가장 간단한 수평 방향 힘의 균형은 수평 기압경도력과 전향력 사이에서 일어난다. 이 두 힘의 균형을 **지균 균형**(geostrophic equilibrium)이라 부르며 수평 기압경도력과 전향력이 균형을 이루며 부는 바람을 **지균풍**(geostrophic wind)이라 한다. 지균 균형에서는 원심력이 포함되지 않으므로 곡선 운동은 생각할 필요가 없고 직선 운동만 고려하게 된다. 그림 5.10에서와 같이 등압선이 직선인 평면에서 기압경도력에 의해 정지한 공기덩이가 움직이기 시작하여 지균풍에 도달하게 되는 원리를 생각해보자. 북반구에서 공기덩이(그림 5.10에서 작은 원으로 표시)가 가장 아래쪽 위치에 정지해 있을 때 수평 방향으로는 빨간색 화살표와 같이 기압경도력만 받게 된다. 그러면 이 공기덩이는 기압경도력 방향으로 가속되어 속도가 점점 빨라지게 된다. 일단 공기덩이에 속도가 생기게 되면 공기덩이는 식 (5.3)과 같이 전향력을 받게 되고, 전향력은 속도에 비례하여 점점 더 증가하면서 오른쪽 방향으

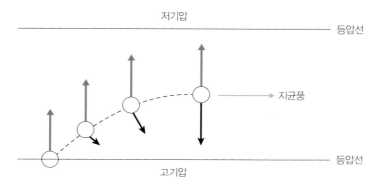

그림 5.10 북반구에서 지균풍이 형성되는 과정. 여기서 빨간색 화살표는 기압경도력을, 검은색 화살표는 전향력을 나타낸다.

로 공기덩이의 진로를 계속 바꾼다. 북반구에서 전향력은 공기덩이의 운동 방향의 오른쪽 직각으로 작용하는데, 기압경도력만큼 공기덩이의 속도가 증가함에 따라 전향력도 같이 커지기 때문에 결국에는 전향력이 기압경도력과 크기가 같고 방향이 서로 반대가 되는 상황이 오게 된다. 이때 두 힘은 균형을 이루게 되며 풍향과 풍속은 더 이상 변화하지 않고 일정한 상태를 유지한다. 이렇게 균형을 이루며 부는 지균풍은 등압선에 나란히 불게 되고 북반구에서는 항상 저기압을 왼쪽에 둔 상태로 분다. 비슷한 원리로 남반구에서는 지균풍이 저기압을 오른쪽에 두고 불게 된다.

그러면 지균풍 속도를 어떻게 구할 수 있을까? 앞에서 언급한 대로 지균 균형은 다음과 같은 식으로 표현할 수 있다.

$$-\frac{1}{\rho}\frac{\Delta p}{\Delta s}=2\Omega\sin\phi V_g \tag{5.8}$$

여기서 Δp는 이웃한 두 등압선의 기압차에 해당하고, Δs는 이 두 등압선 사이의 거리이며, V_g는 지균풍 속도를 의미한다. 따라서 위 식으로부터 지균풍 속도를 다음과 같이 구할 수 있다.

$$V_g=\frac{-1}{2\Omega\rho\sin\phi}\frac{\Delta p}{\Delta s} \tag{5.9}$$

그러므로 지균풍 속도는 주어진 두 등압선 사이의 간격이 좁을수록 강해진다는 것을 알 수 있다. 실제로 일기도의 등압선 간격이 좁은 곳에서 강한 바람이 존재함을 경험하게 된다. 그리고 저위도로 갈수록 또한 밀도가 낮은 상공으로 갈수록 같은 기압경도에서 지균풍이 강해진다는 사실에 유념하자. 그러나 위도가 0인 적도에서는 지균풍이 정의되지 않는다는 사실에도 주목할 필요가 있다.

경도풍

앞에서 설명한 지균풍은 바람이 직선으로 불어야 한다는 것을 내포하고 있다. 그러나 실제 대기에서 바람이 직선으로 부는 경우는 거의 없다. 일기도상에서 바람을 보면 대체적으로 곡선 경로를 따라 불고 있는데, 이러한 현상은 곡선 경로로 움직이는 공기덩이에 제3의 힘이 존재해야 함을 암시하고 있다. 그 힘이 원심력이다. 이와 같이 곡선 경로로 부는 바람은 수평 기압경도력, 전향력 및 원심력이 균형을 이루며 불게 되며, 이 바람을 **경도풍**(gradient wind)이라 부른다. 그림 5.11은 북반구 고기압과 저기압에서 부는 경도풍과 이에 관련된 힘들을 보여주고 있다. 고기압의 경우 기압경도력은 고기압 중심으로부터 바깥쪽으로 향하고, 전향력은 공기덩이 운동 방향의 오른쪽 직각으로 작용하므로 고기압 중심을 향하게 된다. 그리고 원심력은 항상 원운동에서 바깥쪽을 향하므로 그림과 같이 된다. 그러므로 고기압에서는 기압경도력과 원심력의 합이 전향력과 크기는 같고, 방향이 서로 반대가 되어 세 힘이 균형을 이루며 경도풍이 불게 된다. 한편 저기압에서는 기압경도력이 저기압 중심 쪽을 향하고 전향력은 바깥쪽을 향하며 원심력도 바깥쪽을 향한다. 따라서 저기압의 경우에는 전향력과 원심력의 합이 기압경도력과 같아져 이 세 힘이 균형을 이루며 경도풍이 분다.

만일 고기압과 저기압에서 기압경도력이 같다면, 즉 등압선 간격이 서로 같다면, 등압선이 직선

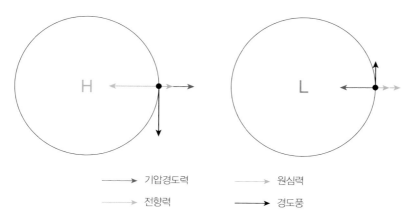

기압경도력 → 원심력

→ 전향력 → 경도풍

그림 5.11 등압선 간격이 서로 같을 때 북반구 고기압과 저기압에서 부는 경도풍

일 경우의 지균풍 속도는 서로 같다. 그러나 등압선이 곡선일 때 부는 경도풍 속도는 등압선 간격이 서로 같을지라도 고기압에서 더 강하다. 이 사실을 그림 5.11에서 볼 수 있는데, 등압선 간격이 같다면 기압경도력은 서로 같아진다. 하지만 고기압에서는 원심력이 기압경도력을 강화시키는 방향으로 작용하고, 저기압에서는 반대로 작용해 고기압에서의 경도풍 속도가 저기압에서의 경도풍 속도보다 더 강하다는 것을 알 수 있다. (실제 대기에서는 고기압 영역보다는 저기압 영역에서 바람이 더 강하게 부는데, 그 이유는 고기압 중심 부근보다 저기압 중심 부근에서 등압선 간격이 더 좁아 기압경도력이 더 크기 때문이다.) 지균풍 속도는 기압경도력으로 결정되지만 경도풍 속도는 기압경도력과 원심력의 합에 의해 결정되므로 고기압에서 부는 경도풍 속도는 지균풍 속도보다 강하지만, 저기압에서 부는 경도풍 속도는 지균풍 속도보다 약하다. 이처럼 지균풍보다 강하게 부는 바람을 **초지균풍**(supergeostrophic wind)이라 하고, 지균풍보다 약하게 부는 바람을 **아지균풍**(subgeostrophic wind)이라 한다. 고기압과 저기압에서 등압선 간격이 서로 같을 때 고기압 영역에서는 초지균풍이, 저기압 영역에서는 아지균풍이 불게 된다.

선형풍

만일 수평 운동 규모가 충분히 작다면 전향력은 기압경도력이나 원심력에 비하여 무시될 수 있다. 이 경우에 기압경도력과 원심력이 균형을 이루며 바람이 불게 되는데, 이 바람을 **선형풍**(cyclostrophic wind)이라고 부른다. 수식으로 힘의 균형을 표현하면 다음과 같다.

$$-\frac{1}{\rho}\frac{\Delta p}{\Delta s} = \frac{V_c^2}{R} \tag{5.10}$$

이 식을 선형풍 속도(V_c)에 대하여 풀면 다음과 같다.

$$V_c = \left(\frac{R}{\rho}\frac{\Delta p}{\Delta s}\right)^{1/2} \tag{5.11}$$

여기서 방향을 나타내는 음($-$)의 부호는 실수 형태의 선형풍 속도를 얻기 위해 제거하였다. 사실 기압경도력과 원심력이 균형을 이루며 바람이 부는 경우에는 항상 저기압을 중심으로 한 원운동을 하게 된다. 따라서 선형풍은 저기압을 중심으로 하여 시계 방향으로 불 수도 있고 반시계 방향으로 불 수도 있다. 봄철 학교 운동장에서 종종 보게 되는 회오리바람 같은 작은 규모의 선형풍은 시계 방향으로 돌면서 불기도 하고 반시계 방향으로 돌면서 불기도 한다.

관성풍

거대한 고기압처럼 기압이 수평적으로 거의 균일하게 분포되어 있는 경우, 또는 바람에 의해 기압분포가 수평적으로 균일해졌음에도 관성에 의해 바람이 계속해서 불 경우, 이 바람은 전향력과 원심력이 서로 균형을 이루어 불게 되는데, 이러한 바람을 **관성풍**(inertial wind)이라 부른다. 이 경우에 두 힘의 관계는 다음과 같이 표현된다.

$$2\Omega\sin\phi V_i = \frac{V_i^2}{R} \tag{5.12}$$

여기서 V_i는 관성풍 속도이고 R은 곡률반경이다. 이 식을 곡률반경 R에 대하여 풀면 다음 식을 얻는다.

$$R = \frac{V_i}{2\Omega\sin\phi} \tag{5.13}$$

기압경도력이 없으므로 속도 V_i는 일정하기 때문에 운동이 크지 않으면(즉, 위도 ϕ가 거의 일정하면) 곡률반경 R이 일정하게 된다. 이처럼 공기덩이는 곡률반경 R의 원형 운동을 하게 된다. 북반구에서는 전향력이 운동 방향의 오른쪽 직각 방향으로 작용하므로 관성풍은 시계 방향으로 불고 남반구에서는 전향력이 반대로 작용하므로 관성풍이 반시계 방향으로 분다. 원형 운동을 하는 관성풍의 주기(P)는 위 식을 이용하면 다음과 같이 얻을 수 있다.

$$P = \frac{2\pi R}{V_i} = \frac{2\pi}{2\Omega\sin\phi} = \frac{0.5일}{\sin\phi} \tag{5.14}$$

이는 푸코(Foucault) 진자가 180도를 회전하는 데 걸리는 시간과 같다. 따라서 이 주기를 흔히 0.5진자일이라고 부른다. 전향력과 원심력은 회전하는 지구에서 유체의 관성에 의해 생기기 때문에 이런 형태의 운동을 **관성진동**(inertial oscillation)이라고 한다. 그리고 이 운동으로 형성되는 곡률반경이 R인 원을 관성원이라 부른다.

지상풍(마찰풍)

지금까지는 마찰력을 무시할 수 있는 경우의 바람 유형을 살펴보았다. 이제 행성경계층과 같이 마찰 효과가 뚜렷하게 나타나는 곳에서 관측되는 바람의 특징을 알아보자. 마찰 효과를 알아보기 위하여 직선 등압선을 생각한다. 그림 5.12와 같이 기압경도력, 전향력 및 마찰력이 균형을 이루며 부는 바람을 **지상풍**(antitriptic wind, 또는 **마찰풍**)이라 한다. 이 그림에서 보듯이 마찰력은 바람 방향에 반대

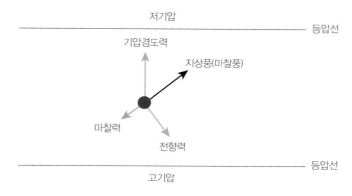

그림 5.12 북반구에서 부는 지상풍(마찰풍)

로 작용하고 전향력은 북반구에서 풍향의 오른쪽 직각으로 향하고 있다. 결국 전향력과 마찰력의 합력이 기압경도력과 크기가 같고 방향이 반대로 되어 세 힘이 균형을 이루고 있다. 이 지상풍을 마찰력이 없는 지균풍과 비교해보면 마찰 효과를 발견할 수 있게 된다. 첫 번째 효과는 풍속을 감소시킨다는 것이고, 두 번째 효과는 풍향을 변화시킨다는 것이다. 특히 풍향을 저기압 쪽으로 편향시키고 있으며 이렇게 편향된 지상풍과 등압선이 이루는 각도는 마찰이 클수록, 즉 지면이 거칠수록 커진다. 일반적으로 이 각도는 육상에서는 크고 해상에서는 상대적으로 작다. 이와 같은 현상은 지상일기도에서 흔히 확인할 수 있다. 한편 마찰이 바람을 저기압 쪽으로 편향시키는 것은 원형 운동에서 공기의 연직 운동을 일으키는 요인이기도 하다. 그림 5.13에서 보는 바와 같이 북반구 원형 고기압에서 부는 지상풍은 고기압 중심으로부터 바람이 불어 나가고 원형 저기압에서 부는 지상풍은 저기압 중심으로 바람이 불어 들어가게 된다. 따라서 고기압 중심 부근에서는 공기가 중심 밖으로 빠져나가서 상공으로부터 하강기류가 생긴다. 한편 저기압 중심 부근에서는 공기가 중심 부근으로 모여들어 상공으로 향하는 상승기류가 유발된다. 이 하강기류와 상승기류는 각각 고기압과 저기압에서 나타나는 날씨와 밀접한 관계가 있음을 명심하자. 지금까지 힘의 균형에 따른 바람의 유형을 고찰하였다. 이것을 종합하면 표 5.1과 같다.

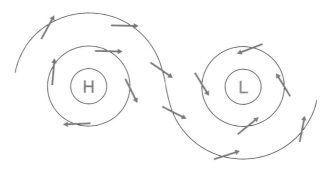

그림 5.13 북반구에 위치한 지상 고기압과 저기압에서의 바람장

표 5.1 여러 가지 힘의 균형에 따른 바람의 유형

	기압경도력	전향력	원심력	마찰력
지균풍	√	√		
경도풍	√	√	√	
관성풍		√	√	
선형풍	√		√	
마찰풍	√	√	(√)*	√

* 곡선 운동에서는 원심력도 포함된다.

5.3 상층과 지상의 바람

상층 바람과 지면 근처 바람 사이의 차이는 근본적으로 마찰력의 영향 여부에 의해 결정된다. 지상의 바람은 마찰력 때문에 등압선과 각을 이루며 불지만 상층의 바람은 지면 마찰의 영향을 받지 않으므로 등압선과 나란히 불게 된다. 따라서 지상 바람은 지형지물 때문에 매우 복잡하게 불게 되지만 상공에서는 상당히 단순하게 분다.

5.3.1 고 · 저기압 주위의 상층 바람

실제 대기에서는 원형의 고기압이나 저기압보다 파동 형태의 기압마루와 기압골이 주로 나타난다. 그림 5.14와 같이 상층일기도에는 지오퍼텐셜미터(gpm) 단위의 등고선이 그려져 있고, 이로부터 고

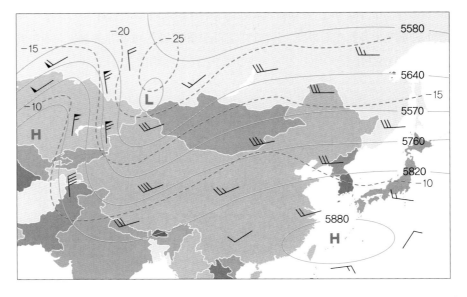

그림 5.14 500 hPa 상층일기도의 예. 파란색 실선은 500 hPa 등고선(m), 빨간색 점선은 등온선(°C)을 나타낸다.

기압 영역과 저기압 영역을 파악하게 된다. 특정 등압면의 고도를 의미하는 등고선 값이 큰 영역이 고기압에 해당하고 등고선 값이 작은 영역이 저기압에 해당한다. 이 그림에서 볼 수 있듯이 바람이 등고선을 따라 파동 형태로 불고 있음을 알 수 있다. 등고선 값의 분포를 보면 북쪽으로 갈수록 그 값이 낮아진다는 것도 주목해볼 필요가 있는데, 이것은 북쪽으로 갈수록 기온이 낮아지기 때문이다. 상층일기도에서 또 한 가지 주목할 것은 등고선 간격이 좁을수록 바람이 강해진다는 사실이다. 등고선 굴곡이 있는 지역에서는 경도풍이 불고, 등고선이 직선에 가까운 지역에서는 지균풍이 분다고 할 수 있다. 특히 등고선 굴곡이 심한 지역에서는 동서 흐름보다는 남북 흐름이 우세하다. 중위도나 고위도지방 상층에서는 대체적으로 동서 방향 흐름이 탁월한데, 이러한 공기 흐름을 편서풍이라 부른다. 이 편서풍 때문에 구름이나 저기압 시스템 등이 서쪽에서 동쪽으로 이동하는 경향이 있고, 항공기가 서쪽에서 동쪽으로 비행할 때 시간과 연료를 절약하기도 한다.

5.3.2 제트류

편서풍대에서도 그림 5.15에서 보듯이 바람이 매우 강하게 부는 지역이 존재하는데, 이러한 바람을 **제트류**(jet stream)라 하며 제트류에 대해서는 제6장에서 상세히 소개한다. 참고로 북반구 대류권 상부에 바람이 유난히 센 영역이 존재한다는 것을 발견한 것은 제2차 세계대전 때이다. 당시 미국이 일본을 공습하기 위해 B-29 전투기를 미국에서 일본을 향해(서쪽) 운행하는 중 전투기를 정지시킬 정도로 아주 강한 서풍을 만났다고 한다. 나중에 관측한 결과 이 지역에 항상 강풍대가 존재하고 있음을 알게 되었고, 이처럼 강한 공기 흐름을 제트류라 부르게 되었다. 그림 5.15에서 보듯이 북반구 겨울철 200 hPa 고도에서는 제트류가 우리나라 근처에서 가장 강하다. 이곳에서 이처럼 강하게 나타나

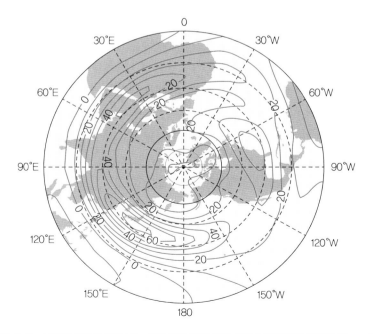

그림 5.15 북반구 겨울철 200 hPa 고도 동서 방향 바람 등풍속선(등치선 간격은 10 m s^{-1})

남·북반구 상공의 바람

북반구와 남반구 상공에서는 서로 다른 방향의 바람이 불까? 본문에서 북반구의 경우 상공에 서풍 계열의 바람이 부는 이유를 설명하였다. 그렇다면 전향력이 북반구와 반대 방향으로 작용하는 남반구에서는 어느 방향의 바람이 우세한지 궁금할 것이다. 우선 지면 근처의 적도 부근에서 수렴된 공기가 상공으로 올라가면 대류권계면 근처에서 남북 방향으로 이동하게 된다. 남반구의 경우에 남쪽으로 이동하는 공기가 왼쪽으로 전향력을 받아 점점 서풍으로 바뀌게 된다. 남위 30도 부근에 이르게 되면 그 공기는 더 이상 남하하지 않고 동쪽으로

계속 이동하게 된다. 이처럼 남반구 상공에서도 서풍 계열의 바람이 우세하게 나타난다. 앞서 설명한 상태방정식에서 알 수 있듯이 밀도가 비슷한 영역에서는 기압과 기온이 비례하여 변하므로 더운 공기는 고기압과 찬 공기는 저기압과 관련이 있다. 공기가 상대적으로 따뜻한 적도지역 상공의 기압은 찬 양쪽 극지역 상공의 기압보다 높다. 따라서 상공에서는 대체적으로 북반구에서는 찬 쪽을 왼쪽에 두고 바람이 불어 서풍 계열의 바람이 불고 남반구에서는 찬 쪽을 오른쪽에 두고 바람이 불어 역시 서풍 계열의 바람이 불게 된다.

는 것은 200 hPa 고도 아래에 있는 층에서 남북 방향 기온 경도가 매우 크기 때문이다.

5.3.3 대기경계층 바람

상층에서 부는 바람과는 달리 지면 근처에서 부는 바람은 복잡한 지표 때문에 바람이 등압선에 나란히 불지 않고 등압선을 가로질러 매우 불규칙하게 분다. 풍향과 등압선이 이루는 각도는 육상에서 평균 30도이고 해상에서 약 15도이다. 풍속은 지면 근처에서는 마찰 때문에 일반적으로 약하지만 지면으로부터 멀어질수록 마찰 효과가 줄어들므로 고도에 따라 증가한다. 이처럼 마찰의 영향을 받는 **대기경계층**(atmospheric boundary layer)에서는 풍속이 상공으로 갈수록 일반적으로 증가하지만 그 증가하는 모습은 대기의 안정도에 따라 다르다. 여름철 맑은 날처럼 대기가 불안정한 경우에는 연직으로 대류활동이 활발해져 대기경계층 전역이 대부분 섞이는 **혼합층**(mixing layer)을 형성하게 되는데, 이 혼합층 안에서는 풍속이 연직 방향으로 거의 변하지 않고 일정한 모습을 보인다. 혼합층 아래에 위치하는 지표층에서는 풍속이 고도에 따라 로그함수로 증가하고, 혼합층 바로 위에는 자유대기로부터의 유입 영역인 전이층이 존재하는데, 이 얇은 전이층에서 연직으로 풍속 증가가 뚜렷하여 전이층 맨 위에서의 풍속은 자유대기의 풍속과 유사하게 된다. 그림 5.16에는 혼합이 잘 이루어진 대기경계층에서의 고도별 풍속 분포를 보여주고 있다. 특히 지표층에서 고도(z)에 따른 풍속(U)의 연직 분포는 **마찰속도**(u_* : frictional velocity) 및 지면의 **거칠기 길이**(z_0 : roughness length)와 관련이 있는데 수식으로 표현하면 다음과 같다.

$$U(z) = \frac{u_*}{k} ln \frac{z}{z_0} \tag{5.15}$$

여기서 k는 폰 카르만(von Kármán) 상수이고 그 값은 약 0.4이다. 그리고 여러 종류의 지표면에 대한 거칠기 길이는 표 5.2에 요약되어 있다.

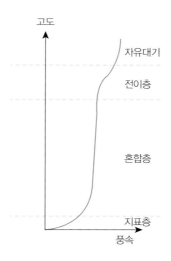

그림 5.16 잘 혼합된 대기경계층에서 나타나는 평균 풍속의 연직 분포

표 5.2 여러 가지 지표면에 대한 거칠기 길이

지표면	거칠기 길이(m)
물(넓고 조용한 면)	0.1×10^{-4}
얼음(미끄러운 면)	$(0.1 \sim 10) \times 10^{-5}$
눈	$(0.5 \sim 10) \times 10^{-4}$
모래사막	3×10^{-4}
흙	$10^{-3} \sim 10^{-2}$
짧은 잔디	10^{-2}
긴 잔디	5×10^{-2}
목초지	0.2
농지	$0.04 \sim 0.20$
과수원	$0.5 \sim 1.0$
산림지역	$0.5 \sim 2.0$
도심지역	$1.0 \sim 5.0$

5.4 수평 바람과 연직 운동

운동을 하는 과정에서 밀도가 변하지 않는 유체를 비압축성 유체(incompressible fluid)라 하고, 밀도가 변하는 유체를 압축성 유체(compressible fluid)라고 한다. 대기는 엄밀히 이야기하면 압축성 유체이지만 대기의 운동을 다룰 때 비압축성 유체로 간주하는 경우가 많다. 비압축성 대기에서 수평 바

람의 발산과 수렴 현상이 연직 운동과 어떻게 관련되어 있는지 살펴보자.

5.4.1 지상 고 · 저기압과 관련된 연직 운동

비압축성 대기에서는 다음과 같은 형태의 연속방정식이 만족된다.

$$\frac{\partial u}{\partial x}+\frac{\partial v}{\partial y}=-\frac{\partial w}{\partial z} \tag{5.16}$$

여기서 u, v, w는 각각 x, y, z 방향의 풍속이다. 이 식에서 왼쪽 항은 수평 **발산**(divergence) 또는 **수렴**(convergence)을 나타내는 항이고, 오른쪽 항은 연직 속도의 연직 분포를 나타내는 항이다. 수평 발산은 $\partial u/\partial x +\partial v/\partial y >0$에 해당하고, 수평 수렴은 $\partial u/\partial x +\partial v/\partial y <0$에 해당한다. 따라서 수평 발산의 경우에 $\partial w/\partial z <0$가 되고, 수평 수렴의 경우에 $\partial w/\partial z >0$이 된다. 이 원리를 이용하면 지상 고 · 저기압과 연직 운동의 관계를 쉽게 이해할 수 있다. 그림 5.17에서 볼 수 있듯이 지상 고기압에서는 마찰의 영향으로 중심으로부터 밖으로 바람이 불어 나가는 발산 현상이 나타나는데, 지상에서는 w가 0이므로 $\partial w/\partial z <0$가 되기 위해서는 하강 운동이 존재해야 한다. 반면 지상 저기압에서는 마찰 때문에 바람이 밖에서 중심으로 불어 들어오는 수렴 현상이 뚜렷하다. 고기압과 마찬가지로 지면 근처에서는 w가 0이므로 $\partial w/\partial z >0$이 되기 위해서는 상승 운동이 생겨야 한다. 한편 지상 고기압 상공 권계면 근처에서는 수렴이 나타나서 아래로 갈수록 하강기류가 증가하는 모습을 보이고, 지상 저기압 상공 권계면 부근에서는 발산이 나타나서 위로 갈수록 연직 속도가 감소하여 권계면에서 0이 된다. 이와 같이 지상 저기압에서 수렴된 공기는 상승하여 권계면 근처에서 발산하고 이렇게 발산된 공기는 지상 고기압 상공에서 수렴하여 하강하고 지면 근처에서 다시 발산하여 지상 저기압 영역에서 수렴함으로써 하나의 큰 연직 순환을 이루게 된다.

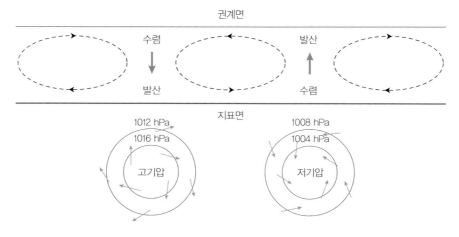

그림 5.17 지상 고 · 저기압과 연관되어 나타나는 대류권에서의 발산 및 수렴과 연직 운동

5.4.2 상승 운동을 일으키는 요인

지면 근처에서 공기의 상승 운동을 유발하는 경우는 크게 네 가지로 생각할 수 있다: (1) 지표 가열, (2) 지형에 의한 강제 상승, (3) 공기의 수렴, (4) 전선에 따른 강제 상승. 앞에서 살펴본 지상 저기압과 연관된 연직 운동은 공기의 수렴에 의한 것만을 고려한 것이다. 태양복사에 의해 지표가 가열될 경우 주위 공기보다 밀도가 작아짐에 따라 가벼워져서 상승하게 된다. 우리나라에서 여름철 오후 늦게 종종 국지적으로 발생하는 적운형 구름과 소낙비는 이러한 지표 가열에 의해 발생한다. 공기덩이가 태백산맥과 같이 높은 지형을 만나면 산의 풍상측 경사면을 따라 상승하게 되며, 이 경우 상승하는 공기덩이가 습윤할 경우 상승과정에서 포화가 발생하여 풍상측에 구름 및 강수를 유발하기도 한다. 또한 전선면도 일종의 경계면이기 때문에 공기덩이가 가로질러 이동하기가 쉽지 않아서 전선면을 타고 상승하게 된다. 전선과 전선에서의 기상현상에 대해서는 제7장에서 상세하게 소개한다. 일반적으로 지형을 타고 올라가는 바람이나 전선면을 따라 올라가는 바람에서 관측되는 공기의 연직 속도는 지상 저기압과 연관된 연직 속도보다 큰 경우가 많다. 여름철 맑은 날 지표 가열로 상승하는 공기덩이의 상승 속도도 지형에 의한 연직 속도보다는 작지만 마찰 수렴에 의한 연직 속도보다는 빠르다. 그러나 구름 속 공기의 상승 속도는 이 모든 경우의 상승 속도보다 더 큰 경우가 많다. 특히 적란운과 같은 두꺼운 구름 속에서는 연직 속도가 수 $m\ s^{-1}$ 내지 수십 $m\ s^{-1}$까지 관측되고 있다. 이렇게 구름 속에서의 연직 속도가 강한 것은 구름 내부에서 공기덩이가 상승하게 되면 온도가 하강하게 되고, 그로 인하여 과포화된 수증기가 응결/침적됨에 따라 엄청난 양의 잠열이 방출되기 때문이다. 즉, 이 응결 잠열로 인하여 공기덩이의 온도가 주위보다 높아짐에 따라 가벼워져서 큰 부력을 받기 때문이다. 그 외에도 공기의 상승 운동에 영향을 미치는 요인으로는 대기의 안정도가 있다. 대기가 불안정할수록 공기덩이는 부력을 더 받게 되어 응결이 일어나지 않더라도 연직 속도는 더 빨라진다.

5.5 바람의 특성과 측정

일반적으로 바람의 세기와 방향은 기압의 분포에 따라 결정되기 때문에 바람의 특성(풍속, 풍향)은 시간과 지역에 따라 다르다. 이 절에서는 이와 같은 바람의 특성을 살펴보고 바람 측정은 어떻게 이루어지는지 알아본다.

5.5.1 주기성 바람

바람의 특성을 결정짓는 요소는 풍향과 풍속이지만 여기서는 풍향을 위주로 그 특성을 고찰하기로 한다. 풍향은 기압 배치에 의해 결정되는데, 이 기압 분포는 열적 현상과 연관되어 있어 풍향의 변화는 지표가 받는 복사열 변화와 밀접하게 관련되어 있다. 이 복사열의 변화는 주기적으로 일어나는데 1년을 주기로 나타나기도 하고 하루를 주기로 나타나기도 한다. 1년을 주기로 여름철에는 대륙이 해양보다 상대적으로 더 가열되고(대륙에 저기압이 발달) 겨울철에는 대륙이 해양보다 더 차가워지는 현상(대륙에 고기압이 발달)이 반복된다. 이에 따라 여름철에는 주로 해양에서 대륙으로 바람이 불고 겨울철에는 반대로 대륙에서 해양으로 바람이 불게 된다. 이처럼 계절에 따라 풍향이 크게 바뀌는 바람을 통상적으로 **계절풍**(monsoon wind) 또는 **몬순**(monsoon)이라고 부른다. 우리나라의 경우에 여름철에는 남동 내지 남서 계절풍이, 겨울철에는 북서 계절풍이 우세하다. 이에 따라 여름철에는 남쪽으로부터 덥고 습한 공기가, 겨울철에는 북쪽으로부터 차고 건조한 공기가 우리나라로 유입됨에 따라 날씨가 계절에 따라 큰 변화를 하게 된다. 한편, 태양복사에너지를 받는 표면의 비열(열용량) 차이로 인해 하루를 주기로 풍향이 바뀌는 경우가 있는데 대표적인 것이 **해륙풍**(land and sea breeze)이다. 해안가에서는 낮에 육지가 바다보다 더 가열되어 바다에서 육지로 바람이 부는데 이를 해풍이라고 하고, 밤에는 육지가 바다보다 더 냉각되어 육지에서 바다로 바람이 부는데 이를 육풍이라 하며, 이를 합쳐 해륙풍이라 부른다(자세한 내용은 제6장 참조).

5.5.2 탁월풍

어떤 지역에서는 어느 한 방향으로 부는 바람의 빈도가 그 밖의 다른 방향으로 부는 바람의 빈도보다 월등히 높은 경우가 많다. 이와 같이 어떤 주어진 기간에 풍향의 빈도가 가장 높게 나타나는 바람을 **탁월풍**(prevailing wind)이라고 부른다. 앞에서 언급한 계절풍이 탁월풍이 되는 경우가 흔하다. 이러한 탁월풍은 그 지역의 기후에 큰 영향을 미친다. 계절풍이 우세한 지역에서는 계절별로 독특한 기후가 나타나게 된다. 여름철 해안지역에서 탁월풍이 해풍인 경우, 이 바람이 습한 공기나 바다 안개 등을 실어 나르게 되어 저온 습윤한 날씨를 자주 발생시킨다. 반면에 육풍이 탁월풍인 지역에서는 비교적 따뜻하고 건조한 공기가 몰려와 기후가 온화하고 건조한 편이다. 비슷하게 골바람이 탁월풍인 곳에서는 산바람이 탁월풍인 곳보다 공기의 활승 때문에 구름, 안개 또는 강수 등이 발생할 가능성이 크다.

탁월풍은 도시 계획이나 대규모 공장 등을 건설하는 데 많은 도움을 준다. 예를 들어 공업 단지나 쓰레기 하치장 등의 위치를 정할 때 탁월풍을 이용하게 되면 오염물질이 탁월풍에 의해 주거지역 쪽으로 이동하지 않도록 배치할 수 있다. 또한 공항 활주로를 건설할 때에도 항공기 이륙 시 항공기가 탁월풍의 도움을 받도록 활주로 방향을 맞추어야 한다. 아울러 일반 주택을 건설할 경우에도 우리나라와 같이 여름에는 남서풍이, 겨울에는 북서풍이 탁월풍인 곳에서는 주택의 창문은 남서쪽에 내는 것이 보통이고 주택의 북서쪽 벽에는 단열시공을 철저히 하는 것이 필요하다.

어떤 한 지역의 탁월풍을 알기 위해서는 보통 **바람장미**(wind rose)를 이용한다. 그림 5.18은 바람장미의 예를 보여주고 있다. 바람장미는 풍향의 빈도를 백분율로 계산하여 그 크기를 풍향별 막대로 표시하는데 보통 8방위 풍향을 사용한다. 이 바람장미에서 보듯이 서울의 겨울철 탁월풍은 북서풍이다.

5.5.3 풍향 및 풍속의 측정

바람의 속성은 풍향과 풍속으로 측정하게 되는데 풍향은 **풍향계**(vane)로, 풍속은 **풍속계**(anemometer)로 측정한다. 전통적인 풍향계는 꼬리가 달린 기다란 화살 같이 생겼는데 수직 방향의 지지대를 축으로 하여 바람에 따라 자유롭게 움직이도록 제작되었다(그림 5.19). 화살 모양의 풍향계

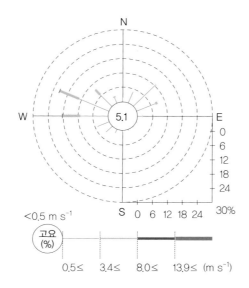

그림 5.18 최근 30년 겨울철에 서울에서 관측한 자료를 바탕으로 작성한 바람장미

그림 5.19 전통적인 풍향계와 컵 풍속계 (출처 : 셔터스톡)

앞부분이 항상 바람이 불어오는 쪽을 향하게 되어 있어 풍향을 알 수 있다. 그리고 전통적 풍속계는 공을 반으로 자른 반구 모양의 컵 3개를 수직 방향 지지대 위에 설치한 것으로서 바람이 이 3개의 컵에 미치는 풍압에 의해 컵들이 지지대 축을 중심으로 돌아간다(그림 5.19). 이때 컵의 회전 속도는 풍속에 비례하기 때문에 이 회전 속도가 풍속으로 환산되어 풍속 지시기나 풍속 기록계에 송신된다.

풍향과 풍속을 동시에 측정할 수 있는 풍향풍속계도 있는데 대표적인 것이 프로펠러식 풍향풍속계(aerovane)이다. 그림 5.20에서 볼 수 있듯이 프로펠러식 풍향풍속계는 비행기 모양과 유사하게 되어 있으며, 꼬리 부분이 풍향을 결정하는 주요 역할을 하면서 수직 지지대 축을 중심으로 몸체가 회전하도록 설계되어 있다. 그리고 풍속은 이 몸체 앞의 프로펠러 모양 장치가 돌아가는 속도에 비례

그림 5.20 **풍향풍속 측정용 프로펠러식 풍향풍속계** (출처 : 셔터스톡)

하도록 제작되어 있다. 이 프로펠러식 풍향풍속계도 풍향풍속 지시기나 기록계에 연결되어 순간적인 풍향풍속 정보를 알려준다.

지금까지 설명한 풍향계와 풍속계는 지상 바람을 측정하는 데 많이 이용되어 왔다. 세계기상기구(WMO)에서는 지상 바람은 지면으로부터 10 m 고도의 값을 측정하도록 규정하고 있다. 따라서 앞에서 설명한 풍향계와 풍속계의 바람 측정 장치는 고도 10 m에 위치하도록 설치되어야 한다. 그런데 지상에서 멀리 떨어져 있는 상공의 바람은 어떻게 측정할까? 보통은 **라디오존데**(radiosonde)를 이용하여 상층 바람을 관측한다. 라디오존데는 매우 가벼운 수소나 헬륨이 들어 있는 커다란 풍선에 온도와 습도를 측정하는 장치를 매달아 풍선이 올라감에 따라 각 고도의 온도와 습도를 관측하는 장비인데, 이때 올라가는 풍선을 지상에 설치된 장비로 추적하면서 고도와 함께 바람을 측정할 수 있다. 그러나 이 풍선은 고도가 높아질수록 기압이 낮아진 만큼 팽창하다가 고도 약 30 km의 성층권에 이르면 터져서 그 이상의 고도에 대한 온도, 습도, 바람은 측정할 수 없다. 최근에는 도플러 레이더가 개발되어 고도 16 km 이상 높은 고도까지 풍향풍속에 대한 연직 프로파일을 비교적 정밀하게 얻을 수 있다. 이와 같이 바람의 연직 변화를 측정하는 것을 바람 탐측(sounding)이라 하고, 이때 사용된 레이더를 수직측풍장비(wind profiler)라 부른다.

연습문제

1. 1013.25 hPa이 76 cmHg와 같음을 보여라.
2. 사람의 체중은 어느 위도에서 가장 무겁게 나올까? 그 이유를 설명하라.
3. 북위 30°에서 동쪽을 향하여 1,000 km hr^{-1}로 이동하는 비행기가 있다. 이때 이 비행기를 타고 있는 사람(체중 65 kg)에게 작용하는 전향력을 구하라.
4. 대기 운동에 미치는 지면 마찰의 효과를 설명하라.
5. 같은 위도대(북위 30°)에서 100 km 떨어져 있는 두 지역의 기압차가 2 hPa이다. 이 경우에 지균풍 속도를 계산하라.
6. 북위 30°에 중심을 두고 곡률반경이 1,000 km인 원형 저기압이 위치하고 있다. 이 저기압의 지균풍 속도가 10 m s^{-1}일 때 경도풍 속도를 계산하라.
7. 북위 30°에서 관성풍 속도가 10 m s^{-1}일 때 관성원의 반지름을 구하라.
8. 등압면 일기도에서 등고선 값이 큰 영역을 고기압 영역이라고 하는 이유를 설명하라.
9. 권계면 근처에서 제트류가 형성되는 이유를 설명하라.
10. 대기의 상하층에서 관측되는 공기의 수렴과 발산이 어떤 경우에 일어나며 연직 운동과는 어떻게 연관되어 있는지 설명하라.

참고문헌

김경익 외 8인, 2015 : 환경대기과학. 동화기술, 350pp.
한국기상학회, 2012 : 대기과학개론. 시그마프레스, 405pp.
한국기상학회, 2013 : 대기과학용어집. 시그마프레스, 1042pp.
한국기상학회, 2014 : 대기과학용어사전. 시그마프레스, 800pp.
Ahrens, C. D., 2013 : *Essentials of Meteorology*. 6th Edition, Cengage Learning, 450pp.
AMS, 2000 : *Glossary of Meteorology*. 2nd Edition, American Meteorological Society, 855pp.

제6장

대기의 순환

우리가 보통 바람이라는 부르는 '움직이는 공기(또는 공기의 움직임)'는 비록 보이지는 않으나 쉽게 그 존재를 확인할 수 있다. 창밖을 보면 나뭇잎이 바람에 휘날리며, 그리고 저 너머에 있는 공장의 굴뚝에서는 흰 연기가 바람에 휘감기면서 푸른 하늘로 올라간다. 이러한 움직임에서 우리는 바람이 분다는 것을 쉽게 알 수 있다. 이러한 공기의 움직임 또는 대기의 순환들은 실제로 대기 안에서 아주 다양한 크기로 존재한다. 큰 소용돌이 안에 작은 소용돌이가 형성되며, 그리고 큰 소용돌이는 이보다 더 큰 소용돌이 안에서 형성되어, 마치 제일 큰 바퀴에서 조금 작은 바퀴로 그리고 이보다 더 작은 바퀴로 차례로 물린 시계 톱니바퀴처럼 서로 연결되어 있다. 이러한 대기의 순환을 잘 이해하기 위해서는 국지적 순환과 대기대순환 그리고 대기-해양 상호작용에 대한 이해가 필요하다. 따라서 이 장에서는 이 부분에 대한 내용을 살펴보고자 한다.

6.1 여러 규모의 대기 운동

대기과학에서는 위에서 언급한 다양한 순환들을 명확히 하기 위해 관련된 운동의 크기에 따라 분류를 할 필요가 있으며, 그러한 분류를 위해 **운동규모**(scales of motion)라는 용어를 사용한다. 이 용어는 작은 돌풍에서부터 거대한 폭풍, 그리고 (지구를 둘러싸는) 행성파에 이르는 수평 대기 운동의 계층을 가리킨다(그림 6.1).

이제 대기의 순환을 구체적으로 이해하기 위해 저 너머에 보이는 굴뚝의 흰 연기의 움직임에서부터 출발하자. 굴뚝의 흰 연기 속에서는 무질서한 작은 맴돌이, 즉 곤두박질하기도 하고 선회하기도 하는 불규칙적인 흐름이 일어나고 있는데, 이 맴돌이의 규모는 가장 작은 운동규모인 **미규모**

(microscale)이다. 직경이 수 미터인 미규모의 소용돌이는 연기를 확산시킬 뿐만 아니라 나뭇가지를 흔들고 먼지회오리를 일으키며, 종잇조각들을 하늘에 흩날리게 한다. 이 미규모의 소용돌이는 대류에 의해, 또는 방해물을 지나면서 휘어진 바람에 의해 만들어진다. 그리고 이러한 맴돌이의 수명은 아주 짧아 몇 분 정도 유지될 뿐이다.

이어서 굴뚝을 떠난 연기는 하늘로 상승하여 바람을 타고 멀리 떠밀려 내려가기도 하고, 때로는 하늘 높이 상승했다가 먼 거리를 돌아 다시 되돌아오기도 한다. 이러한 도시 공기의 순환 규모를 **중규모**(mesoscale)라고 한다. 전형적인 중규모 순환의 직경은 수 km에서 수백 km에 이른다. 일반적으로 미규모 운동보다도 지속시간이 더 길어 수 십분, 몇 시간 또는 어떤 경우에는 하루 정도 지속되기도 한다. 이 중규모 순환의 예로 해륙풍과 같은 국지풍, 뇌우, 토네이도 그리고 작은 열대폭풍 등을 들 수 있다.

그러면 이때의 지상일기도를 보자. 지상일기도에서는 도시 공기의 순환을 찾아볼 수 없다. 지상일기도에서 우리가 볼 수 있는 것은 고기압역과 저기압역 주위에서의 순환, 즉 중위도의 고기압과 저기압으로, **종관규모**(synoptic scale) 또는 일기도 규모이다. 이러한 크기의 순환은 수천 km 정도의 크기를 갖는다. 그리고 이러한 규모의 유지시간은 다소 가변적이지만 보통 수일 또는 수주일 지속되기도 한다. 그런데 저 너머로 보이는 굴뚝의 흰 연기를 담고 있는 고·저기압 역시 지구를 감싸고 있는, 규모가 가장 큰 바람 패턴인 행성파 안에 담겨져 있다. 이렇게 가장 큰 규모를 **행성규모**(planetary scale) 또는 **지구규모**(global scale)라고 한다. 때로는 종관규모와 행성규모를 합쳐서 **대규모**(macroscale)라고 한다. 이들 운동의 다양한 수평규모와 그들의 평균 지속시간을 Orlanski(1975)의 대기운동의 규모 분류에 따라 그림 6.1에 나타내었다.

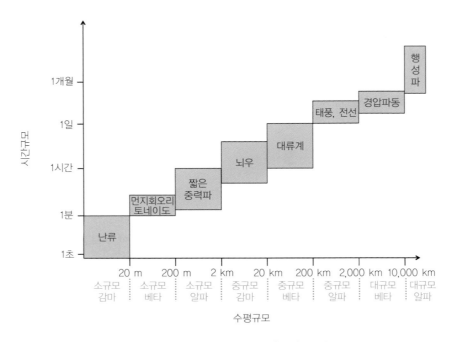

그림 6.1 대기현상의 평균 크기와 시간규모에 따른 대기 운동의 규모 분류 (출처 : Orlanski, 1975)

다양한 대기 운동들을 대표적인 시간규모와 공간규모에 따라서 분류하면 그림 6.1과 같이 거의 대각선상에 줄지어 배열하게 된다. 즉, 공간규모가 클 수록 시간규모도 커짐을 알 수 있다. 달리 표현하면, 공간규모가 큰 대기현상은 그 현상이 유지되는 시간도 길다는 것을 나타낸다. 실제로 대기의 운동규모에 대한 정의는 보는 관점에 따라 약간씩 차이가 나기도 하며, 엄밀히 정의하기도 어렵다. 참고로 오구라(1984)의 '대기 운동의 공간 및 시간규모'를 정하는 방법을 살펴보면, 수평규모의 경우 (1) 적운이나 뇌우와 같이 독립된 현상인 경우는 그 현상의 수평적인 크기, (2) 저기압이나 고기압과 같이 서로 연관된 현상이 이어져 있는 경우에는 서로 이웃한 거리, (3) 편서풍대의 파동 등에서는 파장을 이용한다. 시간규모의 경우 (1) 발생에서 소멸까지의 수명시간, (2) 반복해서 생성과 소멸이 일어나는 경우, 또는 강약을 반복하는 경우에는 그 주기 (3) 모양이나 강도를 크게 변하지 않고 이동하는 현상에서는 그 현상이 어떤 지점을 통과하는 데 소요되는 시간을 이용한다.

6.2 국지순환

국지순환(local circulation, **국지바람**)이란 제한된 특정 지역과 특정 시간대에 걸쳐 고유의 기온, 풍향, 풍속 그리고 빈도를 가지고 일어나는 순환(바람)을 말한다. 해륙풍은 열적으로 야기되는 순환으로, 그 규모는 중규모이며, 보다 간단한 구조를 갖는 순환이다. 따라서 간단한 열순환의 생성과정을 먼저 살펴봄으로써 여러 국지풍에 관한 설명을 시작하도록 하자.

6.2.1 열순환

그림 6.2(a)에서 기압의 연직 분포를 보자. 모든 등압면이 지구표면에 평행하게 놓여 있다. 따라서 기압(또는 온도)의 수평 변화, 즉 기압경도가 없어 바람이 불지 않는다. 만일 대기가 북쪽에서는 차가워지고, 남쪽에서는 따뜻해진다고 가정하자(그림 6.2b). 북쪽 지표면 위에 있는 차갑고 무거운 공기 쪽에는 등압선이 보다 가깝게 모여 있으며, 반면에 따뜻하고 가벼운 공기 쪽에는 등압선이 다소 멀리 흩어져 있다. 이렇게 상층에서 등압선의 기울기가 변하게 되면 상층의 남쪽 고기압에서 북쪽 저기압 쪽으로 공기를 움직이게 한다.

상층 공기가 움직이기 시작할 때까지 지상에서의 기압은 변화가 없다. 상층 공기가 남쪽에서 북쪽으로 이동함에 따라 공기는 남쪽을 떠나 북쪽 상공에 쌓인다. 이러한 공기의 재배치는 남쪽에서는 지상기압을 낮추며, 북쪽에서는 지상기압을 높인다. 결과적으로 지상에서는 북쪽에서 남쪽으로 향하는 기압경도력이 형성되며, 이에 따라 지상에서는 북쪽에서 남쪽으로 바람이 불기 시작하여, 그림 6.2(c)처럼 기압분포와 공기의 순환이 이루어진다.

차가운 지상공기가 남쪽으로 움직임에 따라 공기는 덥혀져 가벼워지게 된다. 지상 저기압역에서 따뜻한 공기는 천천히 상승하면서 팽창하고 냉각되다가 약 1 km 고도 부근에서 밖으로 흐른다. 이 고도에서 공기는 저압역을 향하여 수평적으로 북쪽으로 흐른다. 그리고 이 저압역에 도착한 공기는 천천히 하강하여 지상 고기압의 맨 아랫부분에서 밖으로 흘러 하나의 순환이 완성된다. 이와 같이

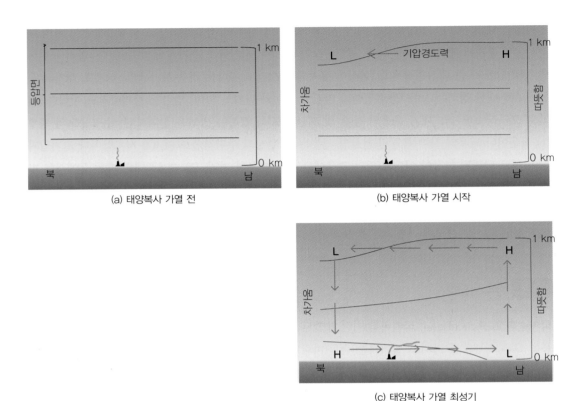

(a) 태양복사 가열 전

(b) 태양복사 가열 시작

(c) 태양복사 가열 최성기

그림 6.2 지표 근처 공기의 가열과 냉각에 따른 열순환 개념도. 검은 실선은 등압면을 나타낸다.

따뜻한 공기는 상승하고 차가운 공기는 하강하는 순환을 **열순환**(thermal circulations)이라 부른다.

대기가 냉각되어 중심부가 차고 주위가 따뜻한 지상 고기압을 한랭 고기압이라고 하며, 높은 고도에서는 오히려 저기압이 나타나 우리는 이러한 고기압을 키 작은 고기압이라 한다. 찬 지표의 영향으로 만들어지는 시베리아 고기압이 이에 해당된다. 이러한 고기압은 **열고기압**(thermal highs)이다. 반대로 대기가 데워져 중심부가 따뜻하고 주위가 차가운 지상 저기압을 온난 저기압이라고 하며, 상층으로 가면서 고기압으로 변하여 대류권 하부에서만 저기압으로 관측되는 키 작은 저기압이다. 하루 중 강한 일사에 의하여 생성되는 저기압으로 주로 사막지역에서 발생하는 저기압이 이에 해당한다. 이러한 저기압은 **열저기압**(thermal lows)이다. 보통 이러한 고ㆍ저기압은 키가 작은 시스템으로 일반적으로 키가 2~3 km 이내이다.

6.2.2 해륙풍

해륙풍(land and see breeze)은 해안지역이나 큰 호수 연안지역에서 나타나며, 대규모 바람이 약하고 일사가 강한 맑은 날, 낮과 밤에 풍향이 바뀌는 국지바람의 일종이다. 낮에는 바다나 호수에서 육지로 해풍(바다에서 불어오는 바람)이 불고, 밤에는 육지에서 바다나 호수 쪽으로 육풍(육지에서 불어오는 바람)이 분다. 일반적으로 해풍은 육풍보다 강하다. 대략 해풍은 5~6 m s^{-1} 정도이고, 육풍은

2~3 m s^{-1} 정도이다. 그리고 해륙풍이 부는 범위는 비교적 좁아서 해안에서 육지로 약 40 km 정도 그리고 해안에서 바다 쪽으로 약 10 km에 달하며, 해륙풍의 연직규모는 약 1 km 정도이다.

이제 낮에는 해풍이, 그리고 밤에는 육풍이 나타나는 이유를 그림 6.3을 참조하여 살펴보자. 일사가 강한 맑은 오후, 해수면보다 지면이 고온이 되는데, 이는 바다보다 육지의 열용량(heat capacity)이 작고, 바다의 경우 어느 정도의 깊이까지 열의 전도 및 대류작용이 일어나기 때문이다. 따라서 낮에는 상대적으로 고온인 육지 위에 있는 공기가 바다 위에 있는 공기보다도 더 빨리 가열되므로 육지 위에 있는 공기는 바다 위에 있는 공기보다 더 따뜻하다. 따라서 앞에서 언급하였듯이 바다 위에 있는 차갑고 무거운 공기 쪽에는 등압선들이 보다 가깝게 모이게 되며, 반면에 육지 위에 있는 따뜻하고 가벼운 공기 쪽에는 등압선들이 서로 멀어지게 된다. 결과적으로 상층에서는 육지에서 바다 쪽으로 등압면이 기울게 되어 육지에서 바다로 공기를 움직이게 하고, 이에 따라 공기는 육지를 떠나 바다 상공에 쌓인다. 이러한 공기의 재배치는 육지 위의 지상기압을 낮추어 저압역을, 바다 위의 지상기압을 높여 고압역을 만든다. 결과적으로 지상에서는 바다에서 육지 쪽으로 향하는 기압경도력이 형성되어, 시원한 바다에서 육지 쪽으로 바람이 불기 시작한다(그림 6.3a). 즉, 해풍이 불기 시작한다. 앞에서도 언급하였듯이 따뜻한 공기는 상승하고 찬 공기는 하강함에 따라 일어나는 순환을 열순환이라 한다.

해풍이 시작되면 해수면 위의 보다 차갑고 밀도가 큰 공기는 내륙 쪽으로 유입되기 시작한다. 이러한 내륙 쪽으로의 유입으로, 차갑고 밀도가 큰 공기는 내륙의 따뜻하고 밀도가 작은 공기의 아래로 들어가 공기를 위로 들어 올린다. 이때 바다에서 내륙으로 들어온 차고 습윤한 공기덩이와 내륙의 공기덩이 사이에 불연속선이 형성되는데, 이 불연속선 또는 경계를 **해풍전선**(sea-breeze front)이라고 한다(그림 6.4).

해풍전선이 통과한 곳에서 기온은 급격히 낮아진다. 지역에 따라서는 몇 시간 동안에 기온 차이가 5°C 이상이 되어 무더운 낮에도 해변에서는 다소 시원하게 느끼게 된다. 일반적으로 해풍전선의

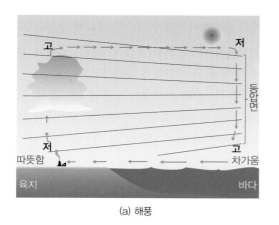

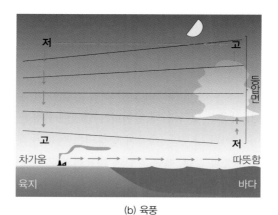

(a) 해풍   (b) 육풍

그림 6.3 해풍(a)과 육풍(b) 발달 시의 기압배치와 기류의 흐름. 지상에서의 기압경도를 보면 밤보다 낮에 강하여, 해풍의 풍속이 육풍보다 강함을 알 수 있다.

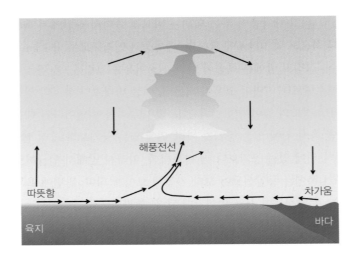

그림 6.4 해풍의 가장 전면에서 더운 공기와 찬 공기가 만나 이루어진 수렴역(해풍전선)의 모습

통과는 기온의 하강과 풍향의 변화로 알 수 있다. 때로는 다음과 같은 경우에 육안으로도 해풍전선을 볼 수가 있다. 예를 들어 시원한 바다공기는 기온이 떨어질수록 상대습도는 올라간다. 만일 상대습도가 70% 이상으로 올라가면 바다소금 입자나 산업매연 입자에 수증기가 응결되기 시작하여 연무(haze)가 형성될 것이며, 더욱이 바다공기가 오염물질로 꽉 차 있다면 해풍전선은 상대적으로 깨끗한 공기를 만나 연기(smoke) 전선 또는 스모그(smog) 전선으로 보일 것이다. 또한 오염물질이 없는 경우에도 바다 쪽의 공기가 포화된 경우 해풍전선이 진입하는 앞부분에 하층운과 안개를 볼 수 있을 것이다.

앞에서 언급했듯이 해풍전선을 사이에 두고 뚜렷한 기온차가 존재할 때 따뜻하고 가벼운 공기는 수렴하여 상승할 것이다. 만일 상승하는 공기가 충분한 수증기를 담고 있으면 해풍전선을 따라 일렬로 늘어선 적운이 형성될 것이고 또한 수렴하여 상승하는 공기가 조건 불안정하면 뇌우가 형성될 수 있다. 미국 플로리다반도에서는 해풍의 영향으로 여름에 많은 비가 내린다. 플로리다반도의 동쪽인 대서양 쪽에서는 해풍이 동쪽에서 불어오고 멕시코만 쪽에서는 해풍이 서쪽에서 불어온다. 이 두 개의 습윤한 기류가 수렴하고 거기다가 낮 동안의 대류까지 가세하여 플로리다반도 내륙에 구름과 소나기를 동반한 날씨를 만들며, 때로는 뇌우를 발생시키기도 한다. 한편 소나기가 내리는 내륙과 달리 시원하고 안정된 공기가 위치하는 인접한 바다에서는 종종 맑은 상태를 유지하기도 한다.

이제 육풍에 대하여 알아보자. 간단히 말해 해풍이 일어나는 순환의 반대가 육풍이라고 볼 수 있다. 해풍은 낮 동안에 일어나는 반면에 육풍은 밤에 일어난다. 해풍과 육풍이 발생하는 시간대에 있어 차이가 나지만, 육풍이 형성되는 이유는 해양과 육지의 역할이 서로 뒤바뀐 것 말고는 근본적으로 해풍과 같다. 육풍은 밤에 지표면의 온도가 해수면의 온도보다 낮을 때 발생할 수 있다. 육풍은 육지의 기온은 다소 낮으며, 바닷물의 온도는 여전히 따뜻한, 가을과 겨울철 밤에 흔하게 일어난다. 밤에는 지면이 복사냉각에 의해 해수면보다 더 빨리 냉각되므로 육지 위에 있는 공기의 온도는 바다 위에 있는 공기의 온도보다 더 낮아져, 낮과는 상황이 반대가 된다. 따라서 하층에서는 육지에서 바다로 향하는 육풍이 나타난다(그림 6.3b). 밤에 육지와 바다의 기온차이가 비교적 큰 지역의 경우 육지와 바다가 만나는 해안선 바로 앞바다에서 비교적 강한 육풍이 분다. 사례에 따라서 주간 가열과 야간 냉각은 거의 같은 비율로 일어나 육풍과 해풍이 같은 세기로 존재할 가능성이 존재한다. 그런데 해풍에 비해 육풍은 다소 약하다. 근본적으로 야간의 육풍이 약한 이유는 (1) 육지의 야간 복사냉각이 연직 운동을 제한하여 육풍 순환을 약하게 하기 때문이며, (2) 육지의 야간 복사냉각에 의해 차가워지는 기층의 층이 두껍지 못하여, 육풍 순환이 일어나는 기층의 두께가 얇아지기 때문이며, (3) 지형, 식생, 건물들이 육지에서 바다로 가는 공기의 흐름을 억제하기 때문이다.

6.2.3 산곡풍

산곡풍(mountain and valley breezes)은 해륙풍과 유사한 과정을 통하여 형성된다. 낮 동안에 햇빛은 인접해 있는 계곡에 비해 산경사면을 보다 빠르고 강하게 가열시킨다. 이에 따라 동일 고도를 기준으로 볼 때, 산경사면에 접하고 있는 공기는 접하지 않는 공기에 비해 더 따뜻하여 상대적으로 밀도가 낮아져 계곡에서 산경사면을 따라 상승하면서 부는 **골바람**(valley breezes)이 나타나며(그림 6.5a), 이렇게 상승한 공기를 보상하는 차원에서 계곡 상공의 찬 공기는 가라앉으며, 이 공기는 다시 산경사면을 향하게 된다. 낮 동안에 충분한 수증기를 머금은 공기가 강한 골바람에 의해 산경사면을 따라 빠르게 상승하는 경우, 산곡대기 위에 적운이 생성되기도 한다. 특히 일 최고기온이 나타나는 시간대에 산 위에서 구름이 끼고 소나기가 내리며 심지어 뇌우가 나타나기도 한다. 한편 밤에는 이와 반대되는 순환이 일어난다. 밤에는 야간 복사냉각으로 높은 고도에 위치한 산경사면이 (계곡에 비해) 보다 빠른 속도로 냉각되고 거기에 접하는 공기도 따라서 빠르게 냉각된다. 이에 따라 밀도가 높아진 공기는 산경사면을 따라 계곡 쪽으로 내려오게 된다. 이러한 공기의 흐름을 **산바람**(mountain breeze)이라고 한다(그림 6.5b). 산에서 계곡 쪽으로 끌어내리는 힘은 중력이므로 이러한 바람을 **중력바람**(gravity wind) 또는 **배출바람**(drainage wind)이라고도 한다.

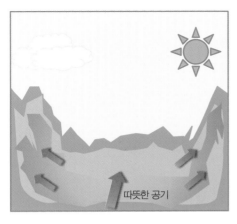
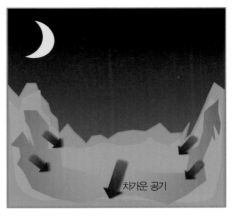

(a) 골바람   (b) 산바람

그림 6.5   낮 동안의 가열로 계곡 바닥으로부터 산 쪽으로 올라가는 따뜻한 공기의 흐름이 만들어지며(a), 해가 진후 산경사면 부근에 있는 공기의 냉각으로 계곡 쪽 아래로 흐르는 찬 공기의 흐름이 만들어진다(b).

6.2.4 활강바람

활강바람(katabatic wind)은 "산위의 높은 곳, 고원 그리고 높은 언덕으로부터 비탈을 따라 계곡이나 그 아래 평지로 불어내리는 차가운 바람"이다. 앞에서 언급한 산바람의 경우도 활강바람이라고 할 수 있으나, 일반적으로 활강바람은 산바람보다 더 큰 규모로 보다 강하게 산 위에서 불어 내려오는 바람을 말한다. 활강바람은 높은 산경사면을 따라 아주 빠른 속도로 내려올 수 있으나 대부분의 경우 5 m s^{-1}보다 작은 경우가 많다. 참고로 'katabatic'의 어원을 보면 '아래로 내려가는' 혹은 '하강하는' 이라는 뜻을 담고 있어, 하강하는 모든 흐름으로 사용되기도 한다. 이러한 이유로 일부 학자들은 푄 바람이나 치누크 등과 같이 차가운 바람이 아닌 따뜻한 바람인 경우에도 일단 높은 곳에서 하강하는 바람인 경우에 활강바람이라는 용어를 사용하기도 한다.

활강바람이 일어날 수 있는 이상적인 환경을 갖춘 곳은 주위가 산으로 둘러싸이고 한쪽 방향은 급 경사 지역으로 열린 형태의 고원지대이다(그림 6.6). 이러한 고원지대에 눈이 쌓이면 그 위에 머물러 있는 공기는 심하게 냉각된다. 냉각에 의해 밀도가 높아진 공기는 고원을 떠나 고도가 낮은 지형을 따라, 보통은 약하거나 또는 중정도의 크기를 갖는 차가운 바람으로 불어 내려오기 시작한다. 만일 하강풍이 협곡이나 계곡같이 좁은 통로를 따라 분다면, 경사면을 따라 돌진해오는 찬 공기의 흐름은 더욱 빨라져 종종 파괴적인 속도에 도달할 수 있다. 대부분의 강한 활강바람은 그린란드 또는 캘리 포니아와 같이 고원지대 상공에 위치한 고기압 계와 같은 대규모 기상현상에 의해 시작되거나 또는 활성화된다.

활강바람은 전 세계 다양한 지역에서 관측되고 있는데, 활강바람의 발생지와 어떻게 형성되었는 가에 따라 다양한 이름으로 불린다. 옛 유고연방의 북부아드리아 해안을 따라 러시아로부터 유입된 극지방의 차가운 공기가 고원의 비탈을 내려와 저지대로 내려오면서 부는 한랭하고 건조한 활강강 풍을 **보라**(Bora)라고 한다. 이 지역에서는 경우에 따라서 풍속이 50 m s^{-1} 이상인 차가운 북동풍이 휘몰아치기도 하여, 달리는 열차를 전복시키는 경우도 있어 바람막이 콘크리트 방풍벽을 세우기도

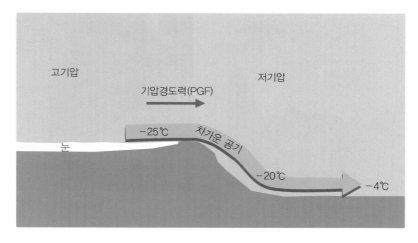

그림 6.6 눈으로 덮인 고원지대로부터 차가운 바람이 산경사면을 따라 빠르게 흘러내리는 지역에 활강바람이 생성되는 모습 (출처 : Ahrens, 1994)

한다. 보라라는 용어는 세계의 다른 지역에서도 유사한 바람을 지칭할 때 사용된다. 잘 알려진 예로 흑해 북부 연안의 노보로시스크와, 러시아 북극해에 위치한 노바야젬랴 제도의 보라가 대표적이다. 이와 같이 보라는 아주 차가운 지역에서 발원되어 불어 내리는 한랭하고 건조한 강풍을 일컫는다. 보라의 경우 매우 추운 지역에서부터 발원되기 때문에 산과 같은 높은 지대에서 저지대나 해안지역으로 불어 내릴 때 단열압축에 의한 기온상승 효과가 나타나더라도 저지대나 해안지역에 도착한 공기의 기온은 원래 그곳에 위치하였던 공기의 기온보다 더 낮아 상대적으로 매우 큰 추위를 느끼게 한다.

한편 보라와 유사한 바람으로 **미스트럴**(mistral)이 있다. 미스트럴은 알프스산맥 서쪽을 내려와 프랑스 론 계곡과 뒤랑스강을 지나 북지중해에 위치한 리옹만으로 강하게 부는 차가운 북풍 또는 북서풍을 말한다. 이 강한 바람은 랑그도크 평야의 북동지역과 툴롱의 동쪽 프로방스 지역에 영향을 미친다. 종종 이 바람은 약 20 m s^{-1}를 초과하며 때로는 50 m s^{-1}에 이르기도 한다. 이 바람은 겨울철과 봄철에 자주 발생하며, 이 두 계절 사이에서 가장 강한 바람이 분다. 이 미스트럴은 종종 자연현상에 그대로 노출된 포도밭에 서리 피해를 일으키기도 하지만, 이와는 다르게 리비에라(프랑스의 니스에서 이탈리아의 라스페치아에 이르는 해안지방으로 겨울철의 피한지로 유명함)를 따라 온화한 기후를 만들기도 한다.

그린란드와 남극지역에서는 높은 지대가 얼음이나 눈 덮인 찬 지면으로 되어 있어 지표냉각이 지속적으로 일어나 지면을 덮고 있는 찬 공기의 밀도가 계속해서 높아지게 된다. 그렇게 밀도가 높아진 찬 공기는 어느 때에 이르러 그곳을 벗어나 비탈을 따라 내려가면서 강하고 차가운 활강바람이 되며, 경우에 따라서 50 m s^{-1} 이상의 강풍이 되기도 한다.

북미대륙의 경우 콜럼비아 고원 위에 차가운 공기가 쌓이게 되면, 이 공기는 콜럼비아강 협곡을 관통하여 서쪽으로 흐르면서, 강하고 돌풍적이며 그리고 때로는 격렬한 바람이 된다. 비록 하강하는 공기덩이는 압축에 의하여 데워지지만 이 공기덩이는 처음 시작할 때 대단히 찬 공기였기 때문에 이 공기덩이가 케스케이드 산맥의 서쪽인 해양 쪽으로 도달하였을 때도 원래 바다에 위치하였던 공기보다도 더 차갑다. 이 콜럼비아 협곡바람(일명 코호)은 종종 한파가 길어질 전조가 되기도 한다.

6.2.5 푄 바람

푄(Foehn)은 공기덩이가 산맥을 넘은 후 산맥의 풍하측 경사면을 따라 아래로 부는 덥고 건조한 바람을 일컫는다. 먼저 공기가 커다란 산맥을 횡단하는 경우의 푄 바람을 간단히 살펴보자. 공기가 산경사면을 타고 오를 때 공기는 상승에 따른 단열팽창 냉각으로 구름이 형성되고, 이에 따라 숨은열이 느낌열로 전환되고, 또한 풍상측에서 강수로 수분이 빠져나가기 때문에 보다 건조해진 상태로 풍하측 산경사면을 따라 하강하게 된다. 하강하는 과정에서 단열압축 가열이 일어나 최종적으로 풍하측 저지대에서는 덥고 건조해진 바람이 불게 되는데, 이 바람을 푄(또는 **푄 바람**)이라고 한다. 원래는 유럽의 알프스 지역에 적용되는 바람 이름이나, 현재 이 용어는 세계의 다른 지역의 산경사면에서 일어나는 이와 비슷한 모든 바람을 일컫는 데 사용된다. 예를 들어 로키산맥의 동쪽 비탈을 따라 내려오는 바람인 **치누크**(Chinook)가 있으며, 그리고 영국 컴브리아에서 크로스펠산맥의 남서 경사면을 따라 부는 강한 북동풍인 **헤름 바람**(Helm wind)이 있다. 헤름 바람이 불 때 나타나는 풍하측에서의 급격한 기온 상승, 건조화 그리고 저지대에 쌓인 눈이 빠르게 녹아버리는 현상 등으로 볼 때 이 바람이 푄 형태의 바람임을 알 수 있다.

이제 푄현상을 그림 6.7을 통해 보다 자세히 알아보자. 그림 6.7은 풍상측의 공기가 산맥을 넘어 풍하측으로 내려가 저지대에 이르는 과정에서 풍상측의 온난하고 습윤한 공기가 덥고 건조한 공기로 바뀌는 과정을 잘 보여준다.

참고로 가역단열 과정으로 상승하는 건조공기의 높이에 따른 온도 감소율은 g/Cp_d인데, 여기서 g는 중력가속도이고, Cp_d는 건조공기의 정압비열이다. 따라서 건조단열감률의 값은 약 $0.98°C/100\ m$이다. 한편 불포화된 습윤공기의 단열감률은 건조단열감률의 값과 거의 같다. 포화 상태의 공기덩이가 단열 상승할 때 나타나는 고도 증가에 따른 온도감소율인 습윤단열감률의 값은 기압과 기온에 따라 달라져 대략 $0.4\sim0.7°C/100\ m$ 범위에 있다. 참고로 푄현상을 설명하는 그림 6.7에 적용된 건조단열감률의 값과 습윤단열감률의 값은 각각 $1°C/100\ m$와 $0.5°C/100\ m$로 하였다.

1. 상대적으로 온난하고 다소 습한(그러나 불포화 상태임) 공기덩이가 해면고도에서부터 출발하여 고도 3,000 m 산맥을 넘어가는 상황이다. 이 공기덩이가 외부 힘에 의해 강제적으로 상승하여 풍상측 산경사면을 타고 오른다고 하자. 공기덩이는 A지점에서 상승하는 과정에서 단열팽창하여 건조단열감률(약 $1°C/100\ m$)로 온도가 내려가다가 결국에는 B지점에서 포화에 이르러 수증기가 응결된다. 이에 따라 구름이 형성된다. 이와 같이 구름이 형성되기 시작한 고도(B) 지점을 상승응결고도라고 부른다.

2. B지점 이상의 고도에서는 응결에 따른 숨은열의 방출로 공기덩이는 약 $0.5°C/100\ m$ 정도의 기온감률로 다소 느리게 냉각된다. 이 감률을 습윤(또는 포화)단열감률이라고 하며, C지점인 산정상에 다다른 공기는 가장 낮은 기온으로 떨어지게 된다.

3. 이제 산정상에 오른 포화된 공기덩이는 산경사면을 따라 하강하기 시작하여 저지대인 산기슭

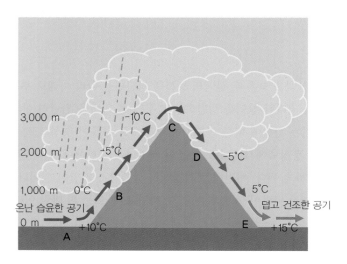

그림 6.7 전형적인 푄현상. 온난 습윤한 공기가 고도에 따른 기온하강, 응결 및 수분 방출 그리고 건조단열 압축과정을 거치면서 덥고 건조한 공기로 바뀌는 모습을 보여준다.

으로 내려가게 된다. 포화 상태가 유지되면서 내려가는 구간(C~D 구간)에서는 습윤단열감률(약 0.5℃/100 m)로 압축되어 기온이 올라가다가, 건조해지면서 D지점부터는 다시 불포화 상태로 바뀌게 된다. 이에 따라 공기덩이는 건조단열감률(약 1℃/100 m)로 압축되어 기온이 보다 빠르게 올라가면서 건조해진다. 따라서 고도가 100 m씩 내려갈수록 기온은 약 1℃씩 오르며, 또한 아래로 내려갈수록 풍속도 증가하게 된다.

4. 이제 산기슭(E지점)에 도착한 공기덩이는 산맥의 풍상측 같은 고도에서 처음 시작한 공기덩이의 기온보다도 훨씬 높고 보다 더 건조해진 상태가 된다. 이러한 상태는 한 시간 미만에서부터 수 일간 지속될 수 있다.

그림 6.7의 설명은 일반적으로 잘 알려진 고전적인 푄현상의 기작에 대한 설명이다. 최근에 Elvidge와 Renfrew(2016)는 고전적인 푄현상 외에 다른 여러 종류의 기작으로 다음과 같이 푄현상을 설명하고 있다. 그림 6.8(a)의 **열역학적 푄 기작**(thermodynamic foehn mechanism)은 앞에서 설명한 고전적인 푄 기작이며, 그림 6.8(b)의 **저지 푄 기작**(blocking foehn mechanism)의 경우 풍상측 저층에서 안정하게 성층화된 기류가 산맥 쪽으로 불어갈 때 하층의 공기를 들어 올려 산정상을 넘길 정도로 충분하게 강한 바람이 아닐 경우 산맥의 장벽에 의해 저지된다. 이 상태에서 산정상 부근보다도 더

(a) 열역학적 푄 기작

(b) 저지 푄 기작

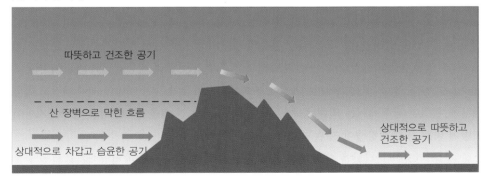

그림 6.8 **열역학적 푄 기작과 저지 푄 기작을 보여주는 모식도** (출처 : Elvidge & Renfrew, 2016)

높은 고도에 위치한 잠재적으로 덥고(온위가 높은) 건조한 공기만이 산맥을 가로질러 풍하측 산기슭으로 내려가면서 건조단열감률로 압축되어 상대적으로 더 덥고 건조한 공기가 된다. 이러한 기작을 일명 **등온위적 끌려 내려옴**(isentropic drawdown)이라고도 한다. 결과적으로 볼 때 (a)의 경우나 (b)의 경우 모두 풍하측 산기슭에서는 덥고 건조한 공기가 불어 내려오게 된다. 큰 차이는 (b)의 경우 (a)의 경우와 달리 풍상측에서 구름이 발생하지 않는다는 점이다.

또한 나머지 다른 두 가지 푄 기작, 즉 역학적인 난류혼합에 의한 푄 기작과 복사가열에 의한 푄 기작이다. **역학적 난류혼합에 의한 푄 기작**(foehn mechanism by mechanical turbulent mixing)은 안정하게 성층화된 대기에서 거친 산악지역에서의 역학적인 혼합을 거쳐, 산경사면을 따라 흐르는 하층기류의 느낌열 가열과 건조화이다. 즉, 풍상측에서 넘어온 기류가 거친 산맥을 넘어가면서 난류가 발생하여 산경사면을 따라 덮고 있는 공기덩이들과 역학적으로 뒤섞일 것이다. 안정적으로 성층화된 대기의 경우 이러한 혼합은 대체로 산경사면을 따라 내려가는 기류의 하부 쪽으로의 가열과 상부 쪽으로의 습윤함을 야기하여 결과적으로 산경사면을 따라 내려오는 하부기류는 더 덥고 더 건조한 푄 바람으로 이끈다.

복사가열에 의한 푄 기작(foehn mechanism by radiation heating)은 건조한 푄 상태로 인해 날씨가 맑고 햇볕이 잘 드는 상태가 유지되는 산맥의 풍하측에서 낮 동안의 복사가열이 더욱 강해져 풍하측에 있는 공기를 더 뜨겁게 하는 것이다. 이러한 형태의 가열은 눈 또는 얼음이 녹는 것이 하나의 걱정거리가 되는 지역, 또는 눈사태로 위험이 발생하는 추운 지역에서는 특히 중요해진다.

한편, 영서지방에서 영동지방으로 서풍계열의 바람이 지속적으로 불 때 영서지방인 원주보다 영동지방인 강릉의 기온이 더 높고 상대습도도 훨씬 낮은 푄현상이 자주 발생한다. 이때의 구름영상을 보면 태백산맥의 정상 부근에 구름이 없는 경우가 종종 있다. 이러한 사례의 경우 우리가 흔히 알고 있는 전형적인 열역학적 푄 기작을 제외한 나머지 푄 기작으로 푄현상을 설명하는 것이 타당하다고 본다.

양간지풍

푄 바람의 일종인 **양간지풍**(襄杆之風)은 봄철에 강원도 양양군과 간성군 사이에서 자주 나타나는 그 지방의 특이한 기상현상으로 빠른 속도로 부는 국지바람으로, 예부터 양간지풍이라는 이름으로 전해져 왔다. 즉, 양간지풍은 양양과 간성의 첫머리 글자를 따서 그 지방에 부는 특유의 국지바람을 일컫는 말이다. 그런데 언제인가부터 양양과 강릉의 첫머리 글자를 따서 **양강지풍**(襄江之風)이라고 불리기도 한다. 영동지방의 봄철 기후를 살펴보면 다른 지방과는 달리 서풍계열의 바람이 매우 강하다는 것을 알 수 있다. 강릉과 속초에서는 4월에 초속 40 m 이상의 강한 바람이 관측되기도 하였으나, 영동남부에 위치한 삼척에서는 최대 풍속이 초속 15 m 내외인 점을 볼 때 영동 중북부지방이 영동 남부지방에 비해 봄철에 강풍이 자주 나타난다는 것을 잘 알 수 있다.

4월 중 강풍 현상이 나타났을 때의 일기도 모습은 주로 남고북저형의 기압배치로서 중국 동북지방에 발달한 저기압이 위치해 있고, 동중국 해상이나 우리나라 남부지방에 이동성 고기압이 위치해 있는 모습이다. 따라서 남부지방에 위치한 이동성 고기압으로부터 불어오는 남서풍이 태백산맥을 타고 넘어 내려갈 때, 앞에서 설명한 저지 푄 기작에 의해 건조해지고 가속되어 풍하측인 영동지방에 강한 바람이 불게 되는데, 이것이 바로 양간지풍인 것이다. 이렇게 산경사면을 따라 내려가면서 가속되어 강풍이 불게 되는 현상은 이론적으로 수력학 모형(hydraulic model)으로 설명(Holton, 1975)되기도 한다. 또한 태백산맥 정상 부근에서의 역전층의 존재와 태백산맥의 풍하측 산경사면의 가파른 기울기도 강한 활강풍을 일으키기에 좋은 배경을 제공하기도 한다(Lee, 2005).

양간지풍이 부는 시기에 영동지방은 매우 건조한 상태에서 서풍계열의 강한 바람이 불기 때문에 산불이 발생할 가능성이 매우 크며, 또한 산불이 발생하면 매우 빠른 속도로 번져 진화가 어려운 상태가 된다. 대표적인 예로 2005년 4월 5일, 강원 양양 낙산사를 불태운 고성 산불을 들 수 있다.

높새바람

푄 현상과 관련된 또 다른 국지바람으로 **높새바람**이 있다. 높새바람이란 원래 북동풍을 일컫는 순수한 우리말이었으나, 오늘날에는 주로 한랭 습윤한 오호츠크해 고기압에서 불어오는 북동풍이 태백산맥을 넘어 영서와 경기지방으로 부는 고온 건조한 북동풍을 가리키는 말이 되었다. 이 바람은 늦은 봄에서 초여름에 걸쳐 영동지방에서 태백산맥을 넘어 영서지방으로 부는 과정에서 열역학적 푄 기작에 따라 기온이 높고 건조한 바람으로 바뀌어서 농토와 농작물 등을 마르게 하며, 또한 영서와 경기지방으로 때 이른 고온현상을 나타내기도 한다.

6.2.6 치누크 바람

치누크 바람(Chinook wind)은 북미대륙의 서부에서 발생하는 푄 바람으로 로키산맥의 동쪽 산비탈을 따라 내려오는 고온 건조한 바람을 말한다. 치누크가 미치는 너비는 다소 좁으나 길이는 뉴멕시코 주의 북동부에서부터 시작하여 북쪽으로 뻗어 캐나다까지이다. 치누크는 상층의 강한 서풍이 남북으로 뻗은 산맥(예 : 로키산맥이나 캐스케이드산맥) 위를 지날 때 일어난다. 이러한 상황은 산맥의 동쪽 풍하측에 역학적으로 기압골을 만들 수 있으며, 이 기압골은 산정상 부근의 공기를 경사면을 따라 쉽게 끌고 내려오게 한다. 잠재적으로 더 덥고 더 건조한 공기가 상층에서 지상 부근으로 내려오므로(등온위적으로 내려오므로), 치누크 공기가 더워지는 주요 근원은 압축가열이라고 할 수 있다. 이에 더해 구름과 강수가 산맥의 풍상측에서 만들어지는 경우(열역학적 기작이 더해져) 치누크 현상이 더 강하게 나타날 수 있다. 로키 산악지대의 프론트산맥을 따라 산마루 위로 구름이 둑처럼 형성되는데, 이 구름을 **치누크 벽구름**(chinook wall cloud)이라 한다. 이 구름은 보통 정체하는 경향을 보이는데, 이는 치누크가 시작되고 있음을 보여주는 하나의 징조이다. 치누크 바람은 종종 산 아래에 위치한 마을에 강풍을 일으키기도 한다. 또한 강한 치누크 바람은 30 cm 정도 쌓인 눈을 하루 만에 사라지게 할 수 있으며, 실제로 강한 치누크 바람에 의해 1972년 1월 15일, 몬태나 주 로마에서는 하루 동안에 -48°C에서 영상 9°C로 무려 57°C의 급격한 기온 상승이 있었다.

6.2.7 산타아나 바람

미국 캘리포니아 남부(해안지대)를 향하여 동쪽 또는 북동쪽에서 불어 내려오는 고온 건조한 바람을 **산타아나 바람**(Santa Ana wind)이라고 한다. 사막 고원지대로부터 공기가 하강하면서 샌가브리엘과 샌버너디노산맥에 위치한 좁은 협곡을 통과하여, 최종적으로 로스앤젤레스 분지와 산페르난도 계곡 쪽으로 빠르게 도달한다. 이때 산타아나 협곡에서 종종 이례적으로 강한 바람이 분다. 산타아나 바람의 유래는 이 협곡의 이름에서 유래되었다.

이 덥고 건조한 바람은 고기압역이 대분지 또는 로키산맥 상공에 형성될 때 발달한다. 고기압 주위로 시계방향으로 불어나가는 순환은 공기를 높은 고원지대에서 산경사면 쪽으로 움직이게 한다. 처음부터 건조한 상태에서 시작한 이 바람은 하강 운동에 따른 압축가열로 열을 받음에 따라 상대습도가 10% 이하로 떨어질 정도로 더욱더 건조해지며, 이에 따라 덤불로 뒤덮인 야산은 바싹 마른 상태가 된다. 이에 더해 강한 바람은 대형산불이 발생할 수 있는 좋은 조건을 만들어낸다. 실례로 산타아나 바람으로 더욱 활성화된 2007년 10월 캘리포니아 산불을 들 수 있다. 이 산불은 10월 20일 캘리포니아 남부를 시작으로 약 30군데의 산불이 연속적으로 발생하였으며, 적어도 1,500가구가 파괴되었으며, 산타 바바라 카운티에서 미국–멕시코 국경선에 이르는 약 3,900 km^{2}의 땅이 불에 타버렸다. 이 산불로 총 14명이 목숨을 잃었으며, 그중에서 산불에 의한 직접적인 사망 인원은 9명이었다. 부상자 수는 적어도 160명이었으며, 그중에서도 124명은 산불진화작업을 하던 소방관이었다.

6.2.8 하부브

하부브(haboob)는 원래 아프리카 수단의 중부와 북부지방에서 발생하는 강한 모래폭풍 또는 먼지폭풍을 일컫는 말이었으며, 종종 뇌우를 동반하기도 한다. 아라비아 단어인 habb(바람이라는 뜻)에서 유래되었다. 하부브는 주로 5월부터 시작하여 9월 말까지 흔하게 발생하며, 특히 6월에 가장 많이 발생한다. 이 하부브의 지속시간은 3시간 정도이며, 토양이 가장 건조한 시기에 더욱 강력해진다. 평균 최대풍속은 13 m s^{-1} 이상이며, 28 m s^{-1}의 풍속도 기록된 적이 있다. 하부브에 동반된 모래와 먼지는 두꺼운 회오리 벽을 만드는데 높이가 1 km에 이르기도 한다. 이 폭풍이 몰아치는 기간에 엄청난 양의 모래가 쌓이기도 한다. 이러한 하부브는 아프리카 수단 이외에 아라비아반도, 미국 남서부에 위치한 사막지대, 특히 애리조나 주 남부와 텍사스에서 흔하게 발생한다.

6.2.9 회오리바람(먼지회오리)

이른 오후에 강한 지표 가열로 뜨거워진 건조지역에서 흔하게 볼 수 있는, 선회하는 소용돌이를 **회오리바람**(whirlwinds) 또는 **먼지회오리**(dust devils)라고 부르며, 호주에서는 **윌리–윌리**(willy-willy)라고 부른다.

먼저 먼지회오리가 생성되는 과정을 살펴보자. 맑고 더운 날, 수분을 증발시킬 필요가 없는 건조한 지표면은 다른 곳보다 더 빨리 가열되어 빠르게 뜨거워진다. 이 뜨거워진 지표면 바로 위의 공기는 절대 불안정해지면서 대류가 시작되고, 그리고 뜨거워진 공기는 상승하게 된다. 이때 주위의 작은 지형적인 장애물에 의하여 굴절된 바람이 종종 이 지역으로 불어와 상승하는 공기를 회전시켜 회오리바람을 일으키게 된다. 지형학적 특성에 따라 회오리바람의 회전 방향은 반시계(저기압성) 방향뿐만 아니라 시계(고기압성) 방향이 될 수도 있으며, 이 두 방향의 발생 빈도는 거의 비슷하다.

먼지회오리의 크기는 작지만 직경이 약 3 m부터 30 m 이상에 이르기까지 다양하며, 평균 높이는 약 200 m 정도이다. 먼지회오리는 수 초에서 약 7시간 정도 유지될 수 있지만 대부분의 경우 지속시간은 5분 미만이다. 한 시간 이상 지속되는 경우는 거의 없다. 보다 크고 격렬할수록 작은 먼지회오리보다 지속시간이 더 길다. 높이가 750 m 정도로 큰 먼지회오리가 유타 주의 서부에 위치한 소금평원 위를 따라 약 64 km를 이동하였고, 지속시간은 7시간 정도였다. 먼지회오리의 풍속은 잘 알려지지 않았는데, 보고에 따르면 연직 방향으로의 풍속은 토끼와 같은 조그만 물체를 들어 올릴 정도로 강하다.

`6.3` 몬순

아라비아해에서는 여름 반년은 남서풍이, 겨울 반년은 북동풍이 부는데, 그 지역 사람들은 계절에 따라 풍향이 반전되는 이 바람을 **몬순**(monsoon)이라고 처음으로 불렀으며, 이 몬순이란 용어는 아라비아어로 계절을 의미하는 'mausim'에서 유래되었다. 오늘날에는 아라비아해 이외의 지역에서 1년 중 풍향이 반전되는 계절풍에도 몬순이라는 용어가 흔히 사용되고 있다. 심지어 유럽에서는 여름철에 지배적으로 부는 서~북서풍을 **유럽몬순**(European monsoon)이라고 부르기도 한다. 인도 그리고 동남아시아에서의 몬순은 주로 **남서몬순 계절풍**(Southwesterly monsoon winds)을 의미하며, 이 계절풍이 부는 시기에 비가 많이 오기도 한다. 몬순의 의미를 보다 확대 적용하여, 여름계절풍이 초래하는 우기 또는 우기에 내리는 비를 호칭하기도 한다. 몬순은 가장 큰 땅덩어리인 남아시아와 동아시아에서 가장 강하다. 몬순을 방해할 정도로 대규모적인 순환이 강하지 않을 때에는 해양과 대륙 사이에서 큰 온도차가 전개되는, (아)열대해안에서도 일어난다. 스페인, 호주 북부, 지중해를 제외한 아프리카, 텍사스, 미국의 서부 해안지대 그리고 칠레에서도 몬순이라는 용어를 사용하고 있다.

몬순이 발생하는 주요 원인은 대륙과 해양의 비열 차이이다. 몬순은 어떤 점에서 거대한 해륙풍과 비슷하다. 즉, 대륙은 해양보다 비열이 작아 해양보다 빨리 데워지고, 또한 더 빨리 차가워지는 특징을 나타낸다.

여름철에는 이로 인하여 대륙이 해양보다 온도가 상대적으로 높아 대륙의 내륙에서는 키가 작은 열저기압이 발생한다. 이에 따라 대륙에서는 저기압이, 해양에서는 고기압이 형성되어 바람이 해양에서 대륙 방향으로 불게 된다. 그런데 내륙의 저기압역에서 가열된 공기가 상승할 때 그 주변의 공기는 이에 대응하여 반시계 방향으로 움직이면서 내륙에 위치한 저기압 중심으로 흘러들어간다(그림 6.9a). 이러한 상황에 의해 습기를 머금은 바람이 해양에서 대륙 쪽으로 불게 된다. 해양에서 출발한 습윤한 공기는 보다 건조한 서풍기류에 수렴함에 따라 상승하게 되며, 상승하는 공기들은 큰 언덕과 산맥들에 의해 더 높이 상승하게 된다. 이러한 상승운동은 공기를 냉각시켜 포화 상태에 이르게 하여 강한 소나기와 뇌우를 일으킨다. 따라서 주로 6월에서 9월까지 지속되는 동남아시아의 여름몬순은 해양에서 대륙으로 부는 계절풍의 의미와 함께, 습하고 비가 많이 내리는 우기를 의미하게 된다. 비록 대부분의 비가 이 우기 동안에 내리지만 내내 내리는 것은 아니다. 15일에서 40일 정도 지속적으로 비가 온 뒤에 종종 화창하고 뜨거운 날씨가 나타나기도 한다.

여름몬순의 경우 대륙에서는 저기압이 형성되고, 해양에서는 고기압이 형성되어 바람이 해양에서 대륙 방향으로 불게 되어, 동아시아와 남아시아에서는 남서계절풍이 그리고 우리나라에서는 남동 또는 남서계절풍이 각각 불게 된다(그림 6.9a). 한반도를 기준으로 보았을 때 대체로 남동쪽에 북태 평양 고기압이 위치하고, 북서쪽에 저기압이 위치하게 된다. 여름몬순 기간 중에 우리나라에서는 동 아시아 몬순 시스템의 한 부분인 장마가 나타난다. **장마**는 여름철에 여러 날을 계속해서 비가 내리는 날씨 또는 그 비를 말한다. 장마는 기후학적으로 6월 말경에 시작하여 7월 말경에 종료되며, 약 한 달 간의 장마기간에 내리는 강수는 400~650 mm로 연 총강수량의 약 30%를 차지한다.

한편 여름몬순 기간에 남아시아에서는 엄청나게 많은 비가 내린다. 인도 북동지방에 위치한 카시 구릉지의 남쪽 경사면에 위치한 체라푼지는 전 세계에서 가장 많은 비가 내리는 지역으로 매년 여름 몬순 동안(4~10월) 무려 1,080 cm의 평균 강수량을 기록한다. 인도의 경우 주로 농업용과 식수용으 로 사용되는 물을 여름 강수에 크게 의존하고 있어, 여름몬순에 내리는 비는 필수적이며, 아주 중요 하다(Ahrens, 2005).

아쉽게도 현재도 몬순 기간과 강도를 신뢰할 수준으로 예측하지 못하고 있는 상태이다. 몬순은 아 주 많은 사람들의 생존과 직결되기 때문에 기상학자들은 몬순에 대해 광범위하게 연구해왔으며, 몬 순의 강도와 기간을 정확하게 예측하는 방법을 개발하려고 애써 왔다. 최근 들어 여러 연구 프로젝 트와 최신 기후모델(해양대기 접합모델)의 도움으로 몬순 예보의 정확도가 점차 개선될 것이라는 희 망이 생겼다.

한편 겨울철에 대륙은 빠르게 냉각되지만 해양은 비열이 커서 빠르게 냉각되지 않기 때문에 대륙 은 해양보다 온도가 상대적으로 낮아(즉, 대륙의 공기밀도가 더 높아져), 대륙에서는 키가 작은 고기

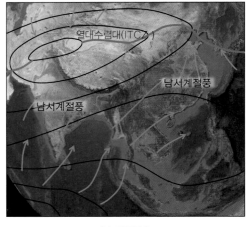
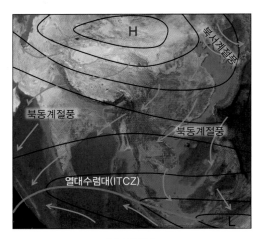

(a) 여름몬순   (b) 겨울몬순

그림 6.9 **여름과 겨울 아시아 몬순과 관련된 바람 패턴의 변화** (출처 : Lutgen & Tarbuck, 1995)

압이 그리고 해양에서는 저기압이 형성된다(그림 6.9b). 특히 겨울철에 대륙에서는 야간 복사냉각으로 인해 해양보다 온도가 더 빠르게 내려가 대륙에서의 공기밀도가 상대적으로 더 높아짐에 따라 여름철에 비해 대륙과 해양 사이의 기압경도력이 더 커져, 여름철의 남동 또는 남서계절풍보다 겨울철의 북서계절풍의 평균 풍속이 더 크게 나타난다.

겨울몬순의 풍향을 살펴보면 대륙 내륙인 시베리아에는 커다란 고기압역이 형성돼 시계 방향으로 바람이 불어 나간다. 이에 따라 남아시아와 동아시아에서는 북동계절풍이 그리고 우리나라에서는 북서계절풍이 각각 불게 된다. 특히 남아시아와 동아시아에서는 고기압역에서 하강하는 공기와 함께 내륙에 위치한 고원으로부터 활강하는 북동풍에 의하여 일반적으로 맑은 날씨와 함께 건조한 계절이 된다. 따라서 겨울몬순은 육지에서 바다로 향하는 계절풍과 함께 맑은 하늘을 의미한다. 우리나라의 겨울몬순의 경우 한반도를 기준으로 보았을 때, 북서쪽에 시베리아 고기압(대륙 고기압)이, 그리고 주로 동쪽에 저기압이 위치하게 되면서, 대륙의 차고 건조한 북서풍이 우리나라 쪽으로 불게 되어, 춥고 맑은 겨울 날씨가 된다.

6.4 대기대순환

지금까지 국지풍이 매일매일, 그리고 계절에 따라 크게 변하는 것을 보아왔다. 앞에서 언급했듯이 보다 큰 소용돌이 안에 내재된 작은 소용돌이처럼, 국지풍들은 보다 큰 순환의 일부분이다. 회전하는 고기압역과 저기압역이 거대한 강을 따라 빙글빙글 도는 소용돌이와 같다고 하면, 지구 주위를 흐르는 공기의 흐름은 사행하는 강과 같다고 할 수 있다. 전 세계의 바람을 장기간에 걸쳐 평균을 하면 국지풍 패턴은 사라지고 지구규모의 바람 형태가 나타난다. 이것을 **대기대순환**(general circulation)이라고 한다.

대기대순환을 설명하기 이전에 먼저 대기대순환은 지구를 둘러싼 대기의 평균적인 흐름을 보여준다는 점에 유의할 필요가 있다. 특정 지역과 특정 시각의 실제 바람은 이 평균 흐름과는 다소 큰 차이를 보일 수 있다. 그러나 이 평균은 세계 각지의 탁월풍(prevailing wind)이 왜 부는지 그리고 어떻게 부는지를 보여줄 수 있다. 예를 들어 지상 바람의 경우 서울에서는 서풍계열의 바람이 탁월풍인 데 반하여 호놀룰루에서는 왜 북동풍이 탁월풍인지를 알 수 있게 해준다. 또한 평균적인 흐름은 이러한 바람 뒤에 숨어 있는 작동 기작의 큰 그림뿐만 아니라 또한 어떻게 열이 적도에서 극지방으로 운반되어, 중위도지역의 기후가 온화하게 되는지를 보여주는 하나의 모형을 제시할 수도 있다.

근본적으로 대기대순환의 원인은 지표의 차등가열에 있다. 지구 전체로 보았을 때 태양열의 입사량은 지구로부터의 방출량과 거의 같다. 그러나 이러한 에너지의 균형은 위도별로 볼 때 이야기가 달라진다. 즉, 열대지방에서는 에너지가 과잉인 반면에 극지방에서는 에너지가 부족하다. 이러한 불균형을 균형으로 맞추기 위해 대기는 더운 공기를 극쪽으로 그리고 차가운 공기를 적도 쪽으로 보내게 된다. 보기에는 단순하게 보이지만 실제 공기의 흐름은 아주 복잡하여, 이에 대해 아직도 모르는 부분이 남아 있다. 이보다 더 쉬운 이해를 위해 대기대순환을 복잡하게 이끄는 몇 가지 요소를 제거한 단순한 모형들을 먼저 살펴보도록 하자.

6.4.1 단세포 모형

처음 생각한 모형은 하나의 세포로만 표현되는 **단세포 모형**(single-cell model)이다. 이 모형에서는 다음을 가정한다. (1) 육지와 바다에서의 차등가열 효과를 제거하기 위하여 지구표면은 균일하게 물로 덮여 있으며, (2) 바람이 계절에 따라 변하는 것을 막기 위하여 태양은 항상 적도 바로 위를 비추며, (3) 진짜 힘(real force)인 기압경도력만을 다루기 위해 지구는 자전을 하지 않는다. 이러한 가정하의 대기대순환은 그림 6.10에 보인 열에 의하여 움직이는 거대한 대류세포와 유사할 것이다.

그림 6.10에 표현된 공기의 순환이 바로 **해들리 세포**(Hadley cell)이다. 이 이름은 이를 처음으로 제안한 18세기 영국 기상학자 조지 해들리(George Hadley)의 이름에서 따왔다. 해들리 세포는 태양 에너지에 의하여 작동된다. 적도지역에서의 과잉 가열은 지상에서 광범위한 저기압역을 만들어내는 반면에, 극쪽에서의 과잉 냉각은 지상에서 고기압역을 만들어낸다. 이러한 수평 기압경도에 반응하여 차가운 지상 극 공기는 적도 쪽으로, 지상의 더운 공기는 상층으로 올라가서 극쪽으로 흐른다. 전체적인 순환은 적도 쪽에서는 상승 운동으로, 극쪽에서는 하강 운동으로, 그리고 지표 부근에서는 적도 쪽으로의 흐름으로, 상층에서는 극쪽으로 돌아가는 흐름으로 이루어진 하나의 닫힌 고리 형태로 이루어져 있다. 이러한 방법으로 열대지방의 과잉 에너지는 느낌열과 숨은열의 형태로 에너지가 부족한 극지방으로 운반된다.

이렇게 단순한 세포 형태의 순환은 실제로 지구상에는 존재하지 않으며, 존재하지 않는다는 것을 보여주는 예를 들면 다음과 같다. 지구는 자전하기 때문에 전향력이 작용하여, 극쪽에서 남쪽으로 움직이는 지상공기를 오른쪽으로 전향시켜 모든 위도대에서 동풍으로 바꿀 것이다. 이러한 바람은 지구 자전 방향과 반대 방향으로 움직이기 때문에 지표면과의 마찰로 작용하여 지구의 자전속도를 늦출 것이다. 하지만 실제로 이러한 일은 일어나지 않으며, 중위도지역에서의 탁월풍은 서풍인 것을 우리는 잘 안다. 따라서 관측으로도 극지방과 적도지방 사이의 하나의 닫힌 순환이 적합한 모형이

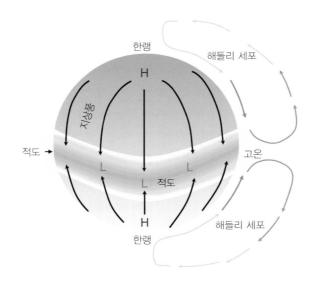

그림 6.10 단세포 모형에 의한 대기대순환

아니라는 것을 알 수 있다.

그러면 자전하는 지구상에서는 바람이 어떻게 불까? 이에 답하기 위해서 위의 첫 번째와 두 번째 가정(지구 전체는 물로 덮여 있으며, 태양은 항상 적도 위에 위치한다)은 유지한 채 세 번째 가정 없이 지구 자전을 반영한 모형을 살펴보는 것이 좋겠다.

6.4.2 삼세포 모형

지구의 자전효과가 반영되면 앞의 단순한 대류 시스템은 그림 6.11에 있는 것처럼 일련의 3개의 뚜렷한 세포 즉, **삼세포 모형**(three-cell model)으로 나누어진다. 비록 이 모형이 단세포 모형보다 더 복잡하다고 할지라도 다소 유사한 부분이 있다. 여전히 열대지방은 과잉의 열을 극지방에서는 부족한 열을 받고 있다. 각 반구에서는 단세포 대신에 3개의 세포(해들리 세포, 페럴 세포, 극 세포)가 에너지를 재분배시키는 역할을 맡고 있다. 지상 고기압역은 극지방에 위치하며, 지상 저기압의 광범위한 기압골은 여전히 적도지방에 위치한다. 적도에서 위도 30° 사이에서의 순환은 해들리 세포의 순환과 아주 유사하며, 또한 위도 60°에서 극 사이에서의 순환도 유사하다.

이제 적도 상공에 있는 공기에게 무슨 일이 일어날 것인지 살펴보자(그림 6.11, 6.12 참조). 적도 부근에서는 강렬한 일사 가열로 공기가 데워지며, 데워진 공기는 상승하게 된다. 또한 이 지역에서의 수평 기압경도는 거의 없기 때문에 지상바람은 아주 약해져, 이 지역을 **적도무풍대**(doldrums)라고 부른다. 덥고 습한 공기가 상승하면서 숨은열을 방출함에 따라 종종 거대한 적란운으로 발달하여 뇌우를 유발하면서 엄청난 양의 숨은열을 방출한다. 이러한 열이 공기에 보다 많은 부력을 주어 해들리 세포가 작동할 에너지를 제공한다. 상승하는 공기는 덮개처럼 작용하는 권계면에 도달함에 따라 더 이상 상승하지 못하고 극쪽 방향인 양옆으로 움직이게 된다. 전향력은 이렇게 극쪽으로 흐르는 기류를 북반구(남반구)에서는 오른쪽(왼쪽)으로 전향시켜, 북반구와 남반구 모두에서 상층에서는

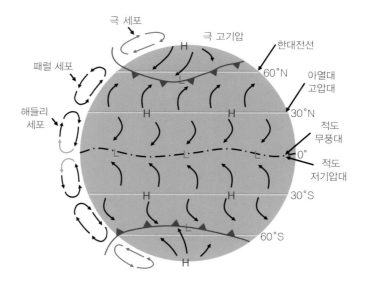

그림 6.11 삼세포 모형의 연직 순환 세포와 전선의 위치 그리고 기압계 (출처 : Ahrens, 2005)

서풍이 불게 된다.

열대지방에서 극쪽으로 움직이는 상층 공기는 적외복사로 열을 빼앗김에 따라 지속적인 냉각이 일어나며, 이와 동시에 이 공기가 중위도대에 도달함에 따라 수렴되기 시작한다. 이러한 상층 공기의 수렴은 지상에서 공기의 질량을 증가시켜 결과적으로 지상에서의 기압은 올라가게 되어, 위도 30° 부근의 위도대에서 아열대 고기압이라고 불리는 고기압대가 형성된다. 그리고 이러한 수렴에 따라 고기압 상공에 위치하고 있는 상대적으로 건조한 공기는 천천히 하강하면서 압축에 의하여 덥혀져 일반적으로 맑고 더운 날씨가 된다. 따라서 북아프리카의 사하라 사막, 미국 남서부와 멕시코 북서부에 위치한 사막들과 같은 세계의 주요 사막들이 이 위도대에 위치하게 된다. 그리고 해상에 위치한 아열대 고기압의 중심 부근에서는 기압경도가 약한 관계로 바람은 잠잠한 편이 된다. 전해오는 이야기에 따르면 신세계로 항해하는 배들은 종종 이 지역에서 바람이 없어 움직이지 못하였고, 이러한 상태가 지속됨에 따라 음식물과 보급품들이 점점 바닥을 보여, 배 안에 있는 말들은 바다로 버려지거나 먹히기도 하였다. 따라서 이 지역을 **아열대무풍대**(horse latitudes : 말 위도대)라고 부르기도 한다.

지상 공기의 일부는 아열대무풍대로부터 적도 쪽으로 되돌아가는데, 이때 전향력의 작용으로 공기가 직진하지 못하고 전향함에 따라, 북반구(남반구)에서는 북동풍(남동풍)이 불게 된다. 이렇게 꾸준히 부는 바람에 의해 범선이 신세계로 갈 수 있는 뱃길이 만들어진다. 따라서 이러한 바람을 **무역풍**(trade winds)이라고 부른다. 적도 부근에서 북동무역풍은 남반구에서 부는 남동무역풍과 만나 수렴하게 되어 **열대수렴대**(intertropical convergence zon, ITCZ) 또는 **적도저기압**(equatorial low)이 만들어진다. 지상에서 수렴이 있는 이 지역에서 공기는 상승하고 이어서 세포순환은 계속된다.

반면에 위도 30°에서는 모든 지상 공기가 적도 쪽으로 움직이는 것은 아니다. 공기의 일부는 극쪽으로 움직이면서 동쪽으로 전향하여, 북반구와 남반구 모두에서 편서풍이 된다. 결과적으로 중위도대에 위치한 우리나라에서는 동풍보다는 서풍이 보다 흔하게 된다. 때때로 고기압과 저기압의 이동으로 지상 흐름 패턴이 깨지기 때문에 실제로 서풍이 불지 않기도 한다. 한편 표면이 거의 바닷물인

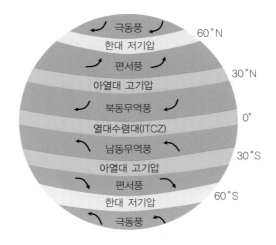

그림 6.12 **지상의 풍계와 기압 배치**

남반구의 중위도대에서는 꾸준히 서풍이 분다.

이 온난한 공기가 극쪽으로 움직임에 따라 극쪽에서 내려오는 차가운 공기를 만나게 된다. 큰 온도차가 나는 이 2개의 커다란 공기덩이는 쉽게 서로 섞이지 않는다. 이 공기덩이들은 **한대전선**(polar front)이라 불리는 경계에 의해 분리된다. 이 전선이 위치하는 저기압, 즉 아한대 저기압(subpolar low)에서는 지상 공기가 수렴하고 상승하여 폭풍이 발달한다. 상승하는 기류의 일부분은 상층 상공에서 적도 쪽 방향인 아열대무풍대로 되돌아가 다시 지표로 가라앉아 아열대 고기압 가장자리로 빠져나간다. 이어서 지상 공기가 아열대무풍대에서 한대전선을 향하여 극쪽으로 흐르면서, 이 온난한 세포가 완성된다. 이 온난한 세포를 **페럴 세포**(Ferrel cell)라고 부르며, 1865년에 삼세포 모형을 제안한 미국 기상학자 윌리엄 페럴(William Ferrel)의 이름을 따서 부르게 되었다.

한대전선 뒤에서는 극에서 내려온 차가운 기류가 전향력에 의하여 방향이 바뀌어 지상에서 주로 북동풍이 불게 된다. 따라서 이곳을 **극편동풍**(polar easterlies) 지역이라고 한다. 겨울철에는 찬 공기를 동반한 한대전선이 중위도 및 아열대지방으로 침투할 수 있어, 한기범람(polar outbreak)이 발생하기도 한다. 이 전선을 따라 상승하는 공기의 일부분은 상층에서 극쪽으로 움직임에 따라 전향력에 의해 방향이 바뀌어 상층에서는 서풍이 불게 된다. 결국 상층 공기는 극에 도달하게 되어 천천히 지상으로 내려온 후, 다시 한대전선 쪽으로 되돌아가 약한 **극 세포**(polar cell)를 완성하게 된다(그림 6.11).

그런데 삼세포 모형은 지구 전체는 물로 덮여 있으며, 태양은 항상 적도 위에 위치한다는 가정하에 지구의 자전을 반영한 단순 모형이다. 실제로 전 지구적인 규모의 바람과 기압에 아주 큰 영향을 미치는 요소인 육지와 해양의 대비 효과 그리고 산맥과 같은 지형 효과를 전혀 반영하지 않은 모형이다. 그러면 과연 단순한 삼세포 모형이 실제로 관측되는 바람과 기압분포를 어느 정도 적절하게 나타내는지 살펴보자.

삼세포 모형에서 제안한 해들리 순환은 실제 세계에서 적도지역의 넓은 영역에 걸쳐 나타나는 열대수렴대(ITCZ) 그리고 아열대의 넓은 지역에 걸쳐 존재하는 아열대 고기압을 통하여 쉽게 확인할 수 있다. 모형은 가장 지속적인 바람인 무역풍의 존재와 많은 사막들이 현재의 위치에 있는 것도 잘 설명해주고 있다. 반면에 페럴 세포와 극 세포들은 실제 기후에서 어느 정도 나타나기도 하지만, 이 세포들이 실제와 잘 일치한다고는 볼 수 없다. 지표 바람의 경우 모형이 제시한 강한 편서풍을 중위도의 많은 지역에서 볼 수 있으나, 극 세포 영역에서 극편동풍이 지속되는 패턴을 관측하기는 어렵다. 극편동풍대는 장기간의 평균을 통해 나타나지만 무역풍처럼 탁월한 풍속대는 아니다. 특히 상층바람의 경우 삼세포 모형은 실제와 큰 차이를 보여준다. 즉, 페럴 세포가 상층에서 동풍을 제시한 곳에서 강한 서풍이 존재하며, 더구나 해들리 순환 세포 이외에는 실제로 대형 순환 세포는 존재하지 않는다.

이러한 점들을 종합해보면 단순한 삼세포 모형이지만 실제로 관측되는 바람과 기압분포를 어느 정도는 보여준다고 할 수 있다. 따라서 삼세포 모형이 제시하는 아이디어는 대기대순환을 상세히 설명하기 위한 하나의 출발점이라고 생각하면 좋을 것 같다.

6.4.3 반영구적 기압계와 순환

삼세포 모형은 바람과 기압의 일반적인 분포를 기술하는 데 있어 좋은 출발점이 되지만, 실제 세계에서는 완전히 지구 주위를 둘러싸는 일련의 띠 형태를 갖춘 세포들로 덮여 있지는 않다. 대신에 그림 6.13에서 보는 것처럼 교대로 나타나는 **반영구적 세포**(semipermanent cell)인 몇 개의 고기압과 저

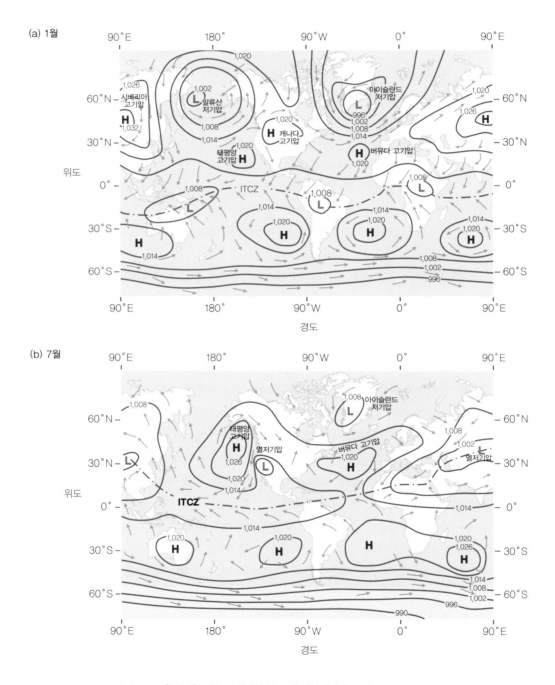

그림 6.13 **1월과 7월 평균 지상기압 분포 및 지상바람의 흐름** (출처 : Ahrens, 2005)

기압이 자리 잡고 있다. 1년을 주기로 위치와 강도에 있어 계절적인 변화를 겪기 때문에 영구적이지 않고 반영구적이다.

그림 6.13은 대륙과 해양 그리고 산악과 빙하로 덮여 있는 실제 세계의 1월과 7월의 평균 해면기압 및 바람 분포이다. 이 그림을 보면 1년 내내 일정한 기압계가 머무르는 지역이 있음을 알 수 있다. 이들 기압계는 연중 약간의 변화밖에 보이지 않기 때문에 반영구적 세포라고 한다. 그림 6.13(a)를 보면, 1월 중 북반구에 4개의 반영구적 기압계가 자리 잡고 있음을 알 수 있다. 대서양 동부 25°N와 35°N 사이에 **버뮤다-아조레스 고기압**(Bermuda-Azores high, 또는 버뮤다 고기압)이 있고, 태평양에 **태평양 고기압**(Pacific high)이 있다. 이들은 상공에서 공기가 수렴함에 따라 발달하는 아열대 고기압으로 역학적 과정에 의하여 생기며, 이들 고기압을 중심으로 지상풍은 시계 방향으로 불어 나간다. 한편 육지가 비교적 적은 남반구에서는 아열대 고기압은 뚜렷한 순환을 갖는 잘 발달된 기압계로 나타난다. 한대전선이 형성되는 곳으로 기대되는 40°N와 65°N 사이의 위도대에, 2개의 반영구적인 아한대 저기압이 위치하고 있다. 즉, 북대서양에 **그린란드-아이슬란드 저기압**(Greenland-Iceland low, 또는 아이슬란드 저기압)이 있고, 북태평양 알류샨 열도에 **알류샨 저기압**(Aleutian low)이 있다. 특히 겨울철에 동쪽으로 움직이는 무수한 폭풍들이 이 저기압들이 위치한 곳으로 몰려드는 경향이 있다. 남반구에서는 아한대 저기압이 끊임없이 기압골을 형성하여 지구 전체를 완전히 감싸고 있다.

1월 일기도에는 아시아 대륙에 반영구적이지 않은 시베리아 고기압이 있다(그림 6.13a). 이 고기압은 육지의 극심한 냉각에 의해 형성되기 때문에 이 고기압을 **열고기압**(thermal high)이라고 하며, 이 고기압은 상층으로 올라가면서 저기압으로 바뀌기 때문에 키 작은 고기압이다. 시베리아 고기압 중심에서부터 대륙을 가로질러 해양 쪽으로 공기가 불어 나감에 따라 북풍계열의 겨울몬순이 발달한다. 이와 비슷하지만 강도가 다소 약한 **캐나다 고기압**(Canadian high)이라고 불리는 고기압이 북미 상공에 위치한다.

이제 여름이 다가옴에 따라 육지가 가열되면 차갑고 키 작은 고기압계는 사라진다. 일부 지역에서는 고기압역이 저기압역으로 교체되기도 한다. 따뜻한 육지 상공에서 형성되는 저기압을 **열저기압**(thermal low)이라고 한다. 그림 6.13(b)의 7월 일기도에서는 미국 남서부사막, 그리고 인도 북부에 열저기압이 나타나 있다. 인도 북부 상공의 열저기압인 **티베트 저기압**(Tibetan low)이 강해짐에 따라 온도와 습기가 높은 바다공기가 저기압 안으로 유입되면서 인도와 동남아 일대에 특유의 여름몬순이 나타난다.

그림 6.13의 1월과 7월의 평균 해면기압 및 바람 분포를 비교해보면 반영구적인 기압계에서 몇 가지 변화를 볼 수 있다. 7월의 분포도에서는 1월의 분포도에서 볼 수 있었던, 북반구의 발달한 아한대 저기압을 거의 알아보기 힘들 정도이다. 그러나 아열대 고기압들은 1월과 7월 모두 여전히 우세하다. 그리고 아시아 내륙에 위치한 1월의 시베리아 고기압은 7월의 티베트 저기압으로 대치되는 것이다. 7월의 북반구와 1월의 남반구에서 태양고도가 가장 높으므로, 최대 지표가열 구역은 계절에 따라 이동하게 되어 주요 기압계, 바람대, ITCZ는 7월에는 북쪽으로, 1월에는 남쪽으로 이동하게 된다.

6.5 대류권 상부의 순환

중위도지역에서 서쪽에서 동쪽을 향하여 부는 탁월한 바람을 **편서풍**(westerly wind)이라고 한다. 이제 대류권 상부에서 편서풍이 탁월하게 부는 이유를 개략적으로 살펴보자. 근본적으로 바람은 기압차에 의해 생성된다. 따라서 기압경도력이 크면 클수록 풍속도 커지게 된다. 지구 대기의 경우 일반적으로 고도가 증가할수록 풍속은 커진다. 그 이유는 전반적으로 고도가 높아질수록 기압경도력이 보다 강해지기 때문이다(참고로 부분적으로 마찰력이 감소하기 때문이기도 하지만, 그 마찰 효과는 기압경도력에 비해 훨씬 작다). 그림 6.14에서 보듯이 기후학적으로 남쪽지역이 따뜻하고, 북쪽지역이 차갑다. 이에 따라 900, 800, 700 hPa 등압면의 고도는 따뜻한 남쪽지역이 높고, 차가운 북쪽지역이 낮다. 이에 따라 등압면이 북쪽을 향하여 아래로 기울어져 있으며, 상층으로 갈수록 등압면의 경사는 더 기울어진다. 기압경도력은 등압면의 기울기에 비례하기 때문에 상층으로 갈수록 풍속은 더 커지게 된다.

그런데 왜 등압면의 고도가 높을수록 기울기가 더 가파르게 되는가? B지점의 상공에 위치한 공기는 A지점의 공기보다 따뜻하여, 900 hPa과 1000 hPa 사이의 공기층의 두께는 따뜻한 B지점의 상공에서 더 두껍다. 유사하게 800 hPa과 900 hPa 사이의 두께 역시 B지점의 상공에서 더 두껍다. 이어서 700 hPa과 800 hPa 사이의 두께 역시 B지점의 상공에서 더 두껍다. 이렇게 상층으로 갈수록 보다 두꺼운 공기층이 하층부터 차례로 누적되게 되면, 높은 고도에서의 등압면의 기울기는 더욱 가파르게 된다. 따라서 바람은 상층으로 갈수록 더 강해지게 되는 것이다.

그림 6.14처럼 남쪽에서 북쪽으로 향하는 강한 기압경도력에 의해 공기들은 남쪽에서 북쪽으로 가속하게 되며, 이 과정에서 전향력은 공기들이 움직이는 방향의 오른쪽(동쪽)으로 작용하게 되어, 결국에는 기압경도력과 전향력이 균형을 이루게 되면서, 대류권 상부에서는 탁월한 서풍이 불게 된다.

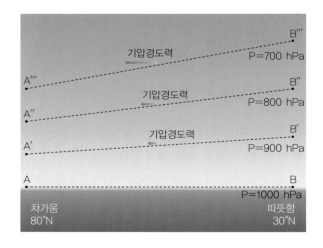

그림 6.14 　따뜻한 남쪽과 차가운 북쪽 사이에서의 등압면 기울기의 모습

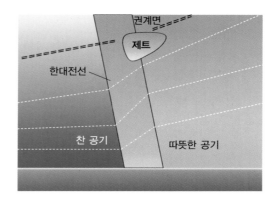

그림 6.15 한대 제트류의 위치. 권계면 바로 밑에 위치하며 한대전선 위에서 형성된다. 여기서 흰색 점선은 등온선을 나타낸다. (출처 : Aguado & Burt, 2001)

6.5.1 한대 제트류

그림 6.14의 위도에 따른 온도의 점진적인 변화는 실제 세계에서 항상 일어나는 것은 아니다. 점진적인 온도 변화가 일어나는 대신에 찬 공기와 따뜻한 공기 사이에서 좁고 강하게 기울어진 하나의 경계가 나타나기도 한다. 그러한 경계 중의 하나가 그림 6.15에 나타낸 **한대전선**(polar front)이다. 전선역 이외에서는 위도에 따른 기온 변화가 점진적이어서 900, 800 그리고 700 hPa 등압면의 기울기는 위도에 따른 기온 변화에 대응한다. 그러나 전선 내에서의 급격한 기온의 수평 변화로 인해 기온 기울기는 크게 증가한다. 이에 따라 등압면도 가파르게 기울어지게 되면서 강한 기압경도력이 형성되어 제트류(jet stream)가 생성된다. 이 제트류는 한대전선 위, 권계면 바로 밑에서 형성되어 **한대전선 제트류**(polar front jet stream) 또는 간단히 **한대 제트류**(polar jet stream)라고 한다. 따라서 한대 제트류는 강한 기온 경도에 의해 발생하는 한대전선의 결과물인 것이다. 그러나 이와 동시에 제트류 역시 한대전선을 강화시킨다.

과거 지상관측소에서 빠르게 이동하는 권운이 관측되어 상층 편서풍이 매우 빠르다는 것을 이미 감지하고 있었다. 하지만 제트류의 존재에 대해 여전히 의심을 품고 있었다. 그러는 가운데 제2차 세계대전 중에 고공비행을 하는 군용기가 처음으로 제트류와 마주침으로써 제트류의 존재가 비로소 확증되었다. 상층의 강한 편서풍인 제트류는 보통 9~12 km 고도에서 굽이치는 공기의 '강'에 종종 비유된다.

한대전선을 따라 남북기온차가 겨울철에 가장 강하고, 여름철에 가장 약하기 때문에 한대 제트류는 계절에 따라 강도와 위치가 변해 겨울철에는 평균 풍속이 50 m s^{-1} 정도이고 여름철에는 25 m s^{-1} 정도이며, 여름철보다 겨울철에 더 남쪽에 위치한다. 육지에 있는 강처럼 제트류는 대단히 거칠며, 풍속 역시 제트류가 흘러감에 따라 상당히 가변적이다. 그러나 육지에 있는 강과는 달리 제트류는 명확하게 경계를 구분 짓는 둑 같은 것이 없다. 더구나 제트류는 종종 어느 한 지점에서 갈라져 2개의 제트류로 분리되기도 한다. 따라서 일기도상에서 제트류의 위치와 경계를 정확히 분석하기가 어려울 때가 종종 있다.

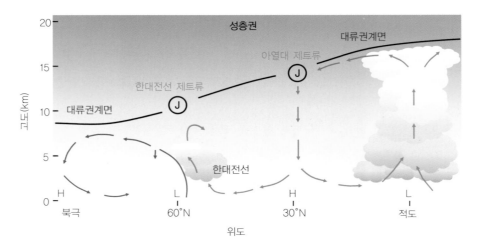

그림 6.16   한대 제트류와 아열대 제트류의 평균 위치 (출처 : Ahrens, 2005)

　　그림 6.16은 겨울철 북반구의 평균적인 제트류의 위치, 권계면 그리고 대표적인 공기 흐름을 보여 준다. 이 그림에서 대류권과 성층권 공기 사이에서 혼합이 일어나는 권계면 틈 사이에 2개의 제트류가 위치해 있다. 한대전선 근처에서 약 10 km 고도에 위치한 제트류는 한대 제트류이며, 아열대 고기압 상공 약 13 km 고도에 위치한 제트류는 아열대 제트류(subtropical jet stream)이다. 그림 6.16에서 제트류 중심부 안에 있는 바람은 강한 편서풍이다. 그림에서 편서풍 방향은 서쪽에서 동쪽 방향을 향한다. 그런데 종종 제트류가 북쪽과 남쪽을 휩쓸면서 사행하기 때문에 편서풍은 단순히 하나의 평균을 보여주는 것이라고 할 수 있다. 한대 제트류가 북쪽과 남쪽을 휩쓸면서 사행하는 패턴으로 발달할 때, 아열대 제트류와 합쳐지기도 한다. 경우에 따라서 한대 제트류는 2개의 제트류로 나누어져 북쪽의 제트류는 한대 제트류의 북쪽지류, 그리고 남쪽으로 갈라진 제트류는 남쪽지류라고 불린다. 참고로 제트류 축은 제트류 내에서 최대 풍속이 위치한 곳을 연결한 축을 말하며, 제트류 중심부는 제트류 축에서 풍속이 가장 강한 영역을 말하며, 때로는 제트 스트리크(jet streak)라고도 말한다. 이 제트 스트리크는 지상폭풍계를 발달시키고 강화시키는 중요한 역할을 한다.

6.5.2　아열대 제트류

아열대 제트류(subtropical jet stream)는 해들리 세포와 페럴 세포의 경계 부근인 해들리 세포의 극쪽 측면에서 형성되며, 이 두 세포의 경계에서 기온차이가 나타남에 따라 기압경도가 형성된다. 그런데 이 제트류의 수평 기온경도는 한대 제트류와 달리 지상까지 연결되어 있지 않다. 한편 적도수렴대에서 북쪽으로 가는 기류는 북쪽으로 갈수록 지구반경이 짧아지는 관계로, 각운동량 보존법칙에 의해 동쪽으로 향하는 바람 성분(서풍)이 강화되는 경향이 있어, 결과적으로 빠른 편서풍인 아열대 제트류가 만들어지게 된다. 그리고 아열대 제트류 부근에서 수렴한 공기는 지면을 향하여 하강함에 따라 지상에서는 아열대 고기압이 형성된다. 강한 기온경도에 의해 생성되는 한대 제트류와는 달리 근본적으로 아열대 제트류는 각운동량 보존의 결과로 생성된다. 따라서 만일 지구의 자전속도가 빨라져

보다 강한 전향력이 만들어지면, 아열대 제트류는 위도 30°보다 더 남쪽, 적도 가까이에서 발달하게 될 것이며, 만일 지구의 자전속도가 느려져 보다 약한 전향력이 만들어지면, 아열대 제트류는 위도 30°보다 더 북쪽에서 발달하게 될 것이다.

남북으로 사행하는 한대 제트류 및 아열대 제트류의 패턴은 대기순환에 있어 중요한 기능을 한다. 기압골의 동쪽에서의 남서기류는 더운 공기를 극쪽으로 향하게 하는 반면에, 기압골의 서쪽에서의 북서기류는 찬 공기를 적도 쪽으로 향하게 한다. 따라서 제트류는 전 지구적으로 열을 운반하는 중요한 역할을 한다. 또한 제트류가 전 세계를 사행하면서 거의 감싸고 흐른다는 점을 생각하면, 오염물질이나 화산재가 대기에 침투하여 결국에는 수천 km 떨어진 곳으로 운반되어 낙하하게 될 것이라는 점을 쉽게 이해할 수 있다.

6.6 대기-해양 상호작용

바다 위로 부는 바람은 **표층수**(surface water)를 바람에 따라 흐르도록 한다. 이렇게 흐르는 바닷물은 점차 쌓여 바닷물 자체에서 압력차를 만들어낸다. 이러한 압력차는 수면 밑 수백 미터 아래까지 작용하여 대규모로 물을 움직이도록 이끈다. 이러한 방법으로 전 지구를 감싸는 바람의 흐름은 바닷물이 거대한 해류로 흐르도록 한다. 대기대순환과 해류의 관련성은 그림 6.13과 그림 6.17을 비교해봄으로써 알 수 있다.

바닷물의 큰 마찰력 때문에 해류는 탁월풍에 비해 보다 느리게 움직여 전형적으로 한 시간에 수 km 정도 움직인다. 그림 6.17에서 해류가 거의 닫힌 타원을 그리며 움직이는 경향을 볼 수 있다. 북대서양에서 미국의 동부해안을 따라 북쪽으로 흐르는 해류는 거대하고 따뜻한 해류로, **멕시코 만류**(Gulf stream)라고 불리며, 이 해류는 많은 양의 더운 열대 바닷물을 고위도대로 운반한다. 멕시코 만류는 북캐롤라이나 해안 밖에서 발달하는 중위도 저기압에 열과 수분을 제공한다. 그림 6.17에서 멕시코 만류는 북쪽으로 흐르는 과정에서 탁월풍인 편서풍의 영향으로 북미해안으로부터 멀리 떨어져 유럽 쪽인 동쪽으로 향한다.

태평양에 위치한 해류들의 경우 일본열도를 따라 흐르는 **쿠로시오 해류**(Kuroshio current)와 캄차카반도와 알래스카 쪽으로 흐르는 **북태평양 피류**(North Pacific drift), 그리고 알래스카 해안에서 되돌아 나오는 **알래스카 해류**(Alaska current) 그리고 미 서부 해안선을 따라 차가운 바닷물을 남쪽으로 운반하는 **캘리포니아 해류**(California current)가 있으며, 이 해류는 부분적으로 **북적도 해류**(North Equatorial current) 쪽으로 흐른다. 그리고 이 해류는 일본열도를 따라 흐르는 쿠로시오 해류로 바뀌게 된다(그림 6.17). 해양에서 부는 바람은 해양해류(surface ocean currents)를 만든다. 이와 같이 바람 따라 흐르는 해류는 여분의 에너지가 있는 열대지역으로부터 에너지가 부족한 극지역으로 열을 전달한다. 북반구의 경우 해수면 해양해류에 의한 이러한 열전달이 차지하는 비율은 총 열수송량의 약 40% 정도로 위도에 따른 에너지의 불균형을 보충하는 데 큰 도움을 준다. 만일 에너지의 불균형이 해소되지 않는다면, 저위도대는 기온이 계속 올라갈 것이고, 반면에 고위도대는 기온이 계속 하강하여, 이 두 위도대 사이의 연평균기온의 차이는 크게 늘어나 기후가 점차 바뀌게 되는 상황을 맞이하

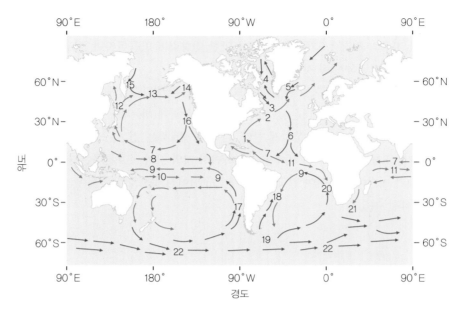

그림 6.17 주요 해류의 평균적인 위치와 범위. 한류는 파란색, 난류는 빨간색으로 각각 나타냈다. (출처 : Ahrens, 2005)

표 6.1 그림 6.17에 나타낸 주요 해류의 이름

1. 멕시코 만류	9. 남적도 해류	17. 훔볼트 해류
2. 북대서양 피류	10. 남적도 반류	18. 브라질 해류
3. 래브라도 해류	11. 적도 반류	19. 포클랜드 해류
4. 서그린란드 피류	12. 쿠로시오 해류	20. 벵겔라 해류
5. 동그린란드 피류	13. 북태평양 피류	21. 아굴라스 해류
6. 카나리 해류	14. 알래스카 해류	22. 서풍 피류
7. 북적도 해류	15. 오야시오 해류	
8. 북적도 반류	16. 캘리포니아 해류	

게 될 것이다.

　앞의 그림에서 보았듯이 차가운 캘리포니아 해류가 미국 서부해안에 거의 평행하게 흐른다. 따라서 우리는 보다 북쪽에 위치한 워싱턴 주 해안에서의 여름철 해수면 온도는 낮을 것이며, 남쪽으로 갈수록 점차 올라갈 것이라고 생각하게 될 것이다. 그러나 가장 차가운 수온은 맨도시노곶 근처의 캘리포니아 북부해안을 따라 관측되는데, 그 이유는 바다 밑에서부터 냉수가 올라오는 **용승** (upwelling) 때문이다.

　용승이 일어나기 위해서는 바람이 해안선에 다소 평행하게 불어야만 한다. 그림 6.18을 보면 여름에 부는 바람은 캘리포니아 해안선을 따라 평행하게 부는 경향이 있다. 이러한 바람이 바다 위로 불기 시작하면 표층수가 움직인다. 표층수가 움직임에 따라 전향력에 의하여 다소 오른쪽으로 휘어져

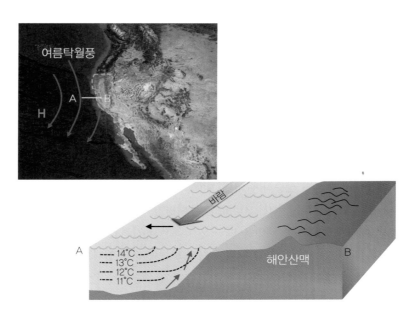

그림 6.18 미 서해안을 따라 나란히 탁월풍이 불게 되어, 표층수는 오른쪽 방향인 바다 쪽으로 이동하게 된다. 아래 그림은 A지점과 B지점을 가로지르는 단면도의 모습으로 옮겨진 표층수를 대체하기 위하여 아래에서부터 차가운 바닷물이 위로 올라오는 모습을 보여준다. (출처 : Ahrens, 2005)

흐르게 된다. 또한 해수면 아래에 있는 바닷물 역시 움직이면서 오른쪽으로 휘어져 흐르게 된다. 이러한 효과로 다소 얇은 표층수는 바람 방향에 대하여 직각으로 휘어져 바다 쪽을 향하여 움직이게 된다. 이와 같이 표층수가 해안으로부터 멀어져 나감에 따라 나가버린 물을 보충하기 위하여 바다 밑에서부터 차갑고, 영양이 풍부한 물이 올라오게 된다. 바람이 해안선에 평행하게 부는 곳(예 : 여름철 캘리포니아 북부해안)에서 용승이 가장 강하고 표층수의 온도도 가장 낮다. 이와 같이 차가운 해안 표층수로 인하여 서부해안을 따라서는 여름철 평균 해수면온도가 거의 10°C 정도가 되어 수영하기에는 너무 낮은 수온이 된다. 또한 바닷물 위에 있는 공기가 포화온도까지 차가워짐에 따라 하층운과 안개가 흔하게 나타난다. 한편 용승의 좋은 점은 풍부해진 영양분을 해수면 위로 올라가게 하여 어업에 큰 도움을 준다는 점이다.

해수면과 대기 사이에서는 열과 수분의 교환(온도 차이에 비례함)이 일어난다. 해수면과 인접한 공기 사이의 온도차가 최대인 겨울에는 해수면으로부터 인접한 대기 쪽으로 상당히 많은 느낌열과 숨은열의 이동이 일어난다. 이렇게 유입된 에너지가 전 지구적인 공기 흐름을 유지하게 한다. 결과적으로 표층수의 조그마한 온도 변화가 대기순환을 변화시킬 수 있어, 전 지구적인 날씨 패턴에 영향을 주게 된다. 그러면 열대 태평양의 해수면온도 변화가 날씨와 어떻게 연결되는지 살펴보자.

6.6.1 엘니뇨와 남방진동

차가운 페루 해류가 남미 서해안을 따라 북쪽으로 흐르는 상황에서, 이 해안을 따라 부는 남풍은 차갑고 영양이 풍부한 물을 끌어올려 많은 물고기(특히 멸치)들을 모이게 한다. 이렇게 풍부한 물고기는 수많은 바닷새들을 먹여 살리게 되는데, 이 새들의 배설물로 인해 인산염이 풍부하고 커다란 침전물이 만들어져, 그 지역의 비료산업이 지탱하게 된다. 보통 연말이 가까워지면 영양분이 별로 없는 열대 바닷물의 따뜻한 해류가 종종 남쪽으로 내려와 차갑고 영양이 풍부한 표층수를 대체하여 그곳의 수온을 높게 한다. 이러한 상황이 대체로 성탄절에 일어나기 때문에 그곳 주민들은 이것을 **엘니뇨**(El Niño, 아기 예수를 의미)라고 부른다.

보통 수온이 높아지는 현상은 대략 2~3주부터 한 달 또는 한 달 이상 유지되며, 그 후 날씨 패턴은 대개 정상적으로 되돌아와 물고기가 다시 많아지게 된다. 그러나 엘니뇨 상황이 몇 개월씩 지속되고 보다 광범위한 해양에서 수온이 상승하게 되면, 이에 따른 경제적인 결과는 재앙수준이 될 수 있다. 2~7년 정도의 불규칙적인 간격을 두고, 그리고 열대 태평양이라는 보다 넓은 영역(과거에는 엘니뇨가 단순히 페루와 에콰도르의 서쪽 해안을 따라 일어나는 국지적인 현상으로 생각했음)에 걸쳐서, 극단적으로 수온이 상승하는 사건을 주요 엘니뇨 사건 또는 단순히 엘니뇨라고도 부른다.

엘니뇨와 관련하여 왜 열대 동태평양에서 해수면 온도가 상승하는가? 정상적인 경우 열대 태평양의 편동무역풍은 동태평양 상공의 고기압역으로부터 인도네시아 쪽에 중심을 둔 저기압역을 향하여 서쪽으로 지속적으로 부는 바람이다. 편동무역풍은 차가운 바닷물을 표층으로 끌어올리는 용승작용을 일으킨다. 이러한 바닷물들이 서쪽으로 이동함에 따라 태양과 대기에 의해 데워진다. 결과적으로 태평양에서는 적도를 따라 흐르는 표층수는 보통 동쪽에서는 수온이 낮고 서쪽에서는 수온이 높게 된다(그림 6.19a). 게다가 이 무역풍에 의한 표층수의 끄는 힘(dragging)은 서태평양에서는 해수면을 들어 올리는 데 반해, 동태평양에서는 해수면을 낮게 하며, 이러한 것이 열대 서태평양에서 두꺼운 온수층과 그리고 남미 쪽을 향하여 동쪽으로 느리게 흐르는 약한 해양류[반류(countercurrent)]라고 불림)를 만들게 한다.

한편, 수년마다 서태평양에서는 기압이 상승하고 반면에 동태평양에서는 기압이 하강함에 따라 해면기압 패턴은 붕괴된다(그림 6.19b). 이러한 기압 변화는 편동무역풍을 약화시키며, 나아가 기압의 역전이 강할 경우 동풍은 서풍으로 바뀌게 된다. 그리고 이 서풍은 반류를 강하게 하여, 따뜻한 바닷물을 동쪽 방향인 남미 쪽으로 향하게 한다. 시간이 지나 바닷물이 데워지는 기간이 거의 끝날 무렵에 동태평양 상공의 기압은 역전되어 기압이 상승하기 시작하며, 반면에 서태평양에서는 기압이 떨어지기 시작한다. 이와 같이 태평양의 양쪽 끝에서 역전하는 해면기압의 이러한 널뛰기 패턴을 **남방진동**(Southern Oscillation)이라고 부른다. 그런데 해양이 데워지는 것과 기압이 역전되는 것은 대략 동시에 일어나기 때문에 과학자들은 엘니뇨와 남방진동을 합하여, **엘니뇨/남방진동** 또는 간단히 **ENSO**(El Nino-Southern Oscillation)라고 부른다. 비록 대부분의 ENSO 사건들은 비슷한 전개과정을 따르지만 각 사건들은 세기와 행동 양식에 있어 어느 정도 서로 다른 차이를 보인다.

1982~1983년과 1997~1998년의 아주 강한 ENSO 기간에 편동무역풍은 실질적으로 서풍이었다. 이러한 서풍이 동쪽으로 미는 작용을 하여 표층수를 동쪽으로 끌고 간다. 이러한 끌림에 의하여 동태평양에서는 해수면이 높아지는 반면에 서태평양에서는 해수면이 낮아지게 된다(그림 6.19b). 동쪽으로 이동하는 바닷물은 열대지방의 햇볕에 의하여 점점 데워져 정상적인 적도 동태평양의 바닷물 온도보다도 약 6°C 정도 더 높아지게 된다. 또한 점차 두꺼운 온수층이 에콰도르와 페루의 해안지대

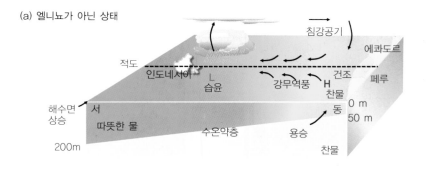

(a) 엘니뇨가 아닌 상태

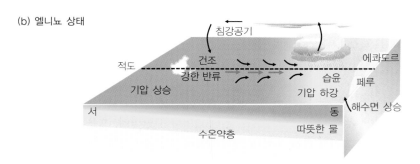

(b) 엘니뇨 상태

그림 6.19 (a) 남동태평양에 위치한 고기압과 인도네시아 부근에 위치한 저기압이 적도 쪽을 따라 편동무역풍을 일으킨다. 이 무역풍이 동태평양에서 차가운 용승류를 유도한 결과 그곳의 바닷물은 차가운 반면, 서태평양에서의 바닷물은 여전히 따뜻하다. 무역풍은 서태평양에서는 상승 운동과 많은 비를 그리고 동태평양에서는 하강 운동과 대체로 건조한 날씨를 일으키게 하는 순환의 한 부분을 이룬다. 무역풍이 아주 강할 때는 동태평양 적도지방의 바닷물은 아주 차가워진다. 이렇게 수온이 아주 낮아지는 사건을 라니냐라고 한다. (b) 기압이 동태평양에서는 하강하고 서태평양에서는 상승한다. 이러한 기압의 변화는 무역풍을 약화시키거나 또는 풍향의 반전을 일으킨다. 이러한 상황 변화는 서쪽에서 온 따뜻한 바닷물을 열대 동태평양의 넓은 광활한 해역으로 운반하는 반류를 강화시킨다. 엘니뇨가 아닌 상태에서 엘니뇨 상태로 해양 상태가 변함에 따라 수온약층(상층의 온수와 하층의 냉수를 분리하는 층)은 변하게 된다. (출처 : Ahrens, 2005)

쪽으로 바닷물을 밀어, 남미 해안지역에 차갑고 영양이 풍부한 바닷물을 제공하는 용승을 못하게 한다. 이와 같이 이례적으로 더운 바닷물은 남미의 해안지역으로부터 적도를 따라 수천 km 서쪽으로 펼쳐진다(그림 6.20a).

이렇게 넓은 영역에 걸쳐 비정상적으로 따뜻한 바닷물은 전 지구적인 바람 패턴에 영향을 준다. 뜨거워진 열대 바닷물은 대기에 추가적인 열과 수분을 공급하며, 대기는 공급된 열과 수분을 추가적인 폭풍과 강우로 전환시킨다. 해양으로부터의 추가적인 열 그리고 응결에 따른 숨은열의 해소로, 지구의 한 지역에서는 너무 많은 강수량을, 그리고 다른 지역에서는 너무 적은 강수량을 내리게 하여, 상층의 편서풍에 큰 영향을 미친다. 더운 열대 중태평양상에서는 태풍의 발생 횟수가 보통은 증가한다. 그러나 아프리카와 중남미 사이에 위치한 열대 대서양에서는 상층 바람이 태풍으로 발달하는 데 필요한 뇌우가 형성되는 것을 방해하는 경향이 있어, 강한 엘니뇨가 일어나는 동안에 이 지역에서는 보다 적은 횟수의 태풍이 발생한다. 그리고 비록 1997년의 강한 엘니뇨 기간에는 일어나지 않았지만, 일반적으로 볼 때 강한 엘니뇨 기간에 인도에서는 여름몬순이 약해지는 경향이 있다.

아직까지 해수면온도의 변화가 전 지구적인 바람 패턴에 영향을 주는 기작이 완전하게 이해되지

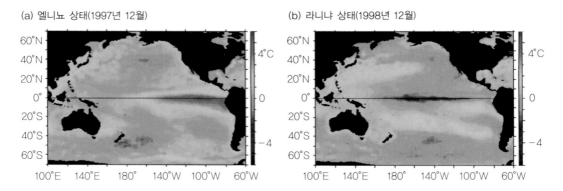

(a) 엘니뇨 상태(1997년 12월)   (b) 라니냐 상태(1998년 12월)

그림 6.20   (a) 위성이 측정한 평균 해수면온도 편차. 엘니뇨 상태일 때 용승류는 거의 사라져 평년보다 수온이 높은 영역이 남미해안으로부터 태평양을 건너 서쪽으로 뻗고 있다. (b) 라니냐 상태일 때 강한 무역풍이 용승류를 촉진하여 평년보다 수온이 낮은 영역이 태평양 동부와 중부 쪽으로 뻗고 있다. (출처 : NOAA/PHEL/TAO)

는 않았지만, 이와 관련하여 파생적으로 명확하게 나타나는 현상들이 있다. 예를 들면 엘니뇨 기간에 가뭄은 인도네시아, 남아프리카, 호주에서 흔히 일어나는 반면에, 호우와 홍수는 에콰도르와 페루에서 종종 일어난다. 그리고 강한 아열대 편서 제트류는 보통은 폭풍을 캘리포니아 쪽으로, 그리고 호우를 멕시코만 연안주(텍사스, 루이지애나 등) 쪽으로 향하게 한다.

엘니뇨 후 편동무역풍은 보통 정상적으로 되돌아온다. 그러나 무역풍이 아주 강하면 일반적으로 차가운 표층수가 중태평양과 동태평양 쪽으로 이동하며, 따뜻한 바닷물과 비가 많은 날씨는 주로 열대 서태평양 쪽에 위치한다. 엘니뇨 상태와 정반대로 바닷물이 차가워지는 사건을 **라니냐**(La nina, 여자아이를 의미)라고 부른다(그림 6.20b).

앞에서 본 것처럼 엘니뇨와 남방진동은 그 전개과정을 마치는 데 수년이 걸리는 대규모적인 해양-대기 상호작용의 한 부분이다. 이 기간에 ENSO에 대한 중대한 기후 반응이 일어나는 지역이 있을 것이다. 이전의 ENSO 사례자료를 이용하여 NOAA 기후예측센터의 과학자들이 이상기후가 가장 잘 일어날 것 같은 지역들을 그림 6.21에 나타내었다.

ENSO 사건과 몬순 시스템은 복잡하게 연결되어 있어, 어느 한쪽의 변화는 나머지 한쪽에 변화를 준다. 현재 과학자들은 ENSO를 예측하기 위해 **결합대순환모델**(coupled general circulation models)을 이용하여 대기와 해양 상태를 모의하는 데 애쓰고 있다. 현재 ENSO 사건의 시작 그리고 생애과정을 어느 정도 예측할 수 있는 몇 개의 모델이 만들어졌다. 게다가 1985년에 시작하여 1994년에 끝난 TOGA(Tropical Ocean and Global Atmosphere, 열대해양 및 지구대기)로 알려진 심층 연구는 해양과 대기 사이에 일어나는 상호작용에 관한 가치 있는 정보를 과학자들에게 제공하고 있다. 세계기후연구프로그램(World Climate Research Program, WCRP)의 주요 일환인 TOGA의 주요 목표는 연구자들이 수개월 그리고 수년이라는 기간에 걸쳐 일어나는 ENSO와 같은 기후 변동을 보다 더 잘 예측할 수 있도록 과학적 정보를 충분하게 제공하는 데 있다. 이에 따라 ENSO 현상에 대한 이해의 폭을 보다 넓혀 날씨와 기후에 대한 장기예보를 개선하고자 노력하고 있다.

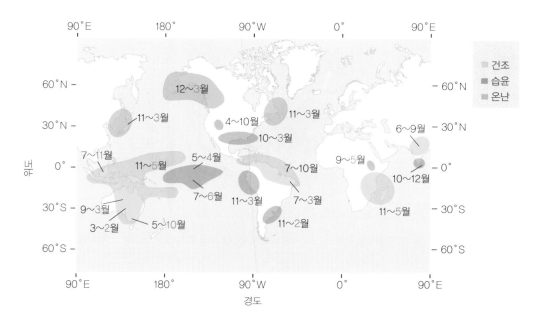

그림 6.21 엘니뇨/남방진동일 때의 이상기후 출현 지역. 강한 ENSO인 경우 이 그림에 표시된 거의 모든 지역에서 이러한 반응이 나타날 것이며, 반면에 약한 ENSO인 경우 단지 일부 지역에서만 나타날 것이다. 여기서 검은색 숫자는 주요 수온상 승이 시작된 달을 나타내며, 빨간색 숫자는 그다음 해의 달을 나타낸다. (출처 : NOAA 기후예측센터)

6.6.2 북극진동

북극진동(Arctic Oscillation, AO)은 극지방과 중위도지방의 기압이 특정한 주기 없이 음(−)과 양(+) 의 위상 사이로 진동하는 기압 패턴이며, 이 변동을 지수화한 것이 '북극진동지수'이다. 북극진동이 강하면 양(+)의 값, 그리고 약하면 음(−)의 값으로 나타난다. 북극진동은 대기순환의 내부 변동성으 로 발생하며, 특히 **성층권 돌연승온**(stratospheric sudden warming)이 발생했을 때, 음(−)의 북극진동 이 나타나는 경향이 있다. 북극진동은 **NAM**(Northern Hemisphere Annular Mode)이라고도 부른다. 참고로 미국 NOAA(미국 국립해양대기청) 국가기상국 기후예측센터에서 계산하는 북극진동지수는 20°N에서 90°N 사이의 1000 hPa 고도장의 일편차(daily anomaly)를 AO 부하패턴(loading pattern)에 투영시켜 얻으며, 이 AO 부하패턴은 1979년에서 2000년까지의 월평균 1000 hPa 고도편차 자료를 이용한 경험직교함수(Empirical Orthogonal Function, EOF) 분석의 첫 번째 모드이다(그림 6.22).

북극진동지수가 양(+)일 때, 즉 북극진동이 양(+)의 위상에 있을 때(그림 6.23a), 극지방의 기압 은 평년보다 낮고, 대신에 약 45°N 부근의 중위도대에서는 평년보다 높아, 북극을 중심으로 순환하 는 편서풍(제트류)이 보다 강화됨에 따라 차가운 극 공기는 북쪽에 갇히게 된다. 또한 겨울 폭풍 역시 북쪽으로 치우치게 되어 평년에 비해 따뜻하고 건조한 날씨가 된다. 우리나라 역시 평년에 비해 따 뜻한 겨울이 되는 경향이 있다. 그리고 아열대지방에서는 기압이 높아져 편동무역풍이 강해진다.

북극진동지수가 음(−)일 때(그림 6.23b), 양(+)의 위상일 때와는 반대로 극지방의 기압은 평년보 다 높고, 중위도대에서는 평년보다 낮아 제트류는 약해지며 남북 방향으로 보다 큰 진폭을 그리며 사행한다. 이러한 제트류의 변화로 인해 차가운 극지방의 공기가 더 남쪽으로 쉽게 내려오게 된다.

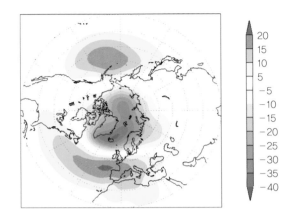

그림 6.22 북극진동지수를 구하기 위해 사용되는 북극진동 부하 패턴 (출처 : NOAA 기후예측센터)

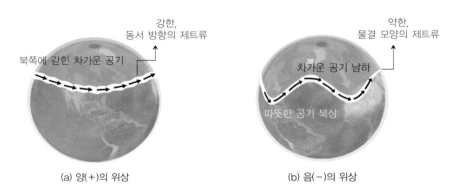

그림 6.23 북극진동이 양(+)의 위상일 때와 음(−)의 위상일 때의 제트류의 모습과 한기 확장 범위를 그린 모식도 (출처 : Aguado & Burt, 2001)

겨울 폭풍 역시 제트류를 따라 더 남쪽으로 이동하게 되어 평년에 비해 추운 겨울이 되는 경향이 있다. 그리고 아열대지방에서는 기압이 낮아져 편동무역풍은 약해진다. 실례로 북극진동지수가 아주 낮은 음(−)의 지수를 보일 때, 우리나라 쪽으로 아주 강한 한파가 몰아친 대표적인 사례는 2012년 2월 2~3일의 사례이다. 이 사례는 역대 2월 일 최저기온을 갱신할 정도로 아주 강한 한파였으며, 유럽에서도 대설을 동반한 극심한 한파로 260여 명이 추위로 목숨을 잃기도 하였다('읽을거리 : 북극진동과 2012년 2월 2~3일의 강한 한파' 참조).

북극진동이 기상/기후에 영향을 미치는 유일한 기상 패턴은 아니며, 다른 대기순환 패턴 역시 중요하며 서로 연결되어 있기도 한다. 현재까지도 다양한 대기순환 패턴에 대한 완전한 이해가 이루어지고 있지 않은 상태이다. 최근 들어 엘니뇨/남방진동 위상과 북극진동 위상의 관계를 밝히고자 하는 연구가 진행되고 있으며, 이러한 연구를 통하여 중장기 예보가 좀 더 나아지기를 기대하고 있다.

북극진동과 2012년 2월 2~3일의 강한 한파

2012년 1월 중순까지 소강 상태를 보이던 대륙고기압이 북극진동지수가 음(−)으로 떨어지기 시작하는 1월 하순부터 발달하면서(그림 6.R1), 북극지방의 차가운 공기가 상층기압골을 따라 평년보다 더 남하해, 2월 초순경에 동유럽 및 우리나라를 포함하는 동아시아 지역에 걸쳐 극심한 한파와 지역적으로 대설피해가 발생했다. 특히 우리나라에서는 2012년 2월 2일, 서울(−17.1°C)과 철원(−24.6°C)이 1956년 이래 역대 2월 일 최저기온 기록을 세울 만큼 이례적으로 몹시 추웠다. 이어 3일에는 파주(−24.6°C), 봉화(−27.7°C), 제천(−25.9°C), 진주(−14.3°C)가 역대 2월 일 최저기온 기록을 세워, 중부와 남부 내륙지방에는 3일 아침까지 매서운 추위가 사흘째 이어졌다.

그림 6.R2는 극심한 한파가 찾아온 2월 2일 오전 9시 동아시아 지상일기도이다. 이 일기도를 보면 몽고 지방에 중심을 둔 강력한 시베리아 고기압이 중국 및 우리나라 쪽으로 확장하고 있음을 알 수 있으며, 특히 일본열도 동쪽 해상에 위치한 저기압과 강력한 시베리아 고기압 사이에 위치한 한반도에서는 등압선이 보다 조밀하여, 북풍계열의 찬 바람이 강하게 불고 있음을 알 수 있다. 그림 6.R3은 한반도를 급습한 강력한 한파를 제트류와 함께 모식도로 나타낸 것이다.

이번 극심한 한파는 우리나라뿐만 아니라 전 세계적, 특히 유럽에 큰 영향을 미쳤다. 당시 AP 등 외신과 연합뉴스에 따르면, 유럽 전역에 강풍과 폭설을 동반한 한파가 강타하면서 2월 4일 유럽에서는 260명이 추위로 목숨을 잃었으며, 특히 우크라이나에서는 한파가 시작된 후 8일 동안 122명이 숨져 가장 많은 인명피해가 발생했고, 동상과 저체온증으로 1,600여 명이 치료를 받고 있다고 정부 관계자가 밝혔다. 또한 우크라이나의 공항 대부분이 폐쇄됐고 항공과 철도 운행이 지연됐으며, 고속도로는 내리는 눈을 치우기 위한 긴급 제설작업이 진행되는 가운데 차량 통행이 극심한 정체를 빚었다고 한다.

폴란드에서는 기온이 −27°C까지 떨어져 45명이 숨졌고, 루마니아에서도 이날 4명이 추가로 숨져 전체 사망자 수가 28명으로 늘었다고 밝혔다. 이 밖에 라트비아, 리투아니아, 에스토니아, 불가리아, 세르비아, 체코 공화국, 이탈리아, 슬로바키아, 프랑스, 오스트리아, 그리스 등에서 한파로 인한 인명피해가 발생했으며, 발칸반도에 위치한 보스니아는 지난 이틀간 1 m가 넘는 폭설로 대중교통 운행이 중단됐고, 수도 사라예보를 비롯해 주요 도시의 대중교통이 마비됐다고 하였다.

독일은 3일 밤 남부 오베르스도르프의 기온이 −27°C까지 내려가 최근 몇 년 사이에 가장 추운 밤을 보냈고,

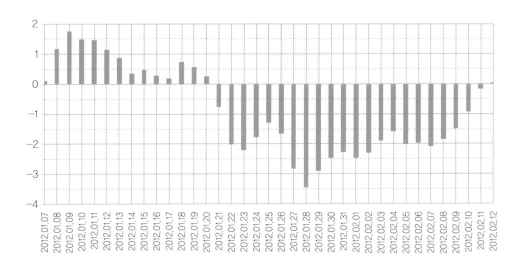

그림 6.R1 2012년 1월 7일부터 2월 12일까지의 북극진동지수. 1월 하순이 시작되면서 지수가 음(−)으로 바뀌기 시작한다. (출처 : NOAA 기후예측센터)

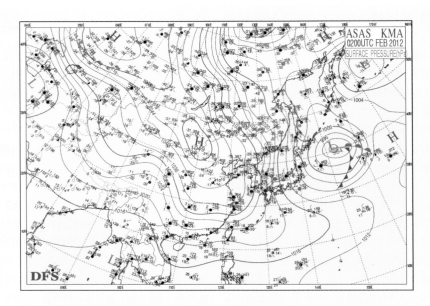

그림 6.R2 극심한 한파가 찾아온 동아시아 지상일기도(2012.2.2. 오전 9시) (출처 : 기상청)

그림 6.R3 한반도를 급습한 강력한 한파 모식도

스위스의 경우 중부 슈바이츠 칸톤의 기온이 −34℃를 기록하는 등 여러 지역에서 2월 기온으로는 30년 만에 최저기온을 기록했다고 전했다. 좀처럼 눈이 오지 않는 이탈리아 수도 로마에는 27년 만에 약 10 cm에 달하는 큰 눈이 쌓인 가운데 인근 치비타베키아 항구에서 눈폭풍에 페리 연락선 한 척이 항구에 좌초해 262명의 승객이 구조되었다고 보고하였다.

한편 혹한으로 유럽 전역의 난방용 연료 수요가 급증하는 가운데 러시아 국영가스회사 가스프롬은 강추위로

몸살을 앓는 국내 수요를 맞추기 위해서는 서유럽이 필요로 하는 만큼 가스를 추가 공급하기 어렵다고 밝혔으며, 알렉산드르 크루글로프 가스프롬 부회장은 이날 블라디미르 푸틴 러시아 총리와 만나 유럽 국가들과 계약한 대로 가스를 공급하고 있지만 이들이 요구한 추가분을 만족시킬 수는 없다고 말하여, 지속적인 강한 한파에 따른 가스 수요의 급증으로 유럽은 큰 어려움을 겪기도 하였다.

연습문제

1. 대기운동의 규모를 나누는 기준을 설명하고, 각 규모에 해당되는 예를 들라.
2. 어떻게 열순환이 전개되는지 등압면을 그려 설명하라.
3. 해풍과 육풍이 전개되는 과정을 설명하라.
4. 몬순바람이 아시아 남부와 동부에서 계절에 따라 어떻게 발달하는지 설명하라.
5. 대기대순환의 삼세포 모형의 주요 관점에 대하여 설명하라.
6. 여름과 겨울철에 나타나는 반영구 기압계와 바람대의 위치를 전구 그림 위에 그려라.
7. 평균적인 지상기압계의 모습이 계절에 따라 어떻게 이동하고, 왜 그러한 이동이 일어나는지를 설명하라.
8. 한대 제트류와 아열대 제트류가 생성되는 과정에 있어 큰 차이점은 무엇인가? 설명하라.
9. 만일 지구 자전속도가 더 빨라지면 해들리 순환에서 어떠한 변화가 생길까?
10. 라니냐 기간과 엘니뇨 기간 중에 열대 동태평양과 중태평양에서는 어떠한 서로 다른 상황 변화가 일어나는가?

참고문헌

김광식 외 15인, 1992 : 기상학사전, 향문사, 735pp.

이병설, 1986 : 집중호우, 교학연구사, 207pp.

한국기상학회, 2012 : 대기과학개론, 시그마프레스, 405pp.

한국기상학회, 2013 : 대기과학용어집, 시그마프레스, 1042pp.

한국기상학회, 2014 : 대기과학용어사전, 시그마프레스, 800pp.

Aguado, E. and J. E. Burt, 2001 : *Understanding weather and climate*. 2nd Ed., Prentice Hall, 505pp.

Ahrens, C. D., 1994 : *Meteorology today*. 5th Ed., West Publishing Company, 591pp.

Ahrens, C. D., 2005 : *Essentials of meteorology*. 4th Ed., Thomson Brooks/Cole, 472pp.

American Meteorological Society, 2000 : Glossary of Meteorology. 2nd Ed., Allen Press, 855pp.

Elvidge, A. D. and I. A. Renfrew, 2016 : The causes of foehn warming in the lee of mountains, *Bull. Amer. Meteor.* Soc., 97, pp. 455–466.

Higgins, R. W., Y. Zhou and H.-K. Kim, 2001 : *Relationships between El Niño-Southern Oscillation and the Arctic Oscillation: A Climate-Weather Link*, NCEP/Climate Prediction Center ATLAS 8.

Holton, J. R., 2013 : *An introduction to dynamic meteorology*. 5th Ed., Academic Press, 532pp.

Lee, J. G., 2005 : Sensitivity experiments of the downslope wind speed in relation to the orographic effect of the Taebaek mountains, *J. Env. Res.*, 5(1), pp. 158–165.

Lutgen, F. K., and J. Tarbuck, 1995 : *The atmosphere*. 6th ed., Prentice-Hall, 462pp.

Mantua, M. J. and S. R. Hare, 2002 : The pacific decadal oscillation, *J. of Oceanogr.*, 58, pp. 35–44.

Orlanski, I., 1975 : A rational subdivision of scales for atmospheric processes, *Bull. Amer. Meteor. Soc.*, 56, pp. 527–530.

제7장

기단과 전선

우리나라는 열대와 극지역의 중간인 중위도에 위치하며, 지구상에서 가장 큰 유라시아 대륙과 태평양 바다의 사이에 존재하고 있다. 우리나라는 시기에 따라 매우 다른 날씨 양상을 보이는 데, 이는 우리나라의 지리학적 위치와 밀접한 관련이 있다. 즉, 지면 조건에 의해 결정되는 '기단'이라는 것이 존재하는데, 성격이 매우 다른 기단이 우리나라 주변에 위치하여, 어떤 기단이 우리나라를 지배하느냐에 따라 우리나라 날씨 양상이 크게 달라지는 것이다. 기단과 기단의 경계에는 서로 상이한 공기덩어리가 인접해 있는 전선이 존재하는데, 이 전선상에서 많은 악기상 및 강수현상이 발생하게 된다. 이 장에서는 여러 기단의 특징을 살펴보고 한반도에 영향을 주는 기단의 종류와 특징을 알아본다. 또한 다양한 전선의 종류를 소개하고, 이 전선들과 관련된 기상현상들을 알아본다.

7.1 기단

지구 대기권 중에서 가장 하층에 위치한 대류권은 지표면과 인접해 있어, 대기층과 지표면 간의 에너지 및 물질 교환이 활발하다. 지표면의 특성에 따라 대기의 온도와 습도 등의 특성이 달라지게 되는데, 넓은 지역의 대기가 지표면의 지속적인 영향에 의해 비교적 균질한 특성을 갖게 되었을 때 이 공기덩이를 **기단**(air mass)이라고 부른다. 주어진 고도에서 기단의 성질은 수천 km^2 이상의 수평 범위에 걸쳐 균질하게 나타나며, 기단의 움직임에 의해 날씨 변화가 나타나게 된다.

7.1.1 기단의 형성 및 분류

대기는 주로 지표면에 의해 가열 혹은 냉각되고, 지표면으로부터 증발산을 통해 수분을 공급받기 때문에 기단의 특성은 지표면의 성질과 밀접히 관련되어 있다. 넓은 영역에 걸쳐 있는 대규모의 공기 덩이에서 온도, 습도와 같은 물리량이 균질한 값을 나타내기 위해서는, 기단과 접해 있는 지표면이 일정한 온도와 습윤도를 나타내야 한다. 또한 대기가 장기간 머무르면서 대기와 지표면이 오랜 시간 접촉하여 열과 수증기 교환이 이루어져야 한다. 넓은 해양이나 대륙과 같이 동질의 지표면상에 대기가 머무르면서 평형을 이루기 위해서는 일반적으로 전 지역에서 바람이 없거나 약해야 하며, 공기덩이가 정체되거나 느리게 움직여야 한다. 이런 조건은 주로 고기압이 지배하고 있는 지역에서 만들어진다. 즉, 저기압의 영향을 받는 지역에서는 지상풍이 수렴하는 특징을 보이기 때문에 기단을 만들지 못한다. 기단이 주로 고기압이 지배하는 영역에서 형성되기 때문에, 기단이라는 용어 대신 고기압이라는 표현을 덧붙여 기단의 명칭으로 사용하기도 한다. 기단이 형성되는 지역을 발원지라 부르는데, 시베리아 고기압과 북태평양 고기압은 발원지의 이름을 따서 기단을 지칭하는 대표적인 경우이다. 중위도지역은 대기의 수평 운동이 활발해 기단의 발생지로는 적합하지 않으나, 고위도의 평지에서는 겨울에 얼음이나 눈이 덮일 때, 저위도인 아열대 해양이나 사막지역에서는 여름에 고기압 기단이 형성되기 좋은 조건이 만들어진다.

대기가 발원지에 충분한 시간 동안 머무르면 넓은 지역에 걸쳐 수평적으로 균질한 온도와 습도가 되지만, 연직 방향으로는 온도나 습도의 기울기가 매우 클 수 있다. 이러한 온·습도의 연직 기울기는 대기의 안정도와 관련하여 강수 가능성에 중요한 역할을 하기 때문에 기단의 주요한 특징으로 간주된다. 기단의 수평적 균질성과 마찬가지로 기단이 갖는 온·습도의 연직 기울기도 각 발원지의 특성을 반영한다.

발원지의 온도와 습도의 특성에 따라 표 7.1과 같이 기단을 분류할 수 있다. 습도에 따라 대륙성 기단(건조기단, continental air mass, c)과 해양성 기단(습윤기단, maritime air mass, m)으로 분류하며, 발원지의 위도 또는 온도에 따라 한대(polar air mass, P)와 열대(tropical air mass, T)로 크게 나눈다. 경우에 따라서는 극기단, 중위도기단, 적도기단으로 분류하기도 한다. 습도와 온도 특성의 조합에 따라 기단의 성격을 나타낼 수 있는데, 예를 들어 대륙성 한대기단은 cP이고, 해양성 열대기단은 mT로 나타낸다. 표 7.1에서 키가 작다는 말은 고기압의 성질이 하층에 국한되어 상층에서는 나타나지 않음을 의미하며, 키가 크다는 말은 상층으로 갈수록 고기압성이 더 강하게 나타남을 말한다. 괄호 안은 기단이 발생한 장소에 따라 붙인 기단의 이름이다. 시베리아 기단, 양쯔강 기단, 오호츠크해 기단, 북태평양 기단은 발원지의 특성에 따라 각각 다른 특징을 가지고 있고, 이 기단들의 영향에 따

표 7.1 우리나라에 영향을 미치는 네 가지 주요 기단 및 특징

발생 지표\발생 위도	한대(P)	열대(T)
육지(c)	cP(시베리아 기단) 추움, 건조, 안정, 키 작음	cT(양쯔강 기단) 따뜻함, 건조, 상층 안정, 하층 불안정, 키 큼
해양(m)	mP(오호츠크해 기단) 서늘함, 습윤, 불안정, 키 작음	mT(북태평양 기단) 더움, 습윤, 항상 불안정, 키 큼

라 우리나라의 계절과 날씨가 바뀌게 된다.

각 기단이 발달하는 시기는 연중 태양복사량의 변동과 관련된 지표면의 온도 변화에 의해 결정된다. 태양복사 고도와 일조 시간의 변동에 따라 대륙면과 해양면, 중위도와 저위도의 가열/냉각되는 정도가 다르기 때문에 대규모 고기압이 형성되는 지역도 달라진다. 따라서 한 지역에서 기단이 발달하는 시기에 다른 지역의 기단은 약화될 수 있으며, 충분히 우세해진 기단이 팽창 혹은 이동할 때 급격한 계절과 날씨 변화가 나타난다. 우리나라는 대륙과 해양을 발원지로 하여 상반된 특성을 갖는 기단들의 영향을 받기 때문에 기단의 교대에 따라 계절과 날씨가 극적으로 변화하는 경향이 나타난다. 기단이 발원지로부터 팽창/이동하게 되면, 해당 영향권에 들게 된 지역의 기상 상태를 변화시킬 뿐 아니라 기단 자체도 통과하는 지역의 국지적 특성에 따라 점진적으로 변하게 된다. 이를 **기단의 변질**(air mass modification)이라고 한다. 기단의 변질은 일차적으로 기단의 특성과 이질적인 지표면의 영향에 의해 나타날 수 있다. 안정한 한대기단이 저위도로 남하할 때 상대적으로 온난한 지표면의 영향을 받아 불안정해지는 경우가 여기에 해당한다. 기단이 놓인 지표면의 온도가 발원지와 다른 조건일 때, 지면으로부터의 가열이나 냉각 과정을 통해 기단의 안정도가 달라지고, 대기 중의 수증기가 연직 운동을 통해 방출되거나 지표층으로부터 새로이 유입됨에 따라 기단의 습도가 달라질 수 있다. 구름량의 변화에 따른 복사 효과의 차이도 기단의 온도 구조에 영향을 미치기도 한다.

이와 더불어 성격이 다른 기단이 혼합되면서 온도(및 밀도)와 수증기 함량이 변화하는 과정에서 기단의 변질이 일어나기도 한다. 다른 기단과의 혼합 과정이 넓은 범위에 걸쳐 천천히 진행될 때와 달리, 제한된 지역에서 급격히 진행될 때는 두 기단의 혼합면에서 전선이 형성되어 강수와 같은 일기현상이 동반되기도 한다. 구체적으로 열대기단이 북상할 때 북쪽의 한랭한 공기 위로 상승하면서 저기압 전선면을 형성하게 된다. 이때 상승하는 공기의 열에너지가 운동에너지로 바뀌며 대기순환이 형성되고, 저위도의 열과 수증기를 고위도로 이동시키게 된다. 이 과정에서 일어나는 강수 역시 열에너지를 고위도로 이동시키는 역할을 한다. 지표 가열이나 혼합 외에 기단을 변질시키는 요인으로서 지형에 의한 강제 상승류를 들 수 있다. 기류가 산맥을 넘는 동안 수증기가 제거되고 가열되어 본래의 성질을 잃어버리는 경우가 대표적인 예이다.

7.1.2 기단과 한반도 날씨

한반도가 속한 동아시아의 주요 기단으로 시베리아 기단, 오호츠크해 기단, 양쯔강 기단, 북태평양 기단이 있다(그림 7.1). 기단마다 특유의 날씨를 나타내기 때문에 어느 기단이 지배하는가에 따라 시기별로 어떤 날씨가 나타날지를 예측할 수 있다. 예를 들어 북반구에서 태양복사가 줄어드는 시기에 유라시아 내륙의 급격한 냉각에 따라 발달하기 시작하는 **시베리아 기단**(Siberian air mass)은 원래의 성격인 한랭 건조한 특징에 따라, 주로 12월에서 3월 초까지 우리나라에 춥고 건조한 기후를 가져온다. 우리나라가 시베리아 기단의 영향을 받는 시기에는, 대륙의 고기압이 동쪽으로 확장해 오기 때문에 겨울 계절풍인 북서풍이 주로 불게 된다. 대기순환에 의해 시베리아 내륙지역에 찬 공기가 유입되는 조건이 만들어질 때, 수 일에 걸쳐 대륙성 고기압의 급격한 팽창이 나타나는데, 이때 우리나라에 강한 한파가 내습하게 된다. 한랭한 대륙성 기단이 상대적으로 온난한 해양을 지나면서, 온도

그림 7.1 한반도 날씨에 영향을 주는 주요 4개 기단. 계절마다 한반도에 영향을 주는 기단이 다르다.

차에 의해 대기 불안정이 유도되면서 구름이 형성되어, 호남 서해안 및 도서지역에 많은 눈이 내리기도 한다. 시베리아 기단이 급격히 팽창하는 시기의 위성 영상에서는 그 세력이 미치는 범위까지 구름이 분포하는 것을 볼 수 있다. 이 구름이 육지로 이동하면서 지형을 만나게 되면 강제 상승하면서 더욱 발달하여 대설 현상이 나타날 수 있다. 노령산맥 서쪽 사면의 호남 서해안 지역과 제주도의 한라산의 북쪽 사면, 울릉도의 대설이 이와 관련된다.

겨울이 끝나면서 다시 지표면이 가열되기 시작하는 시기에 시베리아 기단은 점차 약화된다. 한겨울에는 중심 세력이 강하여 기단의 변질이 주로 화중지방에 이르러 나타나지만, 강도가 약화되는 시기에는 화북지방에 이르러 변질되기도 한다. 이때는 변질된 공기덩이가 편서풍에 의해 동진하는데, 그 중심이 우리나라의 북동쪽에 위치하게 될 때 중부 동해안에 동풍 계열의 바람이 불면서 영동지방에는 많은 강설이 나타난다. 한겨울 서해안에서 나타나는 폭설과 마찬가지로, 한랭한 공기와 해양 사이의 불연속선에서 구름이 형성되고, 동풍 계열의 바람이 태백산맥 동쪽 경사면을 타고 상승하면서 구름과 많은 눈을 발생시킨다. 우리나라 동해안 지형은 급경사를 이루기 때문에, 좁은 구간에서 급격한 상승이 일어나 폭설을 야기한다. 2, 3월에 빈번하게 나타나는 영동지방의 폭설은 대부분 이러한 과정에 기인하여 발생한다.

잘 알려진 바와 같이 시베리아 기단의 영향은 겨울철에 가장 강력하기는 하지만, 여름을 제외한 연중 장기간에 걸쳐 우리나라 일기에 영향을 미친다. 대체로 늦장마가 끝나면서부터 오호츠크해 기단이 영향을 미치기 시작할 때까지, 혹은 장마가 시작하기 전까지도 시베리아 기단의 영향이 나타나는 것으로 알려져 있다. 봄과 가을철에 시베리아 기단은 주로 변질된 상태에서 영향을 미친다. 이러한 시기에는 시베리아 평원이 이미 상당히 가열된 상태이므로 그 힘이 강력하지 못하여 우리나라의 날씨는 대체로 선선하나, 그때그때의 풍향에 따라 기온이 큰 폭으로 변동한다. 즉, 북풍 계열의 바람이 불 때는 선선하지만, 초가을에 남풍 계열의 바람이 불 때는 마치 여름으로 되돌아간 느낌이 들기도 한다. 가을이 되면서 내륙지방에는 안개가 발생하는 빈도가 증가하는데, 이는 우기를 지나면서 대기 중 수증기는 많은 상태이나 운량이 감소하고 바람이 약해지면서 복사냉각이 강화되기 때문이다.

북태평양 기단(North Pacific air mass)은 주로 한여름에 우리나라 기후에 영향을 미친다. 그 영향은 장마가 끝나고 늦장마가 시작되기 전까지의 비교적 짧은 시기에 뚜렷한데, 따뜻한 해상에서 발원하는 기단의 특성상, 열대 기후를 연상시키는 무덥고 습한 날씨를 가져온다. 이 시기에는 대기 중의 수증기가 많기 때문에 온실효과에 의해 야간 기온이 크게 떨어지지 않는 열대야가 빈번히 나타난다. 북태평양 기단은 적도 태평양에서 상승한 해들리 순환의 하강기류에 의해 형성되는 고기압역에서 발달하는데, 대류권계면 고도에서부터 나타나는 하강기류의 영향으로 대기가 매우 안정한 특징을 갖는다. 이 고온 습윤한 기단이 우리나라 쪽으로 확장할 때, 육지면의 가열 효과와 더불어 내륙의 상대적으로 차가운 기단과 만나면서 변질되기 때문에 우리나라 여름의 대기층은 연중 가장 불안정한 상태가 된다. 지표면이 강하게 가열되는 오후에는 적운이 발생하여 소나기와 뇌우를 가져올 수 있다. 대류성 강수인 여름철의 소나기는 우리나라가 북태평양 기단의 가장자리에 놓일 때 나타나는 대표적인 여름철 기후 현상이다. 반면에 북태평양 기단이 더욱 확장하여 우리나라를 뒤덮게 되면, 고기압성 흐름과 함께 맑고, 바람이 약한 날이 지속되게 된다. 고기압성 흐름에 의한 하강기류와 동반되는 강한 일사로 인해 우리나라에는 강한 폭염이 나타난다. 북태평양 고기압의 가장자리는 500 hPa 등압면에서 5,880 gpm 등치선이나 5,820 gpm의 등치선의 위치 변화를 통해 추적하기도 하는데, 이 가장자리가 북상 또는 서진하는 패턴이 일기도상에서 흔히 발견된다. 북태평양 기단이 우리나라 쪽으로 확장하는 현상은 500 hPa 면에서 관측되는 대규모 장파 고기압이 후진(retrogression of Rossby wave)하는 과정으로 설명될 수 있다.

오호츠크해 기단(Okhotsk Sea air mass)은 봄에서 초여름에 걸쳐 후퇴하는 오호츠크해의 해빙과 더불어 발달한다. 봄부터 장마가 시작되기 이전까지 우리나라에 주로 영향을 미치며, 장마 전 건기의 원인이 된다. 발원지인 오호츠크해가 그리 넓지 않기 때문에 오랜 기간 영향을 지속하지는 못한다. 우리나라가 이 기단의 영향하에 있을 때, 고기압 세력의 확장으로 영동지방에는 북동풍에 의해 한랭 습윤하고 음산한 날씨가 나타나지만, 영서지방의 대기 상태는 높새현상으로 고온 건조해진다. 오호츠크해 기단은 초여름에는 한반도 지역의 장마전선 형성에 영향을 미치나 가을에는 발달하지 않는다. 오호츠크해 고기압이 한반도에 영향을 미치는 과정을 일기도에서 확인하기는 쉽지 않은데, 이는 오호츠크해 고기압은 키가 작은 고기압이기 때문에 상층에서는 잘 나타나지 않아 그 실체를 규명하기가 어렵기 때문이다.

양쯔강 기단(Yangtze river air mass)은 대륙성 열대기단으로 따뜻하고 건조한 특징이 있다. 저위도의 중국 남부 내륙에서 발생하여 우리나라 쪽으로 이동하는 양상으로 관측되는데, 시베리아 고기압의 일부가 변질된 것으로 판단되기도 한다. 양쯔강 기단은 시베리아 기단이 약화되는 봄과 가을에, 3~4일의 간격을 둔 이동성 고기압의 형태로 한반도로 다가온다. 봄에는 발달된 양쯔강 기단이 동서 방향으로 위치하여 이동성 고기압의 형태로 한반도를 통과하는데, 이 기단의 영향을 받는 동안에는 건조하고 맑은 날씨가 지속된다. 가을에도 이 기단의 영향에 따라 따뜻하고 건조한 날씨가 계속되어 벼, 과일 등 농작물의 수확에 좋은 조건을 제공해준다.

7.2 전선

중위도에서 날씨가 급격하고 격렬하게 변화하는 경우는 대개 전선의 통과와 밀접한 관련이 있다. **전선** (front)은 물리적 성질이 서로 다른 기단과 기단 사이에서, 또는 같은 기단 내에서도 변질된 기단과 덜 변질된 기단 사이에 형성되는 경계선을 지칭한다. 이 경계선의 연직 방향 연장선을 **전선면**(frontal surface) 또는 **전선역**(frontal zone)이라고 한다. 지상일기도에서는 하나의 선으로 표시되지만, 실제로 전선은 온도와 습도가 좁은 지역에서 급격한 변화를 나타내는 지역이다. 이 경계선을 따라 강수 등의 기상현상이 많이 발생하므로 중요하게 다루어진다. 일반적으로 이동속도가 서로 다른 두 기단이 충돌하면서 전선이 형성된다. 노르웨이 기상학자들은 기단 간 상호작용하는 지역을 전투가 벌어지는 전선(battle front)에 비유하여, 전선(front)이라고 이름을 붙였다.

전선에는 다양한 종류가 있지만, 크게 다섯 가지 유형으로 구분된다. 전선의 명칭은 주로 더 빨리 움직이는 공기덩어리의 온도에 따라 이름이 붙여진다. 차가운 공기가 그 앞의 더운 공기 쪽으로 밀고 들어갈 때 형성되는 전선을 한랭전선(cold front)이라고 한다. 반면에 따뜻한 공기가 차가운 공기를 타고 올라갈 때 생기는 전선을 온난전선(warm front)이라고 한다. 그림 7.2와 같이 한랭전선과 온

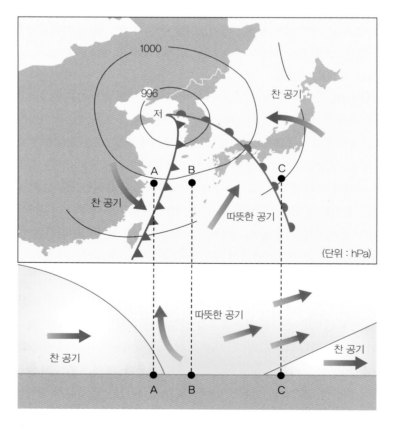

그림 7.2 중위도 저기압에서 나타나는 전형적인 한랭전선과 온난전선의 배치. 한랭전선은 온난전선의 서쪽에 위치하며, 일반적으로 저기압이 발달함에 따라 두 전선 사이의 거리가 가까워진다. 전선의 배치에 따라 각 지역을 지배하는 공기덩어리의 특성이 매우 달라진다.

표 7.2 한랭전선에 동반되는 전형적 기상 상태

기상요소	통과 전	통과 시	통과 후
바람	남풍 또는 남서풍	돌풍	서풍 또는 북서풍
기온	온난	갑자기 하강	서서히 하강
기압	서서히 하강	갑자기 상승	서서히 상승
구름	권운, 권층운 증가 후 적란운	적란운	가끔 적운, 지면이 온난할 때는 층적운
강수	단기간 소나기	강한 소나기 또는 소낙눈 가끔 우박, 천둥, 번개 동반	소나기 강도 약화 후 맑음
시정	보통-악화(박무)	악화 후 회복	양호
이슬점온도	일정	급하강	하강

난전선은 중위도 저기압의 남서쪽과 남동쪽에 각각 전형적으로 위치한다. 중위도지역에서는 일반적으로 한랭전선의 이동속도가 온난전선보다 빠르다. 그 결과 이동하는 한랭전선이 온난전선을 따라잡을 경우에 형성되는 전선이 폐색전선(occluded front)이며, 전형적으로 중위도 저기압 부근에 자리한다. 폐색전선에는 한랭형 폐색전선과 온난형 폐색전선이 있다. 정체전선(stationary front)은 한랭기단과 온난기단의 세력이 비슷할 때 형성되며, 이 경우 전선은 거의 움직이지 않고 정체 상태에 있는 것이 특징이다. 한편 대부분의 전선이 두 기단의 온도차에 의해서 발생하지만 습도차이에 의해서 발생하는 경우도 있는데, 이를 건조전선(drylines)이라고 한다.

7.2.1 한랭전선

한랭한 기단이 온난한 기단의 하층으로 파고들 때 **한랭전선**(cold front)이 생긴다. 저기압 중심에서 남쪽 또는 남서쪽으로 뻗어서 나타나는 것이 일반적이다. 두 기단의 경계면인 전선역에서는 기층이 대단히 안정하여 역전층을 이루는 경우가 많은데, 이를 전선 역전(frontal inversion)이라 한다. 한랭전선이 위치하는 지역에서는 온도, 습도, 기압 경도가 심하다. 중위도에서는 한랭한 공기가 편서풍을 따라 이동하기 때문에 한랭전선은 동진하지만, 저기압 주변에서는 주로 저기압성 흐름에 의해 남동진하기도 한다. 아주 드물게 북동기류에 의해 형성된 한랭전선이 남서진하는 경우가 대륙의 동해안에 있는데, 이런 한랭전선을 뒷문 한랭전선(back door cold front)이라 한다.

한랭전선의 앞면은 지상 부근의 공기 흐름을 느리게 하는 마찰력 때문에 경사가 급하다. 그러나 상공의 대기가 전진하면서 전선면을 무디게 한다. 또한 지표 부근에서는 전선이 느리게 움직이지만, 높은 층에서는 빠르게 움직여 한랭전선의 전선면이 더 가파르게 되는 특징이 생긴다. 한랭전선의 속력은 거의 정지한 상태부터 시속 약 50 km 정도에 이르기까지 다양하다. 빠르게 움직이는 한랭전선은 연직 방향과 수평 방향의 거리비가 약 1 : 50 정도 된다(그림 7.3a). 서서히 이동하는 한랭전선은 그만큼 경사도 작다. 동진하는 하층의 한랭기류가 역시 동진하는 상층의 온난기류보다 빠를 때 강수

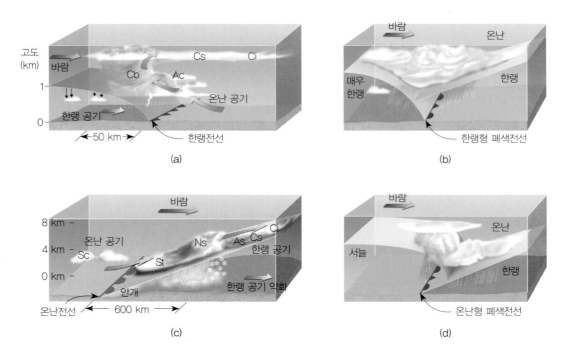

그림 7.3 한랭전선(a) 및 온난전선(c)의 전형적인 수평 및 연직 구조와 전선에 의해 발생된 구름의 종류를 나타낸다. 전선의 종류에 따라 구름 분포가 매우 다르게 나타나고, 강우현상도 결정된다. 한랭전선이 온난전선에 다가오면 폐색전선이 형성되는데, 그 구조에 따라 한랭형 폐색전선(b)과 온난형 폐색전선(d)으로 나뉜다.

현상은 주로 지표 한랭전선의 후면에 나타나며, 이 경우를 활성 한랭전선이라고 부른다. 이 경우 한랭전선을 따라 따뜻하고 습한 공기의 강제 상승이 빨라서 방출된 잠열이 공기의 부력을 더욱 크게 하여 적란운이 발생한다. 이때 중위도의 강한 상층 서풍이 적란운 꼭대기 부근에 형성된 작은 빙정들을 밀어내어 권층운과 권운이 발생한다. 따라서 전선이 가까워지면 서쪽이나 북서쪽으로부터 높은 구름을 먼 곳에서 볼 수 있는데, 한랭전선이 다가오고 있음을 알려주는 전조이다. 한랭전선면에서는 발달한 적란운과 관련된 호우와 격렬한 돌풍이 전선에 자주 발생한다. 연직 상승 운동은 매우 강하지만, 수평적으로는 짧기 때문에 강수 강도가 강하고 강수 시간은 짧다. 한랭전선이 접근하고 통과함에 따라 매우 짧은 시간 동안에 온도와 습도는 급락하며 기압은 급상승한다. 풍향은 통과 전에는 약한 남서풍 또는 서풍이다가 통과 후에는 강한 서풍 또는 북서풍으로 바뀐다. 상층의 온난한 기류가 일시적으로 더 빠른 속도를 나타내는 경우를 비활성 한랭전선이라 하며, 전선 전면에 강수현상이 심하고 간혹 스콜선(squall line)이라고 불리는 띠 모양의 뇌우지역이 나타나기도 한다.

한랭전선 뒤의 날씨는 대부분 대륙성 한대기단 내의 침강하는 공기에 의해 지배된다. 따라서 전선이 지나간 후에는 기온이 하강하고 맑은 날씨가 이어진다. 비록 침강 운동이 단열 가열을 초래할지라도 지면온도에 미치는 영향은 작다. 겨울에 한랭전선이 통과한 후에는 장기간 맑게 갠 밤이 이어지면서 복사냉각이 지속적으로 발생하여 기온은 더욱 낮아진다. 대조적으로 여름 폭염 동안 한랭전선이 지나가게 되면, 덥고 안개가 많이 생성되기도 한다. 때로는 해양성 열대기단이 차갑고 맑은 대륙성 한대기단으로 대체되기도 한다.

7.2.2 온난전선

전진하는 따뜻한 공기와 그 앞에 위치한 차가운 공기의 만남으로 **온난전선**(warm front)이 형성된다. 온난한 기단이 한랭한 기단 상공으로 타고 흘러가는 현상을 추월(overrunning)이라고 하며, 이 경우에 온난전선이 저기압의 중심에서 남동쪽으로 생긴다. 전선 주변에서 나타나는 온도, 습도, 기압의 경도는 한랭전선보다는 약하나 다른 지역보다는 강하다. 전선 역전이 생겨 안정된 기층이 나타나는 점과 유속에 따라 활성, 비활성으로 나누는 것은 한랭전선과 유사하다.

두 기단의 밀도 차이는 혼합을 억제시키고 따뜻한 공기가 경계면을 타고 차가운 공기 위로 상승하게 된다. 이렇게 완만한 경사면을 타고 구름이 상승하면서 단열적으로 팽창하고 차가워진다. 상승하는 공기 중 수증기가 응결되면서, 순차적으로 층운형 구름을 형성한다. 온난전선상에서 타고 오르는 공기는 안정하기 때문에 구름이 층운형이며 연속적으로 높은 구름들이 발달하여 난층운, 고층운, 권층운, 권운 순서대로 발생한다. 전선이 동쪽 또는 북쪽으로 이동함에 따라 연속적으로 이루어진 구름은 권운을 시작으로 순서대로 나타나기 때문에 이 구름들을 관찰하면 온난전선이 언제 다가올지 예측이 용이하며 온난전선상에서 내리는 비도 예측할 수 있게 된다.

한랭전선보다 완만한 연직 경사면(약 1 : 200)이므로 구름이 더 넓은 범위에 걸쳐 나타나고, 더 넓은 구역에서 비를 내린다. 그러나 수증기를 적게 포함하고 있으므로 전선면에서 전반적으로 약한 강수를 보인다(그림 7.3c). 지상에 전선면은 수평적으로 범위가 넓고, 전형적으로 시속 약 20 km 정도로 속도가 느리다. 낮에는 전선 전후에서 대기의 혼합이 발생하므로 전선 속도가 훨씬 빠르다. 온난전선은 종종 빠른 속도로 점프하면서 이동하기도 한다. 그러나 밤에는 복사냉각으로 전선 뒤에 밀도가 큰 한랭 지상 공기가 형성된다. 이 때문에 대기의 상승과 전선의 전진이 저지된다.

온난전선이 통과할 때 2~3일 정도 비가 내릴 수 있다. 온난전선에서 낙하하는 물방울은 증발하여 전선안개를 만들 수 있으며, 겨울철에는 공기가 충분히 차가울 때 진눈깨비나 언비가 될 가능성도있

표 7.3 온난전선에 동반되는 전형적 기상 상태

기상요소	통과 전	통과 시	통과 후
바람	남풍 또는 남동풍	계속 변함	남풍 또는 남서풍
기온	서늘하다 서서히 따뜻해짐	서서히 상승	따뜻하게 된 후 일정
기압	급강하	하강	약간 상승 후 하강
구름	권운, 권층운, 고층운, 난층운, 층운 및 안개의 순서로 나타남	층운형	맑으나 가끔 층적운
강수	약한 비에서 보통비, 언 비, 이슬비, 소나기(여름)	이슬비 혹은 없음	보통 강수 없음. 때때로 약한 비 또는 소나기
시정	악화	악화 후 회복	양호
이슬점온도	서서히 상승	일정	상승 후 일정

다. 만약 전선면 위에 있는 온난한 기단이 상대적으로 건조하다면, 구름의 발달은 최소화되고 강수가 없을 수도 있다. 전선의 통과와 함께 온도는 차츰 상승하고, 기압은 감소한다. 인접한 기단 간의 기온차이가 클수록 온도 증가는 더 분명하다. 또한 남쪽에서 남서쪽으로 방향을 바꾸는 바람이 일반적으로 두드러진다. 유입된 따뜻한 공기의 안정도와 수증기 함량이 맑은 하늘로 되돌아가는 데 걸리는 기간을 주로 결정한다.

7.2.3 폐색전선

한랭전선은 온난전선보다 이동속도가 빠르기 때문에 시간 경과에 따라 온난전선을 따라잡게 되는 경우가 존재한다. 이 경우 한랭전선이 온난전선을 강제로 들어 올려서 전진한 차가운 공기와 온난전선을 이루었던 찬 공기 사이에 새로운 전선이 형성된다. 이 과정을 **폐색**(occulusion)이라 부르고, 중위도 저기압의 가장 마지막 단계에 발생한다.

폐색된 지역의 지표에서는 온난전선이나 한랭전선 중에 한 가지의 특성만 나타나는데 이 전선을 폐색전선이라 한다. 폐색전선에는 한랭형 폐색전선과 온난형 폐색전선이 있다. **한랭형 폐색전선**(cold-type occluded front)에서는 한랭전선을 형성했던 한랭 공기가 온난전선을 형성했던 공기보다 더 차가울 때, 온난전선의 온난한 공기뿐만 아니라 그 앞에 놓인 차가운 공기도 함께 들어 올리며 생긴다(그림 7.3b). 초기 날씨는 온난전선에 의한 날씨와 유사하다. 그러나 폐색이 발달하고 따뜻한 공기가 점점 더 상승하면서 뇌우가 발생할 수 있다. 한랭형 폐색전선이 다가옴에 따라 기상 조건은 상층운이 낮아져 중층운 또는 하층운으로 두터워지고 지상전선에 훨씬 앞서 강수가 형성되는 등 온난전선의 경우와 비슷한 일련의 패턴을 보인다. 이 전선은 저기압성을 나타내므로 남동풍과 기압하강이 전선에 선행된다. 한랭형 폐색전선은 통과하면서 많은 강수, 바람의 변화 등 한랭전선 때와 유사

표 7.4 폐색전선에 동반되는 전형적 기상 상태

기상요소		통과 전	통과 시	통과 후
바람		동풍, 남동풍 또는 남풍	계속 변함	서풍 또는 북서풍
기온	한랭형	차거나 서늘	하강	한랭
	온난형	한랭	상승	온화
기압		하강	저압점	보통 상승
구름		권운, 권층운, 고층운, 난층운의 순서로 나타남	난층운	난층운, 고층운 혹은 흩어진 적운
강수		약한, 보통, 또는 강한 비	약한, 보통, 또는 강한 연속 강수 또는 소나기	약한 또는 보통 강수 후 맑아짐
시정		강수로 악화	강수로 악화	회복
이슬점온도		일정	한랭형이면 약간 하강	약간 하강, 온난형이면 상승

한 일기를 초래한다. 일정 기간 궂은 날씨가 계속된 후 하늘이 맑아지기 시작하고 기압이 상승하며 기온이 낮아진다. 한랭전선이 온난전선을 추월하는 바로 그때, 폐색 시점에 가장 큰 기온차가 발생하므로 이때 가장 격렬한 일기 변화가 나타난다. 한랭형 폐색이 온난형 폐색보다 더 일반적이다.

한랭전선을 형성했던 한랭 공기보다 온난전선을 형성했던 한랭 공기가 더 차가울 때, 이를 **온난형 폐색전선**(warm-type occluded front)이라 한다(그림 7.3d). 즉, 온난형 폐색전선은 전진하는 전선 뒤의 공기가 앞선 차가운 공기보다 더 따뜻할 때 발달한다. 이러한 형태의 폐색전선은 대륙의 서쪽 연안에서 자주 발생하는데, 상대적으로 온화한 해양성 기단이 몹시 추운 극지방 대륙에 근원을 둔 극지방 기단으로 침범할 때 발생한다. 이때 침범한 찬 공기는 전선 앞의 찬 공기보다 상대적으로 따뜻하고 가볍다. 결과적으로 덜 찬 공기는 위로 상승해서 새롭게 발달한 폐색전선의 앞쪽의 무겁고 찬 공기의 위로 이동한다. 온난형 폐색전선에 의한 날씨는 온난전선과 대개 비슷하다. 그러나 위로 올려진 공기가 조건부 불안정하다면 뇌우가 발달할 수도 있다.

7.2.4 정체전선

정체전선(stationary front)은 따뜻한 기단과 차가운 기단이 만난다는 점에서 한랭전선이나 온난전선과 마찬가지지만, 일반적으로 전선이 서서히 이동하는 데 비하여 정체전선은 특정한 곳에 오랜 기간 머무는 경향이 있다. 전선의 북쪽에는 동풍류가 남쪽에는 서풍류가 전선에 평행하게 불지만, 기단은 거의 움직이지 않는다. 아시아에서는 장마철에 중국 남부지방에서 잘 발생하는데, 북쪽의 약화된 대륙성 한대기단과 남쪽의 역시 아직 약한 해양성 열대기단 사이이다. 온난한 기단이 한랭한 기단 상공으로 타고 흘러가는 추월 현상이 종종 정체전선을 따라서 발생하기 때문에 약한 강수가 발생한다. 하지만 정체전선이 여러 날 동안 한 지역에 머물러서 홍수를 발생시킬 수도 있다. 남쪽의 온난한 공기가 북상하면 온난전선이 되고 북쪽의 한랭한 공기가 남하하면 한랭전선을 이룬다. 좁은 면적 내에서 풍향의 차이가 크다는 점이 시어(shear) 라인과 비슷하고, 온도경도가 있고 광범위한 구름대가 있다는 점이 다르다. 시어 라인이 저기압으로 변하듯이 저기압 중심으로 발달하는 경우가 많다. 정체전선이 이동하기 시작할 때 기단에 따라 한랭전선 또는 온난전선이 된다.

7.2.5 건조전선

대부분의 전선은 기단 간의 온도차이에 의해 분리되지만, 전선 경계는 서로 다른 습도를 가진 공기로도 분리될 수 있다. 다른 기상요소들이 같다고 가정할 때 건조한 공기는 습한 공기보다 밀도가 높다. 그러므로 건조하고 따뜻한 공기가 습하고 따뜻한 공기쪽으로 전진할 때 **건조전선**(dry line)이라고 부르는 전선 경계가 발달한다. 건조전선은 주로 대륙성 열대기단과 해양성 열대기단이 만났을 때 발생한다. 건조전선은 전선 서쪽에 위치한 기단과 동쪽에 위치한 이슬점 온도를 비교하여 쉽게 확인할 수 있다.

장마전선

장마를 유발하는 **장마전선**(Changma front)은 정체전선의 한 예이며 북태평양의 온난 다습한 기단과 북쪽의 한랭기단 사이에 형성되는 정체성이 강한 한대전선이다. 전선을 형성하는 한랭기단은 오호츠크해 기단으로 대표되기도 하나, 오호츠크해 기단에 대한 역할은 학계에서 아직 정립되지 못하였다. 장마전선은 동아시아 지역 전역에서 발생하는데, 중국에서는 **메이유**(Meiyu front), 일본에서는 **바이유**(Baiu front)라고 각각 부른다. 6월부터 9월까지 동아시아 지역의 정체전선은 시기에 따라 대규모 순환장과 함께 북상하였다가 남하하는 특성을 보인다. 정체전선은 6월 초에 중국 남부와 일본 남쪽에 위치하다가 여름이 진행됨에 따라 북상한다. 6월 중순에는 메이유와 바이유가 시작되고, 6월 말에 우리나라 장마가 시작된다. 한반도 위의 정체전선은 7월 중순까지 유지되다가 7월 말에 약해지면서 한반도 북쪽으로 이동한다. 이때 열대기단과 한대기단의 차이가 약화되면서 정체전선이 약화되거나 소멸된다. 우리나라는 8월 중순까지 북태평양 고기압의 영향으로 무더운 날씨

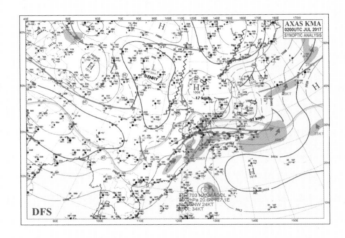

그림 7.R1 2017년 7월 2일의 일기도 및 위성사진. 한반도 남부지역에 전형적인 장마전선과 이에 동반된 구름띠를 볼 수 있다. (출처 : 기상청)

가 지속된다. 8월 말부터 9월 초에 오호츠크해 고기압 세력이 복사냉각으로 강화되면서 그 남쪽 경계면이 남하한다. 그로 인해 다시 열대기단과 한대기단 세력의 차이가 커지면서 정체전선이 강화되고, 우리나라 쪽으로 남하할 때 가을장마가 시작되기도 한다.

우리나라의 장마는 북태평양 고기압의 확장과 함께 장마전선이 북상해 오는 시기에 따라 일찍 시작되기도 하고, 늦게 시작되기도 하여 해마다 다른 특성을 나타낸다. 장마는 약 1개월 동안 지속하면서 우기를 형성한다. 대체로 장마전선은 6월 하순에 남해안 지방에 걸치기 시작하여, 7월 중순경에는 북위 36도 부근에 도달하고 7월 하순이 지나면 중국과의 국경 부근까지 올라가기도 한다. 장마기간 중에는 날씨가 흐리고 비가 빈번하게 내린다. 따라서 장마철에는 습도가 높으며 불쾌지수도 높다. 이때 장마전선을 따라 다습한 남서기류가 흘러들어오면 집중호우가 내릴 수 있다. 장마 기간에는 평균적으로 300~400 mm의 강수가 내리며, 곳에 따라 호우, 홍수가 발생하기도 한다.

장마전선이 우리나라에 걸칠 때에는 만주지방과 양쯔강 유역에 저기압이 나타난다. 동서로 가로놓이는 장마전선을 따라 2~3일 주기로 양쯔강 쪽에서 중규모의 저기압이 전선상에서 동진해 오는 경우가 흔히 있는데, 특히 이때 우리나라에 비가 많이 내린다. 그러나 만주지방의 저기압은 오호츠크해 고기압에 가로막혀 정체 상태에 머물기가 쉽다. 장마전선대에는 북태평양 고기압의 고온 다습한 공기가 오호츠크해 고기압의 냉하고 다습한 북동기류를 타고 상승하기 때문에 구름이 생기며, 비가 오는 구역이 장마전선의 북쪽에 주로 형성된다. 비가 오는 구역의 너비는 약 300 km, 구름이 끼는 구역의 너비는 약 700 km에 이른다.

장마 시기와 기간은 전선 사이에 위치한 두 기단의 세력 관계에 의해 결정된다. 장마전선은 북쪽의 한랭기단과 남쪽의 북태평양 온난기단 사이의 접촉면을 따라 동서로 길게 전선이 형성되는데, 북태평양 기단이 확장됨에 따라 전선은 점차 북상하게 된다. 북쪽의 한랭기단 세력이 유난히 강할 경우 장마전선의 북상이 지연되어 전국적으로 가뭄이 발생하기도 한다. 또한 냉습한 북동기류가 탁월해져 이상저온 현상으로 냉해가 발생하기도 한다. 7월 말경이 지나면 장마전선은 만주 쪽으로 완전히 올라가 장마철이 끝나고, 우리나라 전역이 북태평양 기단 아래에 놓여 무더운 한여름이 시작된다.

연습문제

1. 기단이 발원할 수 있는 좋은 조건은 무엇인가?
2. 한반도 날씨에 영향을 미치는 주요 기단의 기온 및 습도의 특성을 열거하라.
3. 여름보다는 겨울에 기단과 기단 사이의 경계가 더 강하게 발달하는 이유는 무엇인가?
4. 각 전선의 모양과 기울기, 전선 양쪽의 기단, 구름 종류 등을 고려하여 전형적인 한랭전선, 온난전선의 단면도를 그려보라.
5. 한랭전선의 이동속도가 온난전선보다 빠른 이유는 무엇인가?
6. 한랭형 폐색전선과 온난형 폐색전선의 특징을 비교하라.
7. 폐색전선 통과 전후 나타나는 날씨 변화에 대해서 기술하라.
8. 건조전선이 일반적인 전선과 다른 점을 기술하라. 건조전선이 주로 발생하는 시기와 장소에 대해서 기술하라.
9. 장마전선이 초여름에 남쪽에서 발생하여 일반적으로 북상한다. 장마전선이 계절의 진행에 따라 북상하는 이유를 설명하라.
10. 장마, 메이유, 바이유 전선의 공통점과 차이점을 설명하라.

참고문헌

김경익 등, 2011 : 환경대기과학. 동화기술, 172-175pp.

민경덕, 민기홍, 대기환경과학, 2013 : Cengage Learning, 204-215pp.

안중배 등, 2016 : 대기과학, 시그마프레스, 241-246pp.

제8장

중위도 저기압

한 지역의 날씨는 기압 변화에 크게 영향을 받는다. 고기압의 영향을 받게 되면 대체로 구름이 적고 맑은 날씨를 보인다. 이것은 고기압 중심부와 주변부의 기압 차이가 적기 때문에 기압경도력에 따른 바람의 크기가 크지 않아 바람이 약하고 온화한 날씨를 보이기 때문이다. 반면에 저기압성 날씨는 대체로 흐리고 바람이 많이 불며, 강수를 동반하는 경우도 있다. 저기압성 날씨의 중심부에서는 기압이 낮아짐에 따라 태풍과 같이 매우 강한 바람이 불 수 있다. 이 장에서는 궂은 날씨를 가져오는 **중위도 저기압**(middle latitude cyclone)이 발달하는 이유를 저기압 모형을 통하여 이해하고, 중위도 저기압의 일생에 대해 알아본다. 그리고 중위도 저기압과 연관되어 발생하는 대기 상층의 운동과 중위도 저기압의 발생 지역 및 이동 특징에 대해 알아본다. 마지막으로 중위도 저기압의 3차원적 특징을 표현하는 컨베이어 벨트 이론을 살펴본다.

8.1 중위도 저기압과 저기압 모형

8.1.1 중위도 저기압

중위도지역에서는 대기 중층의 바람 방향에 따라 수평으로 이동하는 많은 저기압과 고기압들이 관찰되는데, 이들을 일컬어 중위도의 **이동성 저기압 · 고기압**(migratory cyclone/anticyclone)이라고 각각 부른다. 이동성 저기압 · 고기압은 이동이 거의 없이 한곳에 정체되어 나타나는 정체성 저기압 · 고기압과는 차이가 있다. **정체성 저기압 · 고기압**(stationary low/high)은 계절 평균 일기도 등에 뚜렷하게 나타나며 그 수평 크기가 이동성 저기압 · 고기압에 비해서 상대적으로 매우 크다. 예로는 한반도의 겨울철에 관측되는 시베리아 고기압이나 알류샨 저기압이 이에 속한다. 그리고 여름철의 북태

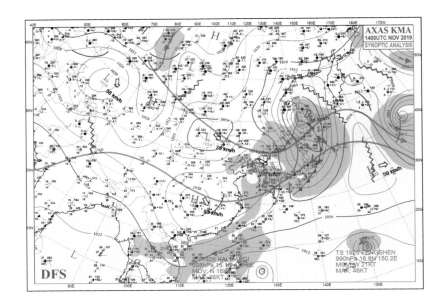

그림 8.1 기상청 지상일기도로 해당 날짜의 고기압과 저기압의 공간분포에 따른 대기의 운동과 날씨 상태를 이해할 수 있다 (2019. 11. 14. 오전 9시). 지상에서 관측한 기상 관측자료를 근거로 컴퓨터가 작성하고, 예보관이 세밀하게 수작업으로 수 정 보완하여 작성한 12시간 간격의 지상일기도로, 관측지점별 기상 상태를 알 수 있고, 그림 안의 선들은 1000 hPa을 기준 으로 4 hPa 간격의 등압선을 나타낸다. (출처 : 기상청)

평양 고기압도 여기에 해당한다. 반면 중위도의 이동성 저기압·고기압은 장기간 시간 평균된 일기 도에서 나타나지 않으며 수평규모도 수천 km 정도 이내로서 정체성 기압계에 비해 작다.

임의의 날짜의 지상일기도를 보게 되면(그림 8.1), 폐곡선을 이루는 등압선의 안쪽이 바깥쪽보다 기압이 높으면 고기압, 반대로 낮으면 저기압이라 부른다. 따라서 저기압이나 고기압은 기압중심의 절대적인 값에 따라서 정해지는 것이 아니라 중심부의 기압이 주위보다 상대적으로 낮은가 또는 높 은가에 따라서 결정된다. 그림에서는 중국 내륙을 중심으로 발달한 고기압이 한반도까지 자리 잡고 있으며, 몽골 지역에 저기압의 중심이 위치하고 있음을 알 수 있다. 또한 사할린에 중심을 둔 저기압 은 남북으로 큰 규모로 형성되어 있는데, 중심을 둘러싼 좁은 간격의 많은 등압선들은 중심기압이 주변 지역에 비해 매우 낮음을 나타내고 있어 저기압이 강하게 발달했음을 보여준다.

8.1.2 편서풍 파동과 저기압 모형

중위도 저기압은 위도 30°~60°대의 중위도에서 발생, 이동, 소멸과정을 거치며 북반구와 남반구 모 두에 나타난다. 일부 열대성 저기압이 약화되면서 중위도에서 저기압으로 변질되는 경우가 있으나 중위도 저기압의 발생과 이동과정은 열대성 기원의 저기압과는 차별된다. 열대와 한대지역의 경계 인 중위도는 남북 간의 온도차가 최대가 되는 지역이다. 중위도 저기압의 발달은 지구자전 효과에 의해 대기의 연직 상승 운동이 억제되는 상황에서 대기의 파동을 통하여 더운 공기를 고위도로, 차 가운 공기를 저위도로 보내면서 남북 간의 에너지 불균형을 해소하기 위한 효과적인 대기대순환 과 정의 하나로 이해할 수 있다.

남북 간의 온도 경도에 의해 편서풍은 고도에 따라 강해지며 상층 제트가 발달하게 된다. 이때 지구 자전 효과는 제트류상에 파동 형태의 중위도 저기압을 유도하는데, 이를 **편서풍 파동**(westerly waves)이라고 한다. 공기덩이의 남북 방향 이동이 이루어지면 남북으로 요동하는 파동의 형태를 만든다.

그림 8.2는 시간에 따른 편서풍 파동의 발달과정을 보여준다. 중위도지역 상공에서 편서풍이 그림 8.2(a)와 같이 띠를 형성하면서 생성된 후 남북 간의 온도차에 의해 (b)와 같이 편서풍의 흐름이 남북으로 파동을 일으키기 시작한다. 파동의 초기 단계에서는 진폭이 작지만 (c)와 같이 발달 단계를 거치면서 그 폭이 커져 결국 파의 일부가 (d)와 같이 떨어져 나오게 된다. 이와 같이 떨어져 나온 파동은 남쪽에 찬 공기의 저기압을 형성한다. 저기압이 주위 공기와 혼합되며 소멸하면 다시 (a)의 상태와 같이 평탄한 상층 흐름으로 되돌아가게 된다. 상층에서 발달하는 편서풍 파동은 지상에서의 고기압과 저기압성 순환을 유도한다.

비야크네스와 술베르그는 편서풍 파동에 의해 발생하는 중위도 저기압 현상을 설명하기 위하여,

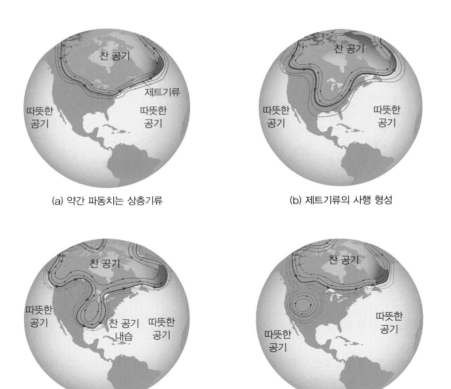

(a) 약간 파동치는 상층기류

(b) 제트기류의 사행 형성

(c) 상층기류의 파동

(d) 평탄한 상층 흐름으로의 복귀

그림 8.2 편서풍 파동의 발달과정. 편서풍 파동은 열대의 따뜻한 공기와 극지방의 찬 공기의 경계에서 발달하며, 편서풍 파동 내에서 최대 풍속을 나타내는 부분이 제트류(굵은 실선)로 화살표 방향으로 서에서 동으로 분다. 제트류는 대류권계면 부근인 8~15 km 고도에서 아주 좁은 영역에 걸쳐 강한 바람대를 형성한다. 편서풍 파동이 발달함에 따라 공기의 수평 흐름 단계에서 점차 남북으로의 흐름이 증가하며 에너지의 남북 교환이 이루어진다. 남북 방향 파동의 진폭이 증가하다가 어떤 경우에는 찬 공기가 분리되면서 다시 평탄한 상층 흐름으로 복귀한다. (출처 : 네이버 지식백과)

소위 한대전선(polar front)에 근거한 저기압의 이론적 모형을 제시하였다(Bjerknes & Solberg, 1922). 한대전선은 열대기단과 한대기단이 만나는 중위도에서 발생하며, 전선을 따라 저기압이 발생하고 소멸하게 된다. 그림 8.3은 중위도 저기압의 발생부터 소멸과정을 보여준다. 온난전선은 북쪽으로 한랭전선은 남쪽으로 이동한다. 그리고 두 전선은 모두 북쪽에 강수역을 가지게 되는데, 온난전선의 북쪽에 훨씬 더 넓은 강수역이 존재한다. 반대로 두 전선의 남쪽은 온난역이라 하는데, 이 지역에서는 구름이 조금 끼는 날씨가 보통이나 불안정한 기단에서는 간헐적인 소나기가 있다. 이 저기압계는 상층의 중위도에서 지배적인 바람의 방향을 따라 동진 또는 북동진하면서 더욱 발달하여 열린 파동의 형태를 나타낸다. 중위도 저기압의 발생과 소멸과정을 통해 저위도지역의 따뜻한 공기는 고위도로, 고위도지역의 찬 공기는 저위도로 이동하면서 남북 간에 열이 교환된다.

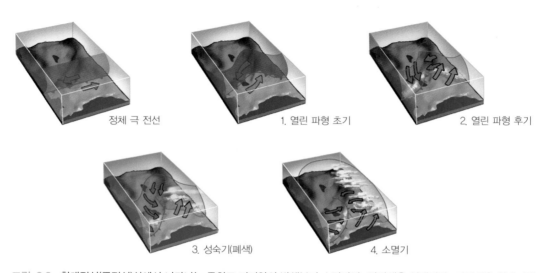

그림 8.3 한대전선(극전선)상에서 나타나는 중위도 저기압의 발생부터 소멸과정. 빨간색은 열대기단, 파란색은 한대기단을 나타낸다. 두 기단 사이의 지상전선에는 한랭전선(파란색 삼각형)과 온난전선(빨간색 반원)이 발생하며, 이에 따라 따뜻한 공기의 흐름(빨간색 화살표)과 찬 공기의 흐름(파란색 화살표)이 발생한다. 초기 정체전선에서 열린 파형 초기, 열린 파형 후기를 거쳐 성숙기와 함께 전선의 폐색단계에 접어들며 소멸기로 마무리된다. 단계별로 구름 영역을 표시하였으며, 이 지역을 중심으로 강수가 발달한다. (출처 : 네이버 지식백과)

중위도 저기압에 대한 초기 모형   읽을거리

대기과학의 다양한 영역 중에서 **종관기상학**(synoptic meteorology)은 날씨예보를 위한 학문이다. 종관이란 의미는 날씨를 예측하기 위하여 다양한 종류의 기상관측자료를 종합하는 과정으로서 전체적인 관점에서 기상 상태를 한눈에 파악하고 이 정보를 미래의 기상을 예측하는 데 활용하는 것이다. 따라서 종관기상학의 발전은 기상관측 기술의 발전과 밀접한 관련이 있다. 종관기상학의 시작은 대양을 항해하면서 기록한 산발적인 기상 정보의 수집으로부터 시작되었으며, 후에 체계적인 지상관측망과 무선통신을 이용한 상층관측, 레이더, 위성 등 원격탐사 기술이 발달하면서 급속히 발전하였다. 또한 종관기상학은 유체역학의 발전과 밀접하게 관련되어 있다. 대기가 연속성을 가지고 변화하는 점성, 압축성, 상변화를 갖는 유체라는 가정에 기반하여 여러 물리 방정식계를 이용하여 대기의 운동을 수치적으로 표현하는 데 있어 유체역학은 종관기상학의 중요한 학술적 토대가 되었다. 종관기상학의 주제는 중위도의 대규모 기압계에서부터 저위도의 중규모 대류계까지도 포함하며, 분석법을 이용하여 다양한 현상을 진단하고 수치 모델을 사용하기도 한다. 종관기상학의 발전과 함께 중위도 저기압에 대한 개념적 모형은 시대에 따라 점진적으로 발전하고 있으며 현재까지도 미완성 이론으로 꾸준히 연구되고 있다.

중위도 저기압에 대한 가장 고전적인 모형은 피츠로이가 제안한 모형이다. 피츠로이는 영국 해군 소속으로 다윈과 함께 비글호의 선장으로 항해한 바 있다. 그는 항해 일지에 수년간 기록한 바람과 온도 자료에 근거하여 저기압의 개념적 모형을 제시하였다(그림 8.R1). 피츠로이 모형에서 저기압은 한랭한 기류와 온난한 기류가 만나며 반시계 방향으로 회전하는 소용돌이로 표현된다. 저기압의 발생은 두 기단의 온도 차이와 밀접하게 관련이 있으며, 저기압 내에서 차가운 기류와 따뜻한 기류의 강한 흐름이 부딪히는 것을 강조하였다. 이 모형은 또한 차가운 공기와 따뜻한 공기가 한랭기단과 온난기단 내부로 침투하는 것을 보여주고 있으며, 온난한 기류와 한랭한 기류 사이의 광범위한 무풍지역도 존재한다. 이러한 모형은 최근에 위성영상에서 보는 수증기의 변화 형태와 흡사하다. 라디오 무선통신이나 실시간 일기도가 없는 시절에, 지상에서의 제한적인 관측자료만을 가지고 이러한 개념을 정립한다는 것은 실로 놀라운 과학적 상상력의 발현이라고 할 수 있다. 그림 8.R1에서는 저기압 중심부에 온난한 기단과 한랭한 기단이 혼

재되어 있거나, 혹은 온난기단만을 포함하고 있다. 이러한 개념은 뒤에서 설명할 노르웨이 저기압 모형에는 없는 독창적인 개념이다. 노르웨이 모형에서는 폐색단계에서 저기압 중심부에서 한랭한 기단만을 포함하고 있다. 이러한 측면에서 피츠로이 모형에서 제시하는 온난핵 저기압은 현대적 이론에서 제시하는 폭발성 저기압(explosive cyclones) 모형과 흡사하며, 이러한 고찰이 우연한 것이 아니라 상세하게 의도된 것이라는 점에서 흥미롭다.

중위도 저기압에 대한 보다 발전된 모형은 노르웨이의 비야크네스와 술베르그(1922)에 의해 제시되었으며 그 핵심적인 내용은 현재까지도 널리 활용되고 있다. 소위 노르웨이 모형은 2차원의 피츠로이 모형에서 발전하여 전선을 3차원 구조로 이해하고, 이를 기반으로 중위도 저기압을 표현하여 흔히 전선성 저기압 모형이라 불린다(그림 8.R2). 이 모형에서는 전선의 수평 및 연직구조와 함께 이로부터 발달하는 구름과 강수지역을 제시한다. 또한 저기압의 발생부터 소멸까지의 일생을 체계적으로 제시하였다. 이 모델의 핵심은 중위도와 고위도에서의 날씨 변화를 유발하는 저기압이 대기의 경압성에 의해 발생한다는 것이다. 당시로는 라디오 무선통신을 이용한 고층 관측자료가 전무했기 때문에 대기의 연직 운동에 대한 이해가 충분하지 않았다. 한랭전선과 온난전선을 중심으로 발생하는 입체적인 대기의 운동은 순전히 과학적 유추를 통해서 제시되었기 때문에 당시로는 매우 혁신적이다. 그림 8.R2는 수평 및 연직 단면

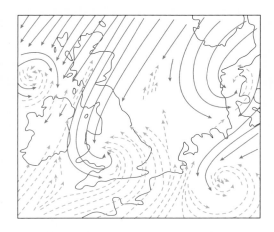

그림 8.R1 1863년도에 제시된 피츠로이 저기압 모형. 저기압은 한랭(실선)하고 온난(점선)한 공기가 강하게 부딪히며 반시계 방향으로 회전하는 소용돌이로 표현하였다. 저기압의 발생은 기단 사이의 온도 차이와 밀접하게 관련이 있음을 강조하였다. (출처 : Petterssen, 1958)

을 통해서 노르웨이 모형에 나타나는 온난전선과 한랭 전선의 위치와 저기압을 나타낸다. 그림 8.R2의 (a1)에서는 지상에 전선이 발생하지 않는 저기압 북쪽지역에서의 동서-연직 단면을 나타내며, 전선면은 상층에 위치하고 있고, 하층에는 한랭기단, 상층에는 온난기단이 위치한다. (a2)는 저기압의 중심에서 한랭전선과 온난전선이 각각 서쪽과 동쪽으로 위치하고 북반구에서

반시계 방향으로 회전하는 저기압의 모형을 제시한다. (a3)은 저기압 중심의 남쪽을 관통하는 동서-연직 단면으로서 한랭전선 후면에서 차가운 공기의 침강과 이에 의한 영향으로 온난한 공기가 온난전선 쪽으로 이동하고 온난전선면을 따라 더운 공기가 지면으로부터 상승하는 것을 나타낸다. (b)는 저기압의 일생을 나타낸다. 초기에는 남쪽의 온난기단과 북쪽의 한랭기단을 경계로

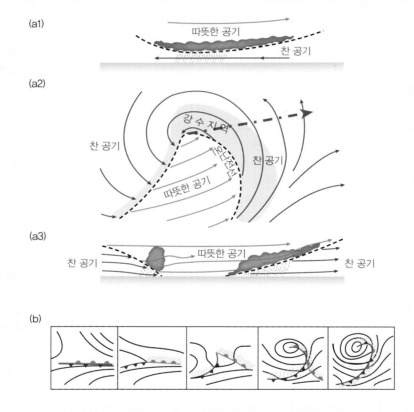

그림 8.R2 비야크네스와 술베르그의 저기압 모형. (a1)은 저기압 중심 북쪽에서 동서 방향으로의 연직 횡단면으로 하층에 한랭기단, 상층에 온난기단이 위치하며 중심부에 구름과 강수지역이 표시되어 있다. 한랭한 하층기류는 동쪽에서 서쪽으로 진행하며, 온난한 상층기류는 서쪽에서 동쪽으로 진행한다. (a2)는 지상 저기압의 중심으로부터 분기하는 한랭전선과 온난전선(점선), 한랭기단과 온난기단의 영역과 반시계 방향으로 회전하는 하층 바람의 운동(화살표)을 나타내며, 하늘색으로 칠해진 지역은 구름과 강수지역을 표시한다. 점선과 실선으로 이어진 화살표는 저기압 중심의 이동 방향을 나타낸다. (a3)은 저기압 중심 남쪽에서의 연직 횡단면을 나타낸다. 서쪽에 위치한 한랭전선면을 경계로 후면에서는 차가운 공기가 하강하며 온난전선면에서는 더운 공기가 상승한다. 한랭전선면을 중심으로 적란운 등의 대류성 구름이 발생하고 강수를 수반한다. 더운 공기는 동쪽의 온난전선면을 넘어 상승하며 층운형 구름과 함께 보다 넓은 지역에서 강수를 발생시킨다. 온난전선의 동쪽에서는 차가운 공기가 서쪽에서 동쪽으로 이동한다. (b) 저기압의 발생에서 소멸까지의 단계를 나타낸다. 초기에 한랭전선과 온난전선이 대치하는 정체전선으로부터 한랭전선은 남쪽으로 온난전선은 북쪽으로 이동하는 동시에 북반구에서 반시계 방향으로 회전한다. 한랭전선의 빠른 이동속도로 인해 온난전선과 겹쳐지는 폐색전선을 거쳐 소멸하게 된다. 각 그림에서 빗금친 영역은 강수지역, 실선은 기류의 흐름을 나타낸다. (출처 : Bjerknes & Solberg, 1922)

동서 방향으로 위치한 기압골상의 정체전선상에서 저기압성 요란이 발생하며, 요란의 회전 중심에 저기압의 중심이 위치한다. 한랭전선은 동남쪽으로 이동하며 발달하고, 온난전선은 북서쪽으로 진행하는데, 한랭전선의 이동속도가 빨라서 온난기단 영역은 점차 수축하고 소멸하게 되며, 더운 공기는 상층으로 올라가며 종래에는 폐색전선을 형성한다.

　　노르웨이 저기압 모형은 관측에서 나타나는 전선과 저기압의 변화, 구름의 형태와 강수대의 위치 등을 대규모 현상 차원에서 핵심적인 부분을 잘 표현하고 있어 종관기상학의 발전에 크게 기여하였다. 그럼에도 불구하고 이 모형은 중요한 결점이 있다. 노르웨이 저기압 모형은 전선면을 경계로 기온과 습도의 불연속성을 가정하고 있으나, 유체역학 관점에서의 연속성을 고려할 수 없는 단점이 있다. 실제로 전선은 온난기단과 한랭기단의 전이지역으로서 전선은 온도보다는 온도 경도의 불연속면으로 봐야 한다. 폐색단계에서의 저기압 중심을 둘러싼 한랭기단은 실제로 관측이 어려운 단점이 있다.

8.2 저기압과 상층 운동

8.2.1 상층의 발산과 수렴

지상 저기압의 발달과정은 지상 부근 기압의 변화에 의해 직접적으로 발생하기보다는 상층의 대기 운동과 밀접한 관련이 있다. 이를 간단히 이해하기 위해서 상층 대기의 운동에 의한 지상기압의 변화과정을 이해해보자. 그림 8.4는 기압과 공기덩이 질량의 관계를 나타낸다. 제5장에서 설명한 바와 같이 특정 고도의 기압은 단위면적당 공기의 무게로서 지표면 방향으로 가해지는 힘의 크기에 해당한다. 이를 간단한 수식을 이용하여 정리하면 $F=mg$이다. F는 연직 방향 공기덩이의 질량(m)에 의하여 하부에 미치는 힘, 즉 무게이고, g는 중력가속도이다. 따라서 압력, 즉 단위면적당 공기기둥의 무게는 $p=mg$ [N m^{-2}] 으로 표시 가능하며 질량(m)이 ρV이므로 $p=\rho Vg$가 된다. 여기서 기압이 단위면적당 작용하는 힘이므로 V는 h에 비례하여 $p=\rho gh$가 된다. 여기에서 h는 기압을 측정하는 곳의 고도로부터 대기 상한까지의 높이를 의미한다. 그림 8.4의 500 hPa 면 위의 공기 무게는 500 hPa $=50,000$ N m$^{-2}=mg$가 된다. 따라서 500 hPa 고도면상의 단위면적당 공기 질량(m)은 약 5,000 kg이

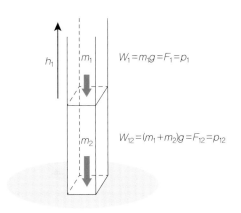

그림 8.4 질량과 기압의 관계. 공기덩이의 무게(W)는 질량(m)과 중력가속도(g)의 곱으로 표현된다. 공기덩이의 무게는 힘(F)의 단위로서 기압(p)을 나타낸다. 첨자는 단위면적 위의 공기기둥의 위(공기기둥 1)와 아래(공기기둥 2)를 나타내며, h_1은 위쪽 공기기둥의 대기 상한까지의 높이를 나타낸다.

된다.

대기 상층의 발산과 수렴 운동에 따라 지상 기압은 변한다. 이러한 과정을 이해하기 위해서 먼저 대기 상층의 운동을 그림 8.5를 이용하여 이해해보자. 우리가 상층 일기도에서 흔히 볼 수 있는 것과 같이 마찰이 적어지는 대기 상층에서는 풍속이 강하며, 지상에서 나타나는 폐곡선 형태의 기압계보다는 주변부보다 기압이 높은 기압마루와 기압이 낮은 기압골로 이루어진 물결 모양의 기압계 형태를 보인다. 이 경우 상층의 바람은 기압경도력과 전향력만을 고려한 지균풍(geostrophic wind) 균형보다는 원심력을 함께 고려하는 경도풍(gradient wind) 균형을 따르게 된다. 경도풍 균형에 의해 그림 5.11에서 설명한 것과 같이 기압마루를 돌아 부는 바람은 원심력이 기압경도력 방향으로 작용하며 지균풍보다 풍속이 강해지고, 기압골을 돌아 부는 바람은 원심력이 기압경도력과 반대 방향으로 작용하며 지균풍보다 풍속이 약해진다. 이 경우 기압마루에서 기압골로 부는 바람의 풍속이 감소함에 따라 상층 저기압의 서쪽에서는 상층 수렴이 발생한다. 이와 유사한 이유로 상층 기압골의 동쪽에서는 기압마루로 가면서 풍속이 증가함에 따라 상층 발산지역이 형성된다. 상층에서의 수렴과 발산은 공기의 연직 운동을 유도한다. 상층에서는 대류권계면에 막혀 윗쪽으로 연직 상승이 제한되며, 이에 따라 상층 수렴지역에서는 지상으로 하강 운동이, 상층 발산지역에서는 발산되는 공기를 보상하기 위한 상승 운동이 각각 유도가 된다. 결국 상층의 파동은 상승과 하강의 **2차 순환**(secondary circulation)을 유도하며 지상에 저기압과 고기압을 유도하게 된다. 발달하는 중위도의 저기압은 이러한 이유로 상층으로 갈수록 저기압의 중심이 서쪽으로 기울어진다.

지상에서는 고기압에서 저기압으로 공기가 이동하게 되는데, 이때 지상 마찰이 중요한 역할을 한

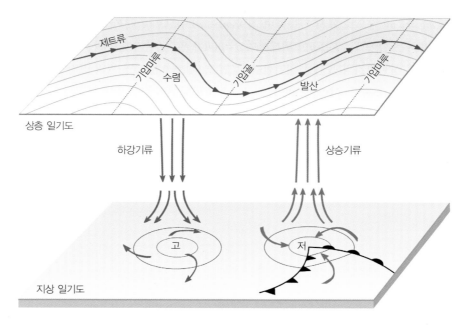

그림 8.5 북반구 상층과 하층에서의 기압과 바람의 변동. 상층 기압골 서쪽에서는 수렴과 함께 하강기류가 발생하며, 동쪽에서는 발산과 함께 상승기류가 발생한다. 하강기류와 상승기류는 지상에 고기압과 저기압 순환을 각각 유도한다. (출처 : 네이버 지식백과)

다. 지표면 근처의 대기경계층에서 발생하는 난류는 대기의 운동에 마찰력으로 작용하며, 이러한 마찰이 강할수록 고기압에서 저기압으로 이동하는 공기의 질량은 많아지며 지상 저기압의 발달을 심화시키는 역할을 한다. 중위도지역의 육지와 해양에서의 등압선과 실측된 바람의 각도를 조사해보면 마찰이 작은 해상에서 한결 작게 나타난다. 그러나 지상에서의 마찰을 감안하지 않아도 지상 저기압이나 고기압이 상층 운동에 의해 형성될 수 있다는 과정을 이해하는 것이 중요하다. 중위도 저기압이 발달하는 많은 경우에 지상 저기압과 고기압은 상층과 연관된 기압골이나 기압마루와 밀접한 관련이 있어 사실상 지상 기압계는 이들 상층 기압 패턴의 그림자로 해석하는 것이 더 바람직하다.

중위도 저기압의 발달과정을 상층과 하층의 기압계와 운동량의 변화만으로 설명하는 것에는 한계가 있다. 함께 고려해야 하는 것이 온도의 변화이다. 한 예로 공기기둥의 기온이 낮아지면 내부의 공기 부피가 줄어들어 공기기둥은 연직 방향으로 수축할 것이다. 이 경우 수평 방향의 수축도 예상되나 수평적으로 거의 무한대의 수평규모를 생각해야 하므로 그 영향은 무시할 수 있다. 그러면 상층에서 공기기둥 부근의 기압이 낮으므로 주위 공기가 수렴하게 되어 지상에서는 주위보다 더 높은 기압을 보이게 된다. 물론 이 경우 지상 부근에서는 공기가 공기기둥을 이탈하지만 상층의 수렴이 이를 보충하여 지상 부근의 고기압은 지속된다. 지상 기압이 낮아지는 경우는 위의 경우와 정반대의 현상이 지속되는 경우다. 즉, 대기가 가열되면 공기기둥이 연직 방향으로 팽창하게 됨에 따라 대기 중층 이상의 높이에서는 공기기둥 부근이 고압이 되어 공기가 공기기둥 밖으로 이동하게 된다. 따라서 공기기둥의 하부에서는 위에서 누르는 공기가 적어지는 효과를 내므로 지상 기압이 감소하게 된다. 이 경우 역시 하층 공기의 수렴으로 보충된 공기가 상층 공기의 발산을 능가하지 않으며 지상 저기압을 유지하게 된다.

그렇다면 중위도 저기압 발달에서 어떠한 현상이 공기기둥의 냉각이나 가열을 가져올 수 있을까? 상승 운동에 따라 응결이나 구름 복사과정 등이 온도 변화를 유도할 수 있으나, 중위도 저기압과 같이 규모가 큰 현상에서는 대기 하층에서 중층에 걸쳐 발생하는 수평 방향의 **온도이류**(temperature advection)가 매우 중요한 역할을 한다. 그림 8.5에서 지상 저기압의 오른쪽은 온난전선에 의한 **온난이류**(warm advection), 왼쪽은 한랭전선에 의한 **한랭이류**(cold advection)가 유도되면서, 온난이류가 있는 공기기둥은 가열, 한랭이류가 있는 공기기둥은 냉각이 된다. 이에 따라 상층 기압마루는 더욱 높아지고, 기압골은 더욱 낮아지면서 상층의 파동이 증폭되게 된다. 이에 의해 더욱 강화되는 상승기류는 지상 저기압이 더욱더 발달할 수 있는 조건을 제공한다.

8.2.2 상층기류와 저기압의 이동

이동성 저기압은 중위도에서 하루에 위도거리로 대략 $10°$ 정도 동진한다. 이는 약 10 m s^{-1}의 속력에 해당한다. 중위도지역에서 약 일주일 정도의 주기로 날씨가 변하는 경우가 나타나는데, 이는 저기압이 통과한 후 다시 저기압이 오는 데 약 일주일이 걸리기 때문이다. 일기도 분석을 통하여 결정할 수 있는 중위도지역의 이동성 저기압과 연관된 대기 파동의 크기는 파장으로 표현되며, 대략 4,000~6,000 km의 파장을 가지고 있다. 이는 일기도에서 저기압(고기압)과 그 동쪽 혹은 서쪽 저기압(고기압) 중심 간의 거리를 의미한다. 그리고 이들의 하루 동안 이동거리가 약 1,000 km임을 감안하면 4일에서 6일 정도가 되는데, 이는 위에서 언급한 10 m s⁻¹의 이동속도와 어느 정도 일치한다. 대략 시간적으로 일주일 이내, 공간적으로 수천 km 규모를 **종관규모**(synoptic scale)로 분류한다. 종관규모의 중위도 저기압 발달과 이동은 상층기류에 의해 많은 영향을 받는다. 중위도 편서풍 지역의 약 10 km 상공에는 남북 간의 온도차이가 큰 대륙의 동안을 중심으로 대류권 제트가 발달하며 이동성 저기압에 운동에너지를 공급한다. 편서풍 파동에 의해 발생하는 종관규모의 이동성 저기압은 평균류에 의하여 동쪽으로 이류되는 경향이 강하다(Holton, 1992).

8.3 중위도 저기압의 발생 지역 및 이동

8.3.1 중위도 저기압의 발생 지역

중위도 저기압은 중위도대의 모든 지역에서 골고루 발생하기보다는 대기 하층에서의 기온 변화가 크고, 상하층 간의 바람시어가 큰 지역에서 주로 발생한다. 중위도 저기압의 주요 발생 원인이 편서풍 파동임을 고려하면, 북반구의 경우에는 상층 제트류가 존재하는 대륙의 동안이 주요 발생 지역이 된다. 이 지역에서는 대륙과 해양의 기온차가 크게 유지되며, 상층 제트류가 시작되는 입구의 남쪽 지역과 상층 제트류의 출구 북쪽지역에서 저기압의 발생 가능성이 크다.

중위도의 대규모 산악지역 풍하측(lee side)에서도 중위도 저기압이 특히 많이 발생하는데, 이러한 저기압의 발생에는 남북 기온경도와 함께 산악 효과가 중요한 역할을 하는 것으로 알려져 있다. 편서풍 계열의 바람이 산악을 넘을 때 풍하측에서 저기압이 발달 또는 강화되는 현상을 풍하측 저기압 발생(lee cyclogenesis)이라고 한다. 전 세계적으로 풍하측 저기압의 주요 발생 지역으로 알려진 곳은 알프스, 히말라야, 로키, 안데스 등과 같이 북반구와 남반구의 중위도에 위치한 높은 산맥들이다. 북아메리카 대륙의 경우 로키산맥 동쪽 비탈을 포함하여 저기압 발생 다발지역이 있다. 그림 8.6은 산맥을 넘는 공기의 흐름에 의해서 산맥 동쪽 비탈에서 저기압이 발달하거나 강화되는 현상을 보여주고 있으며, 이렇게 발달한 저기압을 풍하측 저기압(lee side low)이라고 한다. 북아메리카 대륙에서는

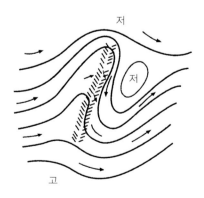

그림 8.6 편서풍 계열의 바람이 산맥을 넘으며 산맥 동쪽에서 남북으로 운동하며 풍하측 저기압을 형성하는 과정. 화살표는 수평 방향의 대기 운동을 나타내며 산맥을 넘어 평지에 도달하면서 북반구에서는 반시계 방향의 저기압성 순환을 유도한다. (출처 : 네이버 지식백과)

애팔래치아산맥의 대서양 동쪽 연안을 따라서 저기압이 빈번히 발생하기도 한다. 그 밖에 대평원, 멕시코만, 캐롤라이나 동쪽 대서양에서도 저기압이 잘 발달한다. 예를 들어 미국 동부 노스캐롤라이나의 해터러스곶(Cape Hatteras) 부근은 온난한 멕시코 만류가 정체전선의 남측에 습기와 온기를 공급하여 기단 간의 기온과 습도 차이를 크게 하며, 전선을 따라 폭풍우가 급작스럽게 또는 예기치 않게 발달한다.

8.3.2 중위도 저기압의 이동 패턴

일반적으로 중위도 저기압계의 이동 방향은 대기의 중층인 500 hPa 기압계의 패턴으로 예측할 수 있고, 시간당 25~50 km를 움직여서 하루에 600~1,200 km의 거리를 이동한다. 가장 빠른 속도는 온도경도가 가장 큰 추운 계절 동안 발생한다. 상층 바람은 지상 기압계의 이동 방향과 속도를 조종(steering)하는데, 저기압의 이동경로는 현재의 상층 흐름에 따라 등고선(혹은 등압선) 패턴에 평행하게 이동하는 것으로 가정하여 예측할 수 있다. 그러나 500 hPa 층의 바람 패턴이 시간에 따라 다양하게 변하기 때문에 이러한 예측의 정확도는 수 시간 정도의 짧은 기간에 대해서만 유효할 수 있으며, 예측 시간이 길어질수록 오차가 크게 발생한다. 따라서 저기압의 진로를 잘 예보하기 위해서 상층 바람의 변화에 대한 예보가 중요하며, 상층 기압계의 예측은 현대 날씨 예보에서 중요한 부분이다.

우리나라 주변을 포함하는 동아시아는 중위도 저기압의 주요 발생 지역으로, 특히 몽골 지역, 중국 내륙, 일본 동쪽 해상의 쿠로시오 난류 지역 등에서 주로 발생한다. 이 중 몽고 지역과 중국 내륙 지역은 각각 알타이-사얀 산맥(Altai-Sayan Mountains)과 티베트 고원 등의 높은 산맥에 의한 풍하측 저기압 발생과 관련이 있고, 일본 동쪽 해상은 쿠로시오 난류를 경계로 하는 남북 간의 큰 온도 변화가 영향을 미친다. 몽골과 중국 내륙에서 발원하는 저기압은 봄철에 더 자주 발생하는 반면, 북태평양의 일본 동쪽 해상에서 발생하는 대다수의 중위도 저기압들은 겨울철에 편서풍을 따라 동쪽으로 이동한다. 알래스카의 알류샨 열도에 도달하기까지 많은 저기압들이 소멸할 수도 있고, 남동쪽으로 이동하거나 브리티시컬럼비아(캐나다 서남부의 주)를 가로질러 계속 동쪽으로 진행할 수도 있다. 북미에 도달하는 저기압의 주요 이동경로는 계절에 따라 변하며, 여름에는 북쪽으로 이동, 겨울에는 남동쪽으로 이동한다. 상층 바람은 평균적으로 여름보다 겨울에 더 강해지는데, 이것은 남북 간의 온도차이가 증가하는 겨울철에 제트류의 강도가 훨씬 강해지기 때문이다.

8.4 컨베이어 벨트 모형

비야크네스와 술베르그의 한대전선 이론에 근거한 저기압 모형은 편서풍 파동에 의한 저기압 발달의 핵심 구조를 잘 설명하고 있으나, 관측자료에서 나타나는 저기압 발달 단계에서의 복잡한 기류와 중위도 저기압의 입체적 구조를 설명하기에는 한계가 있다. 상층풍 및 최근의 위성 관측, 수치모델링 기술의 발전에 따라 밝혀지는 저기압의 3차원 구조를 설명하기 위해서 **컨베이어 벨트 모형**(conveyor belt model)이 칼슨에 의해 제시되었다(Carlson, 1980). 컨베이어 벨트 모형은 노르웨이 저기압 모형이 제안하는 기단의 충돌이라는 거시적 측면에서의 접근 방식과는 달리, 전선상에서의 좁은 공기의 흐름대인 기류를 세밀하게 분석하는 미시적인 접근 방식이라고 할 수 있다. 이 모형은 세 가지 핵심 기류인 건조기류, 온난 컨베이어 벨트, 한랭 컨베이어 벨트로 구성되어 있다(그림 8.7). 각 컨베이어 벨트는 위성사진에서 서로 대비되는 구름대를 유도한다.

첫 번째, **건조기류**(dry airstream)는 대류권 내지 하부 성층권으로부터 시작되는 차고 건조한 공기의 흐름으로, 저기압 내로 가장 찬 공기를 공급하여 대류 불안정과 저기압 발달에 중요한 역할을 하게 된다. 건조기류는 상층에서 일반적인 서풍으로 시작되어, 상층 기압골에 접근하면서 기압골의 서쪽에서 약하게 하강한다. 그중 일부의 공기 흐름은 상층 기압골을 돌아 다시 상승하여 상층 기압골 동쪽의 온난전선 혹은 폐색전선 위로 상승하여 상층의 서풍과 합류한다. 건조기류의 나머지 공기는 북반구에서는 시계 방향으로 회전하면서 지상 한랭전선의 후면으로 하강하게 되어, 한랭전선을 가로지르는 강한 온도와 습도의 차이를 만드는 데 중요하다.

두 번째, **온난 컨베이어 벨트**(warm conveyor belt)로서 온난전선 남쪽의 지표면 근처에서 시작하여 고온 다습한 공기를 상층으로 수송한다. 지표면에서 온난전선면 위로 상승하며, 단열냉각에 의한 응결에 의해 구름과 강수 현상을 동반한다. 온난전선의 북쪽에서는 컨베이어 벨트를 따라서 층운형 강수가 발달한다. 대류권 중층으로 상승하면서 컨베이어 벨트의 방향은 북반구에서 시계 방향으로 휘어지며, 상층의 서풍과 합쳐지게 된다. 온난전선이 폐색 단계에 있으면 온난 컨베이어 벨트의 일부는 반시계 방향으로도 회전하며 쉼표 형태의 구름을 만들어내기도 한다.

한랭 컨베이어 벨트(cold conveyor belt)는 온난전선 전면(북쪽)의 차가운 지역에서 온난전선에 평행하게 위치하며 지상 저기압 쪽인 서쪽으로 들어가는 동풍 벨트로서 하층 저기압의 중심으로 들어

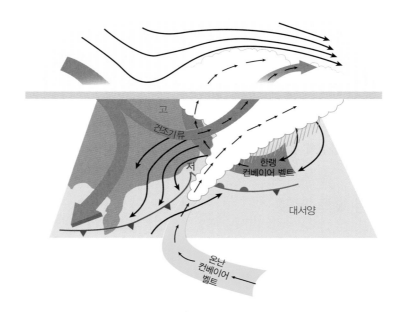

그림 8.7 컨베이어 벨트 모형에 따른 중위도 저기압의 3차원 구조. 건조기류(회색 화살표), 온난 컨베이어 밸트(노란색 화살표), 한랭 컨베이어 벨트(보라색 넓은 화살표)는 모형의 세 가지 핵심적인 컨베이어 벨트를 구성한다. 검은 화살표는 상층과 하층의 저기압성 순환에 따른 바람을 나타낸다. (출처 : Schultz, 2001)

간다. 온난전선에 의해 온난 컨베이어 벨트와 분리된 한랭 벨트는 고기압성(북반구에서 시계방향) 순환으로 바뀌며 상승하여 상층의 서풍과 합류한다. 상승하지 않는 일부 한랭 벨트는 하층에서 지상 저기압을 북반구에서 반시계 방향으로 돌아 한랭전선의 후면에 이르게 된다. 상대적으로 한랭하고 건조한 한랭 컨베이어 벨트의 공기는 온난 컨베이어 벨트 위에서 떨어지는 강수의 증발로 습윤해진다. 지상으로 도달하는 강수의 형태와 강도는 온난 벨트의 영향을 받은 한랭 벨트의 기온과 습도에 따라 좌우된다.

중위도 저기압에 대한 현대적 모형 읽을거리

라디오존데를 이용한 상층 관측자료가 확보되면서 지상 저기압의 상층에 강한 서풍계열의 요란이 존재하고 있는 것이 발견되었고, 팔먼과 뉴턴은 3차원 구조로 된 **경압성 파동**(baroclinic wave) 관점에서 중위도 저기압 모형을 제시하였다(Palmen & Newton, 1969, 그림 8.R3). 이 모형은 시카고 모형으로도 알려져 있으며 (Tao, 2014), 파동으로 보는 관점에 근거하여 지상 저기압뿐만 아니라 후면의 고기압을 포함하고 있다. 대기 상층에 기압골이 지상에 있는 한랭전선의 후면에 위치하고 있으며, 결과적으로는 저기압의 중심이 상층

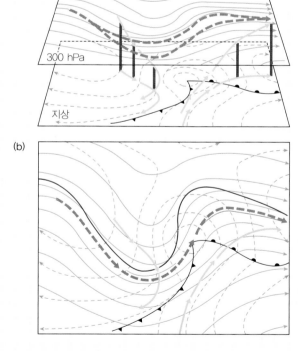

그림 8.R3 팔먼과 뉴턴의 중위도 저기압 모형. (a)는 3차원 구조를, (b)는 평면에 투영된 구조를 보여준다. (a)와 (b)에서 점선은 지상 등압선, 실선은 300 hPa 상층의 등고선을 나타내며, 지상 한랭전선과 온난전선의 위치가 기호로 표시되어 있다. 하늘색 긴 화살표는 상층에서 하층으로 내려오는 한랭기류와 하층에서 상층으로 올라가는 온난기류의 3차원적 이동과 수평면으로의 투영 결과를 나타낸다. 회색 화살표는 상층 저기압 근처에서 후면으로부터 전면으로까지의 공기의 흐름을 나타낸다. (출처 : Palmen & Newton 1969)

으로 갈수록 서쪽으로 기울어져 있는 구조를 보여준다. 홀튼(Holton, 1972)은 서쪽으로 기울어져 있는 구조를 통해 발달하는 중위도 저기압이 정역학 평형과 지균풍 평형을 유지하려고 한다는 것을 준지균(quasi-geostrophic) 역학 방정식계를 이용하여 보여주었다. 이 경우 대기 중하층을 중심으로 형성되는 한랭 및 온난이류가 상층 저기압의 발달에 중요한 영향을 준다. 이 모형에서는 저기압 중심부에서 세 가지 중요한 공기의 흐름을 제시한다. 한랭전선 전면에서 온난한 공기의 상승, 한랭전선 후면에서의 한랭한 공기의 흐름, 그리고, 상층 기압골에서 기압릉에 이르는 공기의 흐름으로 본문에서 제시한 저기압 컨베이어 벨트 모형과 유사한 부분이 있다. 대규모 저기압계에서의 연직 상승 운동은 수평 운동의 1/1,000배 수준으로 매우 작아 실제 관측이 어려우며, 모형에서 제시하는 대표적인 공기의 흐름들은 준지균 방정식계를 이용하여 진단된 결과이다. 상승과 하강 운동은 모두 북반구에서 시계 방향으로 회전한다.

경압대기는 지상전선의 상층에 편서풍 제트를 만든다. 제트류는 지상 저기압의 전파속도보다 훨씬 빠르기 때문에 상층 공기는 기압골 후면에서 기압골 전면까지 빠르게 이동해야 한다. 상층 기압마루로부터 기압골까지 이동할 때 **상대소용돌이도**(relative vorticity)는 음(−)에서 양(+)으로 변하고, 이에 따라 소용돌이도가 증가하면 상층 수렴과 연관되어 상층 기압골 후면에서의 공기 흐름은 하강해야 한다. 반면 기압골에서 기압마루로 이동하는 소용돌이도는 음(−)으로 바뀌면서 상층 발산과 연결되고, 이에 따라 기압골 전면에서 공기가 상승해야 한다. 시카고 모형은 준지균 방정식계를 이용하여 전선 주위의 상하층 순환을 2차 순환의 관점에서 기술하였다.

1980년대부터 위성으로부터 제공되는 중위도 저기압의 영상을 통하여 더욱 발전된 현대적 저기압 모형이 제안되었다. 그림 8.R4(a)는 북대서양에서 종종 관측되는 크게 발달한 해양성 저기압 영상으로, 나선형 형태의 구름대가 폐색되고 있는 전선의 구조를 나타내고 있다. 현대 관측 기술의 발달로 해양성 저기압에 대한 보다 상세한 구조가 밝혀졌다. 특히 항공기에서 저기압에 뿌려지는 드롭존데, 해상 부이 등의 관측자료 분석 결과, 폐색전선 양쪽에 매우 강한 온도경도가 존재한다는 것이 밝혀졌다. 이러한 강한 온도경도는 노르웨이 모형이 제안하는 폐색단계의 전선 구조에서는 나타나지 않는다. 한랭전선이 온난전선을 따라잡는 마지막 단계를 폐색전선이라 하며, 노르웨이 모형에서는 폐색전선 상태에서 전선의 전면과 후면 모두 한랭기단으로 둘러싸이며, 온도경도는 이에 따라 매우 작아야 하기 때문에 실제 관측과 일치하지 않는다.

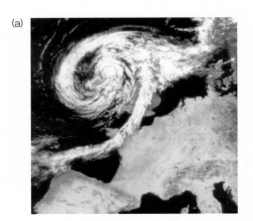

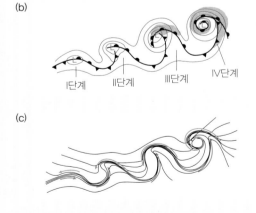

그림 8.R4 (a) : 북대서양에서 위성으로 관측된 저기압의 폐색전선을 보여주는 나선형 구름대. (b) : 해양에서 발달하는 중위도 저기압의 생애를 4단계로 나타내는 저기압 모형. I단계 : 초기 발달과정, II단계 : 한랭전선과 온난전선의 분화, III단계 : 등굽은 온난전선과 T형 전선 구조, IV단계 : 온난핵 폐색전선. 실선은 해면 기압, 굵은 선은 전선이며, 음영으로 표시한 지역은 구름 영역이다. (c) : 단계별 기온분포와 기류의 변화. 실선은 기온, 파란색 화살표는 한랭기류, 빨간색 화살표는 온난기류를 나타낸다. (출처 : Newton & Holopainen, 1990)

뉴턴과 홀로파이넨(Newton & Holopainen, 1990), 스나이더 등(Snyder et al., 1991)은 기본방정식계(primitive equations) 기반의 수치 모델의 모의결과를 이용하여 새로운 형태의 저기압 모형을 제시하였다(그림 8.R4b, 8.R4c). 현대적인 저기압 모형의 생성과 소멸과정을 보여주는 4단계의 과정은 노르웨이 모형과 흡사하지만 큰 차이점이 있다. 현대적 모형에서는 한랭 및 온난전선이 저기압 중심부에서 연결되지 않고 T형 전선구조를 유지하고 있다. 또한 현대 모형에서의 온난전선은 발달에 따라 서쪽으로 그리고 남쪽으로 저기압 중심을 따라 휘어지는 구조를 보이면서 저기압 중심을 감싸고 있는데, 이에 따라 나선형 형태의 구름대를 만들어낸다. 이러한 상태를 **등굽은 온난전선**(back-bent warm front)이라고 하며, 중위도 저기압의 소멸단계에서 빈번히 관측된다. 특히 등굽은 온난전선은 해양과 대륙 모두에서 관측되는 **폭발성 저기압**(explosive cyclone)에서 자주 발견된다. 흥미롭게도 이러한 나선형 구조의 형태는 가장 초창기의 저기압 모형인 피츠로이 모형과 매우 흡사하다. 등굽은 온난전선은 원래의 온도 경도를 유지하기 때문에 노르웨이 모델의 폐색전선과 다르고 관측과 더 일치한다.

저기압의 중심부를 따라 온난전선이 휘어지는 것은 온난한 공기가 저기압 중심으로 유입된다는 것을 의미한다. 이러한 과정에 따라 유입된 온난한 공기는 **온난핵**(warm core)을 형성하며, 피츠로이의 온난핵 모델과 흡사하다. 노르웨이 모델에서는 온난핵 생성과정을 간과하였는데, 저기압의 중심이 완전히 한랭한 공기로 채워지는 형태는 실제 현상에서 거의 관측되지 않고 있다(Schultz & Vaughan, 2011).

등굽은 온난전선과 온난핵 형성은 고해상도 수치 모델 실험을 통해서도 확인된다. 최근 발달하는 슈퍼컴퓨터를 이용한 수치 모델 실험은 개별 공기입자의 흐름을 입체적으로 뚜렷하게 가시화하여 보여줄 수 있다.

연습문제

1. 해발고도 0 m에서 기압의 평균은 1013 hPa이다. 지구 전체의 공기 질량은 얼마인가? 지구의 반지름은 대략 6,371 km로 계산한다.
2. 대기순환에 미치는 중위도 고기압과 저기압의 영향에 대하여 정리하라.
3. 중위도 저기압이 관찰자의 북쪽을 지나갈 때 관찰자가 겪게 되는 날씨의 변화를 풍향, 구름 형태, 강수, 기온에 대해 설명하라.
4. 중위도 저기압이 관찰자의 남쪽으로 지나갈 때 관찰자가 겪게 되는 날씨의 변화를 설명하라.
5. 단위면적의 수평면 상부의 공기가 미치는 힘, 무게, 기압은 같은 크기가 됨을 본문에서 언급하였다. 하지만 단위면적을 고려한다 해도 이들 사이에는 차이점이 있다. 차이점을 지적하고 그 이유를 설명하라.
6. 우리나라 부근 북위 35°에서 일정하게 10 m s^{-1}의 속도로 동진하는 중위도 저기압이 동경 120°에서 동경 140°까지 이동하는 데 얼마나 걸리는가?
7. 왜 열대지방에서는 중위도 저기압과 비슷한 기압계가 발달할 수 없는가?
8. 상층 제트류가 시작되는 입구의 남쪽지역과 상층 제트류 출구의 북쪽지역에서 저기압 발생 가능성이 큰 이유는 무엇인가?
9. 상층의 발산과 수렴은 어디에서 가장 잘 발생하는가?
10. 지표에서 상승하는 공기가 저기압을 지탱시키는 원리를 설명하라.

참고문헌

Bjerknes, J., and H. Solberg, 1922 : Life cycle of cyclones and the polar front theory of atmospheric circulation. *Geophysisks Publikationer*, 3, 3–18.

Carlson, T. N., 1980 : Airflow through midlatitude cyclones and the comma cloud pattern.*Mon. Wea. Rev*, 108, 1498–1509.

Newton, E. C., and E. O. Holopainen, 1990 : *Extratropical Cyclones – The Erik Palmén Memorial Volume*. Amer. Meteor. Soc., Boston, USA, 187–188.

Palmén, E., and C. W. Newton, 1969 : *Atmospheric Circulation Systems*. Academic Press, 603pp.

Petterssen, S., (Translated by Cheng Chunshu), 1958 : *Weather Analysis and Forecasting*. Science Press, Beijing, 138–139. (in Chinese)

Schultz, D. M., and G. Vaughan., 2011 : Occluded fronts and the occlusion process – A fresh look at conventional wisdom. *Bull. Amer. Meteor. Soc.*, 92, 443–466.

Schultz, D. M., 2001 : Reexamining the cold conveyor belt. *Mon. Wea. Rev.*, 129, 2205–2225.

Snyder, C., C. S. William, and R. A. Rotunno, 1991 : Comparison of primitive-equation and semi-geostrophic simulations of baroclinic wave. *J. Atmos. Sci.*, 48, 2179–2194.

Tao, Z., Q. Xiong, Y. Zheng, and H. Wang, 2014 : Overview of advances in synoptic meteorology: Four stages of development in conceptual models of frontal cyclones. *J Meteorol Res* 28, 849–858.

제9장

기상관측

대기과학에서 관측이 왜 필요할까? 대기과학 분야에서 수행하는 관측에는 어떤 종류가 있을까? 무슨 근거로 2018년 여름, 한반도에 기록적인 폭염이 발생하였다고 할까? 일기예보는 무슨 근거로 하며 일기예보의 정확도는 무엇으로 평가할까? 최근 지구가 온난화되고 있다고 하는데 지구가 더워지고 있는지를 어떻게 알 수 있을까? 이러한 문제들에 대해 과학적으로 해결책을 모색하기 위해서는 온도, 강수량, 기압, 바람, 그리고 구름 등 대기 상태에 대한 정량적 관측이 이루어져야 한다. 즉, 최근 수십 년간의 관측 기온들과 2018년 여름의 기온을 비교했을 때 2018년 여름 기온이 가장 높았기에 기록적인 폭염이 발생하였다고 하는 것이다. 또한 우리가 매일매일 접하는 일기예보도 과거부터 현재까지의 기상 상태에 대한 다양한 관측자료를 기반으로 가까운 미래의 기상 상태를 예보하는 것이다. 기상현상은 기본적으로 3차원 현상인데 수십 cm 규모의 난류에서부터 수천 km에 이르는 대기대순환에 이르기까지 현상에 따라 크기 및 지속시간이 매우 다양하다. 또한 대기 상태는 해수면 온도, 남극과 북극의 빙하 상태 등 지표면 상태에도 영향을 받는다. 따라서 이러한 기상현상을 정확히 관측하기 위해서는 지상부터 대기 상층까지, 육지뿐만 아니라 바다, 남극과 북극 등 전 지구에 대해 입체적 관측이 필요하다. 여기서는 현대기상학에서 중요한 4대 기상관측, 즉 지상관측, 고층관측, 기상위성 및 레이더와 함께 해양관측에 대해 소개한다. 또한 전 지구에서 관측된 자료의 수집 및 품질검사에 대해 소개한다.

9.1 지상 및 고층기상관측

9.1.1 지상기상관측

지상관측이란 우리가 살고 있는 지표 근처의 기상 상태를 관측하는 것을 의미하며 주로 현재 기상현상과 함께 기압, 기온, 습도, 강수량, 바람 등을 관측한다. 2019년 현재 기상청은 그림 9.1에 보인 바와 같이 서울기상관측소를 비롯하여 96개소의 종관기상관측소와 494개소의 방재기상관측소에서 자동화된 장비를 이용하여 지상기상 상태를 관측하고 있다. 지방청과 기상대 등에 설치되어 있는 종관기상관측소(automatic surface observing station, ASOS)는 기상현상 관측 및 국제전문을 통한 자료 공유 등의 업무를 수행한다. 또한 산악지역이나 섬처럼 사람이 관측하기 어려운 곳에 설치하여 운용 중인 자동기상관측소(automatic weather station, AWS)는 집중호우, 우박, 뇌우, 돌풍 등과 같은 국지적인 위험 기상현상을 실시간으로 감시하고 있다. 이러한 지상기상관측망을 통해 수집된 기상관측자료는 기상현황 파악, 수치예보 모델의 초기 입력 및 검증 자료로 유용하게 사용된다. 자동기상관측장비의 관측주기는 1분이며, ASOS 간의 평균거리는 약 67 km이고, AWS를 포함하면 약 13 km의 조밀도를 갖는다. AWS는 기본적으로 기온, 풍향, 풍속, 강수량, 강수 유무를 관측하며, 일부 지점에서는 기압과 습도도 관측한다. ASOS는 AWS 관측 요소와 함께 일조, 일사, 초상온도, 지면온도, 지중온도 등의 요소를 추가로 관측하고 있다. 지상관측에서는 이러한 계기관측과 함께 관측자가 하늘 상태, 구름 속성, 시정, 강수 유형 등을 목측으로 관측해 왔는데 최근에는 이들도 운고계, 시정계 등과 같은 자동관측 장비들로 대체되고 있다.

전 지구적으로는 약 11,000개 관측소에서 3시간(또는 1시간)마다 기상 상태(기압, 풍향, 풍속, 기온, 상대습도)를 관측하고 있다. 이 중에서 약 4,000개 관측소가 **지역기본종관네트워크**(regional basic synoptic networks, RBSN) 그리고 약 3,000개 지점이 **지역기본기후네트워크**(regional basic climatological networks, RBCN)로 운영되고 있으며(그림 9.2), 이들 지점에서 관측된 기상자료는 UN

그림 9.1 지상관측소에 설치된 다양한 유형의 관측기기 모습 (출처 : 기상청)

그림 9.2 전 지구기후관측시스템(global climate observing system, GCOS)의 공간분포 (출처 : WMO)

산하 국제기구인 **세계기상기구**(world meteorological organization, WMO) 주관하에 전 지구적으로 실시간 교환된다. 지상관측에서 문제가 되는 것은 관측소의 대부분이 사람들이 거주하는 육지에 집중되어 있다는 점이다.

9.1.2 고층기상관측

기상현상은 3차원 구조이기 때문에 상층 대기에 대해서도 주기적 관측이 필요하다. 우리나라 기상청의 경우 고층기상관측을 위해 **레윈존데**(rawinsonde), **수직측풍장비**(wind profiler)와 마이크로파 라디오미터(microwave radiometer)를 운용하고 있다. 기상청은 6개소(포항, 백령도, 강릉, 흑산도, 국가태풍센터, 창원)에서 지상으로부터 약 30 km 상공까지의 기압, 기온, 습도, 풍향, 풍속을 레윈존데로 하루 2회(오전 9시, 오후 9시) 관측하고 있다(그림 9.3). 이 중 포항은 WMO의 고층기후관측소(global upper-air network, GUAN)로 지정되어 고층기후관측을 수행하고 있고, 공군에서 운용 중인 오산과 광주에서는 하루 4회(오전 3시, 오전 9시, 오후 3시, 오후 9시) 고층기상을 관측하고 있다.

레윈존데는 수소나 헬륨으로 채워진 풍선에 관측기기를 매달아서 풍선이 상승함에 따라 각 고도의 온도, 습도, 기압 등을 측정하는 장비이다. 기상조건에 따라 다르지만 일반적으로 레윈존데는 약 90분 정도에 걸쳐서 35 km 고도까지 상승하게 된다. 이때 기압이 고도에 따라 감소하기 때문에 고도가 높아질수록 풍선의 부피가 커지다가 임계고도에서 터진다. 풍선이 터지면 작은 낙하산이 펴지면서 관측기기가 지상으로 천천히 내려오게 된다. 전 세계적으로는 약 900개 정도의 레윈존데가 매일 세계 표준시 00시(오전 9시)와 12시(오후9시)에 두 차례 띄워진다. 고층관측에서 문제가 되는 것은

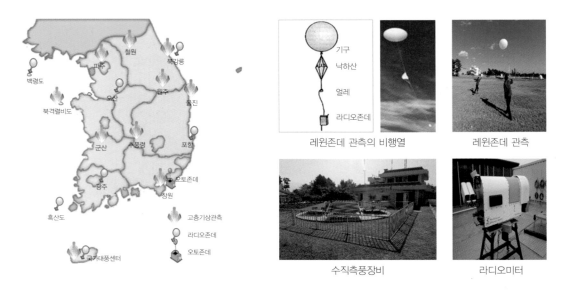

기구
낙하산
얼레
라디오존데

레윈존데 관측의 비행열

레윈존데 관측

수직측풍장비

라디오미터

백령도
춘천
철원
오산
북강릉
원주
울진
북격렬비도
군산
추풍령
포항
광주
창원
흑산도
국가태풍센터
오토존데

고층기상관측
라디오존데
오토존데

그림 9.3 **고층기상 관측망 현황 및 주요 고층기상 관측장비** (출처 : 기상청)

관측주기가 12시간으로 긴 점과 대부분의 고층관측이 북반구에서만 이루어지고 있다는 점이다.

또한 전파를 대기 중으로 발사하고 대기 난류에 의해 후방산란된 전파를 수신해 지상에서 약 5 km 고도까지의 바람 및 대기 상태를 측정하는 수직측풍장비 9개소[파주, 군산, 강릉, 창원, 원주, 추풍령, 철원, 울진, 해양기상기지(북격렬비도)]를 운용 중이다. 이와 함께 동일한 9개 지점에 라디오미터를 설치하여 지상에서 약 10 km 고도까지 기온, 습도, 액체물량 등의 연직분포를 관측하고 있다. 이 장비들의 장점은 관측주기가 10분 이내로 매우 짧은 점이나 정확도가 아직 낮다는 문제점이 있다.

그림 9.4는 전 지구적으로 운용되고 있는 고층기후관측소(GUAN)를 나타낸 것이다. 현재 1,300여 지점에서 하루 2회(00, 12UTC) 관측을 수행하고 있다. 대부분 육상에서 운용되고 있으며, 해양의 경우 주로 대서양에서 15척의 배에 의해 운용되고 있다. 그림에서 보는 바와 같이 고층관측소들이 북반구 선진국을 중심으로 이루어지고 있어서 공간적으로 관측의 균질성에 많은 문제가 있음을 볼 수가 있다.

9.1.3 해양기상관측

전 지구의 2/3는 바다로 되어 있고 우리나라도 3면이 바다로 되어 있다. 구름, 비, 눈 그리고 태풍 등과 같은 기상현상의 대부분은 물의 상변화와 관련되어 있으며 물의 비열이 육지보다 매우 크기 때문에 바다의 상태는 기상현상의 발생, 발달 및 소멸과정에 매우 중요하다. 따라서 바다 상태(해수면 온도, 해상풍, 파고 등)와 같은 **해양기상정보**(oceanic weather information)의 수요가 급증하면서 해양기상관측망 확충이 그 어느 때보다 중요시되고 있다. 기상청은 이러한 해양기상정보를 확보하기 위해 그림 9.5에 보인 바와 같이 해양기상부이, 등표기상 관측장비, 파랑계, 파고부이, 기상관측선, 선박기상 관측장비, 해양기상기지 등을 운영하고 있다.

바다에 설치되어 운용되는 해양기상부이는 풍향, 풍속, 기압, 기온, 습도, 파고, 파주기, 파향, 수

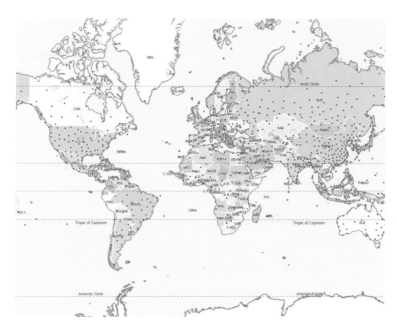

그림 9.4 전 지구 고층기후관측소의 공간분포 (출처 : WMO)

온 등을 관측하는 장비이다. 등표나 관측탑 등의 해양 구조물에 기상관측장비를 설치하여 운용하는 등표기상 관측장비는 풍향, 풍속, 기압, 기온, 파고, 파주기, 수온 등을 관측한다. 이 밖에도 해상에서의 파랑계는 파고 관련 정보를 관측하며, 해안가에서의 기상해일 등에 의한 해상사고를 예방하기 위하여 연안방재 관측시스템을, 항만에서의 위험 기상 및 해양 현상을 감시하여 선박의 안전한 운항을 지원하기 위하여 해양 · 항만기상 관측시스템을 운용하고 있다. 이러한 해양기상 관측장비들은 대부분 무선통신이나 위성 등 원격통신 기술을 이용하여 관측자료를 기상대나 지방기상청으로 전송한다. 육지와 달리 바다는 기상관측소를 설치하여 운용하기가 매우 어렵기 때문에 우리나라뿐만 아니라 전 지구적인 측면에서도 육상에 비해 관측망의 밀도가 현저히 낮다. 해상에서의 정규 관측의 어려움은 우주에서 기상위성을 활용함으로써 일부 해소되고 있다.

해양기상부이

파고부이

자동기상 관측장비

시정 · 현천계

그림 9.5 해양 · 항만기상 관측시스템을 구성하는 해양기상 관측장비 (출처 : 기상청)

(a) 낙뢰관측장비

(b) 낙뢰관측망(21개소)

그림 9.6   낙뢰관측시스템 모습 및 공간분포 (출처 : 기상청)

9.1.4   낙뢰관측

여러분은 여름날 맹렬한 소나기가 내릴 때 하늘 여기저기서 번쩍번쩍할 뿐만 아니라 우르릉 쾅쾅하는 소리를 들은 적이 있을 것이다. 소나기를 유발하는 적란운이 발달함에 따라 구름 내부에서 전하(음전하와 양전하)들이 분리 축적되는데, 이 과정에서 전압차가 공기의 저항을 극복할 정도로 커지게 되면 구름과 구름 사이, 구름 내(구름방전 : 판번개) 또는 구름과 지상 사이(대지방전 : 낙뢰)에 불꽃방전이 발생하게 된다. 우리는 대기에서 발생하는 거대한 불꽃방전을 번개(lightning)라 하며 번개가 발생하면 순간적으로 공기의 온도가 수만 도까지 높아짐에 따라 충격파가 발생하게 되며 우리는 이를 천둥(thunder)이라 한다. 일반적으로 번개가 발생하면 수백만 볼트에 이르는 전하를 수송하므로 산불, 화재, 송전선 파괴나 인명피해 등을 유발할 수 있다. 따라서 기상청은 국민의 생명과 재산을 지키기 위하여 번개(낙뢰)관측시스템을 운용하고 있으며, 그림 9.6은 2019년 현재 기상청에서 운용 중인 낙뢰관측소와 장비를 나타낸 것이다. 이들 낙뢰관측장비는 기본적으로 낙뢰의 발생시각, 위치, 강도, 그리고 번개의 극성(정극성, 부극성)을 관측한다.

그림 9.7은 기상청 낙뢰관측망에서 관측한 낙뢰(대지방전)에 대한 최근 10년(2009~2018) 평균과 2018년 횟수를 공간분포로 나타낸 것이다. 그림에서 보는 바와 같이 우리나라에서 낙뢰 발생빈도는 공간차가 크게 나타나고 있다. 서울, 경기, 충남북부 그리고 서해안 지역에서 자주 발생하는 반면 태백산맥 동쪽 지역과 동해에서는 낙뢰가 거의 발생하지 않고 있다. 2018년 분포에서도 10년 평균과 같이 서울–경기 그리고 서해상에서 낙뢰가 자주 발생하고 태백산맥 동쪽 지역에서 낙뢰가 거의 발생하지 않은 점은 유사하나 남해안 지역에서 10년 평균에 비해 낙뢰가 빈번하게 발생한 점은 상이하다.

9.2   기상관측망

기상관측은 그 자체도 중요하지만 관측된 자료가 3차원 기상현상 분석 및 기상예측을 위한 수치 모

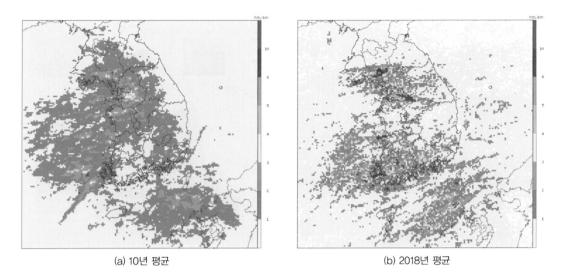

(a) 10년 평균   (b) 2018년 평균

그림 9.7 남한 지역에서의 낙뢰(대지 방전) 횟수의 분포 : 최근 10년(2009~2018) 평균 횟수(a)와 2018년 횟수 분포(b) (출처 : 기상청)

델의 입력자료 등으로 활용되기 위해서는 가급적 빠른 시간에 수집되어야 한다. 기상관측자료의 수집은 크게 두 종류의 관측망에 의해 이루어지는데, 첫째는 국가별로 자국에서 수행하는 다양한 관측자료를 수집하는 국내망이고, 둘째는 WMO 산하 185개국에서 관측하는 자료를 수집하고 분배하는 국제망이다. 국내 및 전 세계에서 관측되는 대용량의 기상관측자료가 거의 실시간으로 수집되어 다시 각국으로 분배되는 것은 바로 **초고속정보통신망**(super-high speed information and communications network)과 컴퓨터 기술의 발전 덕이다.

우리나라 기상청에서는 96개소의 ASOS와 494개소의 AWS를 비롯하여 고층관측, 해상관측, 기상위성 그리고 레이더 등을 이용하여 우리나라 주변의 기상현황을 입체적으로 관측하고 있다. 기상청에서는 이러한 모든 관측자료를 준 실시간으로 수집하기 위하여 초고속정보통신망과 전용망(전용회선, 위성망, 무선망)을 24시간 365일 운용하고 있다(그림 9.8). 그림에서 보는 바와 같이 AWS 등 지상 및 고층관측자료는 기상대 등에서 1차 수집 후 지방기상청을 거쳐 최종적으로 기상청으로 송신된다. 이렇게 수집된 모든 관측자료는 간단한 **품질검사**(quality control)를 거친 후 기상분석 및 수치 모델의 입력자료로 활용되며 종관관측 및 고층관측자료는 주기적으로 WMO로 보낸다.

3차원 공간상에서 발생하고 시간에 따라 발달·소멸하는 기상현상은 공간 규모가 다양할 뿐만 아니라 지속시간도 다양하다. 이러한 기상현상들은 강도의 차이는 있으나 공간적으로는 전 지구적으로 연결되어 있으며 시간적으로도 과거부터 현재-미래에 이르기까지 연속적으로 변동한다. 즉, 우리나라에서의 날씨와 기후 변화는 우리나라 주변의 기상 상태 변화뿐만 아니라 동태평양의 해수면 온도 변화, 북극의 빙하면적 변화 등 전 지구적 기상 및 환경 변화와 밀접하게 관련되어 있다. 따라서 각 국가에서 자국의 일기 상태와 기후 변화를 예측하기 위해서는 전 지구적으로 관측자료를 서로 교환할 필요가 있고, 이러한 역할을 위해 생겨난 기관이 WMO이다. WMO에서 운용하고 있는 세계기

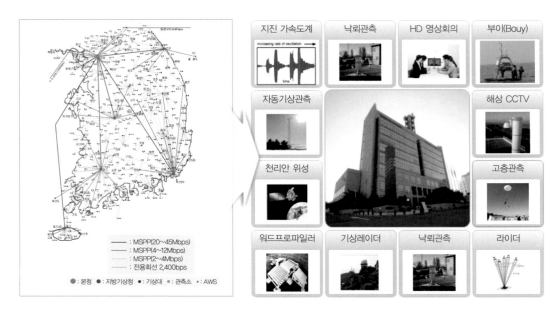

그림 9.8 **기상청의 기상관측자료 수집망 현황** (출처 : 기상청)

상정보시스템(WMO information system, WIS)은 전 세계 관측자료, 수치 모델자료, 위성자료 등을 대상으로 자료검색, 접근, 수집 서비스를 제공하며, 세계기상정보센터 서울(global information system center seoul, GISC)은 전 세계 15개 세계기상정보센터 중 하나이다. 그림 9.9는 **세계기상통신망** (global telecommunication system, GTS)을 나타낸 것으로 WMO 산하 185개국의 기상청에서 관측한 자료를 1차적으로 각 지역망과 위성통신망을 이용하여 지역원격통신센터(regional telecommunication hubs, RTH)로 1일 4회(UTC 00시, 06시, 12시, 18시) 보내고 각 지역센터에서 수집된 자료는 최종적으로 WMO로 보내게 된다. 여기서 전 세계 관측자료의 수집이 완료되면 다시 수집과 역순으로 지역센터를 거쳐 각국의 기상청(national meteorological center, NMC)으로 전 세계 관측자료가 송신된다.

9.3 기상위성

9.3.1 종류

바다에서 발생해서 집중호우와 강풍을 유발하는 태풍의 위치와 발달 상태를 어떻게 알 수 있을까? 또한 남극과 북극의 빙하가 감소하는 것은 어떻게 알 수 있을까? 동태평양의 해수면 온도가 평년보다 높은지 낮은지를 의미하는 엘니뇨와 라니냐의 발생과 소멸은 어떻게 알 수 있을까? 인류는 바다, 북극, 티베트 고원과 같이 현장 관측이 어렵거나 불가능한 지역에서의 기상현상을 연속적으로 관측하기 위해 기상위성을 개발하였다. 기상위성의 역사는 짧지만 현재 전 지구적으로 가장 많은 기상정보를 제공하는 관측도구이다. 1960년 4월 1일 최초의 극궤도 기상위성 TIROS(television and infrared observation satellite)-1이 성공적으로 발사, 운용됨에 따라 본격적으로 기상위성의 시대가 시작되

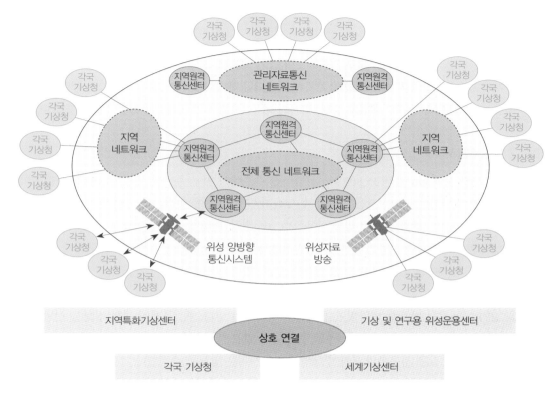

그림 9.9　WMO에서 운용 중인 전 세계 기상통신망 현황 (출처 : WMO)

었다. 1966년에는 지상 35,800 km 고도에서 지구의 자전속도와 같은 속도로 공전하는 정지궤도 기상위성이 성공적으로 궤도에 올려짐에 따라 우주에서 실시간 지구관측의 시대를 열었다.

　기상위성은 지구를 공전하는 방식에 따라 극궤도 및 정지궤도 기상위성으로 불린다. 그림 9.10에서 보는 바와 같이 **극궤도 기상위성**(polar orbit satellite)은 지표면으로부터 수백 km 고도에서 지구의 남극과 북극을 잇는 대원으로 지구 주위를 공전하는 위성이며, **정지궤도 기상위성**(geostationary orbite meteorological satellite)은 적도 상공 35,800 km 고도에서 지구의 자전속도와 같은 속도로 공

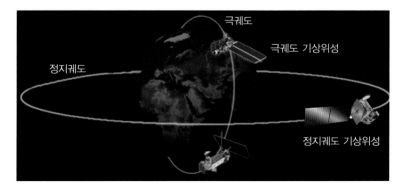

그림 9.10　극궤도 기상위성과 정지궤도 기상위성의 궤도 (출처 : 한국기상학회)

전하는 위성을 말한다. 극궤도 기상위성은 위성이 지구 주위를 공전하는 동안 지구가 자전하므로 전 지구를 관측할 수가 있는데, 극지역을 제외한 다른 지역에서는 하루 두 번만 관측이 된다. 이와 달리 정지궤도 기상위성은 공전속도가 지구 자전속도와 같기 때문에 특정 지점 상공에 고정됨으로써 이 위성이 관측할 수 있는 영역은 지구의 일부 지역에 국한되나 해당 지역에서 진행되는 기상 변화(예 : 태풍의 이동과 강도 변화, 중규모 대류계 발달, 황사의 이동 등)를 거의 실시간으로 관측할 수가 있다.

9.3.2 원격탐사

지표면으로부터 수백 km 또는 35,800 km나 떨어진 우주에서 지구 주위를 공전하는 기상위성이 어떻게 지구에서 발생하는 기상현상을 관측할 수 있을까? 기상위성은 여러분이 멀리 떨어진 물체의 특성을 눈으로 알아보는 것과 같은 원리를 이용한다. 즉, 현장 관측이 아닌 원격탐사 방식으로 지구상에서 발생하는 기상현상을 관측한다. 여기서 **원격탐사**(remote sensing)란 백엽상의 온도계가 그 주변 공기의 온도를 관측하는 것과 같은 현장 관측과 달리, 멀리 떨어진 물체에서 오는 전자기파를 측정하여 해당 물체(예 : 대기와 지표)의 특성을 탐지하는 방식을 말한다. 우리 눈이 멀리 떨어진 물체의 특성을 알기 위해서는 반드시 태양빛이나 전등빛이 있어야 한다. 즉, 물체에 대한 정보를 전달해주는 빛(전자기파)이 있어야 한다. 기상위성도 우리 눈과 같은 센서(일종의 카메라)를 탑재하고 있어서 구름, 눈, 지표면과 같은 지구상의 물체가 태양빛을 반사하는 강도를 측정한다(그림 9.11). 우리는 이를 가시센서라 하며 기상위성에는 가시센서 외에도 지구상의 물체들에서 방출되는 열에너지를 측정하는 적외센서 등 다양한 유형의 센서들이 탑재되어 있다. 따라서 기상위성은 기본적으로 지구상에 존재하는 각 물체들의 태양빛에 대한 반사 강도 및 온도 정보를 제공할 수가 있다. 최근에는 파장이 긴 마이크로파를 이용하는 수동 및 능동형의 센서들이 위성에 탑재됨에 따라 강수 강도 등 보다 다양한 정보를 제공하고 있다.

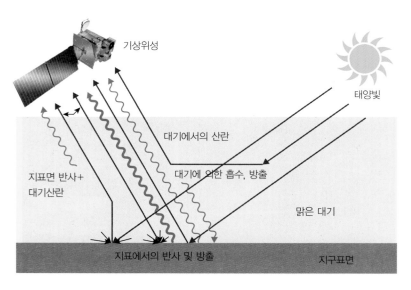

그림 9.11 기상위성에서 지구상의 물체의 특성을 원격탐사하는 개념도

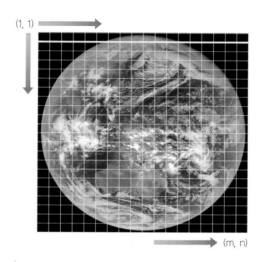

(1, 1)

(m, n)

그림 9.12 정지궤도 기상위성에서 지구를 관측하는 방법. 각 사각형(화소)에 대해 채널별로 관측을 함

기상위성에서 지구를 관측하는 방법은 그림 9.12와 같이 우리가 파노라마 사진을 찍는 방식과 유사하다. 즉, 위성에 탑재된 센서(카메라 또는 망원경으로 생각)를 주기적으로 이동시키면서 지구를 관측한다. 예를 들어 정지궤도 기상위성의 경우 센서의 각도를 지구의 북서쪽 끝단에서부터 동쪽 끝단까지 이동시키면서 관측한 후 다시 같은 원리로 지구의 남쪽 끝단까지 관측을 한다. 이때 각 센서가 한 번 관측한 면적을 **화소**(pixel)라 하며 화소의 크기가 센서의 **공간해상도**(spatial resolution)가 된다. 예를 들어 우리나라의 2번째 정지궤도 복합위성 **천리안 2A**(GK2A)의 가시채널과 적외채널의 화소 크기는 각각 1 km와 2 km이다. 또한 각 위성에 탑재된 센서가 동일 지역을 다시 관측할 때까지 걸리는 시간을 **관측주기**(observation period)라 하는데 GK2A의 경우 전 지구 관측은 10분마다, 동아시아 지역은 2분마다 그리고 한반도 지역에 대해서는 2분마다 관측이 가능하다. 극궤도 기상위성의 경우 궤도의 특성상 지역에 따라 관측주기에 차이가 나는데, 극지역의 경우 100분마다 관측이 가능한 반면 적도지역의 경우 12시간이 소요된다. 짧은 시간에 광역의 기상 상태를 관측하는 기상위성은 육지에 주로 위치한 지상관측만으로는 탐지하기 어려운 태풍뿐만 아니라 위험 기상인 뇌우, 장마전선, 한랭전선, 황사 등 다양한 유형의 기상현상에 대한 정보를 제공할 수 있다. 특히 수분 단위의 짧은 관측주기로 관측하는 정지궤도 기상위성은 이러한 기상현상들의 현황과 함께 발달, 이동 특성 등에 대한 정보도 제공해준다.

9.3.3 영상 해석

기상위성에서 제공하는 영상에는 주로 가시, 적외, 수증기 및 단파적외 영상 등이 있다. 그림 9.13은 2019년 10월 4일 12시에 GK2A에서 관측한 **가시영상**(visible image)을 나타낸 것으로 하얀색일수록 반사도가 큰 것을 의미하고 검은색일수록 반사도가 작음을 의미한다. 즉, 그림에서 밝은 회색에서 흰색으로 나타난 영역들은 구름이 있는 지역들이며, 어두운 회색에서 검은색으로 나타난 지역들은 맑은 지역들이다. 중국 중부지역에서부터 북한, 그리고 동해안 등에 광범위하게 구름이 분포하고

그림 9.13 GK2A에서 관측한 가시영상(2019. 10. 4. 낮 12시) (출처 : 국가기상위성센터)

있다. 특히 동해안 지역에 저기압성 소용돌이형의 구름이 보이는데, 이것은 우리나라 남부, 경상도
와 강원도 지역에 많은 피해를 유발한 제18호 태풍 미탁이 온대성 저기압으로 약화된 것이다. 반면
에 서태평양, 우리나라 남해 그리고 중국 남부 등에서는 구름이 거의 없거나 조각구름들이 분포하고
있다.

　그림 9.14는 그림 9.13과 동일 시각에 GK2A가 관측한 **적외영상**(infrared image)을 나타낸 것으로
하얀색일수록 온도가 낮음을 의미하고 검은색일수록 온도가 높음을 의미한다. 적외영상은 지구상
물체들의 표면온도에 대한 정보를 제공해주는데, 가시영상에서와 같이 중국 중부에서 북한, 동해안

그림 9.14 GK2A에서 관측한 적외영상(2019. 10. 4. 낮 12시) (출처 : 국가기상위성센터)

등 구름이 많은 지역들에서 온도가 낮게(하얗게) 나타나고 있는 반면 서태평양, 우리나라 내륙과 주변 해역 그리고 특히 중국 남부지역 등에서 온도가 높게 나타나고 있다. 바다보다 한반도 및 중국 남부지역에서 온도가 매우 높게 나타난 것은 바다에 비해 비열이 작은 지표면이 태양복사 가열에 의해 온도가 더 높아졌기 때문이다. 가시영상에서는 구름으로 보이는 서태평양, 동해, 중국 서부 등 일부 지역에서 온도가 상대적으로 높게 나타나고 있는데, 이는 이들 구름이 운정고도가 낮은 하층운이기 때문이다.

대기의 창에 해당되는 가시 및 적외영상에서는 구름이 있을 경우 구름 상부 정보를, 구름이 없을 경우에는 지표면 상태 정보를 알 수 있다. 반면에 수증기에 강하게 흡수되는 파장(6.7 μm)을 이용하는 **수증기 채널**(water vapor channel)은 우리 지구에 대해 다른 정보를 제공한다. 기상위성에서 탐지되는 수증기 채널의 에너지는 지구표면과 대기 중에 분포하는 수증기에서의 방출에너지의 합이다. 대기 중에 수증기가 거의 없을 경우에는 지표면에서 방출된 에너지가, 대기 중에 수증기가 많을 경우에는 주로 대기 중상층에 분포하는 수증기에서 방출된 에너지가 위성에 도달한다. 따라서 이 채널은 대기 중에 수증기 농도분포에 대한 정보를 제공해준다. 그림 9.15에서 밝은 부분은 수증기 농도가 높은 지역을 의미하며, 어두운 부분은 비교적 건조한 지역을 의미한다. 우리나라 주변, 북서태평양(북태평양 고기압 가장자리), 중국 남서부 등이 상대적으로 검게(맑고, 수증기가 적은 상태) 나타나 있고, 우리나라 북서부, 동해안, 몽골, 러시아 등 고위도 지역이 회색에서 흰색으로 나타나 있다. 특히 제18호 태풍이 온저화된 동해안의 저기압에서는 적외영상과 같이 매우 하얗게 나타나 있다. 이것은 이들 지역에 대기 상층까지 수증기가 많이 분포하고 있음을 의미한다. 또한 대부분의 전선은 온도차와 함께 수증기량이 매우 다른 두 기단의 경계에서 발생하기 때문에 수증기 영상은 전선의 위치를 파악하는 데도 중요한 도구이다.

기상위성에 탑재된 센서들의 성능이 향상됨에 따라 관측주기, 해상도 및 정확도가 크게 향상되고

그림 9.15 GK2A에서 관측한 수증기 영상(2019. 10. 4. 낮 12시) (출처 : 국가기상위성센터)

있으며, 채널수가 증가함에 따라 도출 변수의 수도 크게 증가되고 있다(천리안 1호 : 16개 변수 산출, 천리안 2호 : 52개 변수 산출). 특히 최근에는 대기투과도가 상이한 다수의 채널을 조합하여 온도, 습도, 오존 등의 연직구조를 탐측하기도 하고, 수동형/능동형 마이크로파 센서들이 위성에 탑재되면서 위성에서 강수 강도를 추정할 수 있게 되었다. 이러한 센서들이 측정한 자료들로부터 적도 및 중위도 등 전 지구적으로 강수량을 정량적으로 추정하는 사업들이 추진되고 있다(예 : tropical rainfall measurement mission, TRMM; global precipitation measurement, GPM).

우리의 천리안위성, 천리안위성 2A   읽을거리

관측소가 거의 없는 서태평양에서 발생하는 태풍의 위치와 이동을 어떻게 관측할 수 있을까? 지구 상공 수백 km 또는 35,800 km 고도에서 지구를 관측하는 기상위성이 있기 때문에 우리는 언제 어디서 태풍이 발생하는지, 장마전선이 발생하는지 알 수 있다. 우리나라도 2003년부터 정지궤도 기상위성을 개발하기 시작하였으며 2010년 6월 27일에 천리안 1호를 성공적으로 발사하여 독자적으로 정지궤도 기상위성을 운용할 수 있게 되었다. 천리안에는 가시(0.64 μm), 단파적외(3.7 μm), 수증기(6.7 μm) 및 분리대기창(10.8 μm, 12.0 μm) 등 총 5개 채널로 지구를 관측하는 기상영상기(Meteorological Imager, MI)가 탑재되어 있다. 5개 채널 중 가시채널의 공간해상도는 1 km이고 그 외는 4 km이다. 관측의 경우 전 지구는 30분마다, 한반도는 10분마다 관측을 수행하였다. 기상영상기로 관측된 자료에 다양한 기상요소 도출 알고리즘을 적용하여 구름, 해수면 온도, 황사, 상층 대기운동 벡터 등 총 16종을 실시간으로 도출하였다. 또한 천리안에는 기상영상기 외에도 해양을 관측하는 해양센서 그리고 지상국과의 통신을 지원하는 통신기 등이 탑재되어 있다. 이 위성의 설계수명은 7년이었으나 위성이 설계수명 이후에도 정상적으로 작동하여 2020년 3월까지 지구를 관측하였다.

국가기상위성센터에서는 천리안위성의 수명 종료에 대비하여 천리안위성 2A호를 개발하였으며 2018년 12월 5일에 성공적으로 발사하였다. 이 위성에는 정지궤도 기상위성에 탑재된 센서 중 세계에서 성능이 가장 우수한 **선진기상영상기**(advanced meteorological imager, AMI)가 탑재되었다. 이 AMI는 가시부터 적외 채널에 이르기까지 총 16개의 채널(채널 수 3배)로 지구를 관측하는 데 공간해상도가 MI보다 4배 향상(가시채

그림 9.R1 천리안위성 2A에서 산출하는 52종 기상산출물 (출처 : 국가기상위성센터)

널 0.5/1 km, 그 외 2 km), 그리고 관측주기는 3배 향상(예 : 한반도 8회/시간에서 24회/시간)되어 산술적으로 36배의 기상정보 수집능력을 갖추게 되었다. 이렇게 성능이 향상된 관측자료에 국내 연구진들이 개발한 알고리즘들을 적용하여 구름 정보, 대기 안정도 지수, 대기운동 벡터, 강우 강도, 황사, 해수면/지표면 온도, 안개 등 기본 및 부가 산출물로 총 52개의 기상-환경 변수들을 산출하고 있다(그림 9.R1).

그림 9.R2는 천리안 2A호로 관측한 2019년 10월 26일 12시의 가시, 적외 및 수증기 영상을 나타낸 것이다. 참고로 이날은 산둥반도와 동해에 위치한 고기압과 저기압의 영향으로 북풍이 매우 강하게 불었으며, 그 결과 기온이 전날보다 매우 낮았다. 그림에서 흰색(검은색)일수록 태양복사에 대한 반사도가 높고(낮고) 온도가 낮음(높음)을 의미하기 때문에 구름(맑을)일 확률이 높다. 3개 영상에서 공통점과 차이점을 설명해보고 차이가 나는 원인을 공간해상도 및 관측채널의 차이를 기반으로 논의해보자.

(a) 가시채널

(b) 적외영상

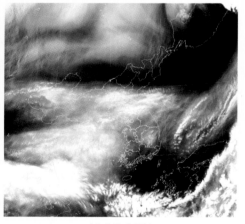

(c) 수증기 영상

그림 9.R2 천리안위성 2A/AMI로 관측한 한반도 주변 영상(2019. 10. 26. 낮 12시) (출처 : 국가기상위성센터)

9.4 기상레이더

9.4.1 기상레이더 기초

관측소를 설치 운용하기가 어려운 지역이나 서해, 남해와 같은 바다에서의 강수량과 바람을 어떻게 알 수 있을까? 인류는 이러한 문제점을 해결하기 위하여 **레이더**(radio detection and ranging, RADAR)라는 원격탐사장비를 개발하였다. 레이더는 기본적으로 **능동형 원격탐사**(active remote sensing) 장비로 레이더 안테나에서 대기로 원뿔 모양의 펄스[특정 파장(예 : 10 cm, 5 cm)의 전자기파로 비교적 균질하게 채워진 원통]를 방출하고, 그중에서 후방산란되어 되돌아온 펄스의 강도를 이용하여 강수 강도를 측정하는 장비로 출발하였다. 레이더에서 방출된 펄스 빔이 진행해 나가는 방향에 구름이 없거나 비나 눈이 내리지 않으면 되돌아오는 펄스가 거의 없게 된다. 반면에 수 mm 크기의 빗방울이나 눈이 내리면 방출된 펄스의 일부가 **후방산란**(backward scattering)되어 레이더 안테나로 되돌아오게 되는데, 이렇게 후방산란된 전자기파의 강도를 절댓값으로 보정한 값을 레이더 **반사도**(Z : reflectivity)라 한다. 이때 후방산란의 강도는 주로 강수 강도(집중호우 ≫ 이슬비) 및 강수 유형(비 ≫ 눈)에 영향을 받는다. 즉, 후방산란되어 돌아온 펄스의 강도를 이용하여 강수 강도를 산출하는 장비가 기상레이더이다. 이때 강수의 위치는 북쪽을 기준으로 한 레이더 방위각과 레이더에서 펄스를 내보낸 시간(t_s)과 되돌아온 시간(t_r) 사이의 차($\Delta t = t_r - t_s$)를 이용한다. 즉, Δt는 왕복 시간에 해당되므로 레이더로부터의 거리 $d = c * \Delta t / 2$가 된다(여기서 c는 빛의 속도를 의미). 기상레이더(관측자)를 기준으로 멀어지거나 접근하는 물체에 의해 발생하는 **도플러 효과**(Doppler effect), 즉, 방출된 펄스에 포함된 파장 또는 주파수의 변이를 측정하여 도플러 시선속도를 산출하고 이를 이용하여 바람장을 도출하기도 한다. 최근에는 이중편파(수평, 연직편파)를 이용하여 측정된 다양한 이중편파변수를 이용하여 강수 유형 및 강수 미세물리현상을 구분하기도 한다.

  방출된 펄스 중 강수입자에 의해 후방산란되어 오는 펄스는 극히 일부이다. 왜냐하면 그림 9.16에서 보는 바와 같이 레이더 안테나에서 방출된 펄스는 안테나로부터 거리가 멀어질수록 펄스의 부피가 커지게 되어 단위부피당 펄스의 강도가 약해지기 때문이다. 또한 강수입자에 의한 후방산란 펄스가 레이더 안테나로 되돌아오는 동안 거리의 영향으로 퍼지게 되어 결과적으로 레이더에 도달하는 펄스는 극히 일부이다. 강수 강도 및 유형(눈, 비, 우박 등)에 따라 되돌아온 펄스의 강도(반사도)에도 큰 차이가 존재하며, 이를 보완하기 위해 레이더 반사도(Z : mm^6 m^{-3}) 대신 데시벨 단위(dBZ), dBZ $= 10 \log_{10} Z$를 일반적으로 사용한다. 결론적으로 레이더에서 측정되는 반사도(Z)는 강수 유형 및 강수 강도와 밀접하게 관련되어 있기 때문에 이를 이용하여 강우 강도(R : mm h^{-1})를 산출하게 되며, 이때 사용하는 경험식을 **Z-R 관계식**(Z-R relationship)이라 하고 다음과 같다.

$$R(mm\ h^{-1}) = \left(\frac{Z}{a}\right)^{\frac{1}{b}} \tag{9.1}$$

위 식에서 a와 b는 우적계에서 산출된 빗방울 크기분포를 이용하여 구해지는 상수로 층운(적운)형 강수의 경우 $a = 200(300)$, $b = 1.6(1.4)$를 이용한다. 위 식을 유도하는 과정에서 다음과 같이 가정한다.

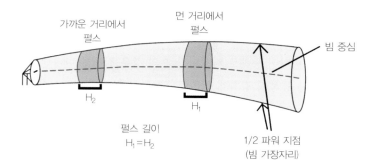

가까운 거리에서 펄스

먼 거리에서 펄스

빔 중심

H_2

H_1

펄스 길이
$H_1 = H_2$

1/2 파워 지점
(빔 가장자리)

그림 9.16　레이더 안테나에서 방출되어 대기로 전파되어 가는 펄스 빔의 기하학적 모양과 펄스 부피 개념도 (출처 : 기상청)

 (1) 강우입자들이 펄스 부피 내에 균일하게 분포
 (2) 펄스 부피 내 강우입자의 크기분포는 일정
 (3) 모든 강우입자는 구형

자연현상에서는 이러한 가정이 정확하게 성립하는 경우가 드물기 때문에 추정 강우 강도의 정확도는 사례에 따라 달라진다.

9.4.2 레이더 영상 해석

그림 9.17은 2019년 제18호 태풍 미탁이 우리나라 남서부지역에 상륙한 때와 동해로 빠져나간 후의 강우 강도를 기상청에서 운용 중인 레이더로 탐지한 것이다. 태풍의 전면에 위치한 경상남도와 경북 지역에 시간당 30 mm 이상의 매우 강한 강우가 집중되고 있다. 그러나 충청 서부와 태풍의 영향권에서 벗어난 제주에서는 강우가 매우 약하거나 내리지 않는 등 지역적으로 강우 강도의 편차가 크게

그림 9.17　제18호 태풍 미탁이 한반도 남서부지역에 상륙 당시 강우 강도 분포(2019. 10. 2. 20시) (출처 : 기상청)

나타나고 있다. 레이더는 이와 같이 지상관측소만으로는 알기 어려운 강우의 상세한 공간분포를 제공해준다.

그림 9.18은 제18호 태풍 미탁이 동해로 빠져나간 후의 강우 강도를 나타낸 것이다. 태풍이 동해로 이동함에 따라 동해안에는 동풍이 강하게 불었고, 그로 인해 태백산맥 동쪽 해안가에서 지형 효과로 인해 강한 강우가 내리고 있다. 또한 경북과 경기도 일부 지역에서도 중간 정도의 강우가 내리고 있으나 전남 등에서는 강우가 종료되었음을 알 수 있다.

기상레이더로 탐지한 자료는 다양한 방식으로 표출된다. 레이더 안테나가 고정된 고도각에서 360도 회전하면서 탐지한 자료를 레이더로부터의 거리와 방향의 함수로 나타내는 것을 **평면-위치 지시기**(plane position indicator, PPI)라 한다(그림 9.19). 이 표출 영상에서는 레이더를 중심으로 강수 발생

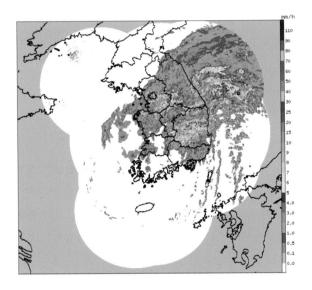

그림 9.18 제18호 태풍 미탁이 동해안으로 빠져나간 후 강우 강도 분포(2019. 10. 3. 새벽 2시) (출처 : 기상청)

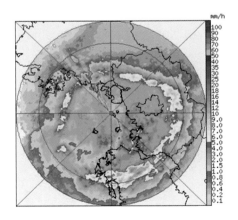

그림 9.19 인천 영종도 레이더로 2003년 4월 25일 오전 7시 6분에 관측한 고도각 1.41도에서 반사도의 PPI 영상 (출처 : 기상청)

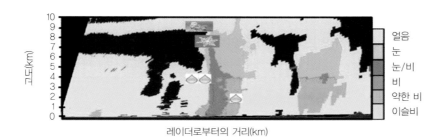

그림 9.20 대류형 강수 발생 시 국립기상과학원의 X 밴드 이중편파레이더로 관측한 RHI 영상 예. 이 표출 방식은 강수의 연직 발달에 대한 정보를 제공해준다. (출처 : 기상청)

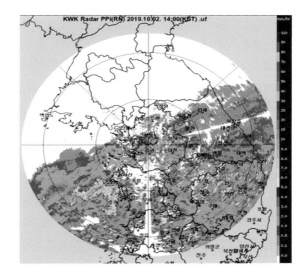

그림 9.21 기상청에서 운영하는 광덕산 레이더로 관측한 부피자료를 이용하여 생성한 1.5 km 고도에서 CAPPI의 예 (출처 : 기상청)

위치와 강도를 쉽게 알 수 있다. 또한 그림 9.20에서 보는 바와 같이 특정한 방위각에 대해 안테나 고도각을 변화시키면서 탐지하는 방식을 **거리-고도 지시기**(range height indicator, RHI)라고 하며, 거리 및 고도별 구름 및 강수 분포를 알 수 있다. 또한 단일 레이더에서 여러 개의 고도각으로 탐지한 자료나 2대 이상의 레이더로 탐지한 자료를 특정 고도(예 : 1.5 km)에서의 영상으로 표출하는 방식을 **일정고도 평면-위치 지시기**(constant altitude plan position indicator, CAPPI)라 하며 기상청 등에서는 주로 CAPPI를 이용하여 레이더 영상을 표출한다(그림 9.21).

9.4.3 바람장 도출

여러분은 이미 119 구급차나 소방차가 접근한 후 멀어질 때 음의 높이가 변하는 현상을 경험하였을 것이다. 우리는 이러한 현상을 처음으로 발견한 크리스티안 도플러(Christian Andreas Doppler)의 업적을 기리기 위해 **도플러 효과**(Doppler effect)라 부르며, 이러한 현상은 관측자에 대한 물체(음원)의 상대적 이동 효과에 발생하는 것임을 알고 있다. 레이더에서도 도플러 효과를 이용하여 강수입자가 레이더로 접근하는지 또는 멀어지는지[이러한 강수입자의 이동을 **도플러 시선속도(Doppler tangential velocity)**라 함]를 측정한다. 즉, 레이더에서 방출한 펄스(고정된 파장)가 후방산란되어 레이더로 돌아왔을 때 주파수에 변화가 있는지 없는지를 분석하여 대기 중의 풍속을 산출한다. 레이더 펄스를 후방산란시킨 물체(예 : 비나 눈)가 레이더에 접근하면 도플러 효과의 영향으로 물체의 이동속도에 비례하게 주파수가 커질 것이고[음(−)의 도플러 시선속도 값] 반대로 멀어지면 주파수가 작아질 것[양(+)의 도플러 시선속도 값]이다.

그림 9.22는 **도플러 레이더**(Doppler radar)에 의해 측정된 바람장(시선속도)을 PPI 영상으로 나타낸 것으로 그림의 중앙에 레이더가 위치한다. 그림에서 파란색(음)과 빨간색(양)은 각각 강수입자가 레이더에 가까워짐과 레이더로부터 멀어짐을 의미한다. 즉, 레이더의 남서쪽에 파란색이 분포하고 북동쪽에 빨간색이 분포하는 것으로 보아 현재 남서풍이 불고 있으며, 풍속은 고도가 높아질수록(레이더로부터 멀어질수록) 강해지고 있음을 알 수 있다. 도플러 효과를 이용한 바람장 산출과정에서 바람이 레이더 펄스에 직각으로 불 경우에는 주파수 변화가 발생하지 않기 때문에(영의 도플러 시선속도) 바람이 불지 않는 것으로 나타난다. 그림에서 전체적으로 남서풍이 불고 있어서 바람이 레이더 펄스와 직각이 되는 남동쪽과 북서쪽에는 흰색(영의 값)으로 표시되고 있다.

현대 대기과학에서 기상레이더는 강수량 추정, 난류, 3차원 바람장 등 역학장 추정, 강수의 속성(입자수, 크기 등), 강수의 유형(비, 눈, 우박, 진눈깨비 …), 그리고 뇌우, 토네이도 등과 같은 위험 기상 탐지에 주로 이용되는 핵심 관측도구이다. 또한 시공간적으로 고해상도인 레이더 탐지자료들은 초단시간 예보(예 : 6시간 예보)와 자료동화를 통한 수치 모델의 초기자료 생성에 활용된다. 최근에는 극궤도 기상위성에 탑재하여 바다와 같이 관측소 운영이 불가한 지역의 강수량 추정, 토양수분 및 바람장 추정 등 다양한 분야에 활용되고 있다. 그림 9.23은 2019년 현재 기상청에서 운용 중인 레이더를 나타낸 것으로 하얀색 영역 표시는 전체 레이더 관측자료의 합성장이 표출되는 영역을 의미한다.

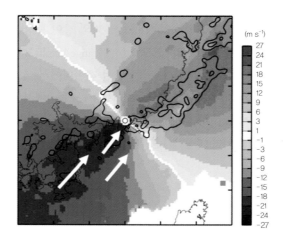

그림 9.22 도플러 효과에 의한 시선속도 분포 예. 그림에서 파란색과 빨간색은 흰색 화살표와 같이 바람이 레이더로 향하는 바람과 멀어지는 바람을 의미 (출처 : 기상청)

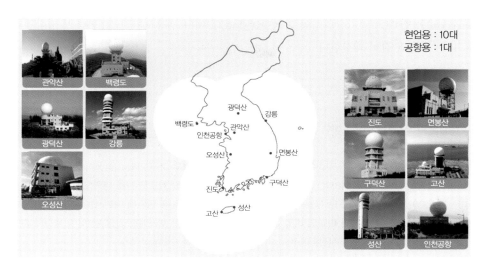

현업용 : 10대
공항용 : 1대

그림 9.23 기상청에서 운용 중인 레이더 지점 및 유효 관측 영역 (출처 : 기상청)

9.5 관측오차 및 품질검사

기상장비 및 자료수집 기술이 계속 발전되고 있음에도 불구하고 다음과 같은 큰 세 가지 문제점은 여전히 남아 있다. 첫째는 관측장비의 기계적 결함 또는 자료 전송 오차에 의하여 관측이 이루어지지 못하거나 관측된 값이 실제 값과 다를 수 있다는 점이다. 둘째로 해양이나 산악지역과 같이 접근이 어려운 곳 그리고 에어로졸 농도, 구름입자 크기/수/상, 토양수분 등과 같이 관측이 어려운 변수들은 관측자료가 거의 없거나 대단히 적다. 셋째로 기상현상의 규모에 따라 기상요소들의 시공간 변동성이 매우 다양한데, 현재 활용 가능한 관측자료만으로는 규모에 따라 매우 다양한 기상요소들의 시공간 변동성을 탐지하는 데 한계가 있다는 점이다.

기상관측에는 현장관측(예 : 지상관측, 고층관측)과 원격탐사(예 : 기상위성, 레이더)와 같이 다양한 유형의 관측장비들이 사용되고 있고, 이들에서 제공되는 기상요소들도 다양하기 때문에 관측의 **정확성**(accuracy), **일치성**(confirmity), **일관성**(consistency)은 매우 중요하다. 관측자료의 이상 유무는 다양한 방법의 **품질검사**(quality control)를 통해 결정된다. 즉, 각 기상요소가 갖는 물리적 범위 초과 여부(예 : 강수량이나 풍속이 음수로 나올 경우), 각 관측장비의 측정범위 초과 여부, 기상요소가 갖는 시공간적 변동 범위 초과 여부 그리고 다양한 기상요소 간 열역학/역학적 관계(예 : 정역학 관계, 또는 지균풍, 경도풍 관계) 성립 여부 등이 있다. 다음으로 관측값이 참값(true value)과 얼마나 일치하는가를 의미하는 **정확도**(accuray)를 평가해야 하는데, 문제는 참값을 구하기가 어렵다는 점이다. 정확도를 정량적으로 평가하는 측도로 **오차**(error : 관측값－참값)를 이용하며, 오차에는 **계통적 오차**(systematic error)와 **무작위 오차**(random error)가 있다. 여기서 계통적 오차란 동일한 장비로 임의의 기상변수(예 : 온도)를 여러 번 관측할 때 유사한 오차가 지속적으로 발생하는 것을 의미하고, 무작위 오차는 관측할 때마다 오차의 크기와 부호가 다르게 발생하는 것을 의미한다. 일반적으로 무작위 오차의 경우 여러 번 평균을 하면 0으로 접근하기 때문에 품질검사에서는 주로 계통적 오차에 대해 보정(correction)을 한다. 즉, 기상위성이 측정한 온도(OT)에서 계통오차가 ΔT만큼 발생하였다면 보정온도(CT)는 다음과 같이 계산한다.

$$CT = OT + \Delta T \tag{9.2}$$

왜 일기예보가 잘 맞지 않을까?

읽을거리

지구의 에너지원은 태양인데 지구가 구형이라 적도지역과 극지역 사이에 큰 온도차가 발생하여, 이를 해소하기 위해 대기대순환이 발생한다. 지구의 1/3은 육지이고 2/3는 바다로 되어 있는데 대륙과 바다의 비열차이에 의해 몬순이 발생한다. 또한 지구가 자전함에 따라 기온의 일 변동이 생기고 편서풍 파동도 생긴다. 태양복사에너지를 주로 흡수하는 지구표면이 육지/바다/사막/식생/빙하 등으로 다양하게 되어 있어 알베도와 비열이 상이하고 지형고도도 다양하여 공기의 흐름에 장애물로 작용한다. 또한 대기 중에서 수증기는 상변화를 통하여 구름이 되기도 하고 비나 눈이 내리는 과정에서 잠열을 방출하여 대기권 내에의 온도차(기압차)를 변화시켜 기상현상의 규모와 강도를 더욱 복잡하게 한다. 이러한 요인들이 복합적으로 상호작용하여 공간적으로 수 미터 규모로 발생하는 난류에서부터 전 지구적인 규모로 발생하는 대기대순환, 편서풍 파동 등을 유발한다. 따라서 이렇게 규모가 다양하고 복잡한 현상을 이해하기 위해서는 이들에 대한 상세한 기상관측자료가 있어야 한다.

일반적으로 기상관측자료가 갖추어야 할 기본 조건은 다음과 같다.

- **정밀도** : 측정 대상을 얼마나 세밀하게 관측하는가를 의미하며 강수량의 경우 0.5 mm 단위로 측정하는 것보다 0.1 mm 단위로 측정할 때 정밀도가 높다.
- **정확성** : 측정 대상을 참값에 얼마나 가깝게 측정하는가를 의미하며 참값과 유사하게 측정할수록 정확하다.
- **주기** : 측정 대상을 반복적으로 측정할 때 측정과 다음 측정 사이의 시간을 의미하며 레윈존데는 12시간 주기로, AWS는 1분 단위로 관측한다. 수명이 수분 또는 수시간 이내인 난류와 뇌우와 같이 시간 규모가 짧은 기상현상을 탐지하기 위해서는 주기가 짧을수록 유리하다.
- **관측 영역** : 관측 영역은 우리나라, 아시아, 전 지구와 같이 관측소가 운영되는 영역을 의미하며 지상관측소의 경우 각 국가의 기상청이 운용하기 때문에 대부분 자국의 영토를 관측 영역으로 한다. 그 외 바다나 북극과 같이 공역에 대해서는 여러 국가가 공동으로 관측하며 최근에는 기상위성을 이용하여 전 지구적 관측을 수행하고 있다.

- **관측 대상** : 기상현상은 주로 대기권에서 발생하기 때문에 대부분의 관측이 대기권에서 이루어지고 있다. 앞에서 설명한 바와 같이 기상현상은 바다, 지표면, 빙하, 식생 등이 상호작용하면서 발생, 발달, 소멸하기 때문에 이들에 대한 관측이 점점 중요해지고 있다.
- **공간해상도** : 관측지점 간 거리를 의미하며 관측소가 조밀하게 그리고 균질하게 분포할수록 기상현상을 탐지하고 이해하는 데 유리하다. 지구에는 인간이 접근하기 어려운 바다, 고산지대, 남극/북극 등이 있어 공간해상도가 낮을 뿐만 아니라 균질성도 매우 낮다.
- **관측변수** : 기상현상을 탐지하고 이해하기 위해서는 기본적으로 기온, 이슬점온도, 바람, 강수, 기압, 운량, 운형, 운고, 해수면 온도, 토양수분, 지표면 알베도, 에어로졸 등 관측변수가 많을수록 유리하다.
- **관측기간** : 기상현상은 수분, 수시간 및 일 변동, 그리고 수십 년 주기의 변동에 이르기까지 다양한 시간 규모로 변동하기 때문에 관측기간이 길수록 유리하다.

기상관측이 갖추어야 할 기본조건을 읽으면서 여러분은 자연스럽게 왜 일기예보가 잘 맞지 않을까를 이해하였을 것이다. 예를 들어 기상현상은 입체적이라 상세한 대기의 연직구조 관측이 중요한데 현재는 주로 인간이 거주하는 도시지역에서만 12시간 주기로 관측하고 있다. 또한 대기 중의 수증기원인 바다나 식생에 대해서도 관측이 매우 부족할 뿐만 아니라 정확도도 낮다. 따라서 현재 일기예보가 잘 맞지 않는 것은 수치예보 등 예측방법의 한계와 함께 기상현상의 생성, 발달, 소멸에 영향을 주는 대기권, 수권, 빙권, 생물권, 지권들에 대한 관측자료가 매우 부족하기 때문이라고 볼 수 있다.

연습문제

1. 2018년 여름에 기록적인 폭염이 발생하였다고 하는데 기록적 폭염인지 아닌지를 어떻게 알 수 있을까?
2. 일기예보를 하는 데 있어서 대기, 바다, 해빙 등에 대한 관측의 중요성을 설명하라.
3. 고층대기관측이 필요한 이유와 현재의 고층관측시스템의 문제점을 설명하라.
4. 해양관측이 필요한 이유와 해양에서 관측하면 좋은 변수들에 대해 설명하라.
5. WMO에서 전 세계 기상관측자료를 수집하여 분배하는 주기와 시간은?
6. 극궤도 기상위성과 정지궤도 기상위성의 장점과 단점에 대해 이야기해보자.
7. 기상위성에서 제공하는 가시영상, 적외영상 및 수증기 영상에서 알 수 있는 정보에 대해 이야기해보자.
8. 레이더에서 강수 강도를 측정할 수 있는 원리와 강수 강도 추정이 잘 맞지 않는 이유는?
9. 기상관측자료에 포함된 오차의 종류와 보정방법에 대해 설명하라.
10. 기상관측자료의 실시간 수집의 중요성을 설명하라.

참고문헌

구글, 2019 : https://www.google.com.
국가기상위성센터, 2019 : http://nmsc.kma.go.kr/homepage/html/main/main.do.
기상청, 2015 : 초급 예보관 훈련용 교재-원격탐사.
기상청, 2019 : www.kma.go.kr.
김경익 외 8인, 2015 : 환경대기과학. 동화기술, 350pp.
한국기상학회, 2012 : 대기과학개론. 시그마프레스, 405pp.
한국기상학회, 2013 : 대기과학용어집. 시그마프레스, 1042pp.
한국기상학회, 2014 : 대기과학용어사전. 시그마프레스, 800pp.
WMO, 2019 : https://www.wmo.int/pages/prog/www/OSY/Gos-components.html.

제10장

일기분석과 예측

일기예측의 중요성은 현대 사회로 올수록 더욱 커지고 있다. 개인의 휴가 계획에서부터 기업의 상품 생산, 농업에서의 파종 시기 결정 등 다양한 분야에서 일기예측에 관한 정보가 중요해지고 있다. 국가적으로는 자연재해 대비 측면에서 중요한데, 금세기 들어 집중호우, 태풍, 폭염, 한파 등과 같은 국가적으로 큰 피해를 초래하는 극단적인 기상현상들이 더욱 자주 발생하면서 중요성이 더해 가고 있다. 일기예측은 짧게는 수시간 길게는 수개월 뒤의 날씨를 예측해내는 기술이다. 그러나 미래의 날씨를 정확히 예측하는 일은 대단히 어려운 일이다. 일기예측은 숙련된 예보관이 일기도를 보고 경험에 의존하여 하루 이틀 정도 뒤의 미래 날씨를 예측하는 방법과 컴퓨터와 수치 예측 모델을 이용한 수치 일기예측 방법으로 크게 나눌 수 있다. 예보관이 혹은 수치 예측 모델을 이용하여 미래의 날씨를 예측하기 위해 가장 먼저 해야 할 일은 일기분석을 통해 가능한 한 정확히 현재의 기상 상태를 파악하는 것이다. 예보관의 경우 일기도 작성을 통해, 그리고 수치 예측 모델의 경우 자료동화라는 특별한 작업을 통해 현재 시각의 기상 상태를 의미하는 분석장을 생산해내게 된다. 수치 예측 모델은 분석장을 초기조건으로 하여 복잡한 방정식들을 연속적으로 적분을 수행해 미래의 날씨를 과학적으로 예측해낸다. 이번 장에서는 일기분석에 사용되는 기상관측자료들의 종류, 예보관의 일기분석에 사용되는 일기도의 종류와 특징, 수치 일기예측에 필요한 분석장을 만들어내는 원리인 자료동화에 대해 알아보고, 실제 슈퍼컴퓨터를 이용하여 미래의 날씨를 예측하는 원리에 대해서도 살펴본다.

10.1 일기분석의 이해

일기예측의 정확도를 높이려면 먼저 현재의 기상 상태를 가능한 한 정확히 파악하고 있어야 한다. 전 세계에 불규칙하게 분포하는 다수의 관측지점들로부터 현재의 정보를 수집한 후 주요 기상변수들의 현재 상태에 대해 정돈된 형태로 파악하는 작업을 기상분석 또는 **일기분석**(weather analysis)이라고 한다. 날씨는 끊임없이 변하기 때문에 이 과정은 매우 신속하게 이루어져야 한다. 기상자료 수집이 완료되면 일기분석의 첫 단계로 예보관들이 현재의 기상 개황이 정리된 일기도를 작성한다. 일기도 작성과 분석을 통해 예보관들은 현재 기상 상태에 대해 빠르게 파악할 수 있고, 축적된 경험과 직관에 따라 일기예보가 가능하다. 그러나 이러한 형태의 예보에는 예보관의 주관이 개입될 수밖에 없다. 오늘날 기상청을 통해 우리에게 매일 전달되고 있는 일기예측 정보는 상당 부분이 슈퍼컴퓨터에서 가동되는 수치 예측 모델(numerical weather prediction model)에 의해 예측된 가까운 미래의 날씨에 근거한 것이다. 이같이 수치 예측 모델을 이용한 일기 예측을 **수치 일기예측**(numerical weather prediction)이라고 한다. 슈퍼컴퓨터를 활용해서 미래를 예측할 때는 일기분석 결과가 컴퓨터가 이해할 수 있는 형태로 제공되어야 한다. 현대 기상학에서는 특별히 이렇게 컴퓨터를 이용한 날씨예측에 특화된 현재의 기상 상태를 준비하는 기술을 **자료동화**(data assimilation)라 부른다. 자료동화를 거치고 난 현재의 대기 상태를 **분석장**(analysis field)이라고 한다. 즉, 분석장은 슈퍼컴퓨터가 수치 일기예측을 시작하는 데 필요한 모든 준비를 마친 현재의 대기 상태를 의미한다. 이번 절에서는 일기도와 분석장이 만들어지기까지의 과정을 살펴본다.

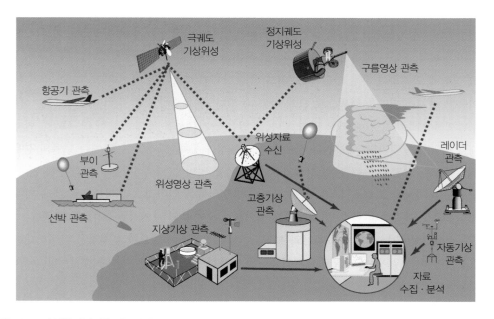

그림 10.1 **다양한 기상관측 시스템의 종류** (출처 : https://www.wmo.int/pages/prog/www/OSY/images/GOS-fullsize.jpg)

10.1.1 일기분석을 위한 기상자료 수집

현재의 기상 상태에 대한 파악을 위해 전 세계에서 들어오는 기상자료들을 수집하는 일로부터 일기예측은 시작된다. 일기예측에 사용되는 기상관측자료들은 제9장에서 살펴본 다양한 관측자료들을 대부분 활용한다. 지상관측은 기상요소들을 자동으로 관측해주는 자동기상 관측장비와 레이더 관측장비를 포함하며, 해상에서는 선박이나 부이 관측, 파랑 관측자료를 활용한다. 고층관측은 존데를 풍선에 달아 상층으로 띄워서 관측하는 방식과 윈드 프로파일러, 라디오미터 등의 장비를 이용하여 상층 대기 상태를 측정하는 방식이 있다. 또한 기상관측 항공기와 레이더를 통해 기상정보를 수집한다(그림 10.1). 일기예측의 정확도는 이렇게 수집되는 기상관측자료들을 얼마나 효과적으로 활용하여 현재의 기상 상태를 정확히 분석해내는가에 크게 좌우된다. 일기예보의 정확성은 1990년대 후반 이후 비약적으로 발전하였는데, 이는 90년대 이후 많이 증가한 인공위성 관측자료와 이를 적절히 분석장 생산에 활용할 수 있도록 해주는 자료동화기법의 비약적인 발전이 큰 역할을 하였다.

10.1.2 일기도 분석

관측자료의 수집이 완료되면 다음 단계는 숙련된 예보관이 빠르고 쉽게 현재의 기상 개황을 분석할 수 있도록 수집된 자료들이 종관일기도상에 표현된다. **종관일기도**(synoptic weather map)에서 '종관'은 한자어로는 '綜(모을 종)' 자와 '觀(볼 관)' 자를 쓰고, 영어로는 'synoptic'이라는 단어로 표현되는데 '동시의, 같은 시간의'라는 의미이다. 즉, 일기도란 같은 시간에(동시에) 현재의 날씨를 구성하는 여러 기상변수인 온도, 습도, 기압, 풍향 및 풍속 등에 대해 종합적으로 지도상에서 분석한 도면이라 생각할 수 있다. 종관일기도는 크게 기본일기도와 보조일기도로 나누어지며, 기본일기도에는 지상일기도와 상층일기도가 있다. 이 절에서는 일기분석에 있어 가장 기본이 되는 기본일기도에 대해 살펴본다.

지상일기도

가장 기본이 되는 일기도는 우리가 사는 지상의 날씨 정보를 표시한 **지상일기도**(surface map)이다(그림 10.2). 지상일기도는 고ㆍ저기압이 어디에 위치하고 있는지, 성질이 다른 두 공기덩어리가 만나 형성되는 경계인 전선이 어디에 나타나고 있는지에 대한 정보를 포함한 다양한 정보를 알려준다. 각각의 지상관측소에서 수집된 자료들은 그림 10.3과 같은 형태로 표현되고, 지상일기도상의 각 관측지점에 기입된다. 이는 국제적인 협의를 거친 표기법으로 일반적으로 표시되는 자료는 온도, 이슬점온도, 기압, 기압 변화 경향, 구름량(고도, 형태, 양), 풍속 및 풍향, 현재 및 과거 기상 상태 등을 표현하고 있다. 각 관측점에서의 기압값(그림 10.3의 상단 오른쪽에 기입)을 이용하여 지상일기도에 기압이 같은 곳들을 연결한 등압선을 그릴 수 있다(그림 10.2의 푸른색 실선). 상대적으로 기압이 주변보다 높은 곳은 고기압 마크인 'H'를 파란색으로 표시하고, 저기압인 곳은 빨간색으로 'L'로 표시하며 기압값을 기입한다. 과거에는 등압선을 사람이 손으로 직접 분석 후 그렸으나, 요즘은 컴퓨터가 이를 대신하고 있다. 그림 10.2를 자세히 살펴보면 시베리아 지역에 1064 hPa에 달하는 강한 시베리아

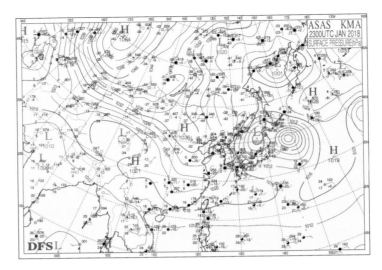

그림 10.2   2018년 1월 23일 오전 9시의 지상일기도. 등압선(파란색 실선)은 기압이 같은 지역을 연결한 등치선이며, 주변 보다 기압이 높은 고기압은 파란색 'H'로, 주변보다 기압이 낮은 저기압은 빨간색 'L'로 표시되어 있다. (출처 : 기상청)

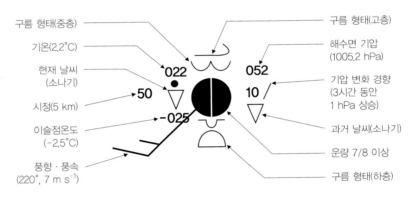

그림 10.3   지상종관기상 실황전문 기입모델 : 흐리고 강수가 발생한 날의 지상종관기상 실황전문. 전문을 통하여 기온, 이 슬점 온도, 시정, 풍향·풍속, 기압, 구름형태·구름양, 현재 날씨 등의 기상요소들의 값이 일기도상에 어떻게 표현되는지 보여주는 예

고기압이 발달해 있고, 한반도 지역으로 시베리아 지역에서 고기압이 길게 뻗어 나오고 있음을 볼 수 있다. 특히 한반도 지역 서쪽에는 고기압, 동쪽에는 저기압이 배치되어 있어 고기압과 저기압 사 이에 강한 북풍 계열의 바람이 불고 있음을 알 수 있다(제5장 참조). 이 일기도는 강한 북풍으로 인해 한반도에 한파가 발생한 날의 지상일기도이다.

상층일기도

날씨는 기본적으로 기압계의 발달 특히 지상 저기압이 얼마나 빨리 성장하느냐(기압이 떨어지느냐) 혹은 지나가느냐에 의해 결정된다고 봐도 과언이 아니다. 즉, 저기압의 발달과 쇠퇴는 일기예보에 있어 가장 기본적인 분석 대상이다. 기상학자들은 지상의 저기압이 상층의 고·저기압과 끊임없이 정보를 주고받으며 함께 성장하거나 쇠퇴한다는 사실을 밝혀냈으며, 날씨를 분석할 때 상층과 하층의 일기도를 동시에 들여다보지 않으면 올바른 분석을 할 수 없다는 것을 확인하였다. 즉, 상층과 하층의 기압계가 특정 패턴, 예로 들면 지상 저기압이 상층 저기압의 오른쪽(동쪽)에 위치할 때 지상 저기압이 상층으로부터 에너지를 전달받으며 폭발적으로 성장한다는 것을 확인한 바 있다. 따라서 지상 기상분석에 있어 **상층일기도**(upper-air chart)는 매우 중요한 역할을 한다. 상층일기도의 경우 지상일기도에서처럼 특정 고도에서 등압선을 그리는 것이 아니라 반대로 특정 기압에서 등고도선을 그리는 방식으로 표현한다. 기압과 고도는 서로 일대일 대응하는 성질을 지니고 있어서 하나를 다른 하나로 표현할 수 있다. 즉, 고도를 연직 좌표계로 사용할 수도 있고 기압을 연직 좌표계로 사용할 수도 있다는 뜻이다. 왜 기상분석에서는 기압을 연직 좌표계로 쓰는 것일까? 이는 상층기상관측이 주로 라디오존데를 이용해서 이루어지고 있다는 점을 생각해보면 이해하기 쉽다.

라디오존데는 기압 센서와 온·습도 센서를 장착하고 있지만, 일반적으로 고도 센서는 장착하고 있지 않다. 따라서 기상요소들을 기압의 함수로 표현하는 방식이 더 자연스러운 것이다. 상층일기도는 상층의 각 등압면 고도에서 기온, 풍속, 습도 등의 분포도를 그린 일기도이다. 일기도를 그리는 등압면에 따라 925 hPa, 850 hPa, 700 hPa, 500 hPa, 300 hPa(200 hPa)의 일기도 등이 이에 속한다. 각 상층의 등압면 일기도마다 표출하는 기상요소들이 조금씩 다르다.

925 hPa 일기도는 지상과 가장 가까운 등압면 일기도로서 그려지는 등고도선은 해발 약 800m 정도에서 높거나 낮은 값을 보인다(그림 10.4). 꼭 기억해야 할 것은 등압면상에서 고도가 상대적으로 주변보다 높다는 것은 사실 그 지역에 고기압이 위치한다는 것과 동일하다는 점이다. 즉, 상층일기도에서는 등압면 고도값이 주변보다 높은 값을 나타내는 곳에 'H' 표시, 낮은 값을 나타내는 곳에 'L' 표시를 함에 유의한다. 상층일기도, 특히 925 hPa과 850 hPa 같이 대기 하층에서는 빨간색 점선으로 등온선을 함께 표시해서 성질이 다른 두 공기의 경계를 쉽게 파악할 수 있다. 지상의 전선은 주로

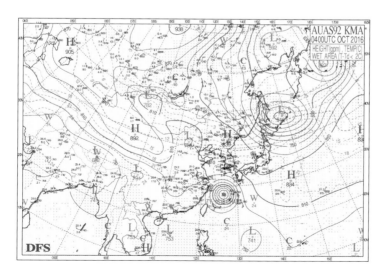

그림 10.4 2016년 10월 4일의 925 hPa 일기도. 등고선(파란색 실선)은 동일한 고도를 이은 등치선이며, 등온선(빨간색 점선)은 동일한 온도를 이은 등치선에 해당. 온도와 이슬점온도의 차이가 2℃ 이내인 습윤한 지역(초록색 점)이 표시되어 있다. (출처 : 기상청)

925 hPa 등온선의 간격이 조밀한 곳에 배치되는 경우가 대부분이다. 따라서 전선 분석 시에는 지상 일기도와 925 hPa 일기도를 함께 분석한다.

850 hPa 일기도는 평균적으로 해발 약 1.5 km 고도 부근의 등압면 일기도로 대류권 하부의 대표적인 일기도이다(그림 10.5). 일기도에는 등압면 고도, 기온, 기온이슬점차, 풍향과 풍속이 기입된다. 하층 대기의 이동, 지역별로 하층 기압계의 영향 분석과 전선 분석, 하층 제트기류 분석, 하층 대기의 습윤지역 분석에 활용된다(그림 10.5에서 초록색 점들로 표시된 지역).

500 hPa 일기도는 대류권 중층인 약 5~6 km 고도에 위치하는 등압면 일기도이다(그림 10.6). 500

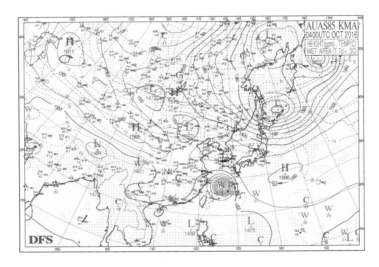

그림 10.5 2016년 10월 4일의 850 hPa 일기도. 등고선(파란색 실선)은 동일한 고도를 이은 등치선이며, 등온선(빨간색 점선)은 온도가 동일한 지역을 이은 등치선이다. 온도와 이슬점온도의 차이가 3℃보다 작은 습윤한 지역(초록색 점)이 표시되어 있다. (출처 : 기상청)

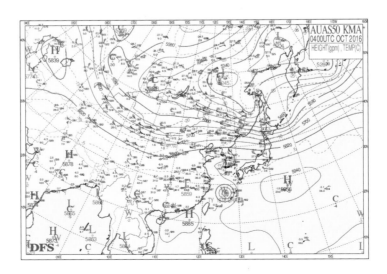

그림 10.6 2016년 10월 4일의 500 hPa 일기도. 등고선(파란색 실선)은 동일한 고도를 이은 등치선이며, 등온선(빨간색 점선)은 동일한 온도를 이은 등치선이다. (출처 : 기상청)

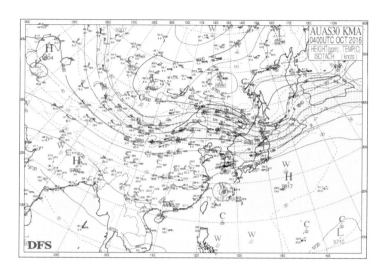

그림 10.7 2016년 10월 4일의 300 hPa 일기도. 등고선(파란색 실선)은 동일한 고도를 이은 등치선이며, 등온선(빨간색 점선)은 같은 온도를 이은 등치선이다. 풍속이 25 m s^{-1}가 넘는 강풍 구역은 초록색 점으로 표시되어 있다. (출처 : 기상청)

hPa은 공기의 수렴 및 발산이 거의 없는 비발산 고도로 평균적인 대기 운동을 나타내는 층에 해당하여 중층을 대표하는 일기도이다. 지상의 고·저기압, 전선, 태풍, 호우 등과 밀접한 관계가 있어 일기도의 응용 범위가 매우 넓다. 폐곡선 형태의 고·저기압은 거의 나타나지 않고, 지상의 고·저기압과 밀접한 관련이 있는 편서풍 파동이 나타나는데, 여러 종류의 파동이 중첩되어 장파와 단파가 함께 나타난다. 지상 기압계의 발달과 약화 분석에 중요한 지표가 되고, 중·장기예보에 활용된다.

300 hPa 일기도는 대류권 상층인 10 km 부근의 등압면 일기도이며 편서풍의 작은 파동은 없어지고 큰 파동만 남아 키 큰 고기압이나 키 큰 저기압 그리고 제트류 분석에 적합하다(그림 10.7). 그림에서 초록색 점들로 표시된 영역은 풍속이 센 지역을 표시한 것으로 이 지역이 바로 제트기류의 중심축에 해당한다.

10.1.3 수치 일기예측의 출발지점 : 자료동화

슈퍼컴퓨터를 이용하여 일기예보를 시작하기 위한 전제 조건으로는 **격자점**(grid point)이라는 규칙적이면서도 촘촘히 배열된 그물망이 교차하는 지점들에서 대기의 현재 상태가 정의되어 있어야 한다는 것이다(그림 10.8). 그림에는 편의상 2차원 격자점만 표시하였으나 기상현상은 근본적으로 3차원이라 실제 격자점은 연직 방향으로도 구성한다.

이는 모든 수치 일기예측에서 공통으로 만족해야 하는 전제이다. 슈퍼컴퓨터에 탑재되어 일기예보를 수행하는 일종의 소프트웨어인 수치 예측 모델은 적게는 수만 줄 많게는 수십만 줄의 포트란 코드(Fortran code)로 작성되어 있다. 수치 예측 모델은 그림 10.8과 같이 예보가 필요한 지역을 매우 조밀한 격자 형태의 지점들로 잘게 나누고 각 지점에 지구 유체역학이 만족해야 할 방정식들을 적용하여 미래의 대기 상태를 수학적으로 풀어나간다. 이것이 수치 일기예측의 기본 원리이다.

그러나 문제는 기상관측자료가 시공간으로 매우 불규칙하게 분포하고 관측지점의 숫자 역시 매우

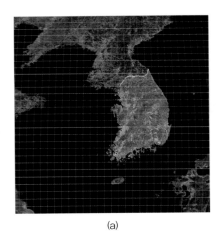 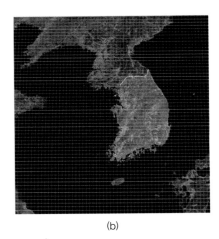

(a)   (b)

그림 10.8   한반도를 중심으로 한 수치 일기예측 대상지역에 대해 (a) 저해상도와 (b) 고해상도 수평 격자를 설정한 예시

제한되어 있다는 점이다. 공간상에 성글게 분포하고 있는 관측자료들로부터 어떻게 그림 10.8의 그물망이 교차하는 모든 지점에서의 기상변수들의 값을 알 수 있을까? 수치예측 분야의 전문가들은 지난 수십 년간 이 문제를 해결하기 위해 매진해 왔고, 이 문제에 대한 해답을 제시하는 하나의 학문 분야를 완성하였는데, 이것이 바로 **자료동화**(data assimilation)이다. '자료동화'란 용어가 매우 생소할 것이다. '동화'라는 단어는 기본적으로 '잘 섞는다', '융화시키다'라는 의미가 있다. 그렇다면 무엇과 무엇을 잘 섞는다는 것일까? 바로 지구상에 불규칙하게 분포하는 엄청난 양의 관측자료들과 모델의 예측자료들을 잘 섞는다는 의미이다. 즉, 일기예보에 필요한 각 격자점에서의 초기 대기 상태를 분석하는데, 관측자료만을 활용하여 단순한 형태의 분석을 하는 것이 아니라 이전 시간의 컴퓨터 시뮬레이션 결과를 재사용하여 초기 기상 상태를 추정해낸다는 의미이다. 그림 10.9는 숙련된 예보관이 경험을 통해 날씨예측을 하는 경우와 수치 일기예측이 자료동화와 슈퍼컴퓨터를 사용한 수치예측을 통해 미래 날씨를 예측하는 경우를 비교한 그림이다. 수치 일기예측의 경우 그림 10.8의 각 격자점에서 초기자료를 준비할 때에는 불규칙하게 위치해 있는 관측자료들과 이미 각 격자점에서 정의된 이전 단계에서 예측한 현재 시각의 기상 상태를 자료동화기법을 통해 적절히 융화하여 준비하고 있음을 알 수 있다. 이후 슈퍼컴퓨터를 이용해 미래를 예측하고, 이 예측된 미래의 날씨는 다시 그 시점에서 예측할 때 자료동화를 통해 그 시각의 관측과 융화하게 된다. 즉, 하나의 사이클 형태로 맞물리면서 끊임없이 미래 예측자료가 생성되어 나가는 것이다(그림 10.10).

이러한 방식은 많은 장점이 있는데 첫째, 관측자료가 모델이 필요로 하는 만큼 충분하지 않은 곳에서는 우리가 생각할 수 있는 최선의 추정치인 모델의 예측치로 관측을 대신할 수 있다. 비록 최선은 아닐지라도 없는 것보다는 훨씬 낫다. 둘째, 관측은 참값이 아니라는 점이다. 관측 역시 다양한 형태의 오차를 포함하고 있다. 모델의 예측치가 지닌 오차와 관측이 지닌 오차를 최소화시키는 수학적인 방식이 있다면 이 둘을 조합하는 것이 이론적으로 최선일 것이다. 셋째, 미래 예측은 수치 일기예측 모델에 구현된 방정식에 의해 이루어지므로 모델이 관측값을 잘 받아들이지 못한다면 아무리 좋은 관측이라도 소용이 없게 된다. 즉, 모델이 완벽하지 않다는 점을 고려해야 한다는 점이다. 지금

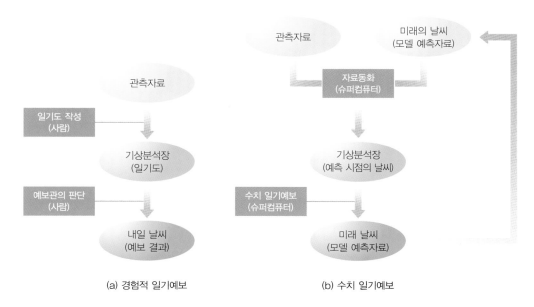

(a) 경험적 일기예보   (b) 수치 일기예보

그림 10.9 (a) 숙련된 예보관이 날씨를 예측해내는 과정. (b) 수치 일기예보가 생산되는 과정. 수치 일기예측의 경우 생산된 모델 예측이 자료동화 과정을 통해 다시 다음 시간의 예측에 재사용되고 있음에 유의

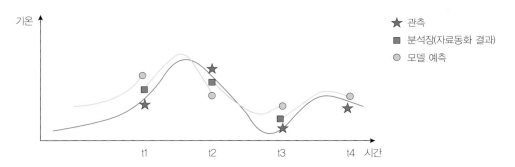

그림 10.10 예측자료(원)가 만들어지며, t2시각의 예측자료와 관측자료(별)를 입력으로 한 자료동화 과정에 의해 적절히 융화된 t2 시각의 분석장(네모)이 생성된다. 다시 t2 시각의 분석장으로부터 출발한 모델 예측에 의해 t3 시각의 예측자료가 생성되며, 이 과정은 t4 시각에서 반복된다. 그림에서 파란색 실선의 경우 참값을 의미하나 개념적인 것으로 실제는 알 수 없는 값이다.

까지 설명한 내용이 바로 자료동화가 도입된 이유이다. 이 개념은 1990년대부터 오늘에 이르기까지 정교하게 다듬어져 **4차원 변분동화**(4-dimensional variational data assimilation), **앙상블 칼만필터**(ensemble Kalman filter)를 이용한 자료동화기법 등이 활용되고 있으며, 이는 일기예보의 예측성을 비약적으로 향상시키는 계기가 되었다. 우리나라를 포함한 기상선진국에서는 컴퓨터의 성능 향상과 자료동화 기술발전으로 일기예측을 위해 매일 4회 모델을 수행함에 따라 6시간 예측장이 자료동화를 통해 다음 분석장을 생산하는 데 사용된다. 지금까지 일기분석에 있어 가장 중요한 일기도와 자료동화에 대해 알아보았다. 다음 절에서는 본격적으로 수치 예측 모델을 사용하여 미래의 날씨를 예측하는 수치 일기예측의 원리에 관해 공부해본다.

10.2 수치 일기예측의 이해

10.2.1 컴퓨터를 사용한 일기예보의 역사

지난 수십 년간 일기예보의 정확도는 계속 향상됐으며, 이는 상당 부분 수치 일기예측의 비약적인 발전에 의한 것이다. 수치 일기예측의 눈부신 발전의 이면에는 오랜 기간 많은 대기과학자의 끊임없는 노력과 도전이 있었다.

영국의 기상학자 리처드슨(L. F. Richardson)은 1922년 발간한 저서 수치적 과정에 의한 일기예측에서 일기예보가 필요한 대상 지역을 유한개의 단위 격자로 나누고 시간의 흐름 또한 유한한 간격으로 나누어 복잡한 미분방정식의 해를 근사적으로 찾아나가는 방법으로 일기예보를 구현해낸 방법을 소개하였다. 하지만 그 당시에는 컴퓨터가 등장하기 전이라서 사람이 직접 많은 양의 덧셈, 뺄셈을 해야 했다. 영국과 서유럽을 중심으로 사방 수천 km나 되는 거대한 유럽 지역이 바둑판 모양의 가상공간(cyber space) 위에 설계되었다. 이때 각 네모(격자)의 가로세로 길이는 동일하게 300 km이고 6시간마다 한 번씩 네모 면적에 대한 기상 상태의 변화량이 계산되었다. 리처드슨은 꼬박 6주간에 걸쳐 계산한 결과, 1910년 5월 20일 새벽 5시에서 같은 날 오전 10시까지 6시간 동안 유럽 지역의 지상기압 변화를 예측할 수 있었다. 그러나 계산 결과는 실제 날씨와는 매우 달랐다. 경제성은 차치하고라도 계산 결과와 실제와 다른 것은 큰 문제가 아닐 수 없었다. 어느 지역에서는 지상기압의 6시간 변화량이 150 hPa을 넘었는데, 실제로는 1 hPa로 관측되었기 때문이다.

현대의 수치 일기예측 기술로 볼 때 실패 원인은 크게 네 가지이다. 첫째, 관측자료가 충분하지 않았기 때문이다. 둘째, 수치 계산 알고리즘에 적합한 초기 조건을 준비하지 못했기 때문이다. 셋째, 빠르게 진행하는 대기 파동에 대한 수치 해석기술이 완성되지 못해, 수치 계산 불안정 현상이 일어났을 가능성도 있다. 마지막으로는 당시에는 컴퓨터가 출현하기 이전이라서, 사람을 동원한 수치 계산 속도가 턱없이 느렸기 때문에 설령 정확히 계산되었다 해도 예보로서의 제구실을 할 수 없었다.

그 후 컴퓨터 과학자인 노이만(J.V. Neumann)이 애니악(ENIAC)이라는 역사상 최초의 컴퓨터를 제작하였고, 그는 이 컴퓨터의 성능을 테스트하는 데 있어 복잡한 미분방정식으로 구성된 일기예보가 적절하다고 판단하였다. 그러나 컴퓨터 계산 속도로도 복잡한 대기 운동방정식을 전부 푸는 것은 역부족이었기에 방정식을 단순화시켜야 했다. 미국의 기상학자 차니(J. G. Charney)는 이를 해결하기 위해서 준지균 모델(quasi-geostrophic model)이라 일컬어지는 차니의 알고리즘을 개발하였는데, 이로부터 수치 일기예측은 발전하게 되었다.

차니(J. G. Charney)와 엘리어슨(A. Eliasson)은 1950년 3월 연직 방향의 대기 운동을 무시한 간단한 2차원 방정식을 애니악 컴퓨터에서 계산하여 대규모 기류의 변화를 예측하였고, 대기 중층 기압골의 이동과 발달과정을 정량적으로 잘 예측하였다. 그러나 최초의 애니악 컴퓨터로도 24시간 예보를 하는 데 약 24시간이 걸려 당시에는 실용적으로 사용되기는 어려웠다. 하지만 이러한 과정을 통해 대기과학자들은 컴퓨터를 이용하여 대기 운동의 변화를 정량적으로 예측하고, 이를 일기예보에 응용할 수 있다는 가능성과 자신감을 처음으로 확인하게 되었다. 수치 일기예측은 이후 비약적인 발전을 하였으나, 기상위성의 증가와 더불어 폭발적으로 증가하는 기상 데이터를 수치 예측 모델이 제

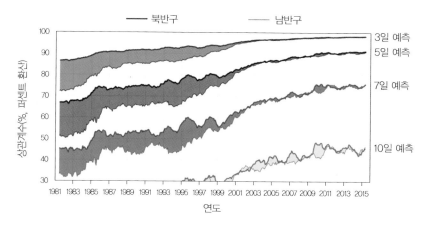

그림 10.11   유럽중기예측센터(ECMWF)의 수치 예측 모델의 발전을 한눈에 보여주는 그래프. 500 hPa 지위고도에 대해 관측치와 모델 예측치 간의 상관계수(퍼센트 환산)가 매해 얼마나 높아지는지를 보여주고 있다. 값이 클수록 모델의 예측이 뛰어남을 의미한다. (출처 : Shapiro et al., 2010).

대로 받아들이지 못하는 상태가 지속되어 1980년대까지는 답보 상태에 있었다. 돌파구가 생긴 건 2000년 대부터이다(그림 10.11). 급격히 발전한 수치 일기예측의 성능은 크게 세 가지 이유에 기인한다. 첫째, 기상위성이 급격히 증가하고 성능 또한 확대됨에 따라 전 지구 감시기술이 비약적으로 확대되었다. 둘째, 이론적으로 완성된 자료동화 기술의 발전으로 늘어난 기상위성자료를 수치 예측 모델에 효율적으로 활용할 수 있게 되었다. 셋째, 슈퍼컴퓨터의 비약적인 성능 발전으로 모델의 해상도와 활용 관측자료를 비약적으로 늘릴 수 있게 되어 세밀한 격자점들에서 정교한 예측이 가능해지게 되었다. 이러한 이유들로 1990년대와 2000년대를 거치며 오늘날의 현대 수치 기상예측의 활용도도 크게 증가되었다.

10.2.2   수치 일기예측의 원리

날씨는 매 순간 변하기 때문에 기상학자들은 현재 대기를 묘사할 수 있는 대기 모델을 고안해냈다. 이 모델들은 기온, 기압, 습도가 시간의 경과와 함께 어떻게 변해갈지를 알려주는 방정식들로 구성되어 있는 수학적인 모델이다. 지난 수 세기 동안 대기를 지배하는 물리법칙들은 점점 더 정확하게 기술되어 왔는데, 이들은 수학방정식으로 표현된다. 이들 수학방정식은 수평 바람이 기압경도력, 전향력, 마찰력 등 대기에 작용하는 힘에 의해 어떻게 변할 것인지를 나타내는 운동방정식과 열역학적 에너지 보존법칙, 질량 및 수분의 보존법칙이 주요 방정식이며 이상기체 상태방정식 또한 포함하고 있다. 지구상에서 일어나는 기상현상들은 매 순간 아주 복잡한 형태로 나타나기 때문에 아무리 정교한 수학적 모델이라고 해도 실제 대기에서 일어나는 일들을 완전히 표현해내지는 못한다. 단지 실제에 가깝게 근사할 뿐이다.

모델들이 실제로 어떻게 작동하는지를 조금 자세히 살펴보자. 수학방정식들은 포트란과 같은 컴퓨터 언어로 표현되고 기온, 온도, 습도, 바람, 공기 밀도는 모델링할 지역에 일정하게 배치된 격자점 혹은 격자 상자 내부에 배치된다(그림 10.12). 격자를 얼마나 조밀하게 배치할 것인가는 사용하는

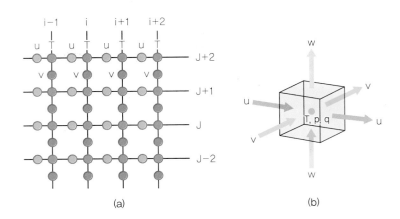

그림 10.12 (a) 격자점들과 (b) 격자 상자. 격자점 혹은 격자의 내부에 예측되는 변수들이 배치되어 있다. 그림에서 u, v, w는 각각 동서 방향, 남북 방향, 연직 방향 바람변수이며, 상자 가운데 T, p, q는 각각 온도, 기압, 습도 변수를 의미한다. (출처 : www.meted.ucar.edu).

컴퓨터의 성능과 얼마나 세밀한 규모로 예보를 할 것인지에 달려 있다. 미래를 수학방정식으로 예측하기에 앞서 각 격자점에서의 기상 상태를 나타내는 기상변수 값들이 미리 정해져 있어야 한다. 이 값은 앞에서 배운 자료동화라는 작업을 통해 얻는다. 주요 기상변수가 어떻게 변할 것인지 결정하기 위해서 각 방정식은 일정 간격으로 떨어져 있는 각각의 격자점에서 짧은 시간 간격(예 : 30초)으로 계산된다. 각 방정식은 연직으로 수십 개의 층에 대해서도 계산된다. 이 계산으로부터 30초 후의 기상변수들의 새로운 값을 얻을 수 있고, 이 과정이 다시 30초 후의 값을 얻기 위해 반복되며, 원하는 시간까지 이 계산이 반복해서 수행되어 나간다.

수치 예측 모델을 이해하는 데 있어서 주목해야 할 부분은 각 격자 상자 내부에서 일어나는 상세한 여러 대기물리적 과정(태양/지구복사 전달, 구름 물리, 지표과정) 등이 어떻게 표현되는가이다(그림 10.13). 이들은 격자점 내부에서 일어나는 물리과정이므로 각 격자점에서 정의된 기상 상태변수들의 조합으로는 기술되기 어렵다는 데 주목해야 하며, 이를 **아격자 과정**(subgrid process)이라고 한다. 현재 수많은 수치 일기예측 모델들이 존재하는 이유는 이러한 아격자 과정들을 모델링하는 방법이 유일하지 않고, 상당한 경험식과 이론적인 원리가 포함되어 있기 때문이다. 아격자 물리과정에는 단파/장파복사 전달과정, 지표-대기 에너지 및 물질 교환과정, 대기 경계층 난류 혼합과정, 격자/아격자 규모 구름 물리과정, 그리고 중력파 항력 과정 등이 있다.

10.2.3 중기 및 장기예보

수치 일기예측 기술이 정교해지고 예측 정확성이 점점 향상됨에 따라 날씨예측의 범위를 넘어서는 예보에 대해 사람들의 관심이 증가하고 있다. 날씨예보가 약 3일 정도 정확한 날씨예측을 목표로 하는 데 비해 **중기예보**(medium-range forecast)는 현재로부터 3일 이후 약 2주까지의 날씨예보를 목표로 한다. 현대 일기예보에서는 3일 이후 날씨예측의 불확실성과 오차가 급격히 커져서 중기예보에서 정확도 높은 예측을 생산하는 데는 큰 어려움이 있다. **장기예보**(long-range forecast)는 2주를 넘어서

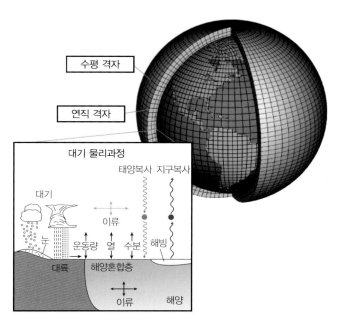

그림 10.13 수치 일기예측은 대기의 운동을 표현하는 방정식을 3차원 지구대기의 공간 격자점에서 표현한 후 컴퓨터를 사용하여 수치적 해를 찾아가는 과정이다. (출처 : http://en.wikipedia.org/wiki/Numerical_weather_prediction)

는 예보를 일컫는 용어이며 월별 전망, 3개월 전망 등이 있다. 단 장기예보의 대상은 날씨가 아니다. 개별 날씨에 대한 예측은 예보 시작 약 10일이 지나면 예측성의 한계에 부딪히며 기술적으로 정확하게 예측하는 것이 불가능해진다. 안타깝지만 이 한계는 우리가 기술로 극복할 수 있는 그러한 기술적 한계가 아니라 날씨를 지배하는 방정식들이 지니는 비선형성에 의한 근본적인 한계로서 극복 불가능함이 기상학자에 의해 밝혀진 바 있다. 그렇다면 10일 이후의 전망은 아무 의미가 없는 것일까? 그렇지 않다. 개별 날씨는 예측이 불가능하지만 평균된 대기의 상태는 어느 정도 예측이 가능하며, 장기예보에서는 1개월 전망, 계절 전망같이 장기간 평균된 상태에 대한 예측을 그 대상으로 한다.

앞에서 살펴본 대기 운동의 카오스적인 양상으로 인해 측정할 수 없는 작은 요동이나 관측값의 작은 오차들로 인해 모델의 예측시간이 길어질수록 오차는 빠르게 커지게 된다. 우리가 획득하는 관측자료는 필연적으로 측정오차를 포함하고 있다. 즉, 아무리 정밀한 관측 기계라 할지라도 참값을 알려주지는 못한다. 따라서 초기조건에 포함된 작은 오차의 시간에 따른 증폭으로 인해 단일예보 결과에 대한 신뢰성은 시간이 지남에 따라 급격히 떨어지게 된다. 특히 중·장기예보는 이러한 오차의 성장으로 인해 예측의 정확도가 현저히 떨어지게 된다. 그러나 예측의 정확성이 시간에 따라 급격히 떨어지는 현상은 매우 자연스러운 것으로서 이를 완전히 극복하기란 불가능하다('읽을거리 : 날씨예측의 불확실성' 참조). 조금이라도 더 나은 예측치를 얻기 위해 고려해볼 수 있는 방법은 다양한 초기 오차가 무작위로 분포한다고 가정하고 오차를 포함한 여러 개의 초기조건을 생성한 후 각각의 초기 조건들로부터 출발한 예측 결과들을 비교해보는 것이다. 만약 대다수의 예측 결과들이 예측시간에 거의 동일한 값을 준다면 예측 결과는 초기조건에 포함된 오차에 비교적 둔감한 편이라고 생각할 수 있을 것이다. 만약 예측 결과들이 모여 있지 않고 넓게 퍼져 있으면 그 예측은 초기 오차에 매우 민감하고 예보 결과에 대한 신뢰도도 상대적으로 떨어진다고 판단할 수 있을 것이다. 확률론적으로 보았을 때 결국 다양한 초기조건을 사용한 예보에서 우리가 추정하는 최적의 예보값은 다양한 예보값의 확률분포의 기댓값이 될 것이다. 이러한 방식으로 생성된 예보를 **앙상블 예보**(ensemble forecasting)라고 한다. 앙상블 예보의 가장 중요한 산물은 예보의 불확실성에 대한 정보를 제공하는 것이다.

날씨예측의 불확실성

수치 예측 모델은 현재까지 많은 연구와 실험을 통해 매우 정교하게 개발되었으나 대부분 오차를 포함하고 있다. 이러한 오차를 발생시키는 요소는 대기에서 작용하는 물리과정의 부정확한 표현과 초기 조건에 포함된 오차 그리고 소규모 현상 모의의 어려움이 있다. 또한 컴퓨터의 성능 한계도 하나의 요인이다. 하지만 가장 중요한 것은 대기 운동이 카오스적이라는 것이며, 이는 10일 이후의 날씨는 예측 불가능하다는 데 결정적 근거가 된다. 라플라스는 자신의 에세이에서 "우주에 있는 모든 원자의 정확한 위치와 운동량을 알고 있다면 뉴턴의 운동법칙을 이용해 한 치의 오차도 없이 정확한 미래를 예언할 수 있다."라고 서술하였다. 후대의 작가들은 이러한 능력을 지닌 존재에 악마(demon)라 이름 붙여 지금까지도 '라플라스의 악마'는 결정론적 세계관을 일컫는 대표적인 용어로 사용되고 있다. 이후 이 라플라스의 악마는 과학사 발달에서 두 가지 측면에서 불가능함이 엄밀하게 증명되고 말았는데, 그 하나는 양자역학의 근간이 된 불확정성 원리이다. 불확정성 원리에 따르면 사물의 위치와 운동량을 동시에 정확히 아는 것은 불가능하다는 것이 입증되었다. 두 번째 측면은 바로 에드워드 로렌츠가 발견한 것으로 아무리 초기에 정확한 위치나 운동량을 알려고 해도 관측장비에는 오차가 포함되어 있기 마련이고, 아무리 작은 오차를 가정한다고 해도 근본적으로 비선형적인 운동방정식은 시간이 지남에 따라 오차를 증폭시켜 전혀 다른 미래로 나아가게 된다는 것이다. 즉, 우리가 아무리 정교한 방정식을 사용한다고 하더라도 오차를 포함하지 않고 대기 상태를 측정하는 건 불가능한 일이므로, 이로부터 오랜 기간 후의 미래를 예측하는 것은 그 자체로 불가능하다는 결론이 나오는 것이다. 간단한 예를 들어보겠다.

$$Y_{n+1} = aY_n - Y_n^2$$

위 방정식이 날씨를 지배하는 방정식이라 가정하자. 날씨를 지배하는 방정식은 이론적으로 앞에서 살펴본 5개의 방정식으로 구성되어 있지만, 개념적으로 위 방정식으로 대체해보자. 이 방정식은 Y의 제곱항이 포함되어 있으므로 비선형적인 방정식이다. 여기서 a값을 고정시키고, 맨 처음 초기치인 Y_0값을 1.5로 준 경우와 1.501을 준 경우, 미래값들이 어떻게 바뀌어 가는지를 살펴보자. 여기서 a값은 3.75로 고정하였다. 결과는 그림 10.R1과 같다. 거의 유사한 초기치로 인하여 적분 후 약 20시간까지는 거의 차이가 없지만 누적된 차이는 20시간이 지나면 급격히 증폭되며 20시간 이후에는 매우 큰 차이를 보이게 된다. 따라서 초기에 약 0.06%밖에 차이가 나지 않는 초기조건을 지닌 두 상태가 20시간이 지나면 완전히 별개의 움직임을 보이므로, 기기의 필연적인 오차를 고려한다면 20시간 이상에서는 예측의 의미가 사라진다고 볼 수 있다.

한편 이 방정식의 해의 시간 변화에 큰 영향을 주는 a값의 의미를 생각해보자. a값은 방정식의 초깃값과 관련 없이 내재된 성질이라고 볼 수 있다. 용수철의 경우 용수철 상수를 생각해볼 수 있겠다. 용수철 상수가 크고 작음에 따라 용수철의 강성이 결정되듯이 a값이 어떠한가에 따라 주어진 초기조건이 미래로 갈수록 어떻게 바뀌어 나가는지가 달라진다. 일기예측 모델에서 a에 해당하는 것은 바로 물리과정이다. 그렇다면 a값 역시 우리는 정확히 알기 어렵다. 왜냐하면 앞에서 기술한 아격자 물리과정은 뉴턴의 운동법칙처럼 보존법칙에 따라 유도된 절대적 법칙이 아니라 상당 부분 경험에 근거한 식이기 때문이다. 따라서 과학자마다 의견이 다를 수 있어서, a값에 대한 불확실성도 존재한다고 볼 수 있다. 우리는 이러한 불확실성을 모델의 불확실성이라고 한다. 문제는 이 모델의 불확실성 역시 방정식의 비선형성에 의해 시간이 지나면 증폭될 수밖에 없다는 점이다.

앞의 예에서 a값을 3.75가 아닌 3.7501로 주면 어떻게 될까? 초기치 문제와 유사하게 20시간 이후에는 매우 다른 미래가 펼쳐진다.

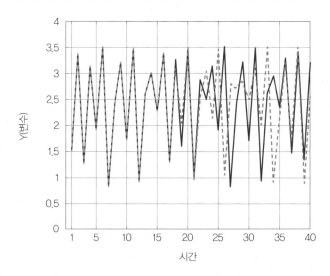

그림 10.R1 $Y_{n+1} = aY_n - Y_n^2$의 방정식에서 $a = 3.75$, 초기치 $Y_0 = 1.5$(빨간색 점선)를 준 경우, 초기치 $Y_0 = 1.501$(파란색 실선)을 준 경우 시간에 따른 변화 추이 그래프

연습문제

1. 등압면상에서 고도가 상대적으로 주변보다 높다는 것은 사실 그 지역에 고기압이 위치한다는 것과 동일하다는 것을 증명하라.

2. 종관일기도 중 기본일기도는 지상일기도와 상층일기도로 구분된다. 상층일기도에 해당하는 각각의 등압면 고도와 고도별 상층일기도에서 표출되는 기상요소에 대하여 기술하라.

3. 상층일기도는 등압면상에서 기상요소들을 표출한다. 이때 등압면상에서 고도가 높은 지역에 고기압이, 고도가 낮은 지역에 저기압이 위치한다. 그 이유를 생각해보라.

4. 객관분석과 자료동화의 차이점에 대하여 기술하라.

5. 수치 일기예측에 사용되는 다섯 가지 지배방정식을 설명하라.

6. 아격자 물리과정이 수치 모델에 필요한 이유를 설명하라.

7. 중기예보와 장기예보는 개념적으로 예측 대상에 있어 큰 차이가 있다. 그 차이가 무엇인지 기술하라.

8. 수치 일기예측에서 거의 유사한 초기조건을 주더라도 일주일 정도가 지나면 예보 결과가 크게 달라질 수밖에 없는 근본적인 이유는 무엇인가?

9. 앙상블 예보가 단일 예보에 비해 가지는 장점에 대하여 기술하라.

10. '읽을거리'에서 a값을 3.75 대신 3.751로 주고 그림 10.R1과 유사한 그림을 그려보라. 단, 이때 두 경우 초기조건을 1.5로 고정하고 그림을 그려보라.

참고문헌

기상청 기후예측과, 2018 : 2018년과 1994년 폭염 비교.

기상청 기후정책과, 2019 : 사상 최고 폭염과 폭설을 기록한 2018년 왜일까?

기상청 예보기술분석과, 2014 : 손에 잡히는 예보기술.

기상청 예보분석팀, 2018 : 폭염 현황과 전망.

아이뉴턴 편집부, 2010 : 과학용어사전.

https://doi.org/10.1175/2010BAMS2944.1

Shapiro, M., J. Shukla, G. Brunet, C. Nobre, M. Béland, R. Dole, K. Trenberth, R. Anthes, G. Asrar, L. Barrie, P. Bougeault, G. Brasseur, D. Burridge, A. Busalacchi, J. Caughey, D. Chen, J. Church, T. Enomoto, B. Hoskins, Ø. Hov, A. Laing, H. Le Treut, J. Marotzke, G. McBean, G. Meehl, M. Miller, B. Mills, J. Mitchell, M. Moncrieff, T. Nakazawa, H. Olafsson, T. Palmer, D. Parsons, D. Rogers, A. Simmons, A. Troccoli, Z. Toth, L. Uccellini, C. Velden, and J.M. Wallace, 2010 : An Earth-System Prediction Initiative for the Twenty-First Century. *Bull. Amer. Meteor. Soc.*, 91, 1377-1388.

L. F. Richardson, 2019 : *Weather Prediction by Numerical Processes*. Boston : Cambridge University Press. p. 66. ISBN 9780511618291. Retrieved 23 February.

제11장

중규모 폭풍우

중규모 폭풍우(mesoscale storm) 현상들은 격렬한 순환, 강한 비와 우박 그리고 번개를 통해 우리에게 큰 영향을 미칠 수 있으며, 짧은 기간에 기상재해를 일으키기도 한다. 이러한 중규모 폭풍우 현상들의 가장 기본적 개체가 되는 것은 뇌우(thunderstorm)라 할 수 있는데, 매우 강한 소용돌이 현상인 토네이도(tornado)도 강한 뇌우에 동반되어 발달하는 작은 규모의 폭풍 현상에 속한다. 한편 다수의 뇌우들로 구성되거나 상당히 조직화된 대류계 집단인 중규모 대류계(mesoscale convective system)는 그 규모가 일반 뇌우들보다는 현저하게 크고, 상대적으로 긴 기간 유지될 수 있기 때문에 기상재해를 일으키는 핵심적 현상이다. 예를 들어 장마철에 많은 비를 내리게 하는 강수계는 주로 중규모 대류계에 속한다고 볼 수 있다. 여기에서는 먼저 뇌우와 토네이도에 대해 알아보고, 그다음 중규모 대류계를 논의하기로 한다.

11.1 뇌우

뇌우(thunder storm)란 강한 비와 돌풍, 그리고 번개와 천둥을 일으키는 기상현상이다. 뇌우의 실체는 잘 발달한 깊은 대류운, 즉 적란운으로서 이 대류계와 연관된 대기순환의 특징은 강한 연직 상승(updraft)과 하강 운동(downdraft) 그리고 돌풍(gust)의 존재이다. 또 이 현상들은 강한 비와 우박, 번개 등을 동반함으로써 경우에 따라서는 인명 손실과 적지 않은 재산 피해를 발생시킬 수 있다.

11.1.1 뇌우의 발생과 구분

뇌우는 대기가 불안정할 때 발생할 수 있다. 여기에서 대기의 불안정도는 대류권 내의 연직 기온 분포와 수증기량의 분포에 의해 결정되는 것으로 연직 기온 감률이 클수록 그리고 하층에 수증기량이 많을수록 대기는 더 불안정해진다. 주변 대기가 충분히 불안정한 상태에 있고 국지적 상승(예 : 국지적 지표 가열 또는 지형에 의한 상승 등) 요인이 있을 때, 대기 하부에서 상승하는 공기는 대류상승을 통해 빠른 속도로 대류권 상부까지 도달할 수 있다. 상승하며 냉각되는 공기 내에서는 과포화된 수증기가 응결하면서 높은 고도까지 깊은 대류운이 발달하고, 그 과정에서 생성된 물방울과 얼음입자들은 짧은 시간에 적지 않은 양의 강수를 가져올 수 있다. 한편, 깊은 구름 내에서는 상·하층 사이에 전하 분리가 일어나며 번개가 발생할 수 있다.

대류에 의해 대류권 상부까지 도달한 상승기류는 대류권 위의 매우 안정한 성층권 대기층을 뚫고 올라갈 수 없기 때문에 대류권 상부에서 수평으로 퍼지게 되는데, 이때 대류권 상부에서는 구름이 수평으로 퍼지면서 모루구름(anvil clouds)이 나타나게 된다. 이와 같이 강한 대류가 나타나는 지역에서는 구름이 연직으로 깊게 발달하며 그 상부에서는 모루구름이 흔히 나타난다. 이 같이 발달한 깊은 대류운을 **적란운**(cumulonimbus cloud)이라 하며(그림 11.1), 뇌우의 실체는 바로 이 적란운이다.

잘 발달한 뇌우, 즉 깊게 발달한 적란운에서는 강한 상승기류(예 : 강한 경우 초속 수십 m 정도의 상승 속도)가 발달하기 때문에 짧은 시간에 많은 양의 수증기가 끌어 올려져 응결하게 되고 결과적으로 강한 강수가 만들어지게 된다. 또 대류권 내의 높은 고도까지 구름이 발달할 수 있으므로 구름과 강수 발달에 얼음 과정이 중요한 역할을 하고, 이 때문에 강한 비와 함께 우박도 흔히 발생하고, 번개도 발생하게 된다.

대기의 불안정도는 일반적으로 기구(balloon)에 탑재된 기상측기가 지상으로부터 성층권까지 올

그림 11.1 적란운(2010년 기상청 기상사진전 입선 작품, 서호준 작) (출처 : 기상청)

라가면서 관측한 기상자료를 분석함으로써 평가할 수 있다. 한편, 대기 불안정 조건 외에 고도 변화에 따른 바람의 변화(즉, 풍속과 풍향의 변화)를 의미하는 연직 바람시어(wind shear)도 뇌우의 발달에 매우 중요한 역할을 하는데, 바람시어의 특징과 크기에 따라 뇌우의 구조와 지속 기간이 크게 달라질 수 있다. 바람이 약하거나, 바람이 약하지 않더라도 바람시어가 작을 때는 수명이 비교적 짧은 일반 뇌우(ordinary thunderstorm), 그리고 바람시어가 클 때는 상대적으로 긴 지속 시간을 갖는 다세포 뇌우(multicell thunderstorm) 또는 초대형세포 뇌우(supercell thunderstorm)가 발생할 수 있다. 뇌우에서 말하는 세포(cell)란 강한 강수 구역(또는 강한 상승기류 구역)을 의미하는데, 기상 레이더의 영상에서 강한 강수를 나타내는 강한 반사도 구역의 모습을 세포로 묘사하기도 한다.

11.1.2 일반 뇌우

일반 뇌우(ordinary thunderstorm)는 하나의 적란운을 통해서 나타나는 것으로써 뇌우 중 가장 흔하게 나타나는 형태인데, **단세포 뇌우**(single-cell thunderstorm) 또는 **기단 뇌우**(airmass thunderstorm)로 부르기도 한다. 앞에서 언급한 것처럼 이 뇌우는 연직 바람시어가 작은 상태에서 발생하는 유형이다. 한국에서는 후덥지근하고 바람이 약한 맑은 여름날 오후에 이 유형의 뇌우가 발생하여 잠시 소나기와 번개 그리고 시원한 바람을 가져오기도 한다.

일반 뇌우의 전형적 발달과정은 다음의 3단계로 설명될 수 있다: 적운 발달단계, 성숙단계, 소멸단계(그림 11.2). 적운 발달단계(towering cumulus stage)는 초기에 하층에서의 상승기류 생성으로 인해 적운 발달이 시작되는 과정으로 상승기류가 구름 전역에서 나타나며, 구름 내에서 상승하는 공기는 올라가면서 수렴하는 모습을 보인다(그림 11.2a). 이 단계에서는 아직 강수가 발달하지 못한 상태이다. 성숙단계는 지상에 강수가 나타날 때부터 시작되는 것으로 알려져 있다(Doswell, 1985). 이 단계에서 적운은 깊은 적란운으로 발달하는데, 이 단계의 핵심적 특징은 한 세포 내에서 강한 상승기

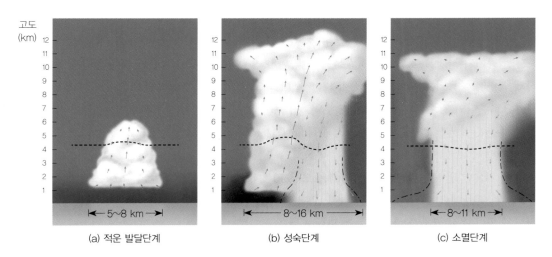

(a) 적운 발달단계   (b) 성숙단계   (c) 소멸단계

그림 11.2 일반 뇌우의 일생. 화살표들은 구름 내부와 강수 구역 내에서의 공기 움직임을 나타낸다. 검정 점선은 0℃ 선을 나타내며, 얇은 검정 대시-점선(dash-dot line)은 하강기류 구역의 경계를 나타냄. Doswell(1985)에 근거하여 새 형식으로 작성된 그림.

그림 11.3 2018년 7월 광주에서 발생한 뇌우와 소나기의 모습. 구름 아랫부분에 강한 강수가 나타나고 있다. (2019년 기상청 기상사진전 입선 작품, 홍정석 작) (출처 : 기상청)

류와 하강기류가 함께 발달한다는 것이다(그림 11.2b). 하강기류의 발달은 강수의 시작과 함께 나타난다. 강수와 연관된 하강기류의 발달은 두 가지 과정에 기인한다: 강수 항력(precipitation drag)과 작은 빗방울들의 증발을 통한 불포화 공기의 냉각. 이 두 과정은 강수 구역 공기의 하향 가속을 초래하여 강한 하강기류가 나타나게 한다. 이 시원한 하강기류는 지표 부근까지 하강한 후 사방으로 퍼지게 되는데, 그 강도가 강한 편이기 때문에 지표 부근의 온난한 주변공기를 만나 돌풍 전선(gust front)을 형성한다. 이 성숙단계의 적란운은 대류권 상부까지 발달하기 때문에 영하의 온도인 중·상층에서는 구름 내 물방울들이 동결하고 빙정과 우박이 생성되며, 강한 강수와 함께 번개가 나타날 수 있다. 한편 성숙단계가 진행되면서 일반 뇌우에서는 소멸 조건들이 나타난다. 하강기류를 통해 지상에 도달한 공기가 사방으로 퍼지고 적란운 구역 밖까지 진출하여 뇌우로의 온난 습윤 공기 공급을 차단하게 되면서 상승기류는 더 이상 유지되기 어렵게 되고 결국 소멸한다(그림 11.2c). 이 소멸단계에서 구름으로부터의 강수는 지속되고 대부분의 구름 구역에서 하강기류가 나타나게 된다. 결국 구름의 상당 부분은 소멸되고 구름상부와 모루구름(anvil clouds)이 남아 소멸단계의 마지막 모습을 장식하게 된다.

위에 기술한 전형적 일반 뇌우의 일생은 보통 30분 정도이다. 또 이 뇌우의 크기는 한 개의 적란운 규모이기 때문에 강수 구역은 그리 넓지 않다. 이 뇌우는 강한 비 그리고 번개와 돌풍을 동반하기는 하나 수명이 짧고 규모가 작기 때문에 피해는 작은 편이다.

11.1.3 다세포 뇌우와 초대형세포 뇌우

다세포 뇌우(multicell thunderstorm)는 여러 개의 대류세포가 연결되어 있는 형태를 보이며 일반 뇌우보다 더 큰 수평 규모를 갖는다(그림 11.4). 이 뇌우의 구성 세포 각각은 일반(즉, 단세포) 뇌우와 같이 단명한 일생을 가지나, 각각 서로 다른 발달단계에 있으며 또 새로운 세포가 지속적으로 발생할 수 있는 자체 유지 능력을 갖추고 있어 다세포 뇌우는 수 시간 동안 유지될 수 있다. 이 때문에 다세포 뇌우가 발생하는 지역에서는 적지 않은 피해가 나타날 수 있다. 다세포 뇌우에 의한 강수 구역은 대략 10~50 km의 수평 규모를 갖는다. 우리나라에서 집중호우를 가져오는 뇌우 중에도 이 유형에 속하는 사례들이 있는 것으로 보인다. 이 같은 다세포 뇌우는 대기가 불안정하고 동시에 연직 바람시어가 강한 조건이 갖추어졌을 때 발생한다. 이 경우 연직 바람시어는 뇌우가 지속될 수 있는 조건을 제공하는 중요한 요인이 된다.

　초대형세포 뇌우(supercell thunderstorm)는 뇌우 중 가장 위협적인 것으로 종종 큰 우박(예 : 직경 5 cm 이상의 우박)과 매우 파괴적인 토네이도를 유발한다. 이 뇌우는 전체 구름의 직경이 대략 20~50 km 정도로 일반 뇌우와는 비교가 안 될 정도로 크며, 그 수명도 긴 편(일반적으로 1~4시간)이다. 여러 개의 세포로 구성된 다세포 뇌우와는 달리 한 개의 초대형세포(한 개의 크고 강한 상승기류 구역으로 특징지어지는) 모습을 보이는 조직화된 대류계이며, 강한 회전 상승류(rotating updraft)를 동반한다. 즉, 다른 유형의 뇌우들과 달리 중규모 사이클론을 동반한 매우 조직화된 뇌우이다. 이 뇌우는 수 시간 지속되는 정체적 상태를 유지하며 강렬한 대류와 돌풍, 우박, 강한 강수, 번개, 토네이도를 만들어낸다. 초대형세포 뇌우의 개념 모델(그림 11.5)에서 보는 바와 같이 적란운 밑으로 벽구름(wall cloud)이 존재하는데, 토네이도는 흔히 이 벽구름 아래에서 나타난다. 그림 11.6은 미국 콜로라도 주

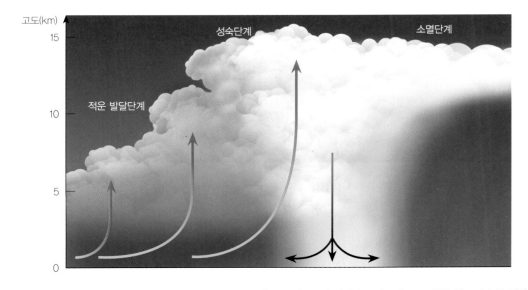

그림 11.4　다세포 뇌우의 모습 : 그림의 왼쪽에는 새로운 적운단계 세포들이 발달하고 있으며, 그 오른쪽에는 키가 큰 적란운, 즉 성숙단계의 뇌우가 자리잡고 있다. 이 성숙단계의 뇌우는 깊고 강한 상승기류, 강한 강수와 강한 하강기류를 동반한다. 가장 오른쪽의 소멸단계 뇌우에서는 구름의 하부가 소멸되어 있고 상부에 남아 있는 구름에서는 약한 강수가 내리고 있다. Doswell(1985)에 근거하여 새 형식으로 작성된 그림.

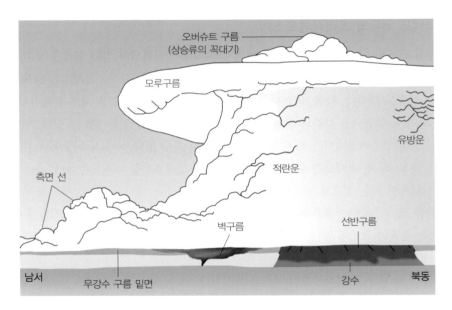

그림 11.5 북미지역에서 나타나는 초대형세포 뇌우의 개념도 (출처 : 위키피디아)

그림 11.6 미국 콜로라도 주 동부 평원에서 나타난 초대형세포 뇌우의 하부에서 발달하고 있는 벽구름의 모습 (출처 : Dan Ross 작, 셔터스톡)

동부 평원에서 관측된 초대형세포 뇌우 아래에 발달한 회전하는 벽구름의 모습을 보여주고 있다. 초대형세포 뇌우는 대기가 상당히 불안정하고 동시에 연직 바람시어도 매우 클 때 보통 발생하는 것으로 알려져 있다. 한반도에서는 초대형세포 뇌우가 잘 나타나지 않는데, 이는 초대형세포 뇌우를 발생시킬 만큼 대기가 매우 불안정하고 동시에 연직 바람시어가 충분히 큰 조건이 한반도에서 잘 나타나지 않기 때문인 것으로 추정된다.

11.1.4 번개와 천둥

뇌우는 번개(lightning)가 동반된 폭풍우 현상이며, 천둥(thunder)은 번개에 의해 발생한다. 번개는 키가 큰 적란운이 발달하면서 구름 내부에 분리 축적된 음전하와 양전하 사이 또는 구름 밑면의 전하와 지면에 유도되는 전하와의 사이에서 발생하는 불꽃 방전이다(그림 11.7). 관측에 따르면 흔히 구름의 상부에는 양전하가 그리고 하부에는 음전하가 축적되면서 지면에는 양전하가 유도된다(그림 11.8).

그림 11.7 2012년 7월 14일 캐나다 브리티시컬럼비아 주 빅토리아시 해협에서 촬영된 번개의 모습(2013년 기상청 기상사진전 입선 작품, 박우진 작) (출처 : 기상청)

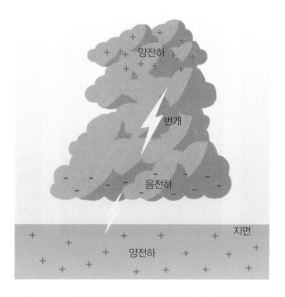

그림 11.8 구름 내부와 지면에서의 전하 분리와 번개의 발생

대기는 좋은 전도체가 아니기 때문에 전하 분리는 전위차이가 상당히 커질 때까지 지속된다. 방전이 일어나기 직전의 양쪽 전하 중심 사이의 전위차는 대단히 큰 것으로 알려져 있다. 번개 방전은 작은 지름을 갖는 공기의 채널(통로)을 경로로 하여 일어나며, 번개 경로 주변의 공기를 순식간에 매우 높은 온도(최고 약 30,000K)로 가열시킨다. 이렇게 순간적으로 공기가 심하게 가열되면 공기는 폭발적으로 팽창하고, 주변 공기는 격하게 압축되면서 충격파가 발생하게 되고, 천둥이 발생하는 것이다. 번개는 발생 순간 우리 눈에 보이게 되나 음파의 속도는 빛의 속도보다 훨씬 느리기 때문에 번개가 친 후 얼마 지나서야 천둥 소리를 듣게 된다. 번개 치는 곳의 위치는 번개를 관측한 후 천둥 소리가 들릴 때까지의 시간을 잼으로써 대략적으로 알아낼 수 있다.

대류구름 내에서 어떻게 전하 분리가 일어나서 짧은 시간 동안에 번개들이 발생하는지에 대해서는 아직 완전한 규명이 이루어지지 못한 것으로 보인다. 다양한 전하 분리 기구들이 제시되어 있으나, 각각의 기구들은 제한적으로 전하 분리를 설명할 수 있는 것으로 알려져 있다. 그동안의 연구들에 따르면 구름 내 얼음입자, 우박, 싸락눈 등 얼음 상태의 구름 및 강수입자들이 전하 분리에 중요한 역할을 하는 것으로 나타났다. 그리고 구름 내에서 많은 양의 얼음입자를 생산하지 못하는 대류구름에서는 번개 발생도 일반적으로 어려운 것으로 보인다.

구름과 지표 간의 번개 발생과정

이미 언급된 바와 같이 음전하가 몰려 있는 구름 하부와 양전하가 몰려 있는 지표 간에는 우리에게 직접적으로 영향을 미칠 수 있는 번개가 발생하게 된다(그림 11.9). 양쪽의 전하량이 상당한 수준으로 증가하게 되면, 지표에서는 양전하가 나무, 건물, 송신탑 등의 구조물 꼭대기로 올라가고, 구름

| (a) | (b) | (c) |

그림 11.9 구름 밑면과 지면 사이에서의 번개 발생과정. (a) 구름 밑면과 지표면에 각각 음전하와 양전하가 밀집되고 있으며, (b) 구름 밑면과 지표면에 전하량이 증가하였고, 지면에서는 나무 꼭대기로 양전하가 올라가고, 구름 밑면에서는 아래의 나무를 향해 음전하가 내려오고 있다. (c) 음전하의 이동채널이 형성되면서 번개가 발생한다.

하부에서는 이를 향해 내려오는 음전하 이동채널이 형성되면서 번개가 나타나게 된다. 이 때문에 이 같은 환경에서 사람이 높은 곳에 노출되어 있으면 위험해지는 것이다. 한편 숲 가운데 있는 넓은 평지로 번개가 치는 경우도 종종 있음을 유의해야 한다.

번개 방전 시 발생하는 전기에너지의 양은 막대해서 지상의 물체에 도달하기 전에 그 양이 많이 감소하더라도 남아 있는 전기에너지의 양은 매우 크기 때문에 여전히 위험하다. 번개는 세계적으로 많은 산불의 원인이 되고 있으며, 또 적지 않은 인명피해를 초래하고 있어, 이 현상은 뇌우가 갖는 위협적 모습의 한 부분이 된다.

11.2 토네이도

토네이도(tornado)는 일반적으로 그 규모가 작으나 대기순환 현상 중 가장 강력한 폭풍 현상으로 트위스터(twister)로 불리기도 한다. 강한 토네이도는 흔히 초대형세포 뇌우에서 발생하는데, 적란운 하부로부터 밑으로 뻗어 있는 깔때기 모양의 소용돌이이다(그림 11.10). 이 깔때기 모양의 구름이 적란운 바로 아래에 있으면 깔때기 구름이라 하고 지상에 도달하면 토네이도라 부른다. 토네이도는 깔때기 속으로 빨려 들어가는 구름, 먼지, 잔해물 때문에 쉽게 볼 수 있다.

11.2.1 토네이도의 특징

토네이도는 매우 빠르게 회전하는 소용돌이로, 그 지름은 대체로 0.1~2 km 정도이나 100 m 내외의

그림 11.10 캐나다의 메니토바 주 엘리(Elie)에 접근하고 있는 F5급 토네이도 사진 [출처 : 2007년 6월 22일 촬영 : Justin Hobson(https://commons.wikimedia.org/wiki/File:F5_tornado_Elie_Manitoba_2007.jpg)]

작은 토네이도가 가장 흔한 것으로 알려져 있다. 토네이도의 바람이 매우 강한 이유는 토네이도 중심과 주변 간의 기압차이(즉, 기압경도)가 매우 크기 때문인데, 잘 발달한 토네이도 경우 중심기압이 가까운 주변의 기압보다 최대 10%(약 100 hPa) 정도 낮은 것으로 알려져 있다. 이는 태풍에서의 수평 기압경도보다 현저히 더 강한 것이다. 토네이도 바람의 속력은 그 분포폭이 넓어 등급을 구분하여 풍속 범위를 제시하고 있다. 예를 들어 강풍으로 인한 피해 정도에 근거한 후지타(F) 척도에 따르면, 가장 약한 F0 등급 토네이도의 풍속은 시속 116 km(초속 약 32 m) 미만이고, 가장 강한 F5 등급 토네이도의 풍속은 시속 419~512 km(초속 약 116~142 m)이다. 토네이도는 이동 속도도 빠른 편이다.

　토네이도의 수명과 강도는 크기에 따라 다른데, 전체 토네이도 중 주류를 이루는 작고 약한 토네이도(예 : 지름 100 m 정도인 토네이도)는 수명이 10분 이내로 짧은 편이지만, 큰 토네이도는 1시간 이상 지속되면서 큰 피해를 일으키기도 한다.

11.2.2　토네이도의 발생

토네이도 중 가장 강하고 파괴적인 토네이도는 주로 초대형세포 뇌우에서 발생하는 것으로 알려져 있다. 그 외에도 태풍이나 허리케인에서 토네이도가 나타나기도 한다. 세계에서 토네이도가 가장 많이 발생하는 곳은 미국으로 미국 중남부지역을 중심으로 미국 내 대부분 지역에서 발생한다. 미국에서는 평균적으로 매년 1,250여 개 정도의 토네이도가 발생하는 것으로 알려져 있지만(NOAA), 다행스럽게도 대부분의 토네이도는 심각한 피해를 발생시킬 만큼 강하지는 않다. 하지만 몇몇 토네이도는 경로상에 있는 물체를 완전히 파괴시켜 버린다.

초대형세포 뇌우에서의 토네이도 발생

앞에서 언급한 바와 같이 초대형세포 뇌우에는 일반 뇌우나 다세포 뇌우에서는 볼 수 없는 회전하면서 상승하는 **회전상승류**(rotating updraft)가 존재하는데, 이 회전류는 강한 상승류 구역 내에 중규모 저기압(mesolow)(즉, 최소 기압) 발달을 가져옴으로써 중규모 사이클론(mesocyclone)을 형성하게 되고(그림 11.11c), 이러한 구조 때문에 강한 회전상승류가 발달하고 이 뇌우가 더 강하고 더 오래 지속된다. 초대형세포 뇌우에서 회전류가 나타나는 데는 연직 바람시어(vertical wind shear)가 큰 환경(즉, 풍속이 고도 증가에 따라 빠르게 증가하고, 풍향도 고도 변화에 따라 빠르게 변화는 환경)이 매우 중요한 역할을 한다. 이는 그림 11.11(a)에서 볼 수 있는 바와 같이 대기 하층의 강한 바람시어가 수평 방향의 축을 회전축으로 하는 회전 성분을 갖고 있기 때문이다. 이와 같은 환경에서 대류계가 발달하면, 대류계 내의 강한 상승류는 바람시어가 갖고 있는 수평 방향의 회전축을 밀어 올려 연직으로 서게 함으로써 바람시어가 지니고 있던 회전 성분을 연직축을 중심으로 회전하는 성분으로 변환시킨다(그림 11.11b). 즉, 뇌우 내에 회전이 나타나게 되는 것이다. 이 단계를 거쳐 나타난 뇌우 내의 회전상승류는 그 중심에 저기압이 발달하면서 중규모 저기압을 중심에 둔 강한 상승회전류로 발달한다. 즉, 중규모 사이클론을 동반한 성숙한 초대형세포 뇌우가 형성되는 것이다(그림 11.11c).

　초대형세포 뇌우에서 강한 회전이 발달하는 데는 수 시간이 걸리는 것으로 알려져 있다. 그러나 성숙한 초대형세포 뇌우 내에서 토네이도의 형성은 빠르게 진행된다. 토네이도 발생은 이 뇌우의 아

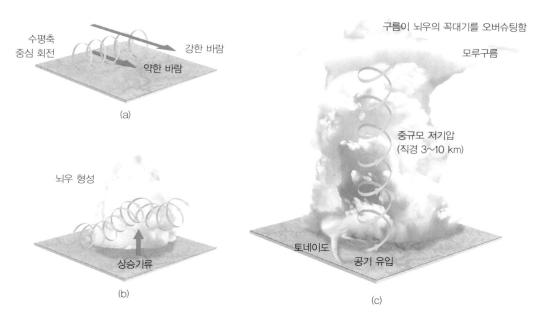

그림 11.11 초대형세포 뇌우에서의 회전상승류 발생과정. (a) 바람의 연직시어와 수평축 회전 성분, (b) 대류계 내에서 발달한 상승기류가 수평 방향의 회전축을 밀어 올림으로써 수평축 회전 성분이 연직축 회전 성분으로 변환됨, (c) 회전 상승하는 공기의 연직 원기둥과 중규모 저기압이 형성되고 그 아래에서는 토네이도가 발생한다. [출처 : 안중배 등(2016), 대기과학]

래에서 회전하는 공기의 기둥이 연직으로 길게 늘어나면서 나타난다. 회전하는 공기의 기둥이 연직으로 길게 늘어지게 되면 그 기둥의 수평 면적이 줄어들고, 결과적으로 회전이 빨라진다. 이 같이 강하게 회전하는 공기의 기둥이 초대형세포 뇌우 아래로 뻗어 내리면서 지면에 도달하면 토네이도라 부르게 되는 것이다. 이 같은 토네이도의 형성은 보통 지상 1~2 km 고도 아래에서 일어나고, 그 수명은 수십 분 정도인 것으로 알려져 있다. 한편, 한 개의 초대형세포 뇌우는 수명 기간에 여러 개의 토네이도를 만들어낼 수 있다.

한반도에서의 토네이도 발생

한반도에서도 토네이도 발생에 대한 보고들이 다수 있지만 그 빈도는 매우 적은 편이다. 공식적인 기록으로는 국채표 등(1965)이 한국기상학회지에 게재한 논문 '1964년 9월 13일 서울 근교를 통과한 토네이도에 관하여'가 대표적이라 하겠다. 이들에 따르면 1964년 9월 13일 새벽 2시경 서울 남부에서 발생한 상당히 큰 토네이도가 20 km 정도 동진한 후 소멸하였고, 피해 지역의 폭은 150~300 m였다. 한편 한반도 주변 해상에서도 용오름(water spout)이 가끔 관측되는데(그림 11.12), 이 용오름도 적란운 아래에서 깔때기 구름의 형태로 나타나는 등 토네이도로 보인다. 한반도 주변에서의 용오름에 대해서는 체계적 연구가 이루어진 바가 없어 이해가 미흡한 상태이다.

큰 피해를 줄 수 있는 토네이도가 한반도에서 잘 발생하지 않는 것은 미국에서 강한 토네이도가 매우 불안정한 대기 조건과 강한 연직 바람시어를 갖춘 대기 환경에서 발생한다는 점을 고려할 때, 한반도에서 그 같은 대기 환경이 자주 나타나지 않기 때문인 것으로 추정된다.

그림 11.12 2003년 10월 3일 울릉군 저동리에서 촬영된 동해상의 용오름 현상(2009년 기상청 기상사진전 입선 작품, 남대지 작) (출처 : 기상청)

11.2.3 토네이도의 관측과 예측

토네이도를 이해하기 위해서는 토네이도 내에서의 순환 구조를 잘 알아야 하나 이를 위해서는 내부에서의 바람, 온도, 기압 등의 관측이 필요하다. 그러나 토네이도 내부를 직접 관측하는 것은 상당한 노력과 위험이 따른다. 토네이도의 폭풍 속에서도 견딜 수 있는 관측기기를 토네이도 경로에 배치하여 관측을 할 수도 있겠지만 별로 소용없는 노력이 될 가능성이 크다. 왜냐하면 일반적으로 토네이도는 그 지름이 100 m 내지 수백 m 정도로 작은 편인데다 그 발생 장소가 매우 무작위적이어서 통과지점을 예측하기가 어렵기 때문이다.

그러나 **도플러 레이더**(Doppler radar)를 이용하면서부터 이 현상에 대한 이해도 빠르게 발전하였다. 기존의 기상 레이더는 전자기파를 방사시킨 후 대기 중의 물체(예 : 구름 물방울과 빗방울 등)에 반사되어 돌아온 전자기파의 강도와 방향을 탐지하여 강수의 강도와 위치 등에 대한 정보를 제공했지만 공기의 움직임을 탐지하지는 못했다. 그러나 비교적 최근에 등장한 도플러 레이더는 도플러 효과를 이용하여 레이더에서 방사된 전자기파가 대기 내의 움직이는 물체(예 : 뇌우 내에서 움직이는 물방울, 토네이도에서 날리는 잔해물 등)에 의해 반사되어 되돌아왔을 때 나타나는 전자기파의 진동수 변화를 분석하여 뇌우와 토네이도 내의 공기 움직임과 순환 구조를 파악할 수 있게 해주었다. 도플러 레이더는 관측소 등에 설치하거나 영화에서 보듯이 차에 싣고 이동하며 토네이도를 관측하는데 사용되고 있으며, 이러한 자료가 축적되면서 토네이도의 발생, 발달, 쇠퇴에 대한 이해도가 높아지고 있다.

토네이도의 수명은 일반적으로 매우 짧은 편이고, 발생을 예측하는 것은 물론 발생한 토네이도의 이동을 정확하게 예측하는 것도 매우 어렵다. 토네이도의 예보는 토네이도 주의보(tornado watch)와 토네이도 경보(tornado warning) 두 단계로 이루어진다. 토네이도 주의보는 토네이도가 아직 나타나진 않았으나 발생할 수 있는 대기 조건들이 나타난 지역에 대해 사전에 토네이도 발생 가능성을 알리는 것이고, 토네이도 경보는 토네이도 발생이 관측되었을 때 그 발생 지역과 피해가 예상될 수 있는 지역 주민들에게 대피하도록 알리는 것이다. 즉, 실황 관측에 근거한 경보 발령이다. 토네이도는 인명 피해를 동반하기 쉬운 매우 위험한 현상이기 때문에 경보가 발령되는 지역의 사람들은 즉시 적절한 대피소로 대피해야 한다. 그러나 이러한 경보는 대체로 토네이도 발생 시점 또는 발생 이후에 발령되기 때문에, 선행시간(경보 발령 후 대피에 허용될 수 있는 시간)이 짧아 피해를 줄이는 데 한계가 있을 수 있다. 이 때문에 토네이도 경보의 선행시간을 늘리는 것은 인명 피해를 줄이는 데 매우 중요하다. 이를 위해 컴퓨터 모델 예측에 근거하여 토네이도 경보를 사전에 발령하려는 노력들이 진행되고 있다. 예를 들어 도플러 레이더 관측을 포함한 다양한 실황 기상관측자료와 컴퓨터 예측 모델을 함께 이용한 다양한 방식의 예측을 통해 초단기(예 : 0~1시간) 위험기상 예측을 생산하고, 그 예측 결과에 근거하여 필요한 경우 사전에 토네이도 경보(예측에 근거한 경보)를 발령하려는 것이다.

11.3 중규모 대류계

중규모 대류계(mesoscale convective system, MCS)는 앞에서 설명한 뇌우들(일반 뇌우와 초대형세포 뇌우)이 기본 구성단위가 되어 뇌우들의 연결 등을 통해 크게 조직화된 대류계 집단을 말한다. 따라서 중규모 대류계는 크기가 개별 뇌우들보다 현저하게 큰 편이고, 그에 의한 바람과 강수 등 강한 기상현상이 더 넓게 그리고 더 오래 나타나는 편이다.

중규모 대류계는 크게 선형 모습으로 나타나는 유형과 무정형 유형으로 구분할 수 있다. 선형의 중규모 대류계를 흔히 스콜선(squall line)이라고 부르며, 무정형의 중규모 대류계는 구름무리(cloud cluster)가 가장 흔하다. 스콜선의 경우 일반적으로 길이가 약 100 km 정도에서부터 수백 km에 이르며, 구름무리는 그 지름이 대략 100 km 정도부터 수백 km에 이른다. 우리나라에서 장마철에 많은 비를 내리는 강수계들도 이들 중규모 대류계가 대부분을 차지한다고 볼 수 있다.

11.3.1 선형의 중규모 대류계 : 스콜선

스콜선(squall line)은 연장된 선상에서 발달하는 대류계의 긴 띠로 정의될 수 있다(그림 11.13). 예를 들어 길게 연장된 선을 따라 적란운이 발생하는 현상도 스콜선의 한 모습이다. 스콜선은 한랭전선을 따라 발달하거나 한랭전선 전방의 온난 구역에서도 흔히 발달하는데, 이것이 통과할 때는 여러 지역이 호우와 돌풍 등으로 인한 피해를 입는데, 특히 느리게 이동하는 스콜선은 순식간에 홍수를 일으켜 큰 피해를 입히기도 한다.

스콜선에서 나타나는 뇌우의 개별 구조와 규모는 앞에서 논의된 뇌우와 비슷하다. 전형적 스콜선은 선을 가로지르는 방향으로 이동하는 경향을 보이는데, 이 때문에 스콜선 뇌우의 전면 부분에서는 상대적으로 습하고 따뜻한 공기가 지속적으로 유입되어 대류계의 발달과 유지를 가져옴으로써 스콜선

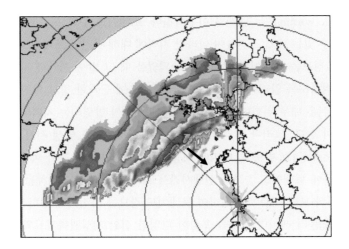

그림 11.13 황해상의 스콜선 모습(2003. 8. 6. 오전 10시). 반사도가 강해질수록(즉, 엷은 파란색에서 보라색으로 갈수록) 강수량이 더 많아진다. 한편 반사도가 가장 강한 부분(보라색과 검붉은색 부분)에 강한 대류계들이 선형으로 발달해 있다. 굵은 검은색 화살표는 스콜선의 진행 방향을 나타낸다. (출처 : 기상청)

이 상당한 거리를 이동하면서도 많은 강수와 돌풍을 유지하고 낙뢰 등을 발생시킬 수 있다.

스콜선 발달에 중요한 기상 조건은 앞에서 논의된 뇌우 발달에 연관된 것과 유사하다. 다시 말해 연직 바람시어와 불안정한 대기가 필요하다. 대기의 불안정성이 스콜선 발달을 위한 기본 조건이긴 하지만 그것이 바로 스콜선을 발생시키는 것은 아니다. 불안정한 대기라도 대류가 일어나기 위해서는 스콜선을 따라 하층 공기의 상승을 유발하는 메커니즘이 필요하다. 연장된 선상에서 공기 상승을 촉발할 수 있는 보편적 기구 중 하나는 한랭전선을 따라 나타나는 수렴이고, 대류계 하부에서 발생하는 차가운 돌풍전선도 비교적 강한 상승을 일으킬 수 있는 중요한 기구이다. 이 외에도 다른 역학적 상승 유발 메커니즘들이 있다.

선형의 중규모 대류계는 여름철 한반도에서도 자주 나타나는데, 일부는 앞에서 언급한 스콜선의 전형적 모습을 보이기도 하지만, 상당수의 선형 중규모 대류계는 북서태평양 고기압의 북서쪽 가장자리가 남한 지역에 위치할 때 잘 발생한다. 이들 북서태평양 고기압 가장자리에서 발생하는 선형 중규모 대류계는 일반적 스콜선보다 폭이 좁은 편이나 선상으로 길게 대류계의 띠를 나타낸다는 점에서 전형적 스콜선의 모습을 보인다. 다만 발생 조건, 대류계 형태, 이동 특성 등이 미국 등지에서 발견되는 전형적 스콜선과는 다른 양상을 보인다. 한반도와 황해상에서 잘 나타나는 선형의 중규모 대류계 모습을 그림 11.14에 보였다. 이 그림은 2005년 9월 17일 오후 7시에 태안반도를 가로지르며 길게 나타난 중규모 대류계의 기상레이더 영상에 나타난 모습이다. 이 선형의 중규모 대류계를 따라 충남 지역에서 시간당 최대 강수량이 70 mm를 넘는 등 매우 강한 강수가 수 시간 지속되기도 하였다. 이 유형의 중규모 대류계는 일반적으로 정체하는 특징이 있어 이것이 위치한 지역에는 많은 양의 누적 강수를 일으킴으로써 상당한 피해를 주는 경향을 보인다.

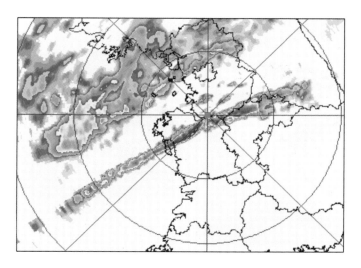

그림. 11.14 레이더 영상에 나타난 선형의 중규모 대류계 모습(2005. 9. 17. 18:56분). 황해상으로부터 태안반도를 가로지르며 충청도 내륙까지 폭이 비교적 좁은 대류계의 밴드가 발달해 있다. (출처 : 기상청)

11.3.2 무정형의 중규모 대류계

무정형의 중규모 대류계는 대류계의 구성 모습이 다양한 편인데, 세계 여러 곳에서 가장 흔히 발생하는 구름무리가 이 유형에 속한다. 구름무리는 주로 위성사진에서의 모습으로 정의하는데, 흔히 위성 적외 영상에서 구름 꼭대기의 온도가 매우 낮은 지역, 즉 대류권 권계면 고도 부근의 온도에 가까운 낮은 온도가 나타나는 지역의 크기와 모양이 기준에 부합될 때 구름무리로 정한다. 대류구름 꼭대기의 온도가 낮다는 것은 구름무리를 구성하는 대류계들이 대류권 상부까지 깊이 발달하였다는 것을 의미한다.

　구름무리(cloud cluster)는 동아시아에서 여름, 특히 장마(중국에서는 메이유, 일본에서는 바이우) 기간에 종종 관측되는 현상으로 위성사진에서 타원형에 가까운 구름 상부의 모습을 흔히 보이며, 한국과 중국, 일본 등지에서 호우를 발생시키는 주요 중규모 대류계라고 할 수 있다. 구름무리는 동아시아 외에도 열대 해양, 미국 등 세계 다양한 곳에서 발생한다. 그림 11.15는 황해 남부에서 발달하여 한반도 남부지방에 상륙하고 있는 구름무리의 위성사진과 레이더 반사도 영상이다. 위성사진에서 구름 위 하얀 부분은 온도가 매우 낮은 곳으로 대류계가 대류권계면 고도 부근까지 발달하고 있음을 암시하고 있다. 레이더 영상은 매우 강한 반사도(빨간색~보라색)와 약한 반사도(파란색~초록색)의 분포를 보여주고 있으며, 구름무리 내부에 강한 강수계가 선형과 타원형 모습으로 섞여 분포하고 있음을 보여주고 있다(그림 11.15b).

　구름무리는 강한 뇌우를 포함하고 있기 때문에 그 자체로도 매우 중요한 존재이며, 또 동시에 다른 현상으로 발전하거나 더 강한 현상을 만들어내는 한 과정이 되기도 하기 때문에 큰 중요성을 갖는다. 예를 들어 열대저기압/태풍의 발달은 저위도 열대 해상에서 발생하는 구름무리로부터 종종 시작되고, 장마 기간 중에 강한 비를 만들어내는 호우 시스템도 중국에서 발생하여 한반도를 통과하는 구름무리나 황해상에서 발달한 구름무리로부터 유래되기도 한다. 그림 11.16은 중국에서 발생해서

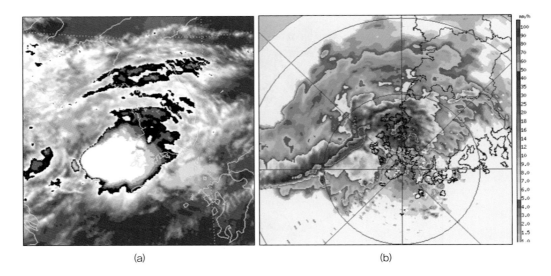

(a)   (b)

그림 11.15   2003년 8월 27일 새벽 3시의 강조적외 위성 영상(a)과 레이더 반사도 영상(b). 황해 남부에서 발생하여 한반도에 영향을 미치고 있는 구름무리의 모습을 보여주고 있다. 강조적외 위성 영상에서 구름 영상의 넓고 하얀 부분은 운정 온도가 낮은 지역을 의미하는데, 한반도 구름무리의 한 특징을 보여주는 것이다. (출처 : 기상청)

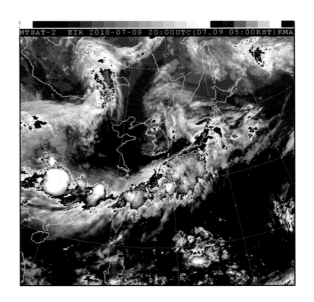

그림 11.16   2010년 7월 8일 20 UTC의 강조적외 위성 영상. 중국 내륙으로부터 일본 규슈 남쪽까지 줄지어 나타나는 구름무리들의 모습을 보여준다. (출처 : 기상청)

동쪽으로 이동하여 중국은 물론 일본에까지 영향을 미치는 구름무리의 모습을 보여준다.

미국에서 발생하는 **중규모 대류복합체**(mesoscale convective complexes, MCC)는 중위도에서 발생하는 무정형 중규모 대류계 중 가장 큰 것으로 분류될 수 있다. MCC는 구름 상부의 운정 온도가 낮은 부분의 면적과 지속 기간, 그리고 그 모양에 대한 기준의 만족 여부 등에 근거하여 정의되는데, 일반적 구름무리보다 현저하게 더 큰 규모를 보여준다(Maddox, 1980).

중규모 대류계와 집중호우

한반도에서 경제적으로 가장 큰 피해를 입히는 재해현상은 집중호우이다. 집중호우는 주로 여름에 나타나는 선형과 무정형의 중규모 대류계에 의해 발생하는데, 이 중규모 대류계들은 장마전선과 연관되어 나타나는 것들과 태풍의 직·간접 영향으로 나타나는 중규모 대류계들을 포함한다. 다시 말해 중규모 대류계들은 많은 강수(호우)를 발생시켜 기상재해를 일으킨다고 할 수 있다.

이 같은 호우 발생을 위해서는 중규모 대류계와 수증기 공급원이 연결되어야 한다. 이 수증기의 공급원은 일반적으로 한반도 남서쪽 또는 남쪽의 해양 위에 자리한 매우 습하고 더운 기단이다. 이 공급원으로부터 습하고 더운 공기를 중규모 대류계가 발달하는 지역으로 수송하는 것은 주로 북서태평양 고기압의 북서쪽 가장자리에 흔히 나타나는 하층의 강한 남서풍(또는 하층 제트)이라 하겠다. 한반도 남부에서 구름무리에 의해 발생한 호우가 진행 중인 2009년 7월 16일 오전 9시의 925 hPa 기압고도, 바람, 구름 꼭대기 온도를 보여주는 그림 11.R1에 따르면 북서태평양 고기압의 북서쪽 가장자리가 한반도 남부와 일본 규슈 지역 사이를 남서-북동 방향으로 가로지르고 있으며, 동중국해로부터 한반도 남부의 구름무리로 이어지는 경로에서 초속 20 m의 강한 남서풍대가 나타나고 있다. 이 강한 남서풍대를 하층 제트라 부르는데, 하층 제트는 남서쪽 해양으로부터 한반도 남부지역으로 습하고 더운 공기를 지속적으로 수송함으로써 한반도와 그 부근에서 중규모 대류계가 발달할 수 있는 환경을 만들어주고, 대류계에 많은 양의

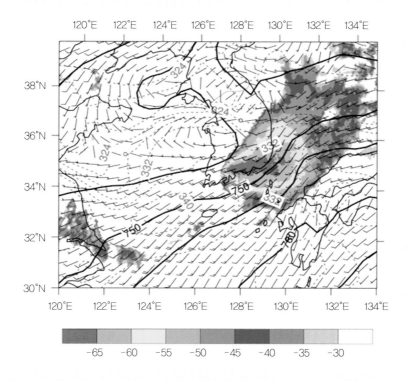

그림 11.R1 2009년 7월 16일 오전 9시의 925 hPa 등압면 고도(m, 실선) 및 바람(풍향선과 풍속을 표시하는 깃) 분포와 기상위성 적외 영상에 나타난 구름 꼭대기 온도(℃, 색조). 바람의 표시에서 완전 깃은 10 m s⁻¹, 반깃은 5 m s⁻¹를 나타낸다. 이 그림에서 구름무리는 구름 꼭대기 온도로 표시되었으며, 그 중심의 온도는 −65℃보다 낮은 것을 보여주고 있는데, 이는 구름무리 중심부 구름 꼭대기의 고도가 대류권계면 고도(대략 14 km)에 가까움을 의미하는 것이다.

수분을 공급해줌으로써 호우가 비교적 긴 기간(예 : 12시간 이상) 지속될 수 있게 해준다. 호우 발생에 있어서 하층 제트에 의한 수분 수송의 중요성은 일본 남서부지역에서도 마찬가지로 인식되고 있다.

위에 소개한 호우 사례 기간(2009년 7월 16일)에 한반도 남부지역에서 구름무리 유형의 중규모 대류계들이 계속 발달하면서 많은 강수를 발생시켜, 일강수량은 전라북도, 전라남도와 경상남도에 걸쳐 호우의 기준인 일강수량 80 mm를 넘어섰고, 특히 전라남도 동부와 경상남도 남부에서 150 mm 이상의 많은 일강수량을 기록했다.

연습문제

1. 뇌우에서 나타나는 차갑고 강한 하강기류가 어떻게 발생하는지 설명하라. 그리고 하강기류가 온도가 뚜렷하게 더 높은 환경인 지상에 도달하면 어떤 일이 일어날지 설명하라.

2. 10 g의 물방울이 존재하는 불포화된 1 kg의 공기덩어리 내에서 물방울이 모두 증발하면 이 공기덩어리의 온도와 밀도는 어떻게 달라지겠는지 계산하고, 초기 상태와 비교하라. 단, 공기덩어리와 주변 공기 간의 교류가 없다고 가정하라. 그리고 공기의 기압은 1,000 hPa이고 일정하며 초기 온도는 30°C이다. 물의 증발잠열은 2.5×10^6 J kg^{-1}, 공기의 정압비열은 1004 J kg^{-1} deg^{-1}이라 가정하라.

3. 일반 뇌우의 수명은 30분에서 50분 정도로 다른 유형의 뇌우에 비해 단명한 편이다. 일반 뇌우가 이 같이 단명한 이유는 무엇 때문인지 설명하라.

4. 뇌우에서의 돌풍전선과 온대저기압에서의 한랭전선을 각각 설명하고 공통점과 차이점들을 설명하라.

5. 일반적으로 번개는 키가 큰 적운 또는 적란운에서 만들어진다. 왜 그런지 이유를 찾아 설명하라.

6. 뇌우에서 번개가 친 후 10초 후에 관측자가 천둥소리를 듣게 된다면, 뇌우와 관측자 간의 거리는 몇 km인가? 이때 기온은 30°C라 가정하라.

7. 한반도에서 낙뢰의 발생 빈도는 5월과 여름 기간에 높은 편이다. 반면에 겨울에는 낙뢰 발생 빈도가 매우 낮다. 이러한 계절 변화가 나타나는 이유를 제시하고 왜 그런지 설명하라.

8. 초대형세포 뇌우가 발생하는 데 필요한 기상 조건을 제시하고, 제시한 기상 조건들이 초대형세포 발달에 미치는 각각의 역할을 설명하라.

9. 토네이도에서 바람이 매우 강한 이유를 구체적으로 설명하라.

10. 도플러 레이더가 뇌우 내의 순환 구조를 알아낼 수 있는 원리를 설명하라.

참고문헌

국채표, 김성삼, 이종경, 1965 : 1964년 9월 13일 서울 근교를 통과한 Tornado에 관하여. 한국기상학회지, 제1권 제1호, 1-7.

네이버 지식백과, 한국기상학회.

안중배 등 (공역), 2016 : 대기과학, 시그마프레스, 536pp.

Doswell, Charles A., 1985 : *The Operational Meteorology of Convective Weather*. Volume II: Storm Scale Analysis. NOAA Technical Memorandum ERL ESG-15. 240pp.

Maddox, R. A., 1980 : Mesoscale convective complexes. *Bulletin of American Meteorological Society*, Vol. 61, 1374-1387pp.

National Centers for Environmental Information, NOAA, USA at https://www.ncdc.noaa.gov/climate-information/extreme-events/us-tornado-climatology"

제12장

태풍

태풍은 공기의 거대한 소용돌이 중 하나이다. 이 소용돌이 속에서 엄청난 양의 공기와 수증기가 빠른 속도로 회전하는데, 소용돌이 중심의 기온은 주변 지역보다 훨씬 높게 나타난다. 막대한 에너지를 가진 태풍은 기상현상 중 가장 강렬하고 파괴적이어서, 태풍이 통과하는 지역에서는 예외 없이 큰 피해가 발생한다. 태풍 한 개가 갖고 있는 운동 및 열에너지는 천문학적인 숫자로 표현될 정도로 크다. 평균적인 크기의 태풍이 생산하는 에너지는 시간당 3천 억 또는 4천 억 kW인데, 이 양은 2017년 우리나라 전역에서 생산된 시간당 전력량인 5,764억 kW의 절반을 넘을 만큼 엄청나다.

12.1 태풍의 개요

우리에게 태풍으로 알려진 강한 **열대 저기압**(tropical cyclone)이 세계 여러 지역에서는 다른 이름으로 불린다. 북서태평양 지역에서는 태풍, 인도양과 남태평양 지역에서는 사이클론(cyclone), 북대서양과 북동태평양 지역에서는 **허리케인**(hurricane)[1]이라고 불린다. 이 책에서는 이렇게 지역에 따라 다르게 불리는 강한 열대 저기압을 태풍으로 통일해서 부른다. 열대 해양에서는 해마다 많은 수의 열대요란 (tropical disturbance)과 열대저압부(tropical depression)가 발달하지만, 극히 일부만이 태풍으로 불릴 만큼 강해진다. 태풍의 지름은 100 km에서 1,500 km에 이르며, 대개 500 km 정도이다. 일반적으로 태풍의 바깥쪽 가장자리에서 중심까지의 기압분포는 1,010 hPa에서 950 hPa까지로 약 60 hPa 정도의 차이가 발생한다.

---

1 허리케인이란 용어는 카리브의 귀신이라는 'huracan'에서 유래했다.

12.1.1 태풍의 발달단계

열대 해양에서 발달한 열대 저기압 중에서 조직화된 중규모 대류계를 가지며, 중심 최대 풍속이 11 m s^{-1} 이하일 때는 열대요란이라고 부른다. 이보다 더 발달해서 최대 풍속이 $11 \sim 17 \text{ m s}^{-1}$일 때 열대저압 부라고 부른다.

태풍은 열대저압부 단계보다 더 발달한 경우로서 최대 풍속의 세기에 따라 3개의 발달단계로 세분된다. 최대 풍속이 $17 \sim 24 \text{ m s}^{-1}$일 때는 열대폭풍(tropical storm), $25 \sim 32 \text{ m s}^{-1}$일 때는 강한 열대폭풍(severe tropical storm), 33 m s^{-1} 이상으로 발달한 경우에는 **태풍**(typhoon)이라고 부른다. 그런데 한국과 일본에서는 북서태평양 지역에서 발생하는 열대 저기압 중에서 최대 풍속이 17 m s^{-1} 이상으로 발달한 열대폭풍, 강한 열대폭풍, 태풍을 모두 합해서 태풍으로 부르고 있음을 기억해두자.

12.1.2 시·공간적 분포

태풍으로 발달할 수 있는 열대요란이 발생하는 지역의 공통점은 해수면 온도가 26.5℃ 이상으로 따뜻한 해수면 지역이다(그림 12.1). 이 따뜻한 해수면에서 많은 양의 수분이 증발하여 대기로 들어가는데, 이러한 수분 흐름은 결과적으로 태풍의 에너지 공급과정에 해당한다. 비슷한 기상 상황이라면 수온이 높을수록 수면에서의 증발량이 더 많아진다. 태풍이 찬 해수면을 지나거나 육지에 상륙하면 급격하게 약해지는데, 그 주된 이유가 태풍을 유지시켜주는 에너지원인 충분한 양의 수증기 공급원이 없어지기 때문이다.

한편, 그림 12.1에서 볼 수 있듯이 태풍은 해수면 온도가 높은 열대 해양이라도 적도 해상에서는 발달하지 못한다. 적도에서는 지구 자전으로 인한 코리올리 효과(Coriolis effect)가 없어서 저기압성 회전이 원활하게 형성되지 않기 때문이다. 제5장의 지구 자전 효과의 설명에서 언급한 바와 같이 코리올리 효과는 적도에서는 없고 위도에 따라 점점 커져 극지점에서 가장 크다. 태풍이 발생하기 위해서는 해수면 온도가 충분히 높고 코리올리 효과도 적절하게 작용해야 하기 때문에 태풍은 대부분 북위와 남위 5~20°의 지역에서 발생한다. 최근에는 지구온난화로 아열대와 중위도 해양의 온도가 상승하면서 20° 이상의 중위도에 가까운 지역에서도 태풍이 자주 발생하고 있다.

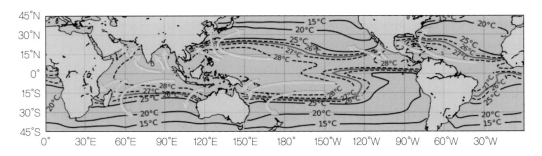

그림 12. 1 연평균 해수면 온도(실선 5℃ 간격, 점선 1℃ 간격)와 전형적인 태풍의 진로(노란색 화살표). 태풍은 대부분 해수면 온도가 26.5℃(빨간색 실선)를 넘는 열대 또는 아열대 해상에서 발생하여 고위도로 이동하다가 육지 또는 차가운 해수면을 만나 소멸하게 된다.

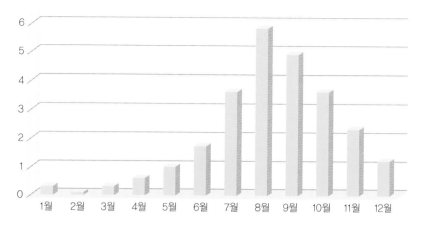

그림 12.2 최근 30년 동안(1981~2010) 북서태평양에서 발생한 월평균 태풍 수. 북서태평양은 전 세계 해역 중 1년 내내 태풍이 발생하는 유일한 해역이며, 그중 북반구 여름철에 활동이 가장 활발하다.

전 세계적으로 매년 80여 개의 열대 저기압이 발생하는데, 이 중 2/3 정도가 태풍급(최대 풍속 33 m s^{-1} 이상)으로 발달한다. 열대 북서태평양(필리핀 동쪽 해양)은 전 세계적으로 태풍이 가장 자주 발생하는 지역으로 매년 26개 정도가 발생한다. 이 중에서 2~3개가 우리나라에 접근해서 영향을 끼친다. 또한 북서태평양 지역은 전 세계 여러 해역 중에서 태풍이 1년 내내 발생하는 유일한 해역이다. 강도 면에서도 타 해역에서 발생하는 태풍보다 규모가 더 크고 세력도 더 강하다고 알려져 있다. 구체적으로 북서태평양에서 발생하는 태풍 개수의 월별 분포를 살펴보면 주로 7~10월에 발생하며, 최대 발생 빈도는 8월에 나타난다(그림 12.2). 이처럼 7월부터 10월 사이에 많은 태풍이 발생하는 가장 주된 이유는 북서태평양의 해수면 온도가 26.5°C 이상인 지역이 가장 광범위하게 나타나기 때문이다.

북반구 열대 해양에서 발생한 태풍은 평균적으로 다음과 같은 두 가지 경로를 거치며 이동한다: (1) 서쪽으로 이동하다가 열대 육지를 만나 쇠퇴하거나, (2) 중위도로 이동하다가 육지를 만나서 또는 해수면 온도가 낮은 해역으로 진입해서 쇠퇴하게 된다. 그러나 태풍의 이동 패턴은 시기나 지역에 따라 큰 차이를 보인다. 일부 태풍은 엉뚱한 진행을 보이기도 한다. 예를 들어 루프형의 진행 경로나 부드럽지 않은 진행 경로 등과 같이 비정상적 진행을 보이는 태풍이 적지 않다. 북서태평양에서 발생한 태풍의 29% 정도가 이러한 비정상적 진행 경로를 보이는데, 이 같은 태풍은 진로 예측이 어려워서 갑작스럽게 육지에 상륙하게 되면 큰 피해를 일으킬 수도 있다.

12.2 태풍의 일생

12.2.1 발생

열대 저기압은 열대요란으로부터 시작되는데, 초기 요란은 대체로 200~600 km의 지름을 갖는 조직화된 중규모 대류계(즉, 구름 무리)를 동반한다. 이 구름무리는 열대 대류권 중하층에서 수천 km

의 파장을 갖고 서쪽으로 전파하는 편동풍파(easterly wave) 또는 몬순기압골(monsoon trough)과 연관되어 발생한다. 열대 태평양에서 발생하는 구름무리는 연간 수백여 개에 이르는데, 그중에서 일부가 태풍으로 발달한다.

그림 12.3은 2002년 8월 북서태평양 열대 해상에서 발생하여 한반도를 통과한 15호 태풍 루사의 발생과 발달을 보여주는 미항공우주국(NASA) 극궤도 기상위성 사진이다. 이 태풍은 한국시각으로 8월 23일 오전 9시에 위도 16.5°N, 경도 161.0°E 부근 해상에서 발생하였다. 이 구름무리는 북서진하면서 8월 25일 뚜렷한 태풍의 모습을 보였고, 그로부터 4일 후(8월 29일)에는 950 hPa의 중심기압을 갖는 강한 대형 태풍으로 발달하였다. 이 태풍은 이후 계속 고위도로 이동하여 한반도를 관통한 후 동해상에서 쇠퇴하였다. 평균적으로 북서태평양에서 발생하는 태풍은 수명이 9일 정도인데, 태풍 루사도 이와 비슷하게 발생부터 소멸까지 열흘 정도의 수명을 유지했다.

그림 12.4는 **편동풍파**(easterly wave)를 설명한다. 그림에서 표현된 화살표들은 등압선이 아니고 대기의 흐름을 묘사하기 위해 사용된 유선으로 바람 방향과 평행하게 그려진 것이다. 중위도지역에서 기상을 분석할 때에는 일기도에 등압선을 그려 판단하지만, 열대지역에서는 해수면기압의 편차가 매우 작아서 등압선만으로는 기상을 분석하기에 부족한 점이 많다. 그림에서 보인 유선은 해수면 근처의 바람이 수렴하거나 발산하는 곳을 보여주기 때문에 열대지역에서 기상 상황을 파악하는 데 유용하게 사용된다. 그림에서 저기압골 축으로 표시된 파동축 동쪽에서 유선들이 극을 향해 이동하며 점점 서로 가까워지는데, 이는 파동축 동쪽지역에서 저기압성 수렴역이 형성된다는 것을 의미한다 (그림에서 수렴으로 표시). 해수면 근처에서 공기가 수렴하게 되면 상승기류가 생겨나고 구름이 형성된다. 따라서 열대요란이 파동의 동쪽에 위치하게 될 확률이 높다. 반면 파동축 서쪽에 위치한 유선들은 적도를 향해 고기압성 회전 이동을 하며 멀어진다(그림에서 발산으로 표시). 이 지역에서는 해수면 근처에서 공기가 발산하게 되어 하강기류가 생겨나고 맑은 하늘을 볼 수 있다.

열대 태평양에서 생겨나는 수많은 열대요란 중에서 대부분은 태풍으로 발달하지 못하고 소멸한

(a)

(b)

그림 12.3 (a) 열대폭풍 단계의 루사(2002. 8. 23.)와 (b) 완전한 태풍으로 발달한 루사(2002. 8. 25.). 미항공우주국에서 운영하는 극궤도 기상위성에서 찍은 사진이다. (출처 : https://zoom.earth/storms/rusa-2002/)

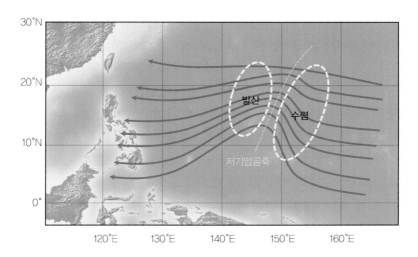

그림 12.4 열대 태평양의 편동풍파. 유선은 대류권 하층의 대기 흐름을 나타내며, 저기압골축의 동편에서는 수렴역이, 서편에서는 발산역이 형성된다.

다. 그 이유 중의 하나로서 무역풍 역전으로 불리는 기온 역전 발생을 들 수 있다. 많은 경우에 기온 역전은 아열대 고기압의 영향을 받은 지역에서 공기의 침강 때문에 생긴다. 강한 역전은 대기의 상승력을 감소시키고 뇌우의 발생을 막는다. 열대요란의 강화를 막는 또 다른 주요 요인은 강한 상층 바람이다. 대류권 상부에 바람이 강하게 불면 구름 상부에서 방출된 잠열(latent heat)이 쉽게 흩어진다. 잘 알려져 있듯이 잠열은 열대요란의 지속적인 성장과 발달에 필수적인데 잠열이 쉽게 흩어져 버리면 열대요란이 강화되기 어렵다.

위에서 언급한 내용을 종합하면 태풍이 발달하기 위해서는 (1) 적도에서 약 5° 이상 떨어진 위치에서 (2) 26.5°C 이상의 해수면 온도가 나타나며, (3) 많은 양의 수증기가 존재하고, (4) 기온 역전이 생기지 않는(즉, 대류 불안정이 나타나는) 해수면 위에서 (5) 저기압성 수렴역이 형성되고, (6) 상층바람이 강하지 않은 환경이 갖추어져야 한다. 이 여섯 가지 조건이 태풍 발달의 필요조건으로 널리 알려져 있다.

12.2.2 열대요란의 발달

태풍의 강한 에너지는 어디에서 오는 것일까? 바로 수증기가 응결하면서 방출되는 열에너지에서 나온다. 수증기 1 g이 응결하면 539 cal의 열에너지가 대기 중으로 방출된다. 공기 1,000 g을 가열하여 1°C를 올리는 데 필요한 열량이 240 cal 정도임을 고려한다면, 수증기 응결로 방출되는 잠열이 상당한 양임을 알 수 있다. 더욱이 수천만 톤의 수증기가 응결된다면, 그때 방출되는 열에너지는 막대한 양이 된다. 이 열에너지는 태풍 내부의 공기를 데우고, 이 가열 때문에 강한 대류가 발생하고 기압 차이가 생기며, 결과적으로 열에너지 일부가 운동에너지로 전환되어 강한 바람이 발생한다. 이를 정리하면 태풍은 수증기를 연료로 하여 작동하는 열기관이라 할 수 있다. 이 때문에 태풍은 수증기가 풍부한 열대 해상에서만 발생할 수 있다.

이제 태풍의 발달과정을 알아보자. 태풍은 약한 열대요란으로부터 시작되므로 열대 해상에 약한 저기압성 소용돌이가 존재하는 상황을 가정한다. 제5장에서 설명한 바와 같이 하층의 바람은 해수면과의 마찰 때문에 등압선을 가로질러 불며, 이에 따라 중심으로 불어 들어가는 성분이 존재하게 된다. 이 흐름에 의해 공기는 저기압 소용돌이 중심 부근에서 수렴하고, 수렴된 공기는 결국 상승할 수밖에 없다. 다량의 수증기를 포함한 공기가 수렴하는 경우에 공기가 상승하면서 단열냉각으로 인해 수증기가 응결되고 잠열이 방출된다. 방출된 잠열은 열대요란 내부를 가열하게 된다. 온도 상승으로 인해 부력을 얻은 열대요란 내부의 공기는 더욱 강하게 상승할 수 있으며, 이 과정에서 대류권계면에 닿을 만큼 키가 큰 적란운으로 성장한다. 강하게 상승한 공기는 대류권 상부에 도달하게 되면 안정한 성층권 대기를 뚫지 못하고 주변 지역으로 빠르게 흘러나간다. 잠열에 의해 가열된 열대요란 내부의 공기는 밀도가 낮아지게 되고, 강한 상승기류와 맞물려 열대요란 중심에서의 해면 기압은 더욱 낮아지게 된다. 따라서 열대요란의 중심기압이 낮아지면 기압경도가 더욱 심해져 지상풍의 풍속이 증가하게 된다. 수증기가 지속해서 공급되는 열대 해상에서 요란의 저기압성 수분 수렴, 수증기 응결, 잠열 방출, 단열상승의 과정이 양의 피드백을 거치면서 열대 저기압이 크게 발달할 수 있다. 그러나 이것만으로는 최대 풍속이 수십 $m\ s^{-1}$에 이르는 태풍의 발달을 충분히 설명하지는 못한다.

태풍의 발달을 설명하기 위해 추가로 필요한 원리가 각운동량 보존법칙이다. 각운동량 보존법칙은 회전하는 물체가 갖는 각운동량이 물체의 회전에 영향을 주는 외부 힘(예 : 마찰력)이 작용하지 않는 한 보존된다는 것이다. 즉, 중심으로부터 R 거리에 있는 공기덩이의 접선속도를 V라 하면, 단위질량의 물체가 갖는 각운동량 RV는 일정해야 한다. 이 원리에 따르면 물체에 다른 힘을 가하지 않고 회전 반경을 변화시키면 각운동량이 보존되기 위해 접선속도가 달라져야 한다. 이 같은 각운동량 보존은 피겨 스케이터가 빠른 회전을 만들어낼 때 쉽게 발견된다(그림 12.5). 팔을 벌린 상태에서 회전하다가 양팔을 안으로 끌어 모으면 스케이터의 회전속도는 빨라진다. 태풍에서의 강한 바람도 이 같은 원리에 의해 설명된다. 다만 자전에 따른 지구의 회전 때문에 절대 각운동량의 보존도 고려해야 한다.

그림 12.5 **팔을 당겨 더 빠른 회전을 만드는 스케이터** (출처 : 셔터스톡)

태풍의 각운동량

$$M = RV + R^2\Omega\sin\phi \qquad (12.E1)$$

단위질량에 대한 **절대 각운동량**(absolute angular momentum, M)^{2}은 위와 같은 식으로 표현된다. 여기서 Ω은 지구 각속도, ϕ는 위도, R은 태풍 중심으로부터의 거리이다. 위도 20°N에 위치한 열대 저기압에서 중심을 향해 수렴하는 공기덩이를 고려해보자. 중심으로부터 500 km 거리에서 1 m s^{-1}의 접선속도로 회전하던 공기덩이가 절대 각운동량을 보존하면서 중심으로 이동하여 중심으로부터 100 km 거리에 도달하게 되면 이 공기는 약 65 m s^{-1}의 접선속도를 갖게 된다. 따라서 중심으로 향하는 공기의 흐름은 강한 저기압성 순환으로 발전할 수 있다. 실제에서는 지표와의 마찰로 인해서 그 강도가 이론치보다 훨씬 작다. 그런데 열대 저기압이 적도에 있다고 가정하고 똑같은 계산을 해보면 500 km 거리에서 100 km까지 이동한 공기가 갖게 될 공기의 접선속도는 5 m s^{-1}에 불과하다. 태풍이 적도에

서 발달하기 어려운 이유는 바로 여기에 있다.

이 같은 과정을 거쳐 저기압성 회전이 강해지면 지표 마찰로 인해 중심으로 향하는 흐름도 강해지고, 강해진 흐름은 더 많은 수증기를 중심으로 수송한다. 결국 열대 저기압 중심 부근에서의 공기와 수분 수렴이 매우 커져 열대 저기압이 태풍급으로 발달하고 유지된다. 한편 곡률 반경이 작은 태풍 중심 부근(최대 풍속이 나타나는 반경 부근)에서 풍속이 매우 커지게 되면 코리올리 힘보다는 원심력이 더 지배적이게 된다. 이곳에서는 공기에 작용하는 2개의 주요 힘(중심으로 향하는 기압 경도력과 밖으로 향하는 원심력)이 거의 균형, 즉 선형 평형(cyclostrophic balance)을 이뤄서 중심을 축으로 원형에 가까운 흐름이 형성된다. 밖으로부터 중심을 향해 들어오는 공기는 태풍의 중심까지 도달하지 못하고 눈벽 부근에서 빠르게 상승하면서 매우 많은 비를 만들게 된다. 눈벽으로 감싸진 태풍의 눈에서는 약한 하강기류가 나타나고, 그 결과 비교적 맑은 날씨가 나타나게 된다.

12.2.3 소멸

태풍은 다음과 같은 상황에서 약화된다: (1) 해수면온도가 낮은 해상에 위치할 때, (2) 육지에 상륙했을 때, (3) 태풍을 유지시키기 어려운 대규모 대기 조건의 지역에 진입했을 때. 해수면 온도가 낮은 해양에서는 따뜻하고 습한 공기를 공급받기 어려우므로 태풍이 유지되기 어려운 상황이 만들어진다. 태풍이 육지에 상륙하면 수분 공급이 중단되고 더불어 지표 마찰로 하층 바람이 약해지면서 바람이 더 중심을 향해 불게 되어서 중심기압이 상승하면서 급격히 약화된다. 태풍이 약화되면 그 안에 포함되어 있던 수증기가 대부분 강수 형태로 변환되어 많은 비를 내리게 된다.

12.2.4 육지 상륙과 피해

태풍에 의한 피해는 강한 바람으로 인한 피해, 해일피해, 호우로 인한 홍수피해 등 세 가지로 구분된다. 한국에서 현재까지 관측된 태풍의 최대 순간 풍속은 2003년 9월 21일 제주도에서 관측된 60.0 m s^{-1}이며, 40 m s^{-1} 이상의 강풍을 동반하는 태풍도 적지 않다. 이런 강한 바람은 주로 남해안과 울릉도, 서귀포 등의 해안가 및 섬 지역에서 자주 관측되는데, 강풍으로 인한 피해도 이들 지역에서 가장 크게 나타나고 있다.

---

2 이 식은 태풍 회전을 나타내는 절대 각운동량으로 지구 절대좌표계에서 사용되는 절대 각운동량과 다른 형태로 표현됨을 주의하자.

태풍에 의한 피해 규모는 피해지역의 기반시설, 경제 규모와 인구 밀도 등의 사회적 인자나 해륙 및 산맥 분포 등 지리적 인자에도 영향을 받지만, 근본적으로는 기후적 인자에 해당하는 폭풍 자체의 강도가 매우 중요하다. **사피어-심프슨 규모**(Saffir-Simpson scale)는 과거 강풍 연구를 기초로 하여 만들어져 태풍의 강도(규모)를 구별하는 데 널리 쓰이고 있는 등급법이다(표 12.1). 사피어-심프슨 5등급은 최악의 재해 가능성을 나타내는 태풍이고, 1등급은 가장 약한 태풍이다. 이 기준에 근거해서 태풍의 강도와 피해를 예측할 수 있다.

전 세계적으로 볼 때 태풍으로 인한 가장 큰 피해는 해일로부터 발생한다. 해일은 국지적인 바닷물의 범람을 가리킨다. 태풍 중심이 해안에 접근해 오면서 강한 바람에 의해 해안선으로 해수가 쌓이면서 물의 언덕이 해안지역을 덮칠 수 있다. 잘 발달한 태풍이 통과할 때는 5 m 정도 높이의 해일이 흔하게 나타난다. 이런 해일이 해안을 덮치면 해안 마을은 순식간에 물에 잠기게 되고 인명과 재산피해가 속출한다. 2003년 9월 상륙한 태풍 매미를 예로 들면, 밀물 때와 태풍 상륙 시간이 겹치면서 4 m가 넘는 해일이 만들어졌다. 이로 인해 마산에서 12명의 사망자가 발생하였고, 부산과 경상남도의 해안지역에서 총 131명의 인명피해와 약 4조 2천억 원에 이르는 막대한 재산피해가 발생했다.

한편, 우리나라에서는 태풍으로 인한 피해 중 상당 부분이 홍수로 인해서 발생한다. 태풍은 막대한 양의 비를 내릴 수 있으므로 태풍이 통과하는 지역에서 200 mm의 일강수량은 보통이며, 태풍 풍속이 약화한 후에도 강한 폭우 현상이 발생한다. 예를 들어 2002년 태풍 루사의 경우 전라남도에서 상륙하여 우리나라를 관통하며 전국적으로 많은 비가 내렸다. 특히 강원 강릉에서 1시간 최다 강수량 100.5 mm 및 일강수량 870.5 mm를 기록하여 기상관측 사상 초유의 극값을 경신하였다. 우리나라 연평균 강수량이 1,300~1,400 mm 정도인 것을 고려한다면 대단한 양의 강수량이다. 2016년 10월 태풍 차바는 경상남도 거제에서 상륙하여 강도가 약화되었음에도 불구하고 동해안으로 빠져나가기 전 울산에 일강수량 266 mm를 내렸다. 울산의 10월 평균 강수량이 60 mm 임을 감안할 때 이는 상당한 양으로서 큰 피해를 일으켰다.

표 12.1 사피어-심프슨 규모에 따른 풍속과 파고 등급

등급	풍속	파고
5	$\geq$70 m s^{-1}	$\geq$5.5 m
4	59~69 m s^{-1}	4.0~5.5 m
3	50~58 m s^{-1}	2.7~3.7 m
2	43~49 m s^{-1}	1.8~2.4 m
1	33~42 m s^{-1}	1.2~1.5 m
추가 구분		
열대폭풍	18~32 m s^{-1}	0~0.9 m
열대저기압	0~17 m s^{-1}	0 m

이 외에도 해상에서는 강한 바람과 높은 파도로 인한 선박과 인명피해가 흔히 나타난다. 바람으로 인한 파도의 대략적 높이(m)는 km hr^{-1}의 단위로 나타낸 풍속값의 10% 정도로 추정할 수 있다. 예를 들어 시속 100 km의 바람은 대략 10 m 높이의 파도를 만들어낸다.

우리나라는 매년 2~3개 태풍의 직·간접적인 영향을 받는다. 태풍 통과가 전혀 없는 해와 7개의 태풍이 영향을 준 해도 드물지만 나타난 바 있다. 우리나라에서 1904년부터 2009년까지 태풍에 의한 연평균 인명과 재산피해는 각각 57명과 1,336억 원 정도이다. 특히 재산피해의 경우 1990년대 이후 급증하여 1990년부터 2009년까지 20년간 연평균 6,816억 원에 달한다 (국가태풍센터 태풍백서, 2011). 태풍관측 역사상 우리나라에 가장 큰 인명피해를 준 것은 849명의 인명을 앗아갔고 2,500여 명의 부상자를 초래한 1959년 9월의 태풍 사라이고, 가장 큰 재산피해를 준 것은 약 51,479억 원의 피해를 초래한 2002년의 태풍 루사이다.

12.3 태풍의 바람과 강수

12.3.1 태풍의 모식도

전형적 태풍의 크기는 그 지름이 500 km 정도이다. 기상 위성사진(그림 12.6)에서 보는 바와 같이 태풍은 잘 발달한 나선형의 구름띠 여러 개가 중심을 둘러싸는 모습을 보이며(상층운에 의해 잘 드러나지 않는 경우도 많다), 그 중심에서는 비교적 맑은 하늘이 나타난다. 이 맑은 지역을 **태풍의 눈**(eye)이라 한다. 태풍의 눈은 잘 발달한 적란운으로 둘러싸여 있는데, 이 모양이 마치 벽으로 둘러싸인 모습과 비유되어 이 구름을 **눈벽 구름**(eye wall cloud)이라 부른다.

태풍의 중심은 태풍 내부에서 해면기압이 가장 낮은 곳으로 원형에 가까운 모습의 등압선이 중심을 둘러싸고 있다. 충분히 발달한 상태의 태풍 중심 해면기압은 주변에서 일반적으로 관측되는 기압

그림 12.6 우리나라 천리안 기상위성에서 찍은 우리나라에 접근하는 2018년 태풍 솔릭 (출처 : 국가기상위성센터)

보다 훨씬 낮아서 대개 980 hPa 이하의 값을 갖는다. 지금까지 육지에서 관측된 태풍 중에서 가장 낮은 중심기압은 1958년 태풍 아이다가 필리핀 섬들을 통과했을 때 관측된 888 hPa로 알려져 있다.

앞서 언급했듯이 태풍의 눈에는 구름이 없고 바람도 비교적 약하여 전체적으로 평온하다. 그러나 중심으로부터 바깥으로 갈수록 풍속이 급격히 증가하여, 최대 풍속이 중심에서 수십 km부터 100 km 정도 떨어진 지역에서 나타난다. 최대 풍속이 나타나는 지역으로부터 더 바깥으로 나가면 풍속은 다시 감소한다. 태풍의 순환 구조를 더 자세히 보기 위하여 수직 단면 내에서 평균 시선속도(radial velocity)와 접선속도(tangential velocity) 분포를 살펴본다(그림 12.7). 시선속도는 태풍의 중심으로부터 멀어지는 방향의 속력을, 접선속도는 눈을 중심으로 원운동을 하는 공기가 접선과 나란한 방향으로 움직이는 속력을 의미한다. 따라서 시선속도가 양(+)의 값일 때는 중심으로부터 밖으로 향하는 방향의 바람을, 음(−)의 값일 때는 중심을 향해 불어오는 방향의 바람을 의미한다. 접선속도가 양(+)의 값일 때는 반시계 방향의 바람을, 음(−)의 값일 때는 시계 방향의 바람을 나타낸다.

그림 12.7은 일반적인 태풍의 시선속도 및 접선속도 분포를 나타낸 것이다. 시선속도 분포를 살펴보면 대류권 하부에서는 공기가 중심을 향해 빠르게 들어오며, 대류권 상부에서는 중심으로부터 밖으로 불어 나간다(그림 12.7a). 대류권 중간층에서의 시선속도는 매우 약하게 나타난다. 접선속도 분포를 개괄적으로 살펴보면 대류권 전체에서 반시계 방향의 바람(저기압성 바람)이 불며, 대류권 상부와 태풍 외곽지역의 상층에서는 그 속력이 매우 약하게 나타난다(그림 12.7b). 이 그림을 종합해보면 하층에서는 공기가 저기압성 순환을 형성하며 중심을 향해 불어 들어가며, 상층에서는 공기의 저기압성 순환이 거의 없어져서 밖으로 불어 나간다. 위성사진을 입체적으로 분석해보면 이 같은 순환의 모습을 쉽게 찾아낼 수 있다. 다만 이러한 순환 구조는 여러 태풍에 대한 평균적 구조이기 때문에

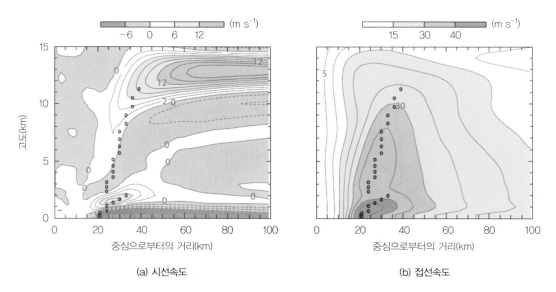

(a) 시선속도　　　　　　　　　　(b) 접선속도

그림 12.7 일반적인 태풍의 수직 단면에서 (a) 시선속도와 (b) 접선속도. 지표면 가까이에서는 태풍의 중심을 향해 바람이 불어 들어오고 대류권 최상부에서는 중심으로부터 바깥쪽으로 바람이 불어 나간다. 태풍은 전체적으로 반시계 방향으로 회전하고 있으며, 접선속도가 가장 빠르게 나타나는 거리가 대체로 눈벽이 위치하는 지역이다. 태풍의 중심을 기준으로 10여 km 이내에서는 시선속도와 접선속도가 모두 작게 나타난다. (출처 : Montgomery & Smith, 2017)

개개의 태풍 구조는 이와 어느 정도 차이를 보일 수가 있다.

아울러 태풍은 이동하기 때문에 관측 위치에 따라 풍속에 큰 차이가 있을 수 있다. 일반적으로 태풍은 축대칭적인 구조를 지니고 있어 이동하지 않는다면 태풍 내 지상 바람의 세기는 주로 중심으로부터의 거리에 대한 함수로 나타날 것이다. 그러나 태풍이 이동하게 되면 진행 방향과 같은 방향으로 바람이 부는 진행 방향의 오른쪽 부분에서 더욱 강한 바람이 나타나고 진행 방향의 왼쪽 부분에서 더욱 약한 바람이 나타날 것이다. 예를 들어 대칭적 구조를 갖고 정지 상태에서 시속 130 km의 풍속을 보인 태풍이 북서쪽을 향해 시속 30 km의 속력으로 이동한다고 가정하자(그림 12.8). 결과적으로 나타날 풍속의 분포는 태풍의 오른쪽 부분(B지점)에서는 시속 160 km의 풍속이, 왼쪽 부분(A지점)에서는 시속 100 km의 풍속이 관측될 것이다. 왼쪽과 오른쪽의 풍속차이 60 km hr^{-1}는 상당히 크기 때문에 한 관측 지점을 태풍의 어느 부분이 통과해 가느냐에 따라 피해가 크게 다를 수 있다. 태풍의 오른쪽 반원이 통과해 가는 지역에 바람에 의한 피해가 집중되는 경향을 보이는 것도 이 때문이다.

태풍의 가장 고유한 특징을 기온 분포에서 찾을 수 있다. 그림 12.9는 태풍 내에서의 기온과 태풍 밖 기온의 차이를 나타낸 것이다. 태풍 중심에서의 기온은 주변 지역의 기온보다 현저히 높은데, 특히 상층에서는 8~10°C 더 높게 나타난다. 이처럼 높은 기온은 태풍 중심 상공에서의 공기 하강에 따른 단열가열에 의해 발생한다. 태풍 중심뿐만 아니라 태풍 내부 대부분에서 태풍 바깥보다 기온이 높은데, 이러한 기온 분포는 수증기 응결에 의한 잠열 방출의 효과도 포함되어 나타나는 것이다.

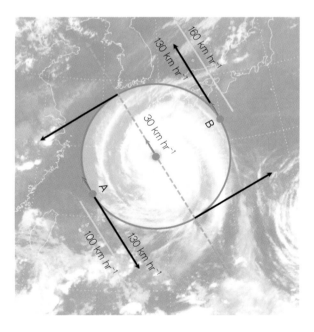

그림 12.8 태풍의 진행(빨간색)과 회전(검은색)에 따른 풍속(노란색). 이 두 속도를 고려하면 진행 방향과 바람 방향이 상쇄되는 A지점보다 일치하는 B지점에서 풍속이 훨씬 빠르다.

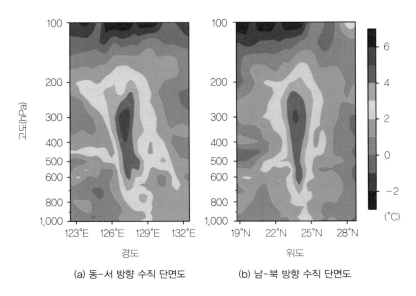

그림 12.9 태풍 차바(2016. 10. 3. 오전 9시)의 기온 편차. 태풍은 중심부 온도가 주변 지역보다 높은 온난핵 구조이다.

12.3.2 바람의 구조

잘 발달한 태풍은 수평적으로 준대칭적인 순환 구조인데, 이때 태풍의 주요 흐름을 **1차 순환**(primary circulation)과 **2차 순환**(secondary circulation)으로 나눌 수 있다. 1차 순환은 수평 방향의 순환으로 저기압성 회전을 가리킨다. 반면에 2차 순환은 수직 방향의 순환으로 중심부의 눈벽에서 상승 운동이 나타나고, 대류권 하층부에서는 태풍의 중심 방향으로 그리고 대류권 상층부에서는 태풍 밖으로 나가는 공기의 흐름을 가리킨다. 이 두 순환 성분을 합쳐서 도식화시켜 보면 전체적으로 나선형의 순환 구조로 나타난다.

그림 12.10은 태풍의 순환 구조를 간략하게 나타낸 것이다. 대류권 하층에서는 공기가 나선형으로 회전하며 중심 방향으로 수렴하고, 대류권 상층에서는 나선형으로 회전하며 중심 밖으로 발산한다.

그림 12.10 태풍 기본 순환 구조 모식도. 1차 순환(파란색)과 2차 순환(노란색)에 의해 나선형의 순환 구조(초록색)를 나타낸다. 수직으로 발달한 구름을 회색으로 표시했다.

이때 하층의 수렴은 500 m에서 1 km 정도 두께의 얇은 경계층에서 나타나지만, 상층의 발산은 대류권 상층부 수 km 두께를 갖는 깊은 층에서 나타난다. 태풍의 1차 순환은 하층의 눈벽 구름 주위에서 가장 강하게 나타나고, 중심으로부터 거리가 멀어질수록 그리고 고도가 높아질수록 약해진다.

그림 12.11은 2004년 태풍 송다의 대류권 하부 바람 구조를 나타낸다. 수평 풍속은 태풍의 중심에서 1~7 m s^{-1} 이하로 가장 작으며, 중심에서 눈벽 근처로 갈수록 급격히 증가하다가 다시 중심에서 멀어질수록 서서히 감소한다. 그림에서 태풍의 최대 풍속은 약 40 m s^{-1}이며, 태풍 중심으로부터 20 km 정도의 거리에서 나타난다. 일반적으로 태풍의 최대 풍속은 눈벽 근처 태풍 중심으로부터 수십 km 이내에서 주로 나타나지만, 약한 태풍의 경우 50 km나 그 이상의 범위에서도 나타날 수 있다.

태풍의 바람 구조를 나타내는 대표적인 인자로서 강도와 크기를 들 수 있다. 여기에서는 태풍의 강도를 중심 부근의 강도(intensity)와 바깥쪽 순환의 강도(strength)를 구분해서 정의한다. 중심 부근의 강도는 최대 풍속이나 최저 해면기압으로 표현되는데, 이들은 태풍의 강도를 나타내는 데 사용되는 전통적인 지표이다. 바깥쪽 순환의 강도는 태풍 중심으로부터 특정한 두 반경 사이의 평균 풍속으로 정의되는 지표이다. 태풍의 크기는 주로 특정 풍속이 나타나는 반경이나 최외곽 폐쇄 등압면의 반경(radius of the outer closed isobar, ROCI)으로 정의한다.

여러 태풍 예보 현업 기관에서는 태풍의 바람 구조를 분석하고 예측하기 위해 다양한 관측 및 분석자료와 경험식을 활용한다. 예를 들어 태풍의 크기 정보(34, 50, 64 m s^{-1} 바람 범위)를 생산하기 위해서 과거 경험식에 기반을 둔 표를 참조하는 방식뿐 아니라, 최근에는 인공위성의 관측기술 발달에 힘입어 위성의 마이크로파 레이더로 관측한 풍속 등 원격탐사 자료도 활용한다. 항공관측이 자주 수행되고 있는 대서양의 경우에는 드롭존데 등의 장비로 직접 관측한 지상 풍속 자료까지 활용하여 바람의 3차원 구조를 분석하고 있다.

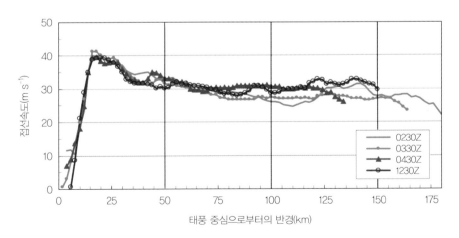

그림 12.11 2004년 태풍 송다의 대류권 하부 접선속도. 태풍 눈벽 부근에서 접선 속도의 최댓값이 나타나며 중심에서 멀어질수록 접선속도가 느려진다. (출처 : Satoh et al., 2005)

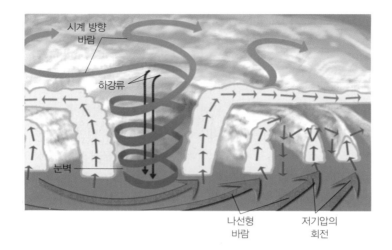

그림 12.12 태풍의 기본 구조. 대류권 하층에서는 바람이 저기압성 반시계 방향 회전을 보이고 대류권 상층에서는 바람이 시계 방향으로 불어 나간다. 태풍의 눈벽에서는 상승기류가 가장 활발하여 적란운이 높게 나타나고, 그 중심인 태풍의 눈에서는 약한 하강기류가 나타나는 것이 특징이다. (출처 : 한국기상학회)

12.3.3 눈과 눈벽 구름

태풍의 하층 중심 부근에서 수렴하는 공기는 다량의 열과 수증기를 포함하고 반시계 방향으로 불며 들어온다. 이 공기는 중심 부근에서 수렴하여 강한 상승기류로 인해 적란운을 형성하며 대류권 상층에서 시계 방향으로 불어 나가면서 방패 모양의 권운을 형성한다(그림 12.12). 태풍의 중심 부근에는 적란운이 마치 벽과 같이 높이 솟아서 나타나는데, 높이가 대략 12~20 km에 달한다. 이 높이 솟은 구름이 태풍의 눈벽 구름이다. 눈벽은 대체로 최대 풍속이 관측되는 곳이고, 공기가 가장 빠르게 상승하는 곳이기도 하다. 그래서 구름의 높이가 가장 높고, 강수량도 가장 많다. 대부분은 이 지역에서 강풍에 의한 피해가 가장 크게 나타난다. 그림에서 확인할 수 있듯이 눈벽에서 멀어질수록 구름의 고도가 점차 낮아진다.

구름벽으로 에워싸인 중심에는 바람이 약하고 구름이 적은 구역, 즉 태풍의 눈이 존재한다. 태풍의 눈은 일반적으로 원형을 띠고 크기는 보통 지름이 30~65 km이지만, 예외적으로 3 km 정도로 작거나 370 km 정도로 큰 지름을 갖기도 한다. 태풍의 눈에 구름 없이 맑은 하늘이 나타나는 이유로서 약한 하강기류에 의한 단열압축을 들 수 있다. 이처럼 태풍의 눈에서 하강기류가 나타나는 이유를 크게 두 가지로 설명할 수 있다. 첫째 눈벽에서의 빠른 상승기류에 대한 보상으로 하강기류가 나타날 수 있고, 둘째 빠르게 회전하는 눈벽에서의 각운동량 난류 혼합(turbulent mixing)이 하강기류를 유도할 수 있다. 다만 태풍이 약하면 중심부의 두꺼운 적운, 혹은 뇌우가 동반하는 권운이 시야를 가로막아서 눈이 확실하게 보이지 않는 경우도 많다.

12.3.4 강수 구조

태풍 때문에 내리는 비를 크게 태풍이 직접 동반하는 강수대에 의한 강수와 태풍의 간접 영향으로 육지에 상륙하기 1~2일 전에 태풍 진행 전면에서 나타나는 강수로 나눌 수 있다. 첫째, 태풍에 의해서 직접적으로 동반되는 강수대는 그림 12.13에서 보듯이 태풍 중심 근처 눈벽에서 나타나는 강수와 주변 지역에서 나타나는 반시계 방향 나선형의 강수대로 이루어진다. 맑은 하늘이 보이는 태풍의 눈을 가운데에 두고 외곽으로 나가면서 만들어지는 눈벽 강수대를 레이더로 관찰하면 매우 높은 반사도(35 dBZ 이상)가 나타나는데, 이는 해당 지역에 매우 강한 강수가 존재하는 것을 의미한다. 눈벽 밖으로는 대류활동이 급격하게 억제되고 하강기류가 나타나는 소강[3]지역이 나타난다. 이 지역을 레이더로 관찰하면 20 dBZ 이하의 낮은 반사도가 나타나는데, 이는 눈벽에 비해 약 100배 정도 적은 강수가 있음을 의미한다. 소강지역 바깥으로는 대개 5~50 km의 폭과 100~300 km 길이의 나선형 강수띠가 분포한다. 나선형 강수띠에는 매우 강한 대류 세포들이 존재하는데, 이들은 태풍의 중심부에서 형성된 것으로 나선형 강수띠를 따라 점차 바깥으로 이동하다가 사라진다. 대류 세포들에 의한 강수 강도는 눈벽 강수와 비슷하며, 이 지역에서 잠열 응결과정이 가장 집중되어 나타난다. 대류 세포가 바깥 지역으로 이동하면서 나선형 강수띠 내부에는 모루구름이 성장하게 되는데, 모루구름이 동반하는 층운형 강수는 눈벽이나 대류 세포에서의 강수에 비해 강도가 약하다. 그러나 넓은 지역에 분포하기 때문에 태풍 전체 강수량의 상당한 부분을 차지한다.

둘째, 태풍 진행 전면에 나타나는 강수는 태풍의 간접적인 영향으로 내리는 비로 북상하는 태풍의 북쪽 전면에 있는 수렴대에서 태풍이 통과하기 1~2일 전에 나타난다. 주로 북쪽 기압골 하단 혹은 기압 안장부에서 발생하는 특징을 갖고 있으며, 산맥의 풍상측에서도 자주 나타난다. 이렇게 나타나

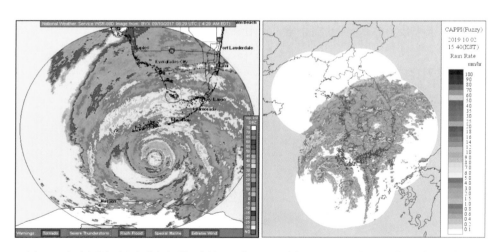

(a) 2017년 허리케인 어마의 레이더 관측 영상(2017년)　　　(b) 태풍 미탁의 레이더 관측 영상(2019년)

그림 12.13 허리케인 어마에서 뚜렷한 눈벽 강수대와 여러 개의 나선형 강수띠를 관찰할 수 있다. 미국과 달리 우리나라에서는 해양 레이더 관측망이 부족하고 전체적인 레이더 관측 범위가 좁아서 태풍의 전체 구조를 한 번에 볼 수는 없지만 태풍 미탁에서도 눈벽 강수대와 주변 강수띠가 선명하게 보인다. [출처 : (a) 미국기상청, (b) 기상레이더센터]

3　학술적으로는 해자(moat) 지역이라는 명칭을 사용한다. 해자는 적으로부터 성을 보호하기 위해 성 주위에 둘러 판 못을 일컫는 말이다.

는 강수대는 종관기압계에서 봤을 때 뚜렷하게 저기압의 위치와 연계되어 있지는 않지만, 하층 수렴과 상층 발산의 수직 구조가 명확하다는 특징을 보인다.

12.4 태풍의 탐지와 진로 분석 및 예측

12.4.1 위성의 역할

오늘날에는 여러 가지 관측기기들을 사용해서 태풍을 탐지하고 추적하고 있다. 이들 관측자료를 종합해서 기상예측 모델에 입력하고, 기상 모델에서 산출된 예측결과를 바탕으로 필요한 경우 주의보, 경보 등의 기상특보를 발표하게 된다. 여러 관측 중에서 위성에 의한 관측자료가 가장 중요하게 사용되는데, 태풍을 관측·예측하는 기술의 가장 큰 진보가 기상위성의 개발과 함께했다고 해도 과언이 아니다.

　태풍은 대체로 육지에서 멀리 떨어진 광대한 열대 및 아열대 해상에서 발생하기 때문에 얻을 수 있는 관측자료가 상당히 제한적일 수밖에 없다. 기상위성이 등장한 이후부터는 이 광대한 해역의 기상 정보 수집을 위해 위성관측이 적극적으로 이용되고 있다(그림 9.10 참조). 먼저 태풍이 발달하기 전인 열대요란(또는 구름무리) 단계에서부터 열대 해상을 감시하여 태풍 발달의 시공간적 정보를 파악할 수 있다. 또 구름 모양 등을 관찰하여 태풍의 강도를 추정하기도 한다. 그러나 원격관측이 갖는 어쩔 수 없는 한계는 간접적으로 관측을 수행한다는 것이다. 이 때문에 풍속 추정값에 오차가 있고 태풍의 상세한 구조적 특징을 정확히 탐지하기 어렵다. 인공위성 자료를 보완할 수 있는 다른 관측 시스템의 자료를 종합하여 활용해야 태풍 탐지의 신뢰도를 높일 수 있다.

12.4.2 항공기 정찰

항공관측은 태풍 관측에 있어서 두 번째로 중요한 정보원이다. 1940년대 최초로 태풍에 시험 비행을 한 이후 항공관측기기들이 점차 정교하게 발달했다(그림 12.14). 태풍이 사정거리 안에 있을 때 특수

그림 12.14 **2017년 취항한 기상청의 기상항공기** (출처 : 기상청)

관측기기가 탑재된 항공기는 위협적인 폭풍 속으로 직접 날아가 그 위치의 기상 상황을 정확히 측정한다. 항공기에서 관측된 자료는 이들 자료를 종합·분석하는 기상센터로 즉시 전송된다. 그러나 항공관측은 연속으로 이루어지기가 어렵고, 태풍 전체를 관찰하기 어렵다는 한계를 지니고 있다. 그렇지만 항공기가 지나가는 위치를 집중적으로 직접 관측하기 때문에 태풍의 구조와 특징을 분석하는 데 신뢰도가 가장 높은 중요한 자료로 사용된다. 항공관측은 태풍에 대한 이해도를 높이는 데 크게 공헌하고 있다.

12.4.3 기상 레이더와 부이

레이더는 태풍의 관찰과 연구에 사용되는 세 번째의 기본적인 도구이다(그림 9.23 참조). 태풍이 해안가에 근접하면 육상의 도플러 기상레이더가 태풍을 감지한다. 레이더는 태풍의 바람, 강수 강도, 폭풍의 움직임에 관한 상세한 정보를 제공한다. 기상청에서는 레이더 관측을 바탕으로 특정 지역에 홍수, 해일, 강풍 등에 대한 단기적인 특보를 발표할 수 있다. 다만 방재를 위한 선행시간을 확보하기 위해서는 폭풍이 사정거리 안에 들어오기 며칠 전에 태풍 특보가 발표되어야 하는데, 레이더 관측은 해안에서 320 km 이상 떨어진 거리에서는 관측할 수 없어 이 점이 가장 큰 한계로 지적된다.

　부이(buoy)는 태풍 연구를 위해 자료를 수집하는 네 번째 방법이다(그림 9.5, 12.15). 부이는 해수면 위의 기상 조건과 바다의 물리적 상태를 지속해서 직접 관측할 수 있는 유일한 수단이다. 육지에서 멀리 떨어진 원거리 부이 세트는 주로 걸프 해안과 대서양 해안, 열대 태평양 등에 설치되어 있다. 1970년대 초에 부이가 설치된 이후 누적된 관측자료는 태풍 경보 시스템의 중요한 요소로 사용될 뿐 아니라 일상의 기상 분석 및 열대해역의 장기 변화를 감시하는 데 널리 사용되고 있다.

그림 12.15 **해상 기상관측 부이** (출처 : 기상청)

12.4.4 진로와 강도의 분석 및 예측

그림 12.16은 북서태평양에서 2018년 9월에 발생한 태풍 4개의 진로를 나타낸 그림이다. 비슷한 시기에 발생한 태풍이 이처럼 매우 다른 진로를 갖도록 영향을 끼친 요인은 무엇일까? 가장 먼저 대류권 전체에 걸쳐 나타나는 대규모 대기 환경의 흐름에 의한 영향을 생각할 수 있다. 태풍이 주변 환경과 뚜렷한 경계가 정해지지 않는다는 점을 제외하면, 태풍의 이동을 조류를 따라 이동하는 나뭇잎에 비유할 수 있다. 적도에서 북위 25°까지의 위도대에서 태풍은 서쪽으로 또는 북서쪽으로 이동한다. 그 이유는 전 지구적 규모의 저위도 무역풍과 북태평양 한가운데에 자리 잡은 반영구적인 고기압 세포(북태평양 고기압)의 영향을 받기 때문이다. 고기압의 남쪽 가장자리에서는 동풍계열의 바람이 부는데, 저위도 무역풍과 합세해서 태풍을 서쪽으로 이동하게 한다. 고기압 세력이 계절에 따라 변하면서 고기압의 서쪽 가장자리의 위치도 바뀌는데, 서쪽 가장자리에서 부는 남풍은 태풍을 북쪽으로 밀어 올리기도 한다. 한편 중위도로 진입한 태풍은 편서풍의 영향을 받아 동쪽으로 진행 방향을 바꾸는데, 중위도 편서풍의 위치와 세기, 그리고 주변 기압계 분포 등의 영향을 받아 먼바다로 진행하기도 하고 육지에 상륙하기도 한다.

태풍으로부터 수백 km 떨어진 곳(대략 하루 이동거리만큼 떨어진 거리)에서는 하늘이 맑고 바람도 거의 불지 않는다. 기상위성 시대가 오기 전에는 그런 상황 때문에 태풍에 의한 폭풍이 임박했음을 예고하기가 어려웠다. 우리나라 역사상 최악의 자연재해로 기록되는 1959년 추석 한반도를 강타했던 태풍 사라를 예로 들 수 있다. 당시 방재시스템이 제대로 갖추어지지 않은 상태에서 상륙한 강력한 태풍에 의해 849명의 사망·실종자가 발생했으며, 2,500여 명의 부상자와 37만여 명의 이재민

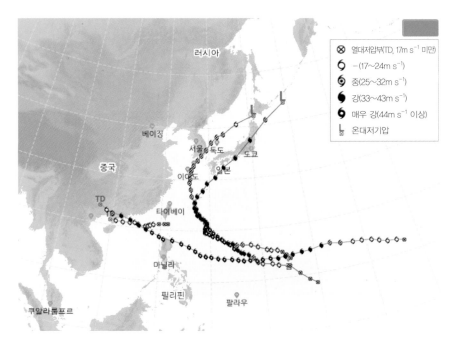

그림 12.16 2018년 9월 발생한 4개 태풍의 진로 (출처 : 기상청)

이 발생했다. 태풍 조기경보 시스템이 갖춰진 이후로는 태풍에 의한 사망자 수가 많이 감소하였다. 그런데 재산피해는 천문학적으로 증가하였다. 이렇게 재산피해가 증가한 주요한 이유 중 하나로 해안지대의 급속한 개발과 인구 밀도의 증가를 들 수 있다. 특별히 해안도시의 방재를 위해 국지적으로 더욱 정확한 예측시스템의 구축이 요구된다.

12.4.5 주의보와 경보

정교한 수치예보 모델의 예측결과와 첨단 관측장비로부터 얻은 관측자료를 종합해서 기상예보관은 태풍의 진로와 강도를 예측한다. 태풍 예측 정보에 근거해서 기상청 국가태풍센터에서는 필요할 때 태풍 특보를 발표하고 있다. 먼저 북서태평양에 태풍이 발생하여 이름이 부여되면 기상청에서는 태풍 정보를 6시간 간격으로 발표한다. 태풍을 감시하던 중 며칠 내에 우리나라가 영향을 받을 가능성이 커져서 태풍 특보를 발표해야 하는 상황이 발생하는 경우, 이를 예고하기 위해 태풍 예비특보를 먼저 발표한다. 태풍 특보는 재해 발생이 우려될 때 주의보(watch)와 경보(warning) 단계로 나누어 발표한다. 첫째, 태풍 주의보는 "태풍으로 인하여 강풍, 풍랑, 호우, 폭풍해일 현상 등이 주의보 기준에 도달할 것으로 예상할 때" 발표된다. 주의보의 강풍 기준은 육상 풍속이 50.4 km hr^{-1} 이상일 때, 호우 기준은 12시간 강수량이 100 mm 이상일 때 등이다. 둘째, 태풍 경보는 (1) 육상 풍속 75.6 km hr^{-1} 이상 또는 순간 풍속 93.6 km hr^{-1} 이상의 강풍이 예상되거나, (2) 총강수량이 200 mm 이상으로 예상되거나, (3) 폭풍해일 경보 기준에 도달할 것으로 예상될 때 세 가지 중에서 하나라도 만족하면 발표된다.

주의보와 경보를 결정하는 과정에는 다음 두 가지 요인을 주의해야 한다. 먼저 인명과 재산을 보호하기 위해 적당한 선행시간을 확보해야 한다. 그다음으로 예보관은 과도한 경보를 최소화하도록 한다. 하지만 이는 매우 어려운 과제이다. 미국국립기상청의 정책 선언문에는 비교적 광범위한 해안지역을 대상으로 실시간으로 정확하고 균형 있게 허리케인 경보를 발표해야 한다고 기술되어 있다. 이와 관련하여 허리케인이 상륙하기 24시간 전에 발표된 경보를 기준으로 실제로 피해를 본 지역과 넓이를 비교해보면 경보지역의 1/3에 불과하다. 즉, 경보 영역의 약 2/3 지역에는 '과도한 경보'가 발표된 셈이다. 이러한 과도한 경보는 비용이 들 뿐 아니라 경보의 신뢰성을 잃는 측면이 있다. 따라서 국민과 재산을 보호할 필요성과 과도한 경보의 정도를 최소화하려는 노력 간에 신중한 균형이 요구된다.

연습문제

1. 태풍의 발달에 필요한 여섯 가지 환경조건을 설명하라.
2. 적도에서 태풍이 발달하기 어려운 이유를 절대 각운동량 보존법칙을 이용하여 설명하라.
3. 태풍의 강도를 구별하는 데 쓰이는 등급법의 이름과 그 개념을 설명하라.
4. 태풍 내부 바람의 순환 구조를 수평면과 수직면으로 나누어 설명하라.
5. 태풍의 눈 지역에 맑은 하늘이 보이고 약한 하강기류가 나타나는 이유를 두 가지로 설명하라.
6. 태풍의 강수 구조를 간략하게 그리고 위치별 특징을 설명하라.
7. 태풍 관측에 이용되는 여러 관측기기 중 주요한 세 가지를 골라 특징을 설명하라.
8. 태풍의 진로에 영향을 끼치는 주요한 요인을 설명하라.
9. 기상관측 기술이 발달하면서 나타난 태풍에 의한 피해 형태의 변화를 설명하라.
10. 태풍의 주의보와 경보를 발표할 때 기상예보관이 고려해야 하는 사항을 설명하라.

참고문헌

"날아다니는 종합기상관측소, '기상항공기' 날개를 펴다!", 기상청, 2017년 12월 19일 수정, http://www.kma.go.kr/notify/press/kma_list.jsp?bid=press&mode=view&num=1193465&page=1&field=&text.

한국기상학회, 2012 : 대기과학개론, 시그마프레스, 405pp.

한국기상학회, 2013 : 대기과학용어집, 시그마프레스, 1042pp.

Chen, T., S. Wang, M. Yen, and A.J. Clark, 2008 : Are Tropical Cyclones Less Effectively Formed by Easterly Waves in the Western North Pacific than in the North Atlantic?. Mon. Wea. Rev., 136, 4527–4540, https://doi.org/10.1175/2008MWR2149.1.

Montgomery, M. T., and R. K. Smith, 2017 : Recent developments in the fluid dynamics of tropical cyclones. Annu. Rev. Fluid Mech., 49, 541–574, https://doi.org/10.1146/annurev-fluid-010816-060022.

Satoh, S., Nagahama, H., Hanado, H., and Nakagawa, K., 2005 : Wind fields of typhoon Songda (2004) observed by the Okinawa Doppler radar (COBRA). In 11th Conference on Mesoscale Processes.

"Karel Zelenka Spin", Wikimedia Commons, 2008년 1월 1일 수정, https://commons.wikimedia.org/wiki/File:Karel_Zelenka_Spin_-_2007_Europeans.jpg.

"NOAA-NDBC-discus-buoy", Wikipedia, 2005년 9월 10일 수정, 2019년 11월 8일 접속 https://en.wikipedia.org/wiki/File:NOAA-NDBC-discus-buoy.jpg.

제13장

세계 기후

매 일매일 변하는 날씨는 지금까지 한 번도 똑같은 적 없이 우리가 날마다 경험하고 있는 대표적
인 기상현상이다. 그러나 매일의 다른 날씨를 오랜 기간 평균할 때 어느 정도 일정한 상태의
기온, 강수, 습도, 바람, 기압 상태를 생각할 수 있는데, 이를 기후로 정의할 수 있다. 일반적으로 기
후는 과거 30년간 평균된 대기의 상태로 정의하고 있다. 비록 기후가 오랜 기간 평균된 대기 상태를
나타내지만 전 세계 기후는 다양한 인자들에 의해 서로 다른 특성으로 나타나며, 또한 나아가 과거
의 기후와 현재의 기후는 서로 큰 차이를 보이고 있다. 예를 들면 적도 부근의 기후와 우리나라가 위
치해 있는 중위도 지역의 기후 그리고 북극이나 남극 같은 극지 부근의 기후 특성은 완전히 다르다.
그리고 약 만 년 전의 전 세계 기후와 현재의 기후 또한 커다란 차이가 있다. 이와 같은 사실은 전 세
계적으로 서로 다른 기후 특성을 결정하는 인자들이 존재하고 있음을 알 수 있다. 최근에는 지구온
난화가 기후 변동성에 미치는 영향에 대한 관심이 더욱 증가하고 있다. 이 장에서는 먼저 기후를 구
성하는 기후 시스템과 기후 인자들에 대해 살펴본 다음 과거의 기후 특성들과 전 세계의 지역적인 기
후 형태에 대해 알아볼 것이다. 마지막으로 세계 기후를 구분하는 데 가장 널리 알려진 쾨펜의 기후
구분을 살펴본다.

13.1 기후의 정의

우리가 매일 경험하고 있는 날씨는 수 시간에서 수 일 정도에 걸친 기온, 강수, 습도, 바람, 기압과 같
은 대기의 상태를 의미한다. 그러나 기후는 오랜 기간 날씨의 평균적인 상태로 정의된다. 날씨가 매
일매일 변하는 것과 다르게 기후는 지속적이고 평균적인 상태를 의미한다. 즉, **기후**(climate)는 매일

의 날씨 변화를 장기간에 걸쳐 평균한 대기의 특성과 현상들을 모두 포함한다. 또한 기후는 날씨의 통계적 특성으로도 정의할 수 있으며, 극한값의 발생 빈도라든지 대기의 평균 상태의 변동 등의 정보를 포괄적으로 의미하기도 한다. 세계기상기구는 기후를 과거 30년간 평균된 대기의 상태로 정의하고 있으며 10년마다 그 값을 갱신하고 있다. 따라서 기후 값들은 항상 일정한 것이 아니라 장기간의 시간 규모에서 변동하는 특성이 있다.

13.1.1 기후 시스템

기후는 대기권과 이를 에워싸는 해양, 육지, 설빙, 생물권 등의 사이에서 태양복사를 에너지원으로 해서 복잡한 상호작용을 하는 시스템에 의해 형성되어 변동하고 있다(오재호, 1999). **기후 시스템** (climate system)은 대기권(atmosphere)과 수권(hydrosphere)뿐만 아니라 빙설권(cryosphere), 생물권 (biosphere)과 지권(lithosphere) 사이에 일어나는 에너지와 수증기 등 물질의 상호 교환을 통하여 서로 복잡하게 연결되어 있다. 각 권은 복잡한 비선형적 상호작용에 의해 연결되며, 하나의 커다란 지구 기후 시스템을 형성하고 있다(그림 13.1). 따라서 임의의 각 권 사이의 내부적 변화도 기후 시스템 내에서는 독립적이지 않고 상호작용의 결과로 해석할 수 있다. 나아가 기후 시스템을 이루는 5개의 권 내부에서 일어나는 변화는 크게 다른 시간적 규모를 가지고 있는 특성을 보인다.

대기권

대기권(atmosphere)은 지표로부터 상공 약 10,000 km 높이까지의 범위를 말한다. 제1장 지구대기의 조성과 구조에서 자세하게 설명되어 있는 것처럼 대기권을 기온, 안정도, 구성성분 등에 따라 고도별로 구분하면, 기온이 높은 지표로부터 고도와 함께 기온이 내려가는 지상에서 약 10~15 km 사이의 **대류권**(troposphere), 대류권 위 고도 20 km에서 50 km 정도까지의 성층권(stratosphere), 고도 80~90 km까지의 중간권(mesosphere), 중간권 위 80 km 이상의 열권(thermosphere)으로 나누어진다

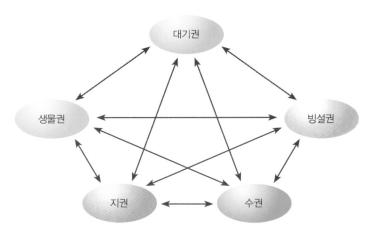

그림 13.1 지구 기후 시스템의 상호작용의 복잡성을 보여주는 모식도. 지구 기후 시스템을 구성하는 대기권, 생물권, 지권, 수권, 빙설권에서 에너지, 수증기, 운동량과 같은 물질들의 상호 교환이 끊임없이 일어나고 있으며, 이와 같은 상호작용을 통해 지구 내부의 기후 변동성의 특성이 결정된다.

(1.4.2절 참조). 대기를 구성하고 있는 주요 성분은 질소와 산소이며 이외에도 수증기, 탄산가스, 이산화탄소 그리고 오존, 메탄, 헬륨, 수소, 네온 등과 같은 미량의 기체들로 구성되어 있다. 특히 이들 기체 중 수증기, 이산화탄소, 오존, 메탄은 온실기체들로 대기 전체 질량에 비해 매우 작은 양에 불과하지만 현재 기후의 유지 및 기후 변화에 있어서 매우 중요한 역할을 하고 있다. 예를 들면 오존은 지상으로부터 약 15~50 km의 성층권에 많이 분포하고 있고, 태양광 중 자외선을 흡수하여 그곳의 대기를 가열함으로써 전 지구 온도 구조에 영향을 주고 있다. 또한 대기 중의 수증기 또한 그 양이 매우 적지만 기후 시스템에 중요한 온실기체일 뿐만 아니라 육지와 해양에서 대기와 상호작용을 통해 잠열 형태로 에너지를 저장하고 있으며, 대기 운동과 함께 운반되어 응결하면서 열을 방출하여 대기를 가열하는 역할을 함으로써 전 지구적 열의 재분배에 크게 기여하고 있다. 나아가 대기 중 수증기의 응결과정을 통해 발생하는 구름은 태양복사에 대한 알베도가 커서 지구가 받는 태양에너지 양에 직접적인 영향을 미친다.

수권

지구표면의 70%는 물로 덮여 있다. 즉, 기후 시스템을 구성하는 5개의 권 중 지구 지표면을 차지하는 면적이 가장 큰 것이 **수권**(hydrosphere)이다. 표 13.1에서 보는 바와 같이 수권을 대표하는 대부분의 물은 바다의 염수이며, 그다음은 담수인데 담수의 2.05%는 고체 형태로 존재하고 있으며, 대기 중에서는 수증기로 약 0.001% 정도 함유되어 있다. 지하수와 지하호수에 저장된 물의 양은 지표에 노출된 호수나 강보다 대략 8배 이상으로 많으며, 생태계에도 대략 600 km³ 정도의 물이 존재하여 전체 생태계 질량의 절반 정도를 차지하며 생명 유지에 필요한 각종 영양소와 노폐물을 수송하는 역할을 담당하고 있다.

 수권의 가장 중요한 요소는 해양이다. 전 세계 해양은 태평양, 대서양, 인도양, 남극해와 북극해의 오대양으로 구성되어 있으며, 이 중 면적이 가장 큰 대양은 태평양으로 165,250,000 km²의 면적으

표 13.1 수권의 구성 형태에 따른 물의 무게 비율(%)과 부피(10^6 km³)

구성 형태	무게 비율	부피
해양	97.25	1,370
얼음	2.05	29
지하수	0.68	9.7
호수	0.01	0.125
토양수분	0.005	0.065
대기층 수증기	0.001	0.013
강	0.0001	0.0017
생태계	0.00004	0.0006

로 이루어져 있다. 기후 시스템에서 해양의 가장 큰 역할은 저위도에서 남은 열을 고위도로 끊임없이 수송하는 것이다. 해양은 열용량(heat capacity)이 크고 알베도가 매우 낮다(약 0.08). 또한 지구에서 태양복사에너지가 가장 많이 도달하는 열대지역의 80% 이상을 해양이 차지하고 있기 때문에 기후 시스템에서 해양은 열의 저장고 및 전달체 역할을 한다. 해양은 지구 표면적의 약 70%에 걸쳐 있는 해수면을 통해 대기와 서로 열, 운동량, 수분, 기체를 교환하고 있다. 이 상호작용을 통해 대기의 바람, 구름의 양, 강수 현상에 직·간접적인 영향을 미치고 있다. 특히 대기와 이산화탄소 교환을 통하여 전 지구 탄소순환에도 직접적인 영향을 미치고 있다. 해양은 기후 시스템에서 관측되는 모든 **물순환**(water cycle)의 가장 큰 공급원으로 대기 중의 구름과 강수의 근원이 되며 강과 지하수의 공급원이 된다. 이러한 물순환을 통해 수권은 대부분 육지 생물체가 생존할 수 있는 환경을 마련한다.

빙설권

빙설권(cryosphere)은 눈, 해빙, 그린란드와 남극의 빙상, 산악빙하 및 영구동토로 분류되며 전체 지구 표면적의 약 5%를 덮고 있으며, 계절 변화 및 경년 변동 및 장주기 변동 특성을 보인다(그림 13.2).

빙설권의 주요 요소인 얼음은 물의 고체 상태이다. 따라서 빙설권은 수권의 한 부분으로 간주될 수 있다. 비록 지표면적의 5%에 불과하지만 빙설권은 기후 시스템 속에서 수권과 구별되는 알베도의 크기로 기후 변동성에 큰 역할을 하고 있다. 눈과 얼음의 알베도는 지표의 다른 부분에 비하여 매우 높다. 신선한 눈의 경우 지표에 도달하는 태양광선의 약 98%를 외계로 반사한다. 먼지 등에 의해 더럽혀진 눈의 경우도 해양보다 약 3~4배 정도의 높은 알베도를 보이고 있다. 이와 같이 눈과 얼음은 외계로부터 지구로 들어오는 에너지를 외계로 되돌려 보내는 역할을 한다. 빙설권이 지표면적의 어느 정도 이상을 차지하면 높은 알베도 때문에 빙하기 초래를 가속화할 수 있다. 또 대기와 해양의 중간에 위치하여 이들 간의 에너지 및 물교환을 차단함으로써 대기와 해양의 혼합층뿐만 아니라 대기와 해양의 대순환에도 큰 영향을 준다. 또한 그린란드 및 남극의 빙상은 지구상 담수의 약 80%를 차지하고 있어 이들의 변화는 해면 수위에 큰 영향을 준다.

생물권

생물권(biosphere)은 지권, 대기권 그리고 수권의 적절한 환경에서 존재하며 생물권을 구성하고 있는 다양한 생물체에 의해 기후 시스템의 구조에 영향을 줄 수 있다. 현재 대기는 생물체들의 작용으로 그 화학적 조성이 크게 달라졌는데, 특히 대기를 구성하고 있는 주요 기체인 산소와 질소는 생물체들의 작용의 결과에 기인한 것으로 알려져 있다. 만약 생물권과 기후 시스템의 상호작용이 없었다면 현재 대기는 대부분 이산화탄소로 구성되어 있을 것이다. 이산화탄소는 대표적인 온실가스이기 때문에 대기 중 온실효과로 말미암아 현재 지구의 지표면 온도는 200°C보다 높았을 것으로 추정한다 (Lovelock, 1988).

생물권이 기후 시스템의 한 부분이 된 것은 약 35억 년 전부터인 것으로 알려져 있는데, 태초의 지구대기에는 산소와 물이 존재하지 않았다(1.4절 참조). 그러나 활발한 지각활동으로 많은 결정수가

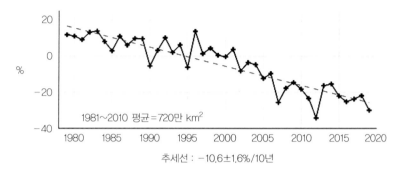

(a) 북반구 8월 해빙 면적 편차(1979~2019)

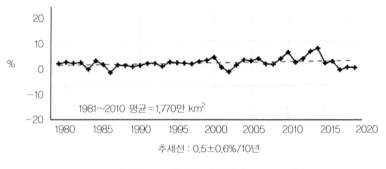

(b) 남반구 8월 해빙 면적 편차(1979~2019)

그림 13.2 1979~2019년 동안 북반구(a) 및 남반구(b) 8월달 해빙 면적의 변화를 보여주는 시계열. 북반구 8월달 해빙면적은 1990년대 중반 이후 급격하게 줄어들고 있는 반면 남반구의 경우 큰 변동이 없음을 확인할 수 있다. (출처 : https://nsidc.org/data/seaice_index)

대기 중으로 분출되었으며, 이들이 지각이 낮은 곳으로 모여 바다를 형성하게 되었다. 이때의 대기에는 산소가 거의 없었기 때문에 생명체에 치명적인 태양 자외선을 차단할 수 있는 성층권 오존층이 존재할 수 없었다. 따라서 원시 생명체는 태양의 자외선으로부터 보호될 수 있는 바닷속에서 생겨나기 시작했으며, 이들의 광합성으로 배출된 산소가 점차 대기의 주요 성분이 되면서 동시에 성층권에서 오존층을 형성하게 된 것으로 추정된다.

한편 생명체가 살아가기 위해서는 영양과 에너지가 필요하다. 대기 중에 풍부한 질소는 때로 산성비의 원인이 되기도 하지만 생물에 절대적으로 필요한 아미노산의 일부가 되기도 한다. 탄소 역시 생명체에게 필수적인 요소인데, 이와 같은 원소들은 생물의 탄생, 성장, 소멸 과정을 통해 재순환된다. 기후 시스템은 에너지와 물의 순환을 통하여 이러한 생물체에 필요한 물, 탄소, 질소 및 황 등의 **생지화학 순환**(biogeochemical cycle)을 제어하기도 한다.

지권

지권(lithosphere)을 구성하고 있는 주요 요소는 암석과 토양이다. 지권은 대기권과 각운동량을 교환하며 수권을 통해 물순환에 중대한 영향을 미친다. 즉, 토양 속의 수분은 증발을 통해 지표면을 냉각시키고 지역적으로 강수의 공급원 역할을 한다. 전 지구 지표면의 약 30%를 차지하는 육지는 열용량이 작아 태양복사의 일변화나 계절 변화에 따라서 진폭이 큰 온도 변화가 일어난다. 따라서 토양 수분 함량의 크기에 따라 현열(sensible heat)과 잠열(latent heat)을 통해 대기권과 활발한 열교환이 일어날 수 있다. 또한 토양의 상태에 따라 알베도가 결정되는데 모래와 같이 토양의 수분이 매우 낮은 사막은 알베도가 매우 높고 열대우림과 같이 토양의 수분 함량이 높은 경우 알베도가 상대적으로 낮다. 즉, 토양의 특성에 따라 알베도가 결정되고, 이는 지구 기후 시스템 전체의 에너지 균형에도 직접적인 영향을 미친다.

지권이 기후 시스템에 영향을 주는 가장 강력한 현상은 화산 활동이다(Robock, 1991). 화산은 지권의 강력한 폭발로 인해 대류권 상부와 성층권에 막대한 양의 화산재를 공급함으로써 이 지역에서 태양복사에너지의 반사를 야기하여 지표면 냉각을 유도할 수 있다. 최근 연구에 의하면 화산이 폭발하는 위도, 폭발력의 강도에 따라 기후 시스템에 미치는 영향이 결정되기도 한다. 화산 폭발에 의해 대류권 상부에 머무르는 화산재의 경우 자유낙하 및 대기의 연직 혼합 활동 그리고 강수에 의하여 수 일 내지 수 주일 만에 제거된다. 그러나 성층권에 도달한 화산재의 경우 폭발 후 수년에 걸쳐 지표면에 도달하는 태양복사에너지의 양에 영향을 줌으로써 기후 시스템에 직·간접적인 영향을 끼친다. 직경이 0.5 μm인 화산재 입자는 고도 30 km에서 대류권계면까지 낙하하는 데 10년 가까이 걸린다. 최근에는 성층권에서 화산재의 영향을 고려하여 지구온난화를 늦추기 위한 지구공학(geo engineering)에 대한 다양한 연구가 진행 중에 있다.

13.1.2 기후 인자

기후에 영향을 미치는 요소들을 **기후 인자**(climate factor)라고 한다. 전 세계에서 관측되는 다양한 기후 특성은 기후 인자들의 복합적인 작용에 의해 결정된다. 기후에 영향을 미치는 대표적인 기후 인자로는 다음과 같은 요소들을 생각할 수 있다(14.2절 참조).

위도

지면이 받는 태양에너지의 변동은 지구의 남북 방향으로의 기온 변화를 일으키는 가장 큰 요인이다. 전 지구 기온의 분포를 좌우하는 가장 중요한 요소는 태양의 남중고도와 일조시간의 계절적인 변동이다. 이들의 변동은 위도에 평행하기 때문에 지면이 태양에너지를 받는 양은 주로 위도의 함수가 된다. 연중 온도가 높은 적도에서는 지면에 도달하는 태양에너지의 계절적 변화가 작기 때문에 연교차가 작고, 태양에너지가 지면에 도달하는 양의 계절적 변화가 상대적으로 큰 고위도에서는 연교차가 크다.

해양과 육지의 분포

물은 토양이나 바위보다 열용량이 크기 때문에 천천히 식고 또한 천천히 가열되는데, 이로 인한 차이는 기후 분포에 직접적인 영향을 끼친다. 해양의 영향을 직접적으로 받는 해양성 기후(maritime climate)는 육지의 영향을 직접적으로 받는 대륙성 기후(continental climate)에 비해서 상대적으로 연

지구공학

지구공학(geo engineering)은 지구온난화를 막기 위해 실제 지구환경에 인위적으로 기후 시스템 조절 및 통제를 목적으로 하는 과학기술의 한 분야이다. 이러한 지구공학이 최근 기후 변화와 연관해서 주목받고 있다. 그 이유는 단순히 이산화탄소와 같은 온실가스 배출량을 줄이는 노력만으로는 지구온난화를 늦출 수 없으리란 회의적 전망 때문이다. 2010년대 중반 이후 지난 150여년 동안 지구 평균온도의 최댓값을 지속적으로 갱신하는 해들이 관측되면서 지구 평균온도도 산업화 이전 대비 섭씨 1도가량 높아진 상태이며 2100년까지 평균온도 상승 폭을 섭씨 2도보다 훨씬 낮은 1.5도까지 제한한다는 '파리기후협정' 목표 달성도 매우 비관적이다.

지구공학의 구체적인 실험으로는 다음과 같은 것들이 있다. 예를 들면 빛을 잘 반사하는 방해석(탄산칼슘) 미세입자를 성층권에 살포해 지구로 들어오는 태양빛의 감소량과 온도 변화, 미세입자와 대기 중 화학물질 간의 상호작용 등을 관측하는 것이다. 이를 통해 미세입자가 지구 냉각화에 얼마만큼 기여할 수 있는지를 파악할 수 있다(그림 13.R1). 실제 이 아이디어는 1991년 피나투보 화산 폭발에서 비롯됐다. 당시 방출된 수천만 톤의 이산화황은 성층권에 황산염 입자층을 형성했고, 지구 도달 일사량이 30% 줄면서 2, 3년 동안 지구 냉각 효과가 지속됐다. 미세입자 외에도 과학자들은 태양빛을 반사시키는 다양한 방법을 제안했다. 우주 공간에 대형 거울 설치하기, 인공 구름 만들기, 바다 표면에 미세기포 만들기 등이다 지구공학은 온실기체 배출을 줄이거나 제거하는 방법에 비해 변화가 빠르고 비용도 상대적으로 적게 든다. 그러나 여전히 그 부작용에 대한 불확실성이 큰 것으로 알려져 있다. 지역적으로 실시하더라도 지구 전체의 기후 시스템에 영향을 줄 수 있어 안전성이나 부작용을 가늠하기 어렵다.

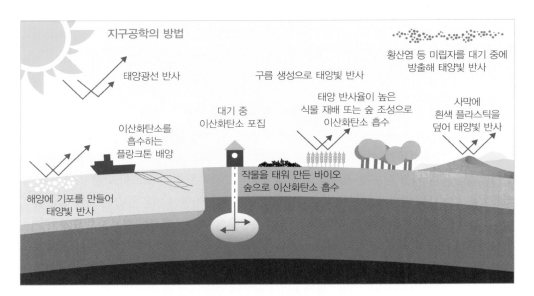

그림 13.R1 지구공학의 예를 보여주는 모식도. 지구공학의 가장 핵심이 되는 원리는 지구에 도달하는 태양복사량 감소 및 온난화 가스인 이산화탄소 농도의 대기 중 감소에 있다. 이를 위해 구름, 해양의 기포, 지면 및 해양식물 등의 변화를 가져오는 것이 지구공학의 방법론에 해당한다.

교차가 적은 온화한 기후이며, 이와 같은 차이는 역시 물과 육지를 구성하는 토양의 열용량의 차이에 기인한다. 나아가 육지와 해양 간의 서로 다른 열용량의 차이는 기압과 바람계의 변화를 불러일으켜 강수 변화도 일으킨다. 즉, 여름철 대륙은 해양에 비하여 빨리 기온이 상승하여 공기의 밀도가 감소하고 기압이 낮아진다. 대륙에서 기압이 낮아짐에 따라 상대적으로 기압이 높은 해양으로부터 대륙으로 습한 공기가 유입되어 대륙에 많은 강수를 유도한다. 반면에 겨울철에는 대륙의 기온이 급격히 감소하면서 고기압이 형성되어 대륙의 건조하고 찬바람이 대륙에서 해양으로 불어 나가게 된다. 이와 같이 해양과 육지 간의 열용량의 차이로 생겨나는 순환을 **몬순 순환**(monsoon circulation)이라 한다.

지형

산과 산맥 같은 지형도 기후에 큰 영향을 미친다. 예컨대 해안선을 따라 펼쳐진 산맥은 해양성 기후가 대륙 깊숙이 영향을 미치는 것을 차단하기도 한다. 또 이러한 지형 분포는 산맥의 풍상측에 지형성 강수를 일으키고 풍하측에는 건조지역을 만들기도 한다. 기온은 고도가 높아짐에 따라 열역학 제1법칙에 따라 감소하기 때문에 지대가 높은 고원지역에는 같은 위도의 지역보다 기온이 낮은 고산기후를 형성하기도 한다. **고산 기후**(alpine climate)의 특징 중 하나는 일교차가 크다는 것이다. 즉, 고산지대에서는 태양에너지가 지면에 도달하는 거리가 저지대에 비해서 짧기 때문에 낮 동안에는 효율적으로 가열되지만 저지대보다 공기 밀도가 낮아서 수증기 등에 의한 온실기체 효과가 감소되어 밤에는 복사냉각에 의하여 크게 감소하게 된다.

해류

해류는 바다에 인접한 육지에 큰 영향을 미친다. 해류는 크게 서안 경계류(western boundary current)와 동안 경계류(eastern boundary current)로 나눌 수 있는데, 서안 경계류는 난류로 따뜻한 저위도의 물을 고위도로, 반대로 동안 경계류의 경우는 한류로 차가운 고위도의 물을 저위도로 수송하는 역할을 한다(그림 13.3). 가령 한류가 지나는 곳에 위치한 해안지역은 같은 위도의 다른 지역에 비해 상대적으로 온도가 낮고 반대로 난류가 지나는 곳에 위치한 해안지역의 기온은 다른 지역에 비해서 상대적으로 높다. 예를 들어 대표적인 서안 경계류인 북반구의 멕시코 만류와 쿠로시오 해류가 지나는 곳과 남반구의 브라질 해류, 동호주 해류가 지나는 지역은 난류의 영향으로 온난한데, 특히 대기의 온도가 낮아져 해양과 대기의 온도차가 더욱 커지는 겨울철에 그 영향이 더 크다. 반면에 대표적인 동안 경계류인 북반구의 카나리 해류, 캘리포니아 해류와 남반구의 페루 해류, 벵겔라 해류 등이 지나는 지역은 같은 위도의 다른 지역보다 기온이 낮다.

13.2 과거의 기후

지질시대를 통해 기후가 어떻게 변화했는가를 추정할 수 있는 시기는 신생대 이후이다. 지질시대의 기후를 추정하는데는 생물의 화석이 중요한데, 고생대 이전의 기후에 대해서는 정확한 자료가 없다.

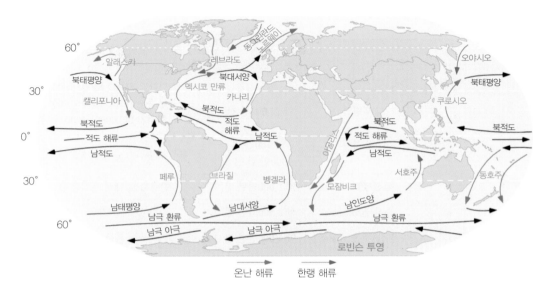

그림 13.3 전 세계 해양의 해류 모식도. 빨간색은 온난 해류를 파란색은 한랭 해류를 의미한다. 북반구 해양에서 대표적인 온난 해류는 대부분 서안 경계류로 쿠로시오 해류, 멕시코 만류가 대표적이며 남반구 해양에서는 아굴라스 해류 및 브라질 해류, 동호주 해류가 있다. 이에 반해 대부분의 한랭 해류는 동안 경계류로 각 대륙의 동안에 위치하고 있음을 알 수 있다.
(출처 : https://en.wikipedia.org/wiki/Ocean_current#/media/File:Corrientes-oceanicas.png)

선캄브리아대의 기후는 전 지구가 따뜻했던 것으로 보이며 원생대에는 아건조 기후 내지 사막 기후였으며 빙하 기후도 있었던 것으로 추정한다.

13.2.1 지질시대의 기후

고생대/중생대/신생대 기후

신생대 제4기에서 약 6억 년 전인 캄브리아 시기까지의 개략적인 기후 특성은 표 13.2와 같다. 대표적인 특성으로 데본기의 아열대성 내지 열대성 기후는 고위도에서 저위도에 걸쳐 상당히 오래 계속되었다. 데본기 말에 나온 양서류 화석은 그린란드 동안에서도 발견된다. 데본기에서 석탄기에 걸쳐서는 전 세계 기후가 매우 온난하였다고 생각할 수 있다. 고생대 말인 페름기에는 온난 습윤했던 기후가 건조하고 한랭한 기후로 전환되었다. 이 시기에 남반구의 빙하가 발달하였다. 이 시기의 빙하는 거의 60°S 부근까지 집중해 있었으나 40~50°S 지방에도 발달해 있었음을 퇴적물을 통해 확인할 수 있다. 이 시기 고기후의 큰 특징은 현재 열대에 속한 인도와 아프리카 일부에서도 대규모 대륙 빙하가 발달했다는 사실이다. 페름기의 한랭한 기후의 몇 가지 원인으로는 첫째 석탄기에 번성한 식물군이 생육하면서 공기 중의 이산화탄소를 많이 소비해서 기후가 한랭해졌다는 설과 둘째 석탄기 말에 시작된 조산 운동으로 지구 내부의 열량이 소비되면서 화산 활동이 활발하였고, 이로 인해 화산재가 대기 중으로 퍼져 태양복사에너지를 차단하여 빙하기가 시작되었다는 설이 있다. 마지막으로 대륙의 위치 이동으로 인한 태양복사에너지의 변화로 시작되었다는 설이 있다. 중생대가 되면서 다시 전 세계 기후가 온난해졌으며 중생대 말에는 급격한 기후 변화―격렬한 화산 활동 또는 혜성의

표 13.2 지질시대의 기후

대	기	세	연대	각 시기의 기후 특성
신생대	제4기	현세(Holocene)	약 10,000년 전	소빙하기 약 AD 1300~1900 중세 온난기 AD 1000~1200 기후 최적기 BC 6000~3000년 전
		후빙기		
		홍적세	약 100만~ 300만 년 전	최후 간빙기의 중기(약 4만 년 전)
	제3기	선신세(Pliocene)	약 1,000만년 전	한랭해짐, 대형 육식동물
		중신세(Miocene)	약 2,500만년 전	온난한 기후
		점신세(Oligocene)	약 4,000만년 전	온난
		시신세(Eocene)	약 6,000만년 전	보통의 기후
		효신세(Paleocene)	약 7,000만년 전	더욱 온난함
중생대	백악기		약 1.3억년 전	한랭한 증거는 있었으나 빙하는 없었음
	쥐라기		약 1.8억년 전	
	트라이아스기		약 2.3억년 전	
고생대	페름기		약 2.7억년 전	처음에는 빙하기 후에는 온난해짐
	석탄기		약 3.5억년 전	처음은 온난, 지역에 따라 빙하 발달
	데본기		약 4억년 전	보통의 기후가 점차 온난해짐
	실루리아기		약 4.4억년 전	온난함
	오르도비스기		약 5억년 전	보통의 기후 상태에서 온난해짐
	캄브리아기		약 6억년 전	온난한 기후로 변함

충돌로 인한 햇빛 차단 등 ─ 가 발생한 것으로 추정하고 있다. 중생대 이후 백악기 말은 지구 전체가 약간 냉각되었다가 신생대 이후 다시 온난한 지구로 변화되었으며 시신세부터 중신세경에는 열대지역이 확대되고 아열대는 40°N~40°S까지 도달하였고, 양 극지방의 한대 기후는 극히 제한적이었다. 신생대 초인 제3기는 온난한 기후였으며 선신세가 되어 기후가 점차 냉각되기 시작하였고, 제3기 말기에는 급속히 기후가 냉각되었다. 그리고 제4기에 들어와 기후는 한랭해져 대빙하시대를 맞이하게 되었다.

제4기 기후

신생대에 들어와서는 전 지구적인 조산 운동 및 자연 환경에 극심한 변화들이 반복되었으며, 이로 인해 급격한 기후 변화가 있었다. 지질시대에서 제4기는 홍적세와 홀로세로 나누어지는데, 우리가 현재 살고 있는 지질시대가 홀로세에 해당한다. 제4기는 인류가 탄생한 시대인데 제4기 기후 변동

중 가장 큰 변화는 빙하기의 출현이다. 전 세계적인 대규모 빙하기는 고생대 페름기와 신생대 제4기의 홍적세에 나타났다. 홍적세 빙기는 약 4~6회의 빙하기와 그 사이 간빙기가 있었다. 하나의 빙하기도 여러 개의 짧은 빙기와 간빙기로 구분되기도 한다.

제4기의 기후 변화 중 특히 한랭했던 4회의 빙기가 있었다. 그중 뷔름 빙기는 다른 빙기에 비교하면 면적이 약 10% 작아졌다. 권츠 빙기는 4번의 빙기 중에서 그 기간이 최소였다. 또 간빙기 중에서는 민델리스 간빙기가 가장 길어 17~18만 년 정도가 되었다. 빙하기시대는 전 세계가 얼음으로 뒤덮여 있었던 것이 아니라 지역적으로 빙하가 존재하였다. 예를 들면 마지막 빙하기인 뷔름 빙하기의 경우 육지의 약 1/3이 빙하로 덮여 있었으며, 그에 따른 기후나 식생대가 결정되었다. 참고로 현재 지구상에는 육지 면적의 1/10에 해당되는 빙하가 있는데 그 90%가량이 남극 대륙에 9.8%가 그린란드에 나머지 0.2%가 다른 지역에 분포한다.

빙하기시대 북부 유럽은 북으로는 북극해 남으로는 독일 평야까지 거대한 빙하로 덮여 있었으며 중부 유럽은 툰드라 기후를 보였다. 빙하기의 아프리카 북부는 현재의 건조한 기후와는 달리 습윤하였고 동아프리카 지구대에는 현재보다 더 많은 호수들이 있었다. 북아메리카 대륙의 북부에는 로키산맥과 래브라도 고원을 중심으로 빙하가 위치하고 있었으며 뉴욕 바로 북쪽까지 대빙하였고 뉴욕, 워싱턴, 시카고 등의 미국 대도시들은 툰드라 지역에 속했다. 그리고 북아메리카 서북부는 지금보다도 비가 많았고 건조지대는 극히 적었다. 남아메리카의 안데스 산지에도 빙하가 발달하였으며 이 시기에 동부의 브라질, 아르헨티나 등은 건조하였다. 아시아에서도 빙하가 발달하였으나 유럽이나 아메리카와 같은 대빙하의 발달은 없었고 고산빙하가 곳곳에 있었을 뿐이었다. 일본의 경우 고지대에서는 현재보다 10°C 낮았고 저지대에서는 4~5°C 낮았고 또 극히 건조하였던 것으로 추정된다. 이 시기 우리나라 주변 기후는 빙하 발달이 고산지역에 한정되었던 것으로 알려져 있다. 우리나라 빙하시대의 설선 높이가 1,900~2,100 m 정도였으며, 빙하 발달로 현재의 해수면이 약 130 m나 하강하여 한반도와 일본 열도가 중국 대륙과 연결된 걸로 추정된다.

13.2.2 역사시대의 기후

빙하기시대 이후 지난 12,000년간의 기후 변화를 요약하면 다음과 같이 구분할 수 있다(노의근, 2019)

- BC 12000~BC 3000 : 빙하시대 이후 온난화기
  - BC 10500~BC 9500 : 영거드라이아스기
  - BC 6000~BC 3000 : 기후 최적기
- BC 3000~BC 2000 : 건조화기
- BC 2000~BC 500 : 한랭 건조기 I
- BC 200~AD 200 : 로마 온난기
- AD 300~AD 700 : 한랭 건조기 II
- AD 1000~AD 1200 : 중세 온난기

- AD 1300~AD 1900 : 소빙하기

그린란드 빙하에서 분석된 지난 2만 년 동안의 온도 및 적설량의 변화를 보면(그림 13.4) 빙하시대에는 지금보다 그린란드의 온도가 15℃ 정도 낮았으며, 빙하시대가 끝나고 기온이 상승하다가 BC 11000년경 갑자기 약 1,000년간 빙하시대(영거드라이아스)로 되돌아갔음을 알 수 있다. 영거드라이아스기의 가장 큰 기후학적 특징은 급격한 기후 변동이 과거 지구 기후 시스템에서 관측되었다는 사실이다. 영거드라이아스가 발생한 원인에 대해서는 다양한 학설이 존재하는데, 그중 하나는 **대양의 열염 대순환**(ocean thermohaline circulation)의 약화로 갑작스러운 빙하시대(영거드라이아스)가 도래하였다는 것이다. 즉, 영거드라이아스기 이전 기온 상승으로 인해 그린란드 빙하가 녹고 막대한 양의 담수가 해양으로 공급되면서 바닷물의 밀도가 낮아지고, 이로 인해 대양의 열염 순환의 강도가 약해짐으로써 따뜻한 물이 북쪽으로 수송되지 못하면서 북반구 전체의 평균기온이 갑작스럽게 낮아지게 되었다는 것이다. 영거드라이아스 이후 BC 6000년경 **기후 최적기**(climate optimum)라고 불리는 시기에 현재보다도 기온이 높았던 최고온도에 도달하였다. 그 이후에는 20세기에 들어 온난화가 발생할 때까지 작은 변화를 거듭하였다. BC 200~AD 200년의 로마 온난기와 AD 1000~AD 1200년경의 중세 온난기 기간 중 온도 상승, AD 300~700년(한랭 건조기 II), AD 1300~1900년경의 **소빙하기**(little ice age) 기간 중의 온도 하강 패턴을 뚜렷하게 보여주고 있다. 그러나 이 기간 중 기온 변화의 크기는 영거드라이아스 이전 시기에 비해 훨씬 작아 대체로 1℃ 미만의 온도 변화를 보여주고 있다.

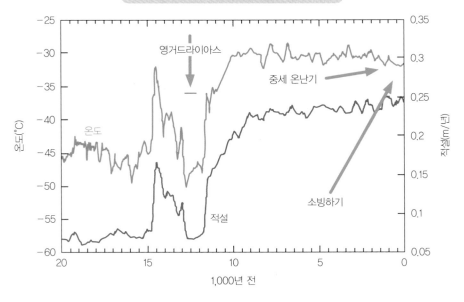

그림 13.4 그린란드 빙하에서 분석된 지난 2만 년 동안의 기온과 적설량 변화를 보인 그림이다. BC 11000년경 갑작스러운 빙하시대인 영거드라이아스 시기가 출현하였으며, 그 이후 중세 온난기와 소빙하기가 있었음을 알 수 있다. 드라이아스는 고위도 고산지역의 추운 기후대에 번성하는 담자리꽃의 영어 이름인데 영거드라이아스는 이 추운 기후대에 번성하는 담자리꽃이 갑자기 번성한데서 붙여진 이름이다. (출처 : 네이버 지식백과)

다만 현재까지 이 시기들의 기온 변화는 지역적으로 그리고 자료의 종류에 따라 약간의 차이를 보여주고 있지만 중세 온난기와 소빙하기와 같은 긴 시간규모의 변동 특성은 대체로 전 지구에 공통으로 나타났다. 기온과 더불어 강수량에 관한 자료는 많지 않지만 대략적으로 BC 3000~2000년경에 중근동을 중심으로 강수량이 현저하게 감소하였다. 대체로 온난한 기후에서는 강수량도 풍부하고 한랭한 기후에서는 건조해지는 상관성을 보이지만 소빙하기에는 추우면서도 비가 많이 오는 기후 특성을 보인 것으로 알려져 있다.

고대의 기후

BC 1500~1000년에는 유럽의 기후가 한랭하였다. 영국이나 스칸디나비아에서 수목은 거의 존재하지 않았으며 BC 850년경에는 북유럽이나 알프스에 빙하가 급격히 커져 중앙유럽의 대하천은 겨울에 완전히 동결되어 대규모 빙하가 되었다. 이 한랭기후는 BC 100년경에 따뜻하고 건조한 기후로 되돌아갔다. BC에서 AD로 넘어오면서 로마시대의 기후는 현재보다도 추웠다. 해면은 현재보다 약 25 m 낮았고 빙하의 두께나 길이도 현재보다 두껍고 길었다. 중앙아시아의 경우 현재보다 습윤하여 중국에서 유럽으로 통하는 비단길를 따라 여러 도시가 번창하였으며, 이 냉습한 시기에는 습윤한 기후 때문에 고도의 문명이 발달하여 지중해 문명의 전성기가 되었다.

중세의 기후

중세 기후는 8~11세기에 가장 온난한 시기가 되었다. 이 시기의 유럽 기후는 온화하며 폭풍이 적어 고위도지역까지 바이킹의 해적 문명이 성장하였다. 이때는 그린란드나 아이슬란드에서 목축이나 농업이 가능하였다. 당시의 그린란드는 문자 그대로 녹색의 섬이었으며, 네덜란드는 해수면이 현재보다 0.5m나 높았으며 큰 홍수와 해진이 있어 해안선에 큰 변화가 일어났다. 5세기경까지 건조화가 시작되어 중앙아시아의 한발이 아시아의 서쪽으로 이동하였다. 열대지역도 건조하여 중앙아메리카에는 마야 문명이 발달하였으며, 캄보디아의 앙코르와트 유적은 그 당시가 건조한 시기였음을 알려준다. 13~14세기가 되면서 유럽은 춥고 건조해져 북부에서는 저기압 활동이 활발하였으며 냉습하게 되었다. 이 때문에 바이킹의 해적 문명도 그린란드에 고립되었으며 14세기에는 멸망하였다. 또 한랭습윤한 기후 때문에 문명이 남하하여 지중해에 문명의 르네상스가 일어났다고 볼 수 있다. 우리나라는 1000~1250년경은 상대적으로 온난하였던 반면에 1250~1400년은 한랭하였다고 볼 수 있다.

근세의 기후

근세 기후의 가장 큰 특징은 소빙하기가 있었다는 것이다. 중세 이후 다시 세계 기후는 한랭화되었는데(그림 13.5) 특히 1550~1900년 기간은 소빙하기라 불릴 정도로 한랭한 날씨가 북반구의 대부분을 덮쳤고, 특히 16세기에는 유사시대 이래 최악의 기후였다. 이 소빙하기 중에서 비교적 짧은 한랭한 시기가 있었는데 1541~1680년, 1741~1770년, 1801~1890년이 이에 해당한다.

유럽의 근세 기후는 알프스 빙하의 확대와 축소가 확실한 증거가 되고 있는데, 알프스 빙하는 16세기 중엽부터 차차 확대되어 300년 후인 1850년대에 다시 축소하였고, 소빙하기에 이들 빙하는

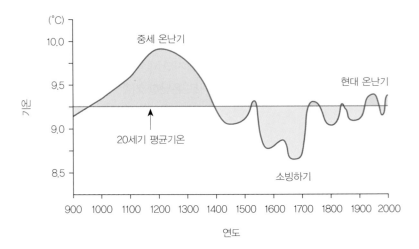

그림 13.5 중세 온난기와 소빙하기 시대의 온도 변화 모식도를 나타낸 것이다. 중세 온난기의 경우 20세기 평균기온보다 높은 기온 분포를 보인 반면 소빙하기 시대에는 20세기 평균기온보다 낮은 기온 본포를 보인 시기가 약 600여 년 정도 지속되었다. (출처 : 네이버 지식백과)

1,400 m까지 확대되어 내려왔으나 다시 따뜻해지면서 2,000 m 높이로 후퇴하였다. 불순했던 유럽의 소빙하기는 사회정치적인 면에서 크게 영향을 주었는데, 흉작에 의한 식량 부족은 프랑스 혁명의 한 원인이 되었으며 사회적으로 불안했던 17세기의 위기를 가져왔다. 아시아에서도 소빙하기는 있었는데 중국은 17세기 후반에 특히 한랭하였으며 일본에도 냉하에 의한 흉작으로 역사상 삼대 기근

소빙하기

읽을거리

근대문명이 탄생한 AD 1300~1900년 동안에는 한랭, 다습한 기후가 지배적이었는데, 특히 AD 1600~1900년 동안은 가장 추운 시기로서 지구 전체 평균온도가 현재보다 약 1°C 정도 낮았는데 이 시기를 **소빙하기**(little ice age)라 부른다. 더 크게 AD 1300~1900년 전 기간을 통틀어 소빙하기라고 부르기도 한다. 14세기에 들어서면서 기후가 악화되어 특히 AD 1315~1317년 동안 계속된 추운 겨울과 지속적인 비는 대기근을 불러일으켰다. 특히 AD 1600~1800년경에 가장 한랭한 기후가 나타났다(그림 14.3 참조). 이 기간 유럽에서는 곡물값이 폭등하였으며 프랑스 혁명이 발생하였다. 흥미로운 점은 소빙하기 중에서도 가장 추웠던 시기가 태양의 흑점이 가장 적었던 시기와 일치한다는 사실이다. 즉, 태양 흑점수가 최소였던 마운더 최소기와 돌턴 최소기는 대체로 소빙하기의 절정기에 해당하는 시기와 일치한다(그림 14.6 참조). 이로 인해 태양의 흑점이 지구 기후에

결정적인 영향을 미치고 있다는 이론이 여전히 존재하고 있다. 소빙하기의 원인으로는 이 밖에도 자연적인 기후 변동성인 북대서양 진동의 변화, 화산 폭발 등이 지적되고 있는데 AD 1816년 폭발한 초대형 화산 탐보라를 포함 소빙하기 동안 중세 온난기와 비교하여 기온 하강을 유발하는 화산 폭발이 매우 빈번하였다.

동아시아에서도 소빙하기에 다양한 사건이 발생하였다. 명나라와 청나라의 교체가 있었으며, 우리나라는 조선왕조실록이나 증보문헌비고 등의 기록을 종합했을 때 이 시기에 자연재해(예 : 경신대기근 등)가 잦았다는 것을 확인할 수 있다. 1653년 6월에는 한여름임에도 강원도에 서리가 끼었다는 이야기가 나오며, 1655년 봄과 1659년 봄에는 동해가 얼어붙었다는 기록이 남아 있다. 일본 에도시대 역시 화산 활동과 저온 현상 등으로 인한 텐메이 대기근 등의 잦은 대기근이 소빙하기에 발생하였다는 기록이 남아 있다.

이 소빙하기에 발생한 것으로 알려져 있다. 우리나라에서도 소빙하기의 영향이 직접적으로 있었다는 여러 증거가 있는데, 기온이 낮고 한파, 다우 및 여러 가지 이상현상이 발생하였다는 기록이 있다. 특히 고문헌에 따르면 1770~1870년에 극심한 다우기를 맞이했으며, 당시의 기후가 냉습했음을 알 수 있다. 그리고 1600년대 초반, 1700년대 후반, 1800년대 초의 인구 감소가 소빙하기 시대와 일치함을 알 수 있다.

13.3 지역 기후

한 지역의 지역 기후는 그 지역 일기 현상의 평균 상태를 포함해서 온도, 강수, 바람 및 그 밖의 요소들의 평균값뿐만 아니라 기후 요소의 변화에도 관련이 있다. 지역 기후의 특성을 이해하는 것은 어떤 특정한 지역에서 농작물을 재배해야 경제적인지 또는 주택 및 건물들을 어떻게 설계해야 에너지 소비가 효율적인지 그리고 국가 차원에서 다양한 산업 활동을 어떻게 처리해야 할 것인지를 결정하는 데 매우 중요하다. 지역 기후에 영향을 주는 주요 인자들로 태양복사의 세기, 지표면의 알베도, 해류의 분포, 대기와 해양의 순환 및 지형 등이 있으며 나아가 식생의 특성, 호수, 그리고 지표면의 성질과 대기의 구성성분을 변화시키는 인간활동 등이 지역 기후의 특성에 영향을 줄 수 있다. 이 절에서는 대표적인 지역 기후의 특성들에 대해 간략하게 소개한다.

13.3.1 대륙성 기후와 해양성 기후

지역 기후 중 대표적인 것이 대륙성 기후와 해양성 기후이다. **해양성 기후**(maritime climate)는 바다의 영향을 받아 기온의 연변화와 일변화가 적고 연중 습도가 높으며 구름이 많고 강수량도 많다. 이러한 기후는 대양이나 섬에서 잘 나타난다. 대양의 동쪽에 위치한 대륙에서 이러한 특성이 약화되나 여전히 바다의 영향을 받는 해양성 기후가 나타난다. 해안에서 내륙으로 들어감에 따라 차차 해양성 특색이 없어져 대륙성 기후로 변한다. **대륙성 기후**(continental climate)는 해양성 기후와 반대의 특성을 나타낸다. 기온의 일변화와 연변화가 크고 겨울에는 육지의 심한 냉각으로 한대기단의 발생지가 되기도 한다. 여름에는 기온이 상승하여 온대 · 냉대라도 열대와 같은 정도로 더워지고 강수도 이 시기에 많다. 대륙성 기후는 대륙의 크기, 해안에서의 거리 등과도 관계가 있지만 그 밖에 산맥의 위치나 방향이 바다의 영향을 어떻게 막고 있는지에 따라서도 달라진다.

13.3.2 습윤 기후와 건조 기후

기후를 열적 특성보다 수분적 특성을 기준으로 나눌 때 크게 습윤 기후(humid climate)와 건조 기후(arid climate)로 분류할 수 있다. 1년 중 적당한 양의 강수가 있어 하계가 발달하고 자연 식생이 존재하며 인간이 정착하여 농경을 기초로 여러 경제 활동을 활발히 할 수 있는 기후가 습윤 기후이다. 그에 반하여 연강수량 250 mm 이하로서 수분이 부족하여 자연 식생이 전혀 없거나 매우 미약하며 관개시설 없이는 농경이 불가능한 지역은 건조 기후이다.

13.3.3 평지 기후와 산지 기후

지표 고도의 차이에 따라 평지 기후와 산지 기후로 나눌 수 있다. 지표 고도가 낮아 고도에 따른 영향을 받지 않는 **평지 기후**(plain climate)가 전 세계 기후의 대부분을 차지한다. 인간은 활동이 편리한 평지에 거주하나 특수한 경우에는 고도에 영향을 받는 **산지 기후**(mountain climate)에서도 생활한다. 산지는 지형 변화가 커서 좁은 범위 내에서도 기후 요소의 변화가 심하고 특히 연직적 변화가 큰 것이 특색이다.

13.3.4 대륙의 동안 기후와 서안 기후

세계의 기온 분포 특성 중의 하나가 북반구 온대지방의 대륙 서쪽과 동쪽이 서로 비슷한 위도임에도 불구하고 서안이 동안보다 더 따뜻하다는 것이다. 이는 주로 대기대순환 및 이에 따른 열과 수증기 수송의 결과이며 해류의 역할이 매우 크기 때문이다. 대륙 서안에 발달하는 온화한 해양성 특성을 갖는 기후를 **서안 기후**(west coast climate)라고 하고, 반대로 대륙 동안에 나타나는 대륙성 기후를 **동안 기후**(east coast climate)라고 한다. 우리나라, 일본, 중국을 포함한 동부 아시아나 북미 대륙의 대서양 연안은 동안 기후에 해당하며, 서부 유럽이나 북미 대륙의 태평양 연안 등은 서안 기후에 해당한다. 즉, 중위도지역의 주요 바람인 편서풍을 고려할 때 서쪽에 해양이 위치하고 있는지 또는 대륙이 위치하고 있는지에 따라 동안 기후 및 서안 기후가 결정된다.

13.3.5 계절풍 기후와 편서풍 기후

어떤 지역의 기후 특성을 지배하는 주요 바람으로 계절풍과 편서풍이 있다. 이들 바람들은 기온, 강수의 지역적 특성을 지배하여 독특한 기후형을 만든다. **계절풍 기후**(monsoon climate)는 계절에 따라 바람 방향을 바꿈으로써 여름에는 바다에서 습기를 가져와 비가 집중되는 강수형을 보인다. 그러나 겨울에는 대륙 내부에서 건조하고 한랭한 바람이 불어 기온이 내려가고 건조한 것이 일반적 특징이다(그림 6.13 참조). 그러나 겨울 계절풍이 반드시 건조한 특성을 보이는 것은 아닌데, 예를 들어 우리나라 겨울에 한랭 건조한 북서 계절풍이 따뜻한 황해 바다를 건너오는 동안 기단이 변질되면서 하층에 수증기가 공급되어 호남, 제주, 울릉도 등에서 눈이 올 수 있다(6.3절 참조).

　　편서풍 기후(westrlies climate)는 북반구에서는 대륙 서안에 남서풍으로 인해 연중 온난 습윤한 특성을 보인다. 이 바다에서 불어오는 습한 바람 때문에 비가 1년 중 어느 계절에 특별히 치우침 없이 골고루 내리며, 또 온난한 바람이 이 지역을 온난하게 한다. 이것이 서안 해양성 기후의 근본적인 특성이다. 즉, 대륙 동안은 계절풍 기후로 서안은 편서풍 기후로 특정 지을 수 있다.

13.4 쾨펜의 기후 구분법

전 세계 기후를 구분하기 위한 다양한 구분법이 있다. 그중에서 대부분이 기온과 강수의 특성을 바탕으로 한 것이다. 러시아 태생 독일의 기후학자 쾨펜(1846~1940)이 1884년에 식물 분포가 기후의

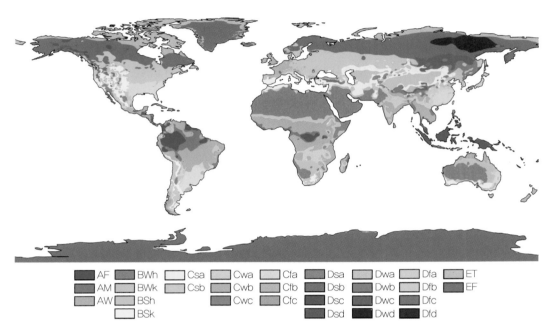

쾨펜-가이거 분류에 따른 세계 기후지도

AF	BWh	Csa	Cwa	Cfa	Dsa	Dwa	Dfa	ET
AM	BWk	Csb	Cwb	Cfb	Dsb	Dwb	Dfb	EF
AW	BSh	Csc	Cwc	Cfc	Dsc	Dwc	Dfc	
	BSk				Dsd	Dwd	Dfd	

그림 13.6 쾨펜-가이거 분류에 따른 세계 기후의 특성을 보여주는 그림. 쾨펜이 기후 구분법을 1884년에 처음 발표한 이래 많은 기후학자들에 의해 기후 구분법은 지속적으로 보완되어 왔다. 이 그림은 쾨펜과 가이어에 의해 분류된 세계 기후의 특성을 보여준다. (출처 : 네이버 지식백과)

영향을 종합적으로 반영하고 있다는 데 착안하여 세계의 식물 분포에 맞도록 6개의 기후대, 24개의 기후구로 세계의 기후를 분류하였다. 그 후 1918년에 이 기후 분류를 6개의 주요 기후로 구분하고 또 다시 그것을 세분화하는 방식으로 개량하였다. 쾨펜은 지구상의 식물 생육을 결정짓는 커다란 제한 인자로 건조 기후를 구별하였고, 나아가 식물 생장이 온도에 매우 민감하다는 사실에 기초하여 온도에 따라 기후대를 열대, 아열대, 온대, 한대로 크게 구분하였다. 그리고 다시 강수량 및 강수분포 상태에 따라 추가 구분하였다. 또한 쾨펜은 기후를 특성에 따라 각기 기후부호로서 표시하고 그 부호의 조합으로 각지의 기후를 표현하였다. 첫째 분류로 세계를 몇 개의 주요지대로 나누고 그 영어의 대문자 A에서 E까지를 사용하여 5개의 기후대로 구분하였다(표 13.3 참조). 5개의 기후대 중 건조와 한대 기후를 무수목 기후로 그리고 열대, 온대, 냉대 기후를 수목 기후로 부르기도 한다. 쾨펜의 기후 구분법에 의해 분류된 기후 특성을 설명하였다(그림 13.6).

13.4.1 열대우림 기후(Af)

열대우림 기후 지역에서는 나무의 캐노피를 형성하는 열대우림이 자라고 있는 지역이다. 세계에서 가장 큰 세 곳의 열대우림지역은 남미의 아마존 유역, 적도 서부 아프리카 그리고 인도네시아의 섬들이다. 이들 세 지역의 대부분은 적도에서 남북위 10° 범위 이내에 위치하여 지속적으로 열대수렴지대의 영향을 받아 건기가 없다. 이런 까닭에 강우는 대부분 태양에 의한 강한 지표면 가열로 인해 발생하여 오후나 늦은 오후에 나타나는 대류성이다. 열대우림지역의 기온은 연중 높기는 하지만 이들 지역이 세계에서 가장 더운 곳은 아니다. 지표면에서 충분히 공급되는 물로 인해 입사되는 태양광의 많은 부분이 지표면을 가열시키기보다는 증발 시 잠열로 전환되어 없어지며 대류성 구름은 태양빛을 반사시켜 지표면 온도를 냉각시키는 역할을 한다. 이 때문에 최고기온은 아열대 사막지역보다 낮게 나타난다. 다른 기후구와는 달리 열대우림 기후에서는 기온의 일변화 폭이 연변화 폭보다 더 크게 나타난다.

13.4.2 열대몬순 기후(Am)

몬순 기후는 열대에서 건기와 우기로 전환되는 기후를 말한다. 이 몬순 기후는 주로 열대 연안지역에 나타나는데 연중 연안으로 온난하고 습윤한 바람이 불어오는 지역이다. 이런 기후는 남미의 북동부 연안, 인도의 남서부 지방, 벵갈만의 동부, 그리고 필리핀에서 찾을 수 있다. 이 기후는 열대우림 기후대와는 달리 바다에서 불어온 공기가 연안에 도달할 때 발생하는 수렴 때문에 발생하기에 연안에 국한되어 나타난다. 이들 지역에서도 강수는 주로 지형적인 영향을 받아 강제 상승하여 강화된다. 열대우림 기후와는 달리 지표 가열에 따른 지역적인 수렴이 강수의 주원인이 되지는 못한다.

13.4.3 열대사바나 기후(Aw)

열대사바나 기후는 열대의 가장자리나 열대우림 기후와 사막 기후 사이에서 찾을 수 있다. 이 사바나 기후는 중남미 대륙과 남아프리카에서 나타난다. 이들 지역은 적도에서 멀리 떨어져 있기 때문에 열대우림 기후와 열대몬순 기후보다도 더 큰 기온과 강수량의 연변화를 보이는 것이 특징이다.

13.4.4 아열대 사막 기후(BWh)

대부분 사막은 아열대지역에 특히 대륙의 서쪽에 위치해 있다. 이곳에 아열대 사막이 형성된 가장 중요한 요인은 해들리 순환에서 공기가 침강하는 부분과 일치한다. 비록 겨울철에 북태평양 고기압이나 북대서양 고기압은 지표에서 그 크기가 작아지고 약해지지만 대류권 중간에서 침강은 여전히 강하다. 이런 까닭에 대류권 하부에서 공기가 상승하는 것이 제한되어 비가 오지 않고 그 결과 대부분 아열대 사막이 형성된다.

13.4.5 아열대 스텝 기후(BSh)

주로 아열대 사막 주변에서 습윤한 다른 기후 사이의 전이지역에 나타나는 아열대 스텝 기후는 아열대 사막 기후를 정의하는 모든 조건에서 단지 수치만 다를 뿐 그대로 적용된다. 사막 기후와 비슷하게 아열대 스텝 역시 건조도가 매우 높다. 강수량도 해마다 큰 변동을 보이고 여름철 기온은 매우 높고 기온의 일변화와 연변화가 매우 크다. 대표적인 아열대 스텝 기후의 예로 미국의 남서부 대부분과 멕시코 북부를 들 수 있다.

13.4.6 온대 사막 기후(BWk)

온대 사막은 대륙의 중앙부나 높은 산맥이 수증기 공급을 차단하는 지역에 위치한다. 가장 큰 온대 사막이 위치한 곳은 아시아 대륙 중앙 깊숙한 곳이고, 대표적인 온대 사막은 바로 카스피해 동쪽지역과 히말라야 산맥 북쪽지역에 위치하고 있다. 이 두 지역 모두 대서양으로부터 동쪽으로 너무 멀리 떨어져 있어 동쪽으로 이동하는 저기압들이 이곳에 채 도달하기 전에 소멸되어 버리고 만다. 또 남쪽에 위치하는 높은 히말라야 산맥이 인도양으로부터 북쪽으로 이동하는 습기의 유입을 차단하고 있다. 따라서 온대 사막은 대륙도가 매우 높은 지역에 위치한다.

13.4.7 온대 스텝 기후(BSk)

온대 스텝 기후는 온대 사막의 북쪽을 차지하고 있거나 온대 사막 남쪽과 아열대 스텝지역 사이에 위치한다. 또한 이 온대 스텝 기후대는 동서로 북미 중서부의 대평원에서 로키산맥 동쪽까지 남북으로 멕시코의 북동지역에서부터 캐나다 서부까지 펼쳐 있다. 아시아에서 온대 스텝 기후 지역은 사막을 둘러싼 좁은 띠 형태로 여러 곳에 위치한다. 온대 스텝에서는 온대 사막과 대동소이한 기온의 변동 특성을 보인다. 이들 두 기후구에서 근본적인 차이점은 스텝 기후에서 비가 더 많다는 점인데, 대부분 지역에서 연강수량이 500 mm를 상회한다.

13.4.8 지중해성 기후(Csa, Csb)

지중해성 기후의 특성은 여름에는 건조하고 겨울에 비가 집중적으로 오는 것이 특징이다. 지중해성 기후에서 여름에 비가 거의 없는 것은 바로 연안 근처에 위치하고 있는 아열대 고기압 때문이다. 예를 들면 북미에서 북태평양 고기압이 이 온대 저기압의 통과를 가로막아 저기압의 이동경로를 더 북쪽으로 변경시킨다. 이와 같이 저기압 이동경로의 전이, 아열대 고기압 동쪽에서 침강하는 공기 등이 합쳐져서 북미 서부의 남쪽 연안에서 강수 생성에 필수적인 하층 공기의 상승을 억제하여 여름에 건조하게 된다. 겨울이 되면 북태평양 고기압은 세력이 약해지고 영역도 줄어들어 적도 쪽으로 이동한다. 이렇게 되면 태평양에서 저기압이 이 지역으로 이동할 수 있어 강수 현상이 관측된다.

13.4.9 습윤 아열대 기후(Cfa, Cwa)

습윤 아열대 기후는 북미, 남미, 아시아의 동쪽에서 중위도보다 적도 쪽에 위치한다. 이 습윤 아열대 기후가 중위도에 위치하고 있기는 하지만 긴 여름철 동안에는 마치 열대와 같이 느껴진다. 겨울철 기온은 지중해성 기후보다 더 춥고 또 같은 위도대에 서안보다는 훨씬 더 춥다. 습윤 아열대 기후에서는 비가 많은데 연중 750 mm에서 2,500 mm의 비가 온다. 이 기후에 속하는 지역에서는 여름철에 비가 가장 많이 내린다.

13.4.10 서안 해양성 기후(Cfb, Cfc)

서안 해양성 기후는 주로 지중해성 기후의 극쪽 연안지방에 위치하고 있다. 여름이나 겨울이나 온화

한 이 기후지역에서는 기온의 연교차가 그다지 크지 않다

13.4.11 대륙성 한랭 기후(Dfa, Dfb, Dwa, Dwb)

대륙성 한랭 기후는 주로 대륙 동쪽의 위도 40°에서 55° 사이 지역에 속한다. 여름은 대체로 따뜻하지만 열용량이 적은 육지 특성상 때로는 덥기도 하다. 한랭 기후 지역의 연평균 강수량은 대개 500~1,000 mm 사이이다.

13.4.12 아한대 기후(Dfc, Dfd, Dwc, Dwd)

북미대륙에서는 한대 산림으로 또 아시아 대륙에서는 타이가로 알려진 침엽수가 서식하는 지역이다. 여름철 기온은 주변에 위치한 대륙성 한랭 기후 지역보다 다소 낮은 편이다. 이 두 기후구의 대표적인 차이는 겨울철에 볼 수 있는데, 월평균 기온이 매우 낮다는 점이다. 이 기후에 속하는 많은 지역에서 월평균 기온이 영하의 수치를 보이는데, 경우에 따라 월평균 기온이 영하를 보이는 달이 7개월이나 되기도 한다. 따라서 겨울이 길고 짧은 여름 사이에는 잠깐 동안의 봄과 가을이 있을 뿐이다. 대략적으로 강수는 겨울보다 여름에 많다. 이는 주로 여름철에 온대 저기압의 이동이 북쪽으로 치우칠 때 강수를 동반하기 때문이다. 연강수량도 매우 적어 120~500 mm에 불과하다

13.4.13 툰드라 기후(ET)

툰드라 기후의 이름은 이곳에 서식하는 식생에 따른 것으로 실제 식생들을 살펴보면 나무는 살지 못하고 단지 이끼류 식물이나 야생화가 살고 있을 뿐이다. 툰드라 기후가 아한대 기후와 다른 점은 가장 더운 달의 월 평균기온이 10°C를 넘지 않는 지역이라는 점이다. 북반구에서 이 조건에 해당되는 지역은 주로 북위 60° 이상 지역이다. 툰드라 기후의 특징은 지표 아래에 연중 녹지 않은 **영구동토층**(permafrost)이 존재한다는 점인데, 깊이가 수백 m까지 달한다. 여름이 돌아오면 지표층을 녹이기에는 충분한 일사량이 지표에 도달하여 지하 수십 cm까지는 녹게 된다. 하지만 그 아래는 여름에도 녹지 않는다. 표토층은 수분이 가득한 반면에 지하는 딱딱한 얼음으로 되어 있어서 뿌리가 표토층에만 침투하는 식생만이 이곳에서 생존할 수 있다.

13.4.14 영구동토 기후(EF)

영구동토 기후는 연중 눈과 얼음으로 덮여 있는 곳이다. 그린란드 내륙과 남극대륙이 이 기후에 속한다. 이 기후지역에서는 연중 가장 더운 달도 월 평균기온이 영상으로 올라가지 않는다. 이 기후대에 속하는 지역이 극지방에 있다는 점을 제외하고도 얼음이 수 km까지 쌓여 있어 엄청나게 추운 겨울이 나타나는 조건을 갖추고 있다.

표 13.3 쾨펜의 기후 구분법

A : 열대 기후 : 연중 기온이 18℃ 이상

B : 건조 기후 : 증발량이 강수량보다 더 큰 기후

C : 온대 기후 : 연중 가장 추운 달의 평균기온이 −3℃보다는 높고 18℃ 이하

D : 냉대 기후 : 가장 추운 달의 평균기온이 −3℃ 이하이고 가장 따뜻한 달의 평균기온이 10℃ 이상

E : 한대 기후 : 가장 따뜻한 달의 평균기온이 10℃ 이하

F : 가장 따뜻한 달의 평균기온이 0℃ 이하

T : 툰드라 기후 : 가장 따뜻한 달의 평균기온이 0~10℃

S : 초원 기후

W : 사막 기후

a : 가장 따뜻한 달의 평균기온이 22℃ 이상

b : 가장 따뜻한 달의 평균기온이 22℃ 이하, 가장 따뜻한 달의 평균기온이 10℃ 이상인 달이 4개월 이상

c : 1~4개월이 10℃ 이상이고 가장 추운 달이 −38℃ 이하

d : 가장 추운 달이 −38℃ 이하

f : 연중 비가 많음

g : 가장 따뜻한 달이 하지 및 우기 전

h : 연중 고온, 연평균기온이 18℃ 이상

I : 연교차가 5℃ 이하

k : 연평균기온이 18℃ 이하이고 가장 따뜻한 달이 18℃ 이상

k' : 겨울철에 저온, 단 가장 따뜻한 달이 18℃ 이하

l : 연중기온이 10~22℃

m : 중간형 열대 계절풍 기후

n : 안개가 많음

n′ : 안개는 적으나 습도는 높고 선선함. 가장 따뜻한 달의 기온이 24℃ 이상

n″ : n′과 같음. 단 가장 따뜻한 달의 기온이 28℃ 이상

s : 여름에 비가 적음

w : 겨울에 비가 적음

w′ : 우기가 가을에 나타남

w″ : 우기는 여름이나 중간에 건조기가 있어서 두 번으로 갈라짐

f′ : 가장 따뜻한 달이 가을에 나타남

f″ : 가장 따뜻한 달이 하지 이후에 나타남

x : 초여름에 강수량이 최대가 되고 늦은 여름에 비가 적음

x′ : 연중 비가 적고 호우가 간혹 내림

연습문제

1. 지구대기를 구성하는 기체 중 구성비가 가장 높은 기체 둘을 제시하라.
2. 지구 기후 시스템을 구성하는 5개 요소는 무엇인가?
3. 쾨펜의 기후 구분법에서 가장 우선적으로 고려되는 요소는 무엇인가?
4. 기후 인자 중 태양복사에너지의 양과 가장 밀접한 요소로 생각될 수 있는 것은 무엇인가?
5. 빙설권이 기후 시스템에 미치는 영향에 가장 절대적인 요소로 고려할 수 있는 특성은 무엇인가?
6. 서안 해양성 기후의 특성에 대해 기술하라.
7. 제4기 기후대의 가장 큰 특성은 무엇인지 기술하라.
8. 해양과 육지의 분포가 어떤 물리적 특성의 차이로 인해 기후 변동성에 영향을 줄 수 있는지 기술하라.
9. 영거드라이아스기의 발생 특성과 그 원인에 대한 이유를 간단하게 기술하라.
10. 서안 경계류와 동안 경계류의 차이에 대해 기술하라.

참고문헌

노의근, 2019 : 기후와 문명, 연세대학교 대학출판문화원, 256pp.

오재호, 1999 : 기후학, I, II, 대우학술총서 논저, 462pp.

Lovelock, J.,: The ages of Gaia, 1988 : A biography of our living earth. The commonwealth Book Program. W. W. Norton and Company. N. Y. 255pp.

Robock A., 1991 : *The volcanic contribution to climate change of the past 100 year. In Greenhouse-gas-induced climatic change: A critical appraisal of simulations and observations.* Ed. M. E. Schlesinger, Elsevier Science Publishers B.V., Amsterdam, Netherlands, 429-433pp.

제14장

기후 변화

우리는 아마도 인류 역사상 가장 급격한 기후 변화 시기에 살고 있는지도 모른다. 지난 100여 년 동안 진행된 지구온난화는 우리의 삶에 직접적인 영향을 미치고 있으며 미래 인류의 생존을 위협하고 있다. 이러한 기후 변화의 위협을 최소화하고 이를 극복하기 위해서는 어떻게 해야 할까? 먼저 기후 변화의 원인을 이해하고 이로부터 미래 기후 변화 및 이로부터 파생되는 환경 변화를 정확히 예측해야 할 것이다. 이 장에서는 먼저 과거부터 현재까지 나타났던 기후 변화를 알아내는 방법을 다룰 것이다. 이로부터 밝혀진 과거 기후변화를 일으켰던 근본적인 원인들과 물리적 과정들에 대해 알아볼 것이다. 최종적으로 우리가 어떠한 방법을 사용하여 미래의 기후 변화를 예측할 수 있는지, 그 결과 21세기 후반에는 기후가 어떻게 변화할 것으로 예상되는지 살펴본다.

14.1 과거 기후의 복원

현재의 기후를 이해하고 미래의 기후 변화를 예측하기 위해서는 과거 기후의 변화과정을 파악하고 그 원인을 이해해야 한다. 하지만 현대적인 장비를 사용한 관측기록은 기껏해야 200여 년 정도밖에는 되지 않는다. 따라서 수백, 수천, 혹은 수만, 수백만 년 전 기후 변화는 직접적인 관측이 아닌 간접적인 방법을 사용해 알아낼 수밖에 없다. 화석, 해저퇴적물 동위원소, 동굴퇴적물, 빙하코어, 나이테 등은 간접적인 방법으로 과거 기후를 복원하는 데 사용되는 대표적인 **기후 지시자**(climate proxy)들이다.

14.1.1 기후 복원 방법

화석 분석

지층에 포함된 화석으로부터 과거의 기후를 유추할 수 있다. 화석에는 수백만 년 혹은 수억 년 이전의 생물 흔적이 기록되어 있는데, 이들은 과거 이 지역 기후가 어떠했을지를 알려준다. 예를 들어 우리나라에서 만일 북극곰의 화석이 발견되었다면, 과거 한때 우리나라는 매우 추웠다고 유추할 수 있다.

해저퇴적물 산소동위원소 분석

해저퇴적물(그림 14.1)로부터 과거지층에 포함된 **산소동위원소**(oxygen isotopes)의 비(ratio)를 추정하여 과거의 온도 변화를 알아낼 수 있다. 물속에는 ^{18}O과 ^{16}O의 산소동위원소가 포함되어 있는데, 상대적으로 가벼운 산소동위원소 ^{16}O를 포함하는 물분자는 ^{18}O 물분자에 비해 해양에서 대기로 쉽게 증발될 것이다. 대기온도가 낮은 **빙하기**(ice age)의 경우 상대적으로 가벼운 ^{16}O의 증발이 많아 ^{18}O보다 해양의 $^{18}O/^{16}O$ 비율이 증가한다. **간빙기**(interglacial epoch)에는 반대로 $^{18}O/^{16}O$의 비율이 감소하게 된다. 따라서 해저퇴적물은 서서히 수십, 수백만 년 동안 쌓여왔으므로 여기에 기록된 $^{18}O/^{16}O$ 비율로부터 과거 수십만 년~수백만 년 규모의 온도 변화를 복원할 수 있다.

빙하 코어

그린란드나 남극대륙의 빙하는 매년 눈이 쌓이고 압축되어 형성된다. 눈이 압축될 때 그 시대의 공기방울이 포함되게 되는데, 이러한 공기방울에는 과거 대기가 그대로 기록되어 있는 셈이다(그림 14.2). 공기방울에서 직접 **온실가스**(CO_2, CH_4 등)의 농도를 추출하여 과거의 온실가스 농도 변화를 알아낼 수 있으며, **산소동위원소비**(O^{18}/O^{16})를 얻을 수 있어 수십만 년 전부터 최근까지의 온도 변화를 복원할 수 있다(그림 13.4 참조). 빙하 코어에는 대기조성뿐 아니라 빙하가 형성될 때 쌓인 먼지가 기록되어 있으므로 그 농도의 변화로부터 과거의 화산분출도 유추할 수 있다.

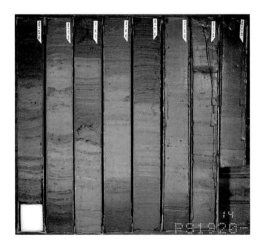

그림 14.1 그린란드 근처 바다지층에서 추출된 해저퇴적물 단면. 다른 시기에 퇴적된 수많은 미세한 층들이 관찰된다.
(출처 : https://commons.wikimedia.org/wiki/File:PS1920-1_0-750_sediment-core_hg.jpg)

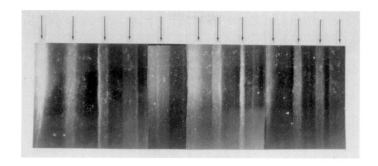

그림 14.2 그린란드 빙상에서 추출한 3,054 m 두께의 빙하 코어 중 상부 1,855 m 부근에 위치한 19 cm 길이의 빙하 코어의 단면을 나타낸 사진. 총 11년 동안 쌓인 빙하 코어이며 화살표로 표시된 곳에 연도별로 층이 분리되는 것이 보인다. 상대적으로 어둡게 보이는 것이 겨울에 쌓인 층이며, 미세한 공기방울도 관찰된다. (출처 : https://commons.wikimedia.org/wiki/File:GISP2_1855m_ice_core_layers.png?uselang=en-gb)

동굴퇴적물

동굴에서 발견되는 석순, 종유석 등은 매해 수 mm씩 성장하므로 해저퇴적물이나 빙하 코어와 같이 산소 혹은 탄소동위원소비로부터 과거 기후를 복원할 수 있다. 또한 동굴퇴적물(speleothem)의 성장은 매년 강수량에 비례하는 경향이 있어 마치 나무의 나이테 두께에서 과거 온도를 유추하듯 석순의 단면에서 석순의 성장 변화를 파악하여 과거의 강수량 변동을 복원하는데도 사용된다.

다양한 기록

역사서에는 온도나 강수에 대한 직·간접적인 기록이 존재한다. 예를 들어 조선왕조실록의 측우기 기록은 직접적인 강수량 기록에 속하며, 이는 현대 척도로의 변환을 통해 복원이 가능하다. 간접적으로는 여행자, 농부, 성직자 등의 일기와 같은 기록에서 그 시대의 날씨나 기후를 유추할 수도 있다. 과거의 그림으로부터 기후를 유추할 수 있는 경우도 있다. 그림 14.3과 같이 1677년 영국의 템스강

그림 14.3 1683~84년 겨울 영국의 템스강이 얼어붙어 시장이 열렸음을 보여주는 그림(Thames Frost Fair, 1683~84, by Thomas Wyke). 현대에는 템스강은 겨울에도 거의 결빙되지 않는다. (출처 : https://commons.wikimedia.org/wiki/File:Thomas_Wyke-_Thames_frost_fair.JPG)

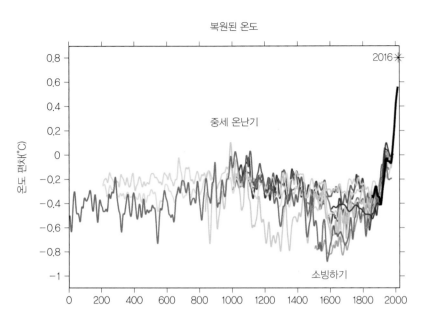

그림 14.4 최근 AD1000년부터 최근까지 북반구의 온도 변화를 나타낸 소위 '하키스틱 커브'. 각기 다른 선들은 서로 다른 자료 조합을 이용한 것들로서 온도계로 직접 관측한 자료를 나타내는 검은색 선 이외의 선들은 기후 지시자로부터 산출되었다. 기후 지시자의 대부분은 나무의 나이테 연륜자료를 근거로 한다. (출처 : https://commons.wikimedia.org/wiki/File:2000_Year_Temperature_Comparison.png에서 수정)

이 얼어붙은 그림으로부터 이 시기에 극심한 추위가 있었음을 짐작할 수 있다. 이 시기는 1550~1700년 무렵 절정에 달했었던 소빙하기 시기와 일치한다.

나무의 나이테

나무의 나이테는 가장 대표적인 기후 지시자이다. 나무는 매년 성장하며 나이만큼의 나이테를 형성한다. 나무의 생장은 기후에 영향을 크게 받는데, 만일 그해 기후가 나무 생장에 호조건인 경우 그해 나이테는 두꺼울 것이고 악조건인 경우 상대적으로 얇을 것이다. 특히 한대지역의 나무 생장은 온도에 민감하고, 건조지역에서는 강수에 민감하다. 이를 이용하면 매년 나이테의 상대적인 두께로부터 온도 및 강수 변화를 추정할 수 있다. 살아 있는 나무뿐 아니라 죽은 나무, 심지어 주택 및 가구에 쓰인 나무로부터 나이테를 추출하여 조합하면 수백 년 혹은 천 년 전까지의 기후를 복원할 수 있다. 이렇게 나이테로부터 기후를 복원하는 학문을 **연륜기후학**(dendroclimatology)이라고 한다. 산업혁명 이후 온실가스 증가에 따른 기후 변화를 보여줄 때 많이 사용되는 하키스틱 커브(그림 14.4) 그래프에서 1800년대 이전 자료의 대부분은 이러한 나이테로부터 복원된 연륜기후학적 분석결과에 의한 것이다.

14.2 기후 변화의 원인

대기는 수많은 외부적·내부적 조건에 의해서 영향을 받는데, 이러한 조건들에는 자연적인 것도 있고 인간활동에 의한 것도 있다. 이러한 영향 인자들이 끊임없이 변화해 옴에 따라 지구의 기후는 복잡한 변화를 겪어 왔다. 그러나 우리는 아직도 과거 기후 변화 과정을 일으킨 요인들과 그 상세 과정에 대해 완벽하게 이해하지 못하고 있다. 기후 변화를 일으키는 자연적·인위적 요인들을 파악하고, 그 상세한 과정을 밝히는 것은 미래 기후 변화를 예측하는 데 가장 중요한 일이다.

14.2.1 자연적 기후 변화

천문학적 인자

자연적인 기후 변화 인자 중 가장 잘 알려진 것은 지구의 공전 궤도 및 자전축 변화와 같은 천문학적 인자이다. 이들은 지구에 입사하는 태양에너지의 계절과 위도에 따른 차이에 변화를 줌으로써 기후에 영향을 미친다. **밀란코비치**(Milankovitch)는 이를 (1) 지구 공전 궤도의 이심률(eccentricity)의 변화, (2) 지구 자전축의 황도 경사(obliquity)의 변화, (3) 지구 자전축의 세차(precession) 운동의 세 가지로 정리하였다. 그림 14.5는 이 세 가지 운동의 변화를 나타낸다.

　지구 공전 궤도 이심률 변화 : 지구 공전 궤도가 원형에서 타원형으로 바뀐 뒤 다시 원형으로 되는 데 걸리는 시간, 즉 이심률 변화의 주기는 약 100,000년 정도이다. 이심률이 적은 기간에는 태양으로부터 도달하는 빛의 양의 연변화가 적어서 연교차가 이심률이 큰 시기에 비해서 작다.

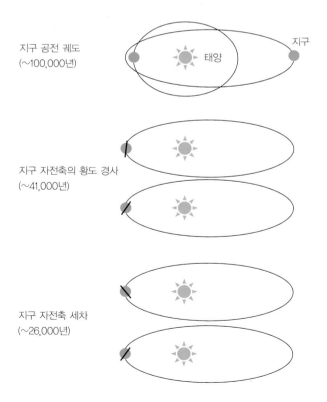

지구 공전 궤도
(~100,000년)

지구 (태양)

지구 자전축의 황도 경사
(~41,000년)

지구 자전축 세차
(~26,000년)

그림 14.5 밀란코비치 주기를 구성하는 세 가지 천문학적 인자

지구 자전축의 황도 경사의 변화 : 지구 자전축은 지구 공전 궤도면에 대해 22.1°에서 24.5°까지 2.4° 폭으로 약 41,000년을 주기로 변한다. 자전축 경사가 증가하면 여름에는 더 많은 태양복사에너지를 받고 겨울에는 더 적게 받아 계절에 따른 태양복사에너지의 진폭이 증가한다.

지구 자전축의 세차 운동 : 세차 운동은 지구 자전축의 방향이 멀리 떨어진 별에 대해 원형으로 회전하는 현상으로 약 26,000년 주기이다. 이러한 회전 운동은 회전하는 강체인 지구에 작용하는 태양과 달의 조력 때문에 일어나며, 지구가 완벽한 구가 아닌 살짝 찌그러진 모양이기 때문에 발생한다.

위의 세 가지 운동을 합성한 밀란코비치 주기의 어느 시점에서든지 지면에 도달하는 연평균 태양에너지의 양은 거의 변화가 없다. 그러나 이 주기의 특정 시점에서 지면에 도달하는 계절별 평균 태양에너지는 큰 차이가 있을 수 있는데, 이에 따른 연교차의 변화는 빙하기 및 간빙기 전환과 밀접하게 연관되어 있다. 예를 들어 연교차가 작은 시기에는 북반구 겨울이 상대적으로 따뜻해져 공기 중에 포함될 수 있는 수증기의 양이 증가하므로 더 많은 눈이 극지방에 내릴 것이다. 또한 여름은 상대적으로 시원해져 겨울에 쌓인 눈이 여름에 덜 녹게 되면 결과적으로 북반구 눈덮임 면적이 증가하게 되고, 이는 지표면의 알베도를 높여 점점 더 온도를 하강시키므로 이 과정이 반복되면 기후가 빙하기로 들어설 가능성이 커진다. 반면에 연교차가 큰 시기에는 겨울에 상대적으로 춥지만 여름이 매우 덥기 때문에 겨울에 쌓인 눈도 모두 녹고, 눈덮임이 감소하면 지표에서의 태양복사의 흡수가 강해져 점점 더 더워지게 되고, 이 과정이 반복되면 간빙기에 들어설 가능성이 클 것이다.

신생대 4기 이후로 약 100,000년을 주기로 빙하기와 간빙기가 반복되었는데, 이 변화 시점들은 밀란코비치 주기와도 상당한 관련성을 나타낸다. 하지만 밀란코비치 이론은 수십에서 수천 년 정도의 상대적으로 짧은 시간규모에서 나타나는 기후 변화는 설명할 수 없다.

태양에너지와 태양 흑점의 변화

대기에 도달하는 태양에너지의 강도는 직접적으로 지구 기후에 영향을 미친다. 인공위성을 이용한 정확한 관측 이전까지는 태양에너지의 변화에 관하여 알려진 바가 적었지만, 적어도 수십~수백 년의 짧은 기간에는 거의 일정할 것이라 믿어 왔다. 그러나 최근 위성을 이용한 관측 결과에 따르면 수년 정도의 기간에도 태양에너지가 수 % 정도의 큰 연변화를 나타내고 있다. 1세기에 걸쳐 0.5% 정도의 작은 태양에너지가 증감하는 경우도 빙하기와 같은 큰 폭의 기후 변화를 일으킬 수 있기 때문에 위성관측에서 나타난 태양에너지의 변화폭은 예상 밖의 큰 변화라 할 수 있다.

직접관측 기록이 없는 과거의 태양에너지 강도의 변화는 태양의 흑점 개수 변화를 통해 유추할 수 있다. 일반적으로 흑점이 많아지면 태양 내부 활동이 활발해진 것으로, 이때 태양에너지의 강도가 강해진다. 그림 14.6에서 흑점의 과거 관측 기록을 보면 흑점 개수는 약 11년 주기로 변동하며, 이보다 긴 수십 년 주기의 변화도 나타낸다. 흥미로운 것은 약 1645년부터 1715년까지의 기간은 **마운더 최소기**(Maunder minimum)라고 하며, 이 기간에 흑점이 거의 관측되지 않는데, 이때 지구의 평균기온은 장기적 평균보다 약 0.5℃ 낮았다고 알려져 있고, 흥미롭게도 소빙기 시기와 거의 일치한다.

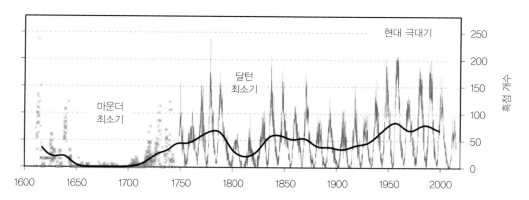

그림 14.6 과거 400년 동안 흑점 개수의 변동을 나타내는 그래프. 1750년 이후 파란선을 보면 11년 주기로 흑점 개수가 많아졌다 감소했다 하는 뚜렷한 흑점 변화 사이클을 볼 수 있다. 1750년 이전의 빨간점들은 전 세계 도처에 있는 관측지점에서 비정기적으로 흑점 개수 기록을 표시한 것이고, 1749년 이후 그래프는 마찬가지로 전 세계 많은 지역에서 기록된 흑점 개수 월평균 값을 벨기에왕립관측소에서 종합한 자료를 그린 것이다. (출처 : https://en.wikipedia.org/wiki/Maunder_Minimum에서 수정)

지표면 변화

기후 변화를 일으키는 대표적 자연적 요인의 하나는 대륙이동과 같은 지표면의 변화이다. 지구의 지각과 맨틀의 상부는 몇 개의 커다란 판(plate)으로 구성되어 있고, 이 판들은 1년에 수 cm 정도의 대단히 느린 속도로 움직이고 있다. 이들 지판이 이동함으로써 지형이 바뀌고, 이에 따라 기후가 바뀔 수 있다. 과거에 열대지역에 위치했던 북아메리카가 현재 중위도로 이동하면서 중위도 기후로 바뀌는 지역적 기후 변화는 물론, 전 세계적인 대륙의 이동은 해류 및 해빙의 분포 등을 변화시켜 전 지구적 기후 변화를 야기할 수 있다. 하지만 이러한 대륙의 변화는 최소 수천만 년을 두고 서서히 일어나는 변화로 현재 우리가 겪고 있는 기후 변화와는 큰 차이가 있다.

화산 폭발

지구가 생성된 이래 화산의 분출은 계속되어 왔다. 대규모 화산이 폭발하면 엄청난 양의 화산재와 가스가 분출되는데, 강력한 화산의 경우 이들이 대류권을 넘어 15~25 km의 안정한 성층권까지 상승하여 강한 바람을 타고 수개월에서 수년까지 체류하게 된다. 이들은 지표면으로 도달하는 태양빛을 반사, 차단하게 되므로 대류권, 지표의 온도를 낮추게 된다. 이러한 직접적인 효과뿐 아니라 구름이 있는 지역에서 분진들이 응결핵으로 작용하여 구름의 양이 더 많아지므로 태양복사의 차단효과는 더 커진다. 인도네시아 탐보라 화산이 폭발한 1815년은 평년보다 기온이 매우 낮아 '여름이 없었던 해'로 기억되고 있고, 최근 수십 년간 가장 강력했던 1991년 피나투보 화산 폭발(그림 14.7) 이후에는 전 세계 평균기온이 약 2년간 0.5°C 낮아졌다. 과거 수많은 화산 폭발은 지구의 온도를 낮추는 역할을 하였을 것으로 추정되나 수년 정도의 기후 변동성에 중요한 역할을 하지만 수백, 수십만 년 규모의 기후 변화와 큰 상관성은 없다.

그림 14.7 클라크 미군기지에서 촬영한 피나투보 화산의 폭발 모습(1991. 6. 12.) (출처 : https://commons.wikimedia.org/ wiki/File:Pinatubo91eruption_clark_air_base.jpg)

14.2.2 인간활동에 의한 기후 변화

최근 백여 년간 나타난 지구온난화는 자연적 원인만으로는 설명할 수 없으며 대부분 대기 중 온실가스의 증가와 같은 인위적인 요인에 의해 발생하였다.

온실기체의 증가

산업혁명 이후 인간은 엄청난 양의 화석연료를 에너지원으로 소모하였으며 그 결과 1750년부터 지금까지 대기 중으로 약 2조 톤의 이산화탄소가 배출되었다. 이산화탄소는 대표적인 **온실기체** (greenhouse gases)로서 태양으로부터 들어오는 단파복사는 대부분 투과시키지만 지구나 대기에서 우주로 방출되는 장파복사는 선택적으로 흡수하여 그중 일부를 지표로 재방출하는 소위 **온실효과** (greenhouse effect)를 일으켜 지표면 근처 기온을 높인다. 그림 14.8은 하와이 마우나로아 관측소에서 측정한 이산화탄소 농도의 변화로 지난 수십 년간 이산화탄소의 농도는 약 320 ppmv에서 410 ppmv 이상으로 증가하였다. 이는 적어도 과거 백만 년 동안 자연적으로 발생하였던 이산화탄소 농도 변화 폭을 뛰어넘는 수준이며 그 증가 속도도 과거 기록에서 찾을 수 없을 정도로 빠르다.

이산화탄소 이외에도 인간활동에 의해 배출된 메탄(CH_4), 아산화질소(N_2O)와 염화불화탄소 (CFCs)도 무시하지 못할 수준의 온실효과를 일으킨다. 메탄은 대기 중에서 극소량을 차지하지만 분자당 온실효과를 비교하면 이산화탄소보다 20~30배 효율적인 온실기체이다. 메탄은 늪, 습지 혹은 초식 가축의 분뇨더미 등 산소가 적은 환경에서 박테리아의 활동에 의해 발생되며, 논 등 물을 가둬 놓은 농지에서 발생하기도 한다. 대기 중 메탄의 농도는 1800년 이래로 2배 이상 증가한 것으로 알려져 있는데, 이는 인구 증가에 의한 가축과 농지의 증가가 주원인이다. 아산화질소는 인간의 경작 활동, 특히 질소비료 사용에 따라 증가했으며 화석연료가 고온에서 연소될 때도 발생한다. 아산화질소

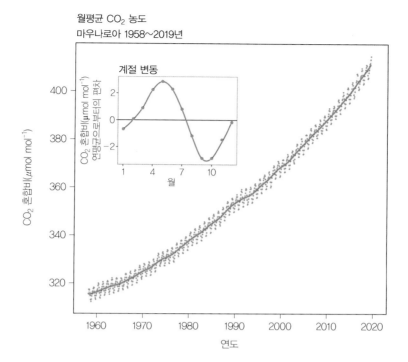

그림 14.8 1958~2019년에 하와이 마우나로아관측소에서 관측된 대기 중 CO_2 농도 변화. 작은 사각형 속 그래프는 평균적인 계절 변동을 나타낸다. (출처 : https://esrl.noaa.gov/gmd/ccgg/trends)

의 증가는 다른 온실기체에 비해 크지 않으나 안정된 분자로서 대기 중 체류시간이 150년가량 되기 때문에 긴 시간 온실효과를 발생시킨다. 염화불화탄소는 인간에 의해 생산된 기체로서 성층권 오존층 파괴의 주범으로 주로 알려져 있었다. 하지만 염화불화탄소는 메탄에 버금갈 정도의 온실효과를 일으키며, 매우 안정적인 분자로 대기 중 체류시간이 200년까지도 되기 때문에 매우 심각한 온실기체로 받아들여지고 있다.

대기 중 에어로졸의 증가

인간활동이 꼭 온난화만을 일으키는 것은 아니다. 인간활동의 증가에 따라 대기 중 에어로졸이 증가했는데 여기에는 자동차 및 공장에서 배출되는 검댕, 먼지, 화학물질 등 다양한 종류가 있다. 이러한 에어로졸은 태양복사를 반사하여 지면의 온도를 낮추는 역할을 하며, 구름의 응결핵으로 작용하여 구름 형성을 도와 알베도를 높임으로써 추가적인 냉각효과를 일으키기도 한다.

지면 사용에 따른 변화

열대우림이나 중위도 산림에서의 증발산은 주변보다 훨씬 크다. 따라서 이러한 산림이 벌채되어 농지화나 도시화가 진행되면 지역적으로 기후에 많은 변화를 유도한다. 대표적으로 열대우림지역의 경우 벌채된 곳에서의 지면온도는 증발산의 감소로 인해 무려 평균 3℃ 이상 높아지는 것으로 알려졌다. 인간의 벌채나 화전(fire-fallow cultivation) 등에 의한 산림 파괴 또한 대기 중 이산화탄소의 증가를 가속화시킨다. 산림의 성장에 의해 대기 중의 이산화탄소가 제거되므로 산림 파괴는 이산화탄소의 증가를 의미한다. 산림 파괴는 지구대기의 산소의 주 공급지인 열대우림지역을 중심으로 지난 수십 년 동안 집중적으로 이루어졌다.

14.2.3 지구온난화

산업혁명 이후 진행된 기후 변화로 지구의 기온은 약 0.8°C 상승하였다. 현재의 온실가스 증가 추세가 계속된다면 금세기 중에 대기 중 이산화탄소의 농도는 산업혁명 이전에 비해 2배가 될 것으로 추정된다. 최근 **전 지구 기후 모델**(global climate model)을 이용한 이산화탄소 점증에 따른 기후 변화를 예측한 결과에 의하면 21세기 말 지구의 기온은 1.5~2.5°C 정도 상승할 것으로 예측되는데, 이 경우 지구 환경에는 엄청난 변화가 나타날 것이다.

해수면 상승

지구온난화가 계속되면 해양의 상층부가 가열되어 해수가 열적으로 팽창하게 된다. 또한 그린란드 및 남극과 같은 극지역이나 고산지대의 빙하가 녹아 막대한 양의 담수가 주변 바다로 흘러 들어감에 따라 해수면이 상승하게 된다. 지난 20세기 동안 전 지구의 해수면은 약 10~25 cm 상승하였으며, 이러한 증가 추세는 앞으로 적어도 수세기 동안 지속될 것으로 예상되고 있다. 인류 절반 이상이 해안가 50 km 이내에 거주하고 있으므로 해수면의 상승은 직접적인 육지의 수몰, 해안의 침식과 하천의 범람 증가를 통해 인간에게 치명적인 영향을 미칠 수 있다. 우리나라는 연간 2.2 mm 정도 해수면이 상승하고 있는데, 이는 지구 평균 해수면 상승률과 유사한 정도이다.

이상기후의 증가

지구온난화에 의한 기후 시스템의 변화는 현재와 다른 이상기후의 현상을 증가시킬 것이다. 먼저 해양 온도가 높아짐에 따라 열대에서 태풍과 폭풍의 발생이 증가하고 대기 중 에너지 및 수증기가 늘어남에 따라 강력한 태풍의 발생이 증가할 것으로 예상된다. 기온의 변화는 전 지구적 대기흐름, 에너지 순환을 변화시키므로 저기압 및 고기압의 발생과 이동에 큰 변화가 예상되어 이상기상, 기후 현상이 증가할 것으로 예상된다. 최근 수년간 우리나라에서도 여름철 기록적 폭염, 겨울철 이상한파, 봄철에 반복되는 가뭄 등이 빈번하게 발생하고 있는데, 일부 학자들은 이를 지구온난화에 따른 새로운 날씨, 기후 형태의 출현으로 해석하고 있다.

14.3 기후 변화 되먹임과 상호작용

지구 기후 시스템은 민감한 균형을 유지하고 있으며, 이 균형이 약간만 흔들려도 여러 가지 연쇄적인 변화를 겪게 된다. 인간이 배출한 대기 중 온실기체에 의한 **복사 강제력**(radiative forcing) 효과는 지난 백년간 약 0.5°C 정도의 온도 상승을 야기했을 뿐이지만, 실제 지구의 평균기온은 이보다 큰 폭으로 상승하였다. 이는 **기후 변화 되먹임**(climate change feedback) 현상 때문으로 온실기체 증가가 가져온 복사 강제력 변화가 연쇄적인 되먹임 작용을 통해 온난화를 증폭시켰기 때문이다. 기후 변화 되먹임을 정확히 파악해야 지구 기후 시스템의 과거 변화를 이해하고 미래 기후 변화를 정확히 예측할 수 있다.

14.3.1 기후 시스템 되먹임

공학에서 **되먹임**(feedback)이란 어떤 주어진 시스템에 초기에 주어진 입력이 어떤 과정을 통해 결과를 만들어낼 때, 결과가 다시 초기 입력에 영향을 주어 과정이 반복되면서 최종 결과에 영향을 주는 것을 의미한다. 어떤 되먹임은 초기에 시스템에 야기한 변화를 억제하기도 하고 어떤 되먹임은 반대로 증폭시키기도 한다. 이를 각각 음의 되먹임, 양의 되먹임이라고 한다.

　지구 기후 시스템에는 다양한 되먹임 효과가 존재하여 기후 변화를 억제하기도, 혹은 증폭시키기도 한다. 지구온난화를 증폭시키는 대표적인 **양의 되먹임**(positive feedback)으로 수증기 되먹임이 있다. 대기 중 온실가스 증가는 기온을 상승시키고, 기온 상승에 따라 대기 중 수증기량이 늘어난다. 늘어난 수증기는 강력한 온실기체로 작용하여 기온 상승을 증폭시킨다. 기온 상승은 다시 수증기를 증가시키므로 이 과정이 계속 반복되면 기온 상승은 초기보다 훨씬 더 증폭된다. 이것이 수증기 되먹임이다. 과거 빙하기가 시작될 때와 같이 지구가 냉각될 때도 양의 되먹임이 작동한다. 예를 들어 태양 내부의 변화로 태양의 광도가 약해지고 때마침 지구에 대규모 화산이 분출하여 지표가 크게 냉각되었을 때, 고위도지역의 눈과 해빙이 평소보다 증가할 수 있다. 그 결과 높아진 알베도로 인해 지표면은 태양복사를 많이 반사하게 되므로 지표 근처의 기온이 추가적으로 더 낮아진다. 이 때문에 다시 눈과 해빙이 더욱 증가하는 양의 되먹임 과정이 반복되면 빙하기에 도달할 수 있다. 반대로 **음의 되먹임**(negative feedback)도 존재한다. 위의 지구온난화에 대한 대표적인 음의 되먹임은 플랑크 피드백일 것이다. 온도가 상승할수록 플랑크 복사에 의해 외계로의 에너지 방출이 늘어난다. 이는 온도 상승을 낮추게 되어 온난화를 감쇄시킬 수 있다. 기후 시스템은 양의 되먹임과 음의 되먹임을 모두 포함하고 있으며, 어떤 되먹임은 순간적으로 효과가 나타나지만 어떤 되먹임은 수천 년에 걸쳐 작동한다.

　많은 경우 기후 시스템 내의 되먹임은 여러 가지 물리적 현상들의 상호작용의 결과로 나타난다. 예를 들어 대기 중 온실가스 증가에 따른 대기에서 지표로의 장파복사량 증가는 지표온도를 상승시키고, 이는 지표면에서 더 많은 수증기의 증발산을 통해 다시 온실효과를 증가시키므로 양의 되먹임이 나타난다. 또한 대기–해양–지면–생물권 안에서의 상호작용에 의해 나타나기도 한다. 전 지구 규모의 에너지 평형 상태를 나타내는 그림 2.26에서 이산화탄소의 증가는 온실가스 부분과 관여된 에너지 흐름(주황색 적외선 부분)에 1차적으로 변화를 일으키지만, 이는 에너지 전달흐름을 타고 2차, 3차 변화를 유도하게 될 것이다. 예를 들어 지표에 도달하는 복사에너지(회귀된 복사)의 증가는 해빙의 감소나 육상식생의 증가와 같은 지표의 변화를 유도할 수 있고, 이는 다시 지표복사, 지표흡수, 증발, 지열 등의 변화를 유도하게 되어, 1차적으로 나타났던 변화에 영향을 준다. 따라서 기후 변화 되먹임은 대기, 해양, 설빙권, 육지를 아우르는 기후 시스템 내의 다양한 상호작용을 거쳐 그 방향과 강도가 결정된다. 따라서 온실가스 증가와 같은 복사 강제력 변화에 따른 기후 변화의 방향과 강도를 정확히 예측하기 위해서는 기후 시스템 내에서 일어나는 다양한 상호작용을 이해하고, 그 과정에서 나타나는 되먹임을 정확히 파악하고 이해하는 데 달려 있다고 해도 과언이 아니다.

14.3.2 지구온난화 과정에서의 되먹임과 상호작용

산업혁명 이후 온실가스 증가에 의한 직접적인 복사 강제력보다 큰 지구온난화가 발생하였다. 이러한 지구온난화는 기후 시스템 내의 다양한 상호작용 및 되먹임 효과에 의한 결과이다. 앞에서 언급한 수증기 되먹임 이외에 지구온난화에 관여된 대표적인 되먹임과 상호작용은 다음과 같다.

얼음 알베도, 눈 알베도 되먹임

빙하기의 시작뿐만 아니라 최근 세기 동안의 지구온난화에서도 얼음과 눈과 관련된 되먹임이 온난화를 가속시켰다. 고위도의 바다는 많은 부분이 해빙으로 덮여 있으며 지표의 많은 부분은 대륙빙상과 눈으로 덮여 있다. 지구온난화에 의해 기온이 상승하고 해양의 온도가 상승하면, 태양복사에 대한 알베도가 높은 얼음과 눈이 녹게 되고, 보다 많은 양의 태양복사가 지표나 해양으로 흡수되어 지표면과 상층 해양의 온도 상승을 증폭하게 된다. 그 결과 다시 더 많은 양의 해빙과 빙상, 눈이 녹게 되어 온난화가 더욱 증폭하게 된다. 이를 **얼음-알베도 되먹임**(ice-albedo), **눈-알베도 되먹임**(snow-albedo feedback)이라고 하며, 전 지구에서 나타난 지구온난화를 약 30% 증폭시켰다고 알려져 있다(그림 14.9). 지난 수세기 동안 북극, 고위도지역은 전 지구 평균에 비해 기온 상승이 약 2배 이상으로 강하게 나타나고 있는데(그림 14.10) 이는 이러한 알베도 되먹임에 의한 결과이다.

구름 되먹임

지구온난화에 의해 대기 중 수증기가 증가하면 구름이 증가할 수 있다. 구름은 태양복사에 대해 매우 강력한 반사체인 동시에 지구복사에 대해 매우 강력한 흡수체이므로 구름의 변화는 강력한 되먹임 효과를 미친다. 만일 지구온난화에 의해 태양복사에 대한 반사도가 높은 하층운이 주로 증가한다면, 지표온도는 낮아지므로 온난화에 대한 **구름 되먹임**(cloud feedback) 효과는 음의 되먹임이 될 수 있다. 하지만 반대로 지구복사를 효율적으로 흡수하는 고층운이 주로 증가한다면, 지표온도를 높이는 효과가 있어 반대로 양의 되먹임이 될 수 있다. 하지만 아직 구름의 형성과 상호작용은 우리가 잘 이해하지 못하는 부분이 대단히 많다. 구름에 의한 기후 변화 되먹임 작용의 종합적인 방향과 크기는 아직 정확하게 파악되지 않고 있으며, 이는 미래 기후 변화 예측을 어렵게 하는 주요 요인 중 하나이다.

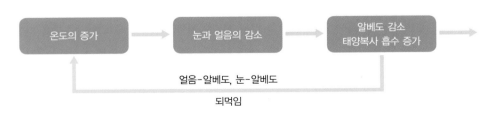

그림 14.9 얼음-알베도, 눈-알베도 되먹임 과정

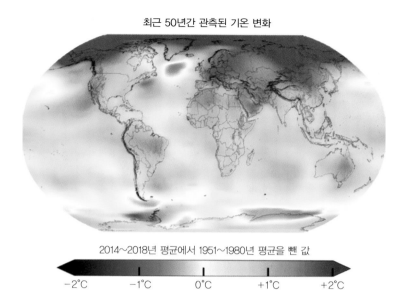

최근 50년간 관측된 기온 변화

2014~2018년 평균에서 1951~1980년 평균을 뺀 값

−2°C　　−1°C　　0°C　　+1°C　　+2°C

그림 14.10　최근 50년간의 기온 변화. 2014~2018년 평균에서 1951~1980년 평균을 뺀 값을 나타낸다. 북극과 북극 주변 고위도지역에서 가장 큰 온난화가 나타난다. (출처 : https://commons.wikimedia.org/wiki/File:Change_in_Average_Temperature.png)

해양과 관련된 되먹임

온실가스 증가에 의한 지구온난화는 지면 근처에서 즉각적으로 나타나지만, 장기간의 기후 변화는 지표의 대부분을 차지하고 있으며, 열용량이 매우 큰 해양에 의해 크게 영향을 받는다. 인간이 배출한 이산화탄소의 절반 정도는 해양에서 흡수되었으며, 대기 온도 증가의 상당 부분은 해양의 온도를 상승시키는 데 사용되었으므로 해양은 전체적으로 지구온난화를 완화하는 역할을 수행한 것으로 알려져 있다. 하지만 지구온난화가 계속되면서 해양의 온도가 서서히 상승하였고, 이에 따라 해양의 이산화탄소 흡수율이 떨어지고 있어 지구온난화를 감쇄시키는 해양의 효과가 약해지고 있다.

　지구온난화와 관련된 해양순환의 변화도 중요한 되먹임 효과가 있다. 지역적으로 북대서양 지역의 해양 **열염순환**(thermohaline circulation)의 변화는 지구온난화에 음의 되먹임 효과를 미친다. 최근 강력한 온난화로 인해 그린란드 지역의 빙하가 급속도로 녹아내리고 있다. 그린란드 남동쪽 해안은 차갑고 염분이 높아 밀도가 매우 높아진 해수가 대규모로 침강하여 대서양 심해에서 저위도로, 다시 상승하여 북대서양으로 진행하는 대서양 해양 열염순환이 시작되는 지역이다. 그런데 빙하가 녹아내려 생긴 많은 양의 담수가 이 지역으로 흘러들면, 이러한 담수는 주변 해수보다 밀도가 낮기에 이 지역 표층 해수의 밀도를 낮추게 되고, 해수의 침강이 약해져 결과적으로 열염순환을 약화시킨다. 이 결과 북대서양에서 북동진하는 **멕시코 만류**(Gulf stream)의 강도가 약해지면 고위도지역으로의 에너지 공급이 줄어들게 되고 이 지역의 온도가 낮아질 수 있다. 마지막 빙하기가 끝나갈 무렵 지구의 기온이 상승하다 다시 갑자기 늦은 빙하기가 나타났던 영거드라이아스기(그림 13.4 참조)의 발생 원인도 이와 비슷한 되먹임의 결과로 제시되고 있다.

영화 '투모로우'와 같은 급격한 기후 변화가 가능할까?

읽을거리

그림 14.R1 투모로우(The Day After Tomorrow, 2004)

그림 14.R2 해양 열염순환. 빨간색은 상층의 난류 흐름이고 파란색은 심해 차가운 물의 흐름이다.

'투모로우'는 2004년 개봉하여 전 세계적으로 크게 흥행했던 공상과학 재난영화로, 급격한 기후 변화로 북반구가 수 주일 만에 빙하기화되어 멸망 직전까지 가는 상황에서 고군분투하는 기상학자의 이야기를 그리고 있다. 영화에서는 급격한 온난화로 남극과 북극의 얼음이 녹으면서 막대한 양의 담수가 대서양으로 유입되고, 이에 따라 북대서양 그린란드 주변 해양에서 침강하여, 대서양 심해에서 남하하고, 상층에서는 북쪽으로 이동하는 거대한 해양순환(북대서양 열염순환)이 수 주일 만에 완전히 정지한다고 가정한다. 그 결과 저위도의 잉여 에너지가 고위도로 수송되는 에너지순환이 크게 약화되어 북극을 중심으로 엄청난 추위가 몰아닥쳐 급격한 빙하기가 도래하고, 반대로 저위도에서는 엄청난 폭염과 대형 허리케인이 발생한다. 영화에서 급격한 기후 변동에 따라 뉴욕 지하철이 해일에 침수되고, 로스앤젤레스 시내에 토네이도가 휘몰아쳐 건물을 파괴하며, 북극의 한

기가 괴물처럼 주인공들을 덮쳐오는 장면 등은 많은 이들에게 급격한 기후 변화의 공포를 심어주기에 충분했다. 이러한 급격한 기후 변화는 과학적으로 가능한가?

영화적 과장이 있으나 과정 자체는 상당한 과학적 사실에 근거한 것으로 과거 마지막 빙하기에서 간빙기로 진행하던 온난화 시기에 갑자기 늦은 빙하기가 찾아왔던 영거드라이아스는 비슷한 과정의 결과로 발생하였다고 알려져 있다. 단지 이러한 과정이 약 1,000년 이상의 시간규모로 진행되었으므로 북대서양 열염순환이 불과 수 주일 만에 멈추고 강력한 한파와 허리케인이 그 즉시 발생하는 것은 영화적 상상력이다. 재미있게도 영화가 개봉하고 10년이 지난 2010년대 초반, 강력한 지구온난화가 진행됨에도 북미와 동아시아에 강력한 겨울철 한파가 발생하자 투모로우가 예상한 미래가 빨리 도달했다는 이야기도 있었다.

생물권과 관련된 되먹임

지구온난화는 육상 및 해양의 식생과 같은 생물권에 큰 영향을 미친다. 이러한 생물권의 변화는 다시 지면의 에너지 흐름, 탄소순환의 변화 등을 통해 되먹임 효과를 줄 수 있다. 예를 들어 대기 중 이산화탄소의 농도가 높아지면 그 자체의 **시비효과**(fertilization)로 식물의 생장을 촉진하며, 온실효과

에 의한 온도 상승에 의해서도 식물의 생장이 증가한다. 이러한 효과는 특히 고위도지역에서 주로 나타나는데, 식생은 태양복사를 효과적으로 흡수하므로 식생 성장의 증대에 따라 지표의 온도가 증가하는 양의 되먹임 작용이 발생할 수 있다. 동시에 식물의 성장은 대기 중 이산화탄소를 고정하는 역할을 하므로 식생 생장의 증가는 음의 되먹임 효과를 보이기도 한다. 종합적인 되먹임 효과는 식물의 종류나 위치에 따라서 다르게 나타난다.

14.4 미래 기후 변화 예측

지구 기온이 계속 상승한다면 미래의 기후와 날씨는 어떤 모습일까? 기후 변화는 사회, 경제, 농업, 자연 등에 엄청난 영향을 미치고 있으며, 이제는 인류 생존의 문제로 여겨지고 있다. 따라서 미래 기후 변화를 정확히 예측하는 것은 가장 시급한 당면과제이다. 우리는 지난 수세기 동안 축적된 관측자료로부터 얻은 과학적 지식을 총동원하여 미래의 기후 변화를 예측하려 한다. 슈퍼컴퓨터를 이용한 **전 지구 기후 모델**(global climate model)을 이용하여 우리는 수십 년 혹은 수백 년의 기후를 정량적으로 예측하고 있으며, 이러한 예측을 기반으로 사회경제적 대비책을 마련하고 있다.

14.4.1 기후 모델과 기후 변화 예측 방법

기후 변화를 예측하기 위해서 우리는 기후 모델을 사용한다. 기후 모델은 대기, 해양, 육지, 설빙권, 생물권으로 구성된 기후 시스템에서 일어나는 물리적인 과정을 수치적으로 표현하여 컴퓨터 프로그램화한 것이다. 이 물리적인 과정은 연립미분방정식들로 이루어져 있어 결국 기후의 변화 정도를 정량적으로 추정할 수 있다. 하지만 이 방정식은 수학적(해석적)으로 풀 수 없기에 컴퓨터의 도움을 받아 기후 시스템의 변화, 즉 미래를 예측하게 된다. 이 과정에서 우리는 관측한 대기, 해양, 육지, 설빙권의 현재 모습과 또 미래에 온실가스가 어떻게 변화할 것인지를 추정하여 컴퓨터에 입력함으로써 미래의 기후 변화를 예측하게 된다.

14.4.2 전 지구 기후 모델

미래 기후 변화를 예측할 때에는 전 지구 기후 모델을 사용한다. 전 지구 기후 모델은 운동방정식, 열역학방정식, 수증기보존방정식, 연속방정식, 이상기체방정식과 같은 대기의 **원시방정식**(primitive equation)을 수치적으로 표현하여 구성된다. 해양의 경우도 대기와 유사한 형태의 방정식계를 사용하나, 염분과 같은 추가 요소가 필요하며, 지면의 경우 토양 속과 지표와 대기 사이에서 이루어지는 에너지, 물의 순환 및 유출 과정을 포함한다. 전 지구 기후 모델은 수평적으로는 수십~수백 km 간격, 연직으로는 하부 성층권까지 수십 층의 격자체계로 대기를 나누어 모의한다. 해양의 경우에도 비슷하게 전 지구 해양을 격자화하여 모의하게 되는데, 해양과정의 특성상 대기보다 조밀한 해상도가 필요한 경우가 대부분으로 많은 계산이 필요하다.

이렇게 구성된 전 지구 기후 모델에 현재 기후 상태를 입력하면, 컴퓨터는 대기–해양–지면–해빙 등 기후 시스템 내에서 일어나는 수많은 과정과 상호작용을 고려하여 미래의 기후 상태를 계산해낸다. 이때 현재 기후 상태는 전 세계 수많은 관측소, 인공위성, 항공기, 해양부이 등에서 얻은 관측자료를 통해 얻는다. 미래의 온실가스 증가에 따른 온도 상승을 예측하기 위해서는 대기 중 온실가스 증가 예상을 모델에 같이 입력하여 예측을 진행한다.

14.4.3 미래 온실가스 농도의 추정

전 지구 기후 모델을 사용하여 미래의 기후 변화를 예측할 때 가장 기본적으로 미래의 온실가스 배출 전망이 필요하다. 이를 기반으로 미래의 대기 중 온실가스 농도를 추정할 수 있으며, 이 값을 기후 모델에 입력하여 미래 온실가스 농도에 따른 기후 변화를 계산할 수 있게 된다.

최근에 실시되는 기후 변화 예측 시뮬레이션은 대부분 **기후 변화에 관한 정부간 협의체**(IPCC) 평가보고서에서 사용하는 **온실가스 대표농도경로**(representative concentration pathways, RCP) 전망을 이용하여 미래 온실가스 농도를 추정한 것이다. 미래 온실가스 전망은 미래의 사회경제적 전망을 기초로 하는 예측값이므로 국가정책에 따라 크게 변할 수 있어 RCP는 하나가 아니라 복수의 시나리오가 제시된다.

그림 14.11은 대표적인 미래 온실가스 대표농도경로(RCPs)이며, RCP 뒤에 붙는 숫자는 시나리오에 따라 2100년에 나타나는 복사 강제력의 크기를 나타낸다. 이중 RCP 8.5는 미래에 특별한 저감정책이 없을 경우를 상정한 시나리오로 온실가스가 급격히 상승하며, RCP 4.5의 경우 온실가스 저감정책의 실현에 따라 점진적으로 안정화되는 시나리오를 가정한 것으로 점진적으로 증가하던 온실가스 농도가 2070년 이후 증가폭이 둔화되는 시나리오를 나타낸다.

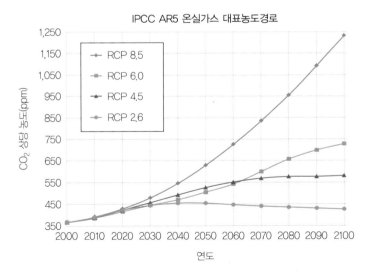

그림 14.11 미래 온실가스(이산화탄소 동등량) 대표농도경로(RCPs). 현재부터 미래 2100년까지 가상의 대기 중 온실가스 농도의 변화를 나타낸 가상의 시나리오들이다. 본문의 설명과 같이 인간의 온실가스 저감정책이나 기술 발전에 따라 현재와 비슷하거나 3배 이상으로 증가하는 시나리오를 포함하고 있다. (출처 : https://en.wikipedia.org/wiki/Representative_Concentration_Pathway#/media/File:All_forcing_agents_CO2_equivalent_concentration.png)

14.4.4 전 지구 기후 모델을 이용한 미래 기후 예측

그림 14.11과 같은 미래 온실가스 시나리오를 입력자료로 하여 미래의 기후를 예측한다. 현재의 관측자료 등을 사용하여 기후 모델의 대기-해양-지면의 현재 상태를 초기화해주고 관측된 온실가스 농도를 사용하여 과거로부터 미래까지 기후 모델을 적분한다. 이때 초기값의 작은 차이로도 미래 예측값에 큰 차이가 날 수 있으므로 우리는 약간 다른 초기값을 주고 미래를 여러 번 예측하는 **앙상블 예측기법**(ensemble prediction method)을 사용한다. 또한 사용하는 기후 모델에 따라서도 미래 예측에 큰 차이가 있을 수 있으므로, 전 세계 수십 개의 전 지구 기후 모델에서 같은 온실가스 시나리오를 사용하여 예측을 수행한 후 미래 예측값을 공유하게 된다. 이를 통해 복수의 시나리오에 대한 예측, 복수의 앙상블 및 모델의 예측을 얻게 되어 미래의 평균적인 예측결과뿐 아니라 불확실성까지도 가늠할 수 있다(238쪽 참조).

14.4.5 미래 기후 변화 전망

그림 14.12는 수십 개의 전 지구 기후 모델들이 예측한 미래의 전 지구 평균기온(현재 대비)의 변화를 나타낸다. 모든 시나리오에서 21세기 동안 기온 상승을 예상하고 있다. 미래 온실가스 농도 증가율에 따라 21세기 말에 RCP 2.6은 현재에 비해 약 1°C 상승, RCP 4.5는 약 2°C, RCP 6.0은 약 2.5°C, RCP 8.5는 약 4°C의 상승을 나타내고 있다. RCP 시나리오별로, 또한 같은 RCP 시나리오상

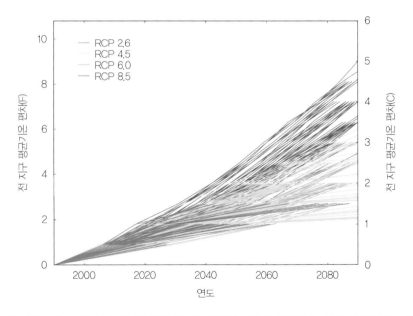

그림 14.12 전 지구 기후 모델들이 RCP 시나리오에 따라 모의한 미래의 기온 변화. 대기 중 온실가스 대표농도경로인 RCP 값을 기후 모델에 입력하여 21세기 동안의 지구 평균기온을 산출한 값을 표시한 것이다. 1976~2005년 평균값에 대한 상승 정도로 표시하였으며, RCP별로 여러 번의 실험을 반복하여 미래 기후 변화의 불확실성을 표시하고 있다. RCP 시나리오에 따라 작게는 현재 기온보다 1°C 상승, 크게는 5°C까지 상승할 수 있음을 나타내고 있다. (출처 : https://commons.wikimedia.org/wiki/File:Global_mean_surface_temperature_anomalies_relative_to_1976%E2%80%932005_for_four_RCP_scenarios.png)

에서도 모델별로 예측값에 큰 차이가 나타나기에 시나리오별 예측값의 범위는 상당하다. 이는 모델의 불확실성에 의한 예측의 차이라고 할 수 있다.

　　그림 14.13은 전 지구 기후 모델이 RCP 2.6과 RCP 8.5 시나리오에 따라 예측한 현재(1986~2005) 대비 2090년에 나타나는 기온 변화를 나타낸다. 상대적으로 가장 긍정적인 온실가스 배출 시나리오를 따르는 RCP 2.6에도 전지구 대부분 지역에서 1°C 이상의 기온 상승이, 북극 및 북극 주변 고위도 지역에서는 2°C 이상의 기온 상승이 예상된다. 가장 급격한 온실가스 농도 상승을 가정한 RCP 8.5의 경우 21세기 후반에는 대부분 육지에서 현재보다 최소 4°C 이상의 기온 상승을 예측하고 있다.

우리나라의 기후 변화

우리나라 기상청은 영국 기상청 해들리센터에서 개발한 HadGEM2-AO 모델과 RCP 시나리오를 사용하여 미래 기후 예측을 수행하였다. 전 지구 기후 모델의 결과를 지역 기후 모델 혹은 국지 예보 모델을 수행하는 과정과 비슷하게 지역 기후 모델인 HadGEM3-RA를 사용하여 우리나라 지역에 초점을 맞추어 상세화하여 미래 기후 변화를 예측하였다.

　　그림 14.14는 이렇게 지역 기후 모델이 예측한 한반도 지역에서의 상세 미래 기온 변화를 나타낸

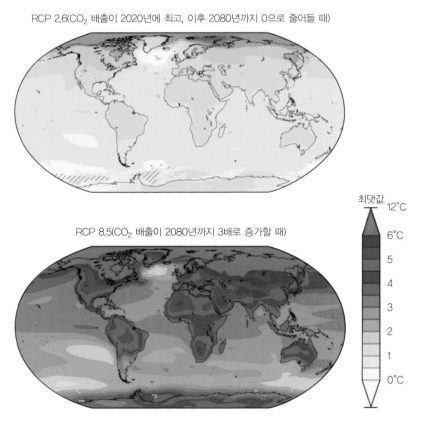

그림 14.13　전 세계 42개 전 지구 기후 모델이 RCP 4.5 온실가스 시나리오를 사용해 예측한 21세기 후반(2081~2100) 의 연평균 기온의 현재(1986~2005) 대비 상승 정도 (출처 : https://commons.wikimedia.org/wiki/File:Projected_Change_in_ Temperatures_by_2090.png data 출처 : IPCC AR5)

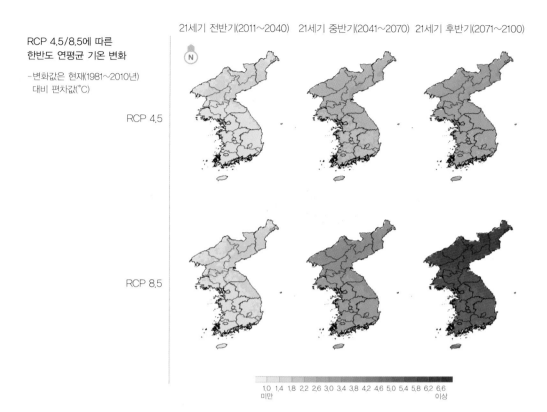

RCP 4.5/8.5에 따른
한반도 연평균 기온 변화

- 변화값은 현재(1981~2010년)
  대비 편차값(℃)

21세기 전반기(2011~2040)　21세기 중반기(2041~2070)　21세기 후반기(2071~2100)

RCP 4.5

RCP 8.5

1.0　1.4　1.8　2.2　2.6　3.0　3.4　3.8　4.2　4.6　5.0　5.4　5.8　6.2　6.6
미만　　　　　　　　　　　　　　　　　　　　　　　　　　　　　　이상

그림 14.14　지역 기후 모델이 예측한 한반도 지역 상세 미래 기온 변화. RCP 시나리오를 이용해 전 지구 기후 모델로 미래 기후 변화를 예측하는데, 이 결과의 수평 해상도가 높지 않다. 따라서 우리나라 지역별 변화 차이를 알기 위해서는 전 지구 기후 모델의 결과를 보다 세밀한 지역 기후 모델에 입력하여 상세한 변화를 계산한다. 이 결과는 기상청이 사용하는 지역 기후 모델이 모의한 RCP 4.5, RCP 8.5 시나리오별 현재 대비 미래 21세기 전·중·후반기의 온도 상승을 나타낸다. 작게는 1℃ 이상 크게는 5℃ 이상의 온도 상승이 예측되고 있으며, 한반도의 동쪽 및 북쪽지역에서 상대적으로 온도 상승이 다소 높을 것으로 예측되고 있다. (출처 : 기상청)

다. 이 결과에 따르면 한반도 연평균 기온은 온실가스 증가에 의해 21세기 후반기까지도 지속적으로 상승할 것으로 전망된다. RCP 4.5 시나리오에서는 연평균 기온이 21세기 전반기에 +1.4℃, 중반기에 +2.4℃, 후반기에 +3.0℃ 상승을 전망하고 있다. RCP 8.5 시나리오에서는 현재 11.0℃ 수준에서, 21세기 전반기에 +1.5℃, 중반기에 +3.4℃, 후반기에는 +5.7℃로 온난화가 더욱 가속화될 것으로 전망하고 있다. 21세기 후반기의 연평균 기온은 RCP 8.5에서 16.7℃ 정도로 전망되며, 이러한 기온은 현재 제주도 남단의 연평균 기온에 해당하는 값이다. RCP 4.5와 RCP 8.5 시나리오에 따른 한반도의 평균기온 상승폭은 동일한 기간 전 지구 평균 상승 경향의 1.2배, 동아시아 지역 평균 상승 경향의 1.4배 수준이다.

파리협정

그림 14.R3 파리협정의 성사 장면. 가운데 왼쪽에 당시 이를 주관한 반기문 UN사무총장과 크리스티나 피게레즈 기후변화협약 사무총장이 서로 축하하며 대화하는 모습이 보인다. (출처 : https://commons.wikimedia.org/wiki/File:French_Foreign_Minister_Fabius_Bangs_Down_the_Gavel_After_Representatives_of_196_Countries_Approved_a_Sweeping_Environmental_Agreement_at_COP21_in_Paris_(23408651520).jpg)

2015 유엔기후변화회의(2015 United Nations Climate Change Conference)에서 채택된 국제 조약으로 '파리기후변화협약'이라 부르기도 한다.

파리협약의 목표는 기후 변화에 의한 전 지구적 위험을 최소화하기 위해 전 지구적 노력을 강화하자는 것으로, 전 지구 기온 상승을 산업화 이전 대비 2°C 이하, 더 나아가 1.5°C 이하로 억제하기 위함이다. 파리협약 당사국들은 이를 실현하기 위해 구체적인 온실가스 감축 목표를 설정, 국제사회에 약속하고 그 이행을 공동으로 검증하기로 하였다.

기후 변화를 억제하고자 하는 비슷한 목표로 제정되었던 교토의정서에는 미국 등 주요 대상국이 빠지고 그 연장에 실패하였으나, 파리협약은 2015년 12월 12일 미국, 중국, 브라질, 인도, EU 등 주요 기후 변화 당사자들을 포함한 전 세계 195개 국가가 참여하여 체결되었고, 2016년 11월 4일부터 구속력 있는 국제법으로 발효되었다. 2017년 6월 도널드 트럼프 미국 대통령은 돌연 미국의 파리협정 탈퇴를 선언하였으나 여전히 세계 탄소배출의 87%에 달하는 대부분의 국가가 협정을 이행 중에 있다.

우리나라는 2030년까지 온실가스 배출 전망치 대비 37% 감축(2005년 대비 5.5% 감축)을 목표로 동참하고 있다. 우리나라는 온실가스 배출량이 세계 10위권에 들 정도로 높고, 현재도 온실가스 배출이 증가하고 있어 쉽지 않은 목표이다. 이를 달성하기 위해서는 온실가스 감축정책, 배출권거래제도, 신재생에너지 공급 등 사회경제적 노력이 시급하다.

파리기후협정이 채택될 당시 유엔기후변화협약(UNFCCC)은 2100년까지 지구 평균기온의 상승을 산업화 이전 대비 1.5°C로 제한하기 위한 과학적 근거 마련을 위한 '지구온난화 1.5°C' 특별보고서 작성을 기후변화에 관한 정부간 협의체(IPCC)에 요청하였다. 이 보고서는 2018년 10월 우리나라 송도 국제도시에서 열린 제48차 IPCC 총회(의장 이회성)에서 만장일치로 승인되었다. 이 보고서에 의하면 지구 평균기온의 상승을 1.5°C로 제한하기 위해서는 2010년 대비 CO_2 배출량을 2030년까지 최소 45% 감축해야 하며, 2050년까지 대기의 자연 제거와 균형을 맞추는 수준(순제로)까지 감축해야 한다.

연습문제

1. 해저퇴적물에서 산소동위원소비를 이용하여 과거의 온도를 추정하는 방법을 기술하라.
2. 밀란코비치 주기를 구성하는 세 가지 인자를 간단히 설명하라.
3. 밀란코비치 주기에 따른 연교차 변화가 빙하기를 유도하는 과정을 설명하라.
4. 지구온난화를 일으키는 온실기체 중 대표적인 세 가지를 나열하라.
5. 기후 변화의 자연적 요인 중 한 가지를 기술하라.
6. 산림 벌채가 이산화탄소 증가를 가속화하는 이유를 설명하라.
7. 지구를 오히려 냉각시킬 수 있는 기후 변화 인자를 기술하라.
8. 지구온난화에 따른 해수면 상승의 두 가지 이유를 기술하라.
9. 전 지구 기후 모델을 사용하여 미래 기후 변화를 예측할 때 가장 필요한 두 가지를 기술하라.
10. 기후 변화를 예측할 때 사용하는 온실기체 농도에 여러 가지 시나리오가 필요한 이유를 기술하라.

참고문헌

국립환경과학원, 2010 : 한국 기후변화 평가보고서, 발간번호 11-1480523-000707-01, 623pp.

기상청, 2012 : 한반도 기후변화 전망보고서, 발간번호 11-1360000-000861-01, 75pp.

IPCC : Climate Change 2013: The Physical Science Basis. Contribution of Working Group I to the Fifth Assessment Report of the Intergovernmental Panel on Climate Change. Cambridge University Press, 1535pp.

제15장

대기오염

사람들은 건강을 위해 좋은 음식과 물 섭취에 대해 많은 고민을 한다. 그렇다면 하루 동안에 마시는 공기는 어떠한가? 건강한 보통의 성인 남성이 하루 평균 마시는 13.5 kg의 공기에는 질소와 산소뿐만 아니라 자동차, 공장, 발전소, 산불 등 다양한 인간활동과 관련되어 발생하는 미량의 오염기체들과 입자들도 포함되어 있다. 이러한 대기오염은 우리의 건강과 참살이(well-being)의 위협요인이 될 뿐만 아니라 자연생태계에도 막대한 영향을 미친다. 이 장에서는 대기오염의 정의와 대기오염의 역사를 소개하고, 주요 대기오염물질과 배출원에 대해 알아본다. 일정한 양의 오염물질이 대기 중으로 지속해서 배출되더라도 기상 조건(날씨)에 따라 짧은 시간에도 오염 농도가 다르게 나타나는 이유, 즉 대기오염과 기상의 관계를 살펴보고, 시정 감쇄와 산성비 원인을 고찰한다. 마지막으로 대기오염 농도 예측 관련된 방법과 모델들을 소개한다.

15.1 대기오염의 개요

15.1.1 대기오염의 정의

엄밀히 말해 완전하게 깨끗한 공기는 어디에도 없기에 **대기오염**(air pollution)이 새삼스러운 문제는 아니다. 산불이나 화산 활동과 같은 자연적 요인뿐만 아니라 인간활동으로 많은 기체와 고체(입자)들이 대기 중으로 유입되기 때문이다. 물론 이러한 자연적인 오염물질 대부분은 대기 중에서 바람에 의해 희석되고, 건성 및 습성 침착(dry and wet deposition) 과정에 의해 제거된다. 여기서 문제가 되는 것은 인간활동에 의한, 특히 도시와 산업시설 근처에서 인체에 해로운 **대기오염물질**(air pollutant)이 집중적으로 배출되고 인구가 집중된 아주 좁은 지역에 농축되어 나타나는 것이다. 즉, 대기의 자정 능력 이상의 위해성이 큰 오염물질들이 대기 중에 다량 방출되어 정상 범위 이상의 농도로 존재하는 경우 특정 지역의 많은 사람에게 불쾌감을 줄 뿐만 아니라 인간과 동·식물 그리고 재산상의 피해를 유발함으로써 사회경제적인 문제가 복잡하게 얽힌 환경오염 문제로 탈바꿈하게 된다.

이와 같은 대기오염을 세계보건기구(WHO)에서는 "대기 중에 인위적으로 배출된 오염물질이 한 가지 또는 그 이상 존재하여 오염물질의 양, 농도 및 지속 시간이 어떤 지역의 불특정한 여러 사람에게 불쾌감을 일으키거나 해당 지역의 공중보건상 위해를 끼치고, 인간이나 동·식물의 활동에 해를 주어 생활과 재산을 향유할 정당한 권리를 방해받는 상태"로 정의하고 있다.

우리나라에서는 "대기오염으로 인한 국민건강이나 환경에 관한 위해를 예방하고 대기환경을 적정하고 지속할 수 있게 관리·보전하여 모든 국민이 건강하고 쾌적한 환경에서 생활할 수 있게 함"을 목적으로 하는 대기환경보전법을 제정하여, 대기오염의 원인이 되는 기체상·입자상 물질 또는 악취물질 등의 개별적인 대기오염물질에 대해 정의하고 이들의 배출을 규제하고 있다.

한편 이렇게 나타나는 대기오염 현상들은 주요 발생원들이 위치한 대도시와 공업지역에서 국지적인 형태로 대기오염 문제를 일으키기도 하지만, 바람이나 대기의 대순환 기류를 따라 확산하면서 보다 광범위한 지역에 걸친 대기환경문제를 유발하고 있다.

15.1.2 대기오염의 역사

몇몇 대기오염 현상들이 근래에 더욱 악화되어 나타나지만, 대부분의 대기오염 현상들이 최근에 돌발적으로 발생한 것은 아니다. 대기오염의 역사는 인간이 불을 발명하고 난방과 요리를 위해 나무나 석탄을 태우면서 발생하는 '연기(smoke)'에서부터 시작되었다고 볼 수 있으며, 나무 대신 석탄을 사용하기 시작한 13세기경부터 대기오염이 심해지기 시작하였다. 18~19세기에 걸친 산업혁명 이후 20세기에는 도시 인구의 급증과 산업화에 따른 화석연료 사용의 급증으로 대기오염이 인류의 생존을 위협하는 수준에 이르렀다. 영국의 에드워드 I세가 1273년 연기에 의한 고통을 덜기 위해 연소 시 매연과 이산화황(SO_2)을 대량 배출하는 역청탄의 사용을 금지했으나, 이후 난방연료로서의 지속적인 석탄 사용 증가와 산업화의 가속화에 따라 연기문제는 더욱 악화되었다. 1661년 존 에브린(John Evelyn)은 런던의 대기오염을 개탄하며, 도시로부터 공장을 이전시키고 녹지대(green belt)를 설정하자는 내용을 담은 책을 발간하였다. 그 후 1850년대에 이르러 런던은 매연과 안개가 섞인 두꺼운 층이 도시 상공을 덮으면서 가축의 대참사 사건(1875년)과 700여 명이 사망하는 역사적 대기오염 사건(1873년)이 발생했다. 1905년 영국 런던에서 개최된 공중위생회의에서 헤롤드 데 보(Harold Des Voeux)가 smoke(연기)와 fog(안개)의 합성어인 **smog(스모그)**라는 용어를 처음 사용하였으며, 1900년대 초 런던과 에든버러, 글래스고 등 지역에서 이로 인한 사망자가 다수 발생하면서 이후 보편적으로 사용되는 용어가 되었다. 한편 가정과 공장에서 사용하는 석탄에서 매연, 검댕, 기타 유해물질들이 배출되면서 미국에도 대기오염이 사회적 논쟁거리가 되었다. 미국 시카고에서는 1881년 연기방지법을 최초로 통과시켰으며, 1912년 연기방지법이 미국의 대도시 대부분에서 통과되었고, 1919년에는 자동차에 의한 대기오염(일산화탄소 영향)에 대한 최초의 논문이 발표되었다.

최초의 역사적인 대형 대기오염 사건은 1930년 12월 벨기에의 뮤즈 계곡에서 발생하였다. 이후

1948년 펜실베이니아 주의 도노라와 1952년 런던에서도 대참사가 발생하였다. 한편, 미국 서부의 캘리포니아에서는 자동차의 증가와 대형 정유공장의 건설로 인해 오염물질 배출이 증가하여 쾌청한 날씨에도 불구하고 눈을 자극하는 또 다른 형태의 오염 문제인 로스앤젤레스형 광화학 스모그 사건(1954년)이 발생하였다. 이와 같은 세계적으로 유명했던 대기오염 사건에 대한 주요 내용(환경, 기상, 피해)은 표 15.1에 요약되어 있다. 오염된 공기가 인간생활에 미치는 충격적인 영향을 피부로 느끼게 됨에 따라 1956년에는 영국에서, 1963년에는 미국에서 **청정공기법**(Clean Air Act)을 각각 제정하여 공장과 자동차의 대기오염물질 배출기준을 강화하였다.

우리나라는 산업화가 시작된 1960년대에 접어들어 정부가 '경제개발 5개년 계획'을 수립하고 울산 공단 건설 등 본격적인 경제발전이 추진되면서 '공해'라는 용어가 최초로 사용되기 시작하였다. 1963년에는 "경제개발에 수반해서 발생하는 환경오염에 대한 정부정책 대응근거를 제공하는 것으로 공장이나 사업장 또는 기계, 기구의 조업으로 발생하는 대기오염, 하천오염, 소음 및 진동으로 인한 보건위생상의 피해를 방지해 국민보건을 향상하는 것"을 목적으로 최초의 환경법인 '공해방지법'이 제정되었다. 그러나 이 법은 제대로 시행되지 못하고 1969년에 이르러서야 시행규칙이 제정되었으며, 당시에는 환경문제에 대한 인식이 낮아 법의 실효성도 매우 낮았다. 1970년대 들어서면서 급속한 경제발전과 도시 인구 집중 등 다양한 사회 변화와 더불어 대기오염 현상이 나날이 심각해졌으며, 급기야는 '울산 공단 주변의 농작물 피해 보상 분쟁'이라는 사건이 발생하였다. 이후 시멘트 공장 주변이나 전국의 주요 공단(여수산단, 시화공단 등)에서 대기오염의 심화로 인한 분쟁 건수가 급증하였다. 1977년 '공해방지법'은 광역적인 환경문제에 효과적으로 대처하기 위해 '환경보전법'으로 대체되었으며, 1991년에는 환경보전법을 오염 분야별로 분법화하면서 대기오염과 관련된 상세 법

표 15.1 세계적인 주요 대기오염 사건

역사적 사건	발생 환경 및 기상 조건	피해
벨기에 뮤즈 계곡 (1930년 12월)	• 분지, 공장지대(철공장, 금속공장, 유리공장, 아연공장)/무풍상태, 기온 역전, 연무 발생	• 사망자 발생률 평시의 10배 • 사망자 60명 및 전 연령층에서의 급성 호흡기 자극성 환자 발생 • 가축, 새, 식물의 피해
미국 펜실베이니아 도노라 (1948년 10월)	• 분지, 공장지대(철공장, 전선공장, 아연공장, 황산공장)/무풍상태, 기온 역전, 연무 발생	• 인구 14,000명 중 중증 11%, 중경증 17%, 경증 15%, 전 연령층 자극 증상 발생 • 18명 사망
영국 런던 (1952년 12월)	• 하천평지, 인구 조밀, 차가운 취기의 스모그/무풍상태, 기온 역전, 높은 습도(90%)	• 주간 4,000명 과잉사망 • 추후 2개월간 8,000명 과잉사망 • 전 연령층에 심폐성 질환 입원환자 급증
미국 로스앤젤레스 (1954년)	• 해안분지, 급격한 인구 및 자동차 수·석유계 연료 소비 증가, 연무/해안성 안개, 기온 역전	• 눈, 코, 기도, 폐 등 점막의 지속적 반복성 자극, 일상생활의 불쾌감 • 가축, 식물과실의 손해, 고무제품, 건축물의 피해

규인 '대기환경보전법'이 확립되었다. 이와 같은 대기오염 배출 규제에 강력한 법규 시행과 배출 저감 노력으로 2000년대 들어서는 일부 오염물질의 농도가 크게 감소하는 등 대기질이 전반적으로 개선되었으나, 대기오염에 대한 국민 인식 증대와 삶의 질적 향상으로 높아진 기대치에는 아직 미치지 못하고 있다.

15.2 대기오염 배출원과 주요물질

15.2.1 대기오염 배출원

대기오염물질의 발생 원인은 크게 자연적 발생원과 인위적 발생원으로 나눌 수 있다. 인간활동과 관계없는 **자연적 발생원**(natural source)의 예로는 화산재, 황사(흙먼지), 파도에 의한 해염입자, 자연발화 산불에 의한 연기 등이 있다. 자연 발생 오염물질의 강도와 빈도는 인간활동의 영향을 받을 수 있다. 경작지의 건조한 토양에서 강한 바람에 의한 흙먼지 발생이나 실화에 따른 산불의 증가가 그 예이다. 그러나 오늘날 문제가 되는 대기오염은 대부분 인간활동에 의한 **인위적 발생원**(anthropogenic source)에 기인한 것이다. 대기오염 배출 저감에 관련된 과학기술의 발달에도 불구하고, 경제 성장에 따른 산업시설 확대와 도시 인구 급증에 따른 화석연료 사용 증가 및 배출원의 다양화로 인해 대량의 대기오염물질들이 지속적으로 배출되고 있다. 특히 화석연료를 주로 사용하는 발전소나 가정 등에서는 (초)미세먼지와 아황산가스 및 질소산화물 등이 배출된다. 또한 자동차의 배출가스는 대기 중에서 복잡한 화학반응을 거쳐 오존과 같은 광화학 오염물질뿐만 아니라 (초)미세먼지를 형성하기도 한다. 또한 생산공장의 공정에서 중금속을 비롯한 다양한 오염물질들이 배출된다.

인위적 발생원은 공간적인 배출 형태에 따라 고정 배출원과 이동 배출원으로 분류될 수 있다. 산업시설, 발전소, 건물 등과 같은 고정된 오염원으로부터 대기오염이 발생하는 경우를 고정 배출원이라 하고, 이를 점 오염원(point source), 면 오염원(area source)으로 세분하기도 한다. 자동차, 선박, 비행기 등과 같이 이동 상태에서 대기오염이 발생하는 경우는 이동 배출원이라고 한다.

오염물질의 근원적인 관점에서 볼 때 1차 대기오염물질과 2차 대기오염물질로 구분할 수 있다. 배출원에서 대기로 직접 방출되는 물질을 **1차 대기오염물질**(primary air pollutant)이라 하며, 이러한 1차 대기오염물질들이 대기 중에서 일련의 광화학 반응과정을 거쳐 형성되는 물질을 **2차 대기오염물질**(secondary air pollutant)이라고 한다. 이때 광화학 반응에 참여한 1차 대기오염물질을 2차 대기오염물질의 **전구물질**(precursor)이라고 한다.

한편 대기오염물질은 그 물리적 특성에 따라 가스상 물질과 입자상 물질로 구분이 된다. 가스상 오염물질은 탄소산화물, 황산화물, 질소산화물 등과 같은 것으로 비록 대기 중에 적은 양으로 존재하지만, 미량으로도 큰 피해를 줄 수 있어서 중요하게 다루어진다. 입자상 오염물질은 대기 중으로 바로 유입되는 먼지나 스모그와 같은 작은 크기의 **에어로졸**(aerosol) 또는 **입자**(particle)를 총칭한다. 여기에는 대기 중 광화학 반응에 의해 2차적으로 생성된 입자상 오염물질도 포함된다.

15.2.2 주요 대기오염물질

미세먼지(particulate matter, PM)는 일반적으로 대기 중에 존재하는 고체 혹은 액체상의 입자상 물질을 칭한다. 미세먼지는 직경에 따라 직경이 10 μm보다 작은 입자를 미세먼지(PM_{10}), 직경이 2.5 μm보다 작은 입자를 초미세먼지($PM_{2.5}$)로 구분한다. (초)미세먼지는 자연적으로 생성되기도 하지만 대부분 배출원에서 직접 배출되거나 대기 중 화학반응으로 생성된다. 특히 초미세먼지의 상당량은 황산화물(SOx), 질소산화물(NOx), 암모니아(NH_3), 휘발성 유기화합물(VOCs) 등의 전구물질이 대기 중의 특정 조건에서 반응하여 2차 생성된다. 자연적으로 존재하는 입자로는 광물입자(예 : 황사), 소금입자, 생물성 입자(예 : 꽃가루, 미생물) 등이 있다. 미세먼지의 화학적 조성은 매우 다양하나, 주로 탄소 성분(유기탄소, 원소탄소), 이온 성분(황산염, 질산염, 암모늄), 광물 성분 등으로 구성되어 있다. 미세먼지는 천식과 같은 호흡기계 질병을 악화시키고, 폐 기능의 저하를 초래한다. 특히 초미세먼지는 코점막을 통해 걸러지지 않고 흡입 시 폐포까지 직접 침투하여 천식이나 폐질환의 유병률과 조기 사망률을 증가시킨다. 또한 미세먼지는 시정을 악화시키고, 식물의 잎 표면에 침적되어 신진대사를 방해할 뿐만 아니라 대부분 흡습성이어서 구름의 응결핵 역할을 하기도 한다. 그리고 기상 조건에 따라 바람을 타고 장거리 수송이 되면서 배출원에서 멀리 떨어진 지역에도 영향을 끼친다.

이산화황(SO_2)은 석탄, 석유 등의 황이 포함된 화합물의 연소과정에서 배출되는 기체로, 주요 배출원은 발전소, 난방장치, 제련소, 정유소, 제지공장 등이다. 그러나 화산 폭발과 바다에서의 분무를 통해 자연적으로 발생할 수 있다. 이산화황이 대기 중으로 일단 배출되면 삼산화황으로 산화되며, 습윤한 대기 중에서는 수증기(H_2O)와 작용하여 **산성 안개**(acid fog)와 **산성비**(acid rain)를 유발하는 부식성이 높은 황산(H_2SO_4)이 형성된다. 또한 이산화황은 초미세먼지의 2차 생성에 있어 중요한 물질이기도 하다. 고농도의 이산화황에 노출되면 일시적인 호흡곤란 등이 발생할 수 있으며, 가슴 통증, 심장질환 등의 순환계 질환도 유발될 수 있다.

그림 15.1 미국과 유럽의 주요 선진국들은 정부의 강력한 대기오염 규제 및 지속적인 배출 저감 노력으로 대기질이 크게 개선되었으나, 최근 급속한 산업화가 진행되고 있는 중국과 인도 등 아시아 국가들의 초미세먼지 농도는 매우 심각한 실정이다 (2013년 10월 중국). (출처 : 셔터스톡)

블랙카본과 기후 변화　　　　　　　　　　　　　　

미세먼지는 건강뿐만 아니라 기후 변화에도 영향을 미친다. 미세먼지 중에서도 화석연료(fossil fuel)와 바이오연료(biofuel) 및 바이오매스(biomass) 연소 시 주로 발생하는 블랙카본(black carbon, BC)은 이름처럼 검은색을 띠고 있는 탄소덩어리이다. 검은색 종이가 태양복사에너지를 잘 흡수하듯 새까만 입자인 블랙카본은 가시광선 영역을 중심으로 태양복사에너지를 흡수하고, 흡수한 복사에너지를 적외선으로 전환시켜 대기로 재방출함으로써 지구대기의 온도를 높이는 지구온난화 효과를 유발한다. 물론 블랙카본은 산란, 반사에 우세한 황산염 등의 에어로졸들과 함께 지표면에 도달하는 태양복사에너지를 감소시킴으로써 지표면 냉각 효과도 초래한다[이를 '화이트하우스(whitehouse) 효과'라 부른다]. 또한 눈과 해빙 표면에 침착된 블랙카본은 태양빛을 흡수하여 빙하 및 만년설의 융해에도 직접 작용하는 것으로 최근 보고되고 있어 극지방이나 히말라야 지역 등 고산지대의 기후 변화에 중요한 쟁점이 되고 있다. 블랙카본은 이러한 과정을 통해 지역 기후뿐만 아니라 대기의 물순환과 농업생산량 그리고 인류의 건강에도 막대한 영향을 끼치는 것으로 알려져 있다. 향후 지구 기온의 상승을 2℃ 이내에서 억제하고 지구온난화 추세를 완화하기 위해서는 온실기체와 더불어 대기 중 체류 기간이 상대적으로 짧은 블랙카본의 배출량을 줄이는 것이 필요하다.

질소산화물(NO_x)은 질소를 포함한 화합물의 고온 연소 시 산소와 반응하여 생성되거나 고온, 고압의 연소 챔버에서 공기 중의 질소와 산소가 반응해서 만들어지는 오염물질로 일산화질소(NO)와 이산화질소(NO_2)가 대표적이다. 자동차, 발전소, 쓰레기 소각장 등이 질소산화물의 주요 인위적 배출원이며, 자연적인 배출원으로서 박테리아에 의한 분해과정에서 배출되기도 한다. 최초에 일산화질소(NO)로 배출되었다가 대기 중에 노출되면 이산화질소(NO_2)로 변화한다. 습윤한 대기 조건에서 이산화질소는 수증기와 작용하여 부식성 물질인 질산(HNO_3)을 형성, 산성비를 유발한다. 질소산화물은 반응성이 매우 큰 기체여서 **광화학 스모그**(photochemical smog)를 구성하는 오존과 기타 성분을 생성하는 데 주요한 역할을 한다. 질소산화물의 대기 중 농도가 높으면, 심장병과 폐질환을 일으킬 가능성이 있으며, 호흡기 질환에 대한 저항력을 떨어뜨릴 수 있다.

일산화탄소(CO)는 탄소 성분을 포함한 화합물의 불완전 연소로 인해 생성되며, 자동차 배출가스에서 가장 많이 배출된다. 최근에는 차량의 급증과 함께 주요 대기오염물질의 하나로 부각되고 있다. 일산화탄소는 무색, 무취, 무자극성이기 때문에 의식하지 못하고 중독되기 쉽다. 일산화탄소에 중독될 경우 산소 운반의 저해로 두통, 구토, 빈혈 등의 증상을 동반하며, 중증일 경우에는 의식 불명, 호흡기 장애 등을 일으켜 사망에 이른다.

휘발성 유기화합물(volatile organic compounds, VOC)은 끓는점이 낮아서 대기 중으로 쉽게 증발되는 액체 또는 기체상 유기화합물의 총칭으로서, 산업체에서 많이 사용하는 용매에서 화학 및 제약 공장이나 플라스틱 건조공정에서 배출되는 유기가스에 이르기까지 매우 다양하며 끓는점이 낮은 액체연료, 파라핀, 올레핀, 방향족화합물 등 생활 주변에서 흔히 사용하는 탄화수소(hydrocarbon)류가 대부분 해당된다. 휘발성 유기화합물은 대기 중에서 질소산화물(NOx)과 함께 광화학 반응을 통해 오존 등 광화학 산화제를 생성하여 광화학 스모그를 유발하기도 하고, 벤젠과 같은 물질은 발암성 물질로서 인체에 매우 유해하다. 주요 배출원으로는 유기용제 사용시설, 도장시설, 세탁소, 저유소,

표 15.2 우리나라 대기 환경기준(2020년 현재)

항목	기준	
아황산가스(SO₂)	연간 평균값	0.02 ppm 이하
	24시간 평균값	0.05 ppm 이하
	1시간 평균값	0.15 ppm 이하
일산화탄소(CO)	8시간 평균값	9 ppm 이하
	1시간 평균값	25 ppm 이하
이산화질소(NO₂)	연간 평균값	0.03 ppm 이하
	24시간 평균값	0.06 ppm 이하
	1시간 평균값	0.1 ppm 이하
미세먼지(PM₁₀)	연간 평균값	$50\ \mu g\ m^{-3}$ 이하
	24시간 평균값	$100\ \mu g\ m^{-3}$ 이하
초미세먼지(PM₂.₅)	연간 평균값	$15\ \mu g\ m^{-3}$ 이하
	24시간 평균값	$35\ \mu g\ m^{-3}$ 이하
오존(O₃)	8시간 평균값	0.06 ppm 이하
	1시간 평균값	0.1 ppm 이하
납(Pb)	연간 평균값	$0.5\ \mu g\ m^{-3}$ 이하
벤젠(Benzene)	연간 평균값	$5\ \mu g\ m^{-3}$ 이하

주유소 및 각종 운송수단의 배기가스 등의 인위적 배출원과 나무와 같은 자연적 배출원이 있다. 이 밖에 납(Pb), 크롬(Cr), 카드뮴(Cd) 등과 같은 특정 유해 대기오염물질도 있다.

대부분 국가에서는 이러한 대기오염물질들에 대한 대기환경의 기준을 설정하고 있다. 대기환경기준은 단기간 고농도 노출에 대한 피해 영향과 장기간 저농도 노출에 따른 피해 영향에 대해 기준을 각각 설정하고 있다. 우리나라 환경부에서는 표 15.2와 같이 입자상 오염물질로는 미세먼지와 초미세먼지, 가스상 오염물질로는 아황산가스(SO₂), 이산화질소(NO₂), 일산화탄소(CO) 그리고 광화학물질인 오존(O₃), 그 외 휘발성 유기화합물인 벤젠과 중금속물질인 납(Pb)을 기준 항목으로 설정하여 규제하고 있다.

15.2.3 광화학 오염물질

자동차의 급증에 따라 최근 대도시의 중대한 대기오염 문제로 대두된 것이 광화학 스모그이다. 이는 질소산화물과 휘발성 유기화합물(탄화수소)과 같은 1차 오염물질의 광화학 반응에 의해 생성된 것으로 오존이 그 대표적 오염물질이다. 오존은 특유의 냄새가 있으며 성층권에서는 인체에 유해한 자외선을 차단해주는 역할을 하지만, 지표 부근의 오존은 천식, 기관지염 등을 유발하는 오염물질이다. 오존은 또한 식물들의 성장을 저해하여 농작물에 막대한 피해를 끼친다.

지표 부근에서의 광화학 스모그는 일반적으로 이산화질소(NO_2)의 **광분해 순환**(photolytic cycle)에 의하여 생성된다. NO_2는 광화학적으로 반응성이 매우 높아서 0.38 μm 이하의 복사에너지(h)에서는 해리된다. 이 반응을 통해 반응성이 매우 높은 산소원자(O)가 생성되며, 이 산소원자(O)는 산소분자(O_2)와 반응하여 새로운 오존(O_3)을 생성한다. 다시 오존은 일산화질소(NO)를 산화시켜 NO_2를 만든다. 일련의 NO_2의 광분해 순환은 다음 반응식들로 대표될 수 있다(이 반응에서 M은 에너지를 받아들이는 제3의 물질임).

$$NO_2 + hv \rightarrow NO + O \tag{15.1}$$

$$O_2 + O + M \rightarrow O_3 + M \tag{15.2}$$

$$O_3 + NO \rightarrow NO_2 + O_2 \tag{15.3}$$

이와 같은 반응이 반복되는 과정에서 일산화질소 일부가 오존을 분해하지 않고[즉, 식(15.3) 반응을 거치지 않고] 다른 기체들과 결합하게 되면 고농도의 오존이 유발된다. 특히 대기 중 탄화수소(hydrocarbon)가 존재하면 일산화질소는 오존을 그대로 둔 채 탄화수소와 반응하여 이산화질소를 생성한다. 결과적으로 탄화수소의 반응 때문에 NO_2의 생성은 NO_2 광분해 순환에 의한 양보다 더 많아지며, O_3 농도를 높인다. 한편 탄화수소는 산소 및 이산화질소와 결합하여 PAN(peroxyacetyl nitrate)과 같은 오염물질을 생성하기도 한다. PAN 역시 눈을 자극하고 식물에 해로운 유해 유기화합물이다. 대도시의 오존 농도를 줄이려면 질소산화물과 탄화수소 농도를 동시에 줄여야만 한다. 만약 둘 중 하나만 줄이게 되면 오존 생성은 감소하지 않을 수도 있는데, 이는 탄화수소 존재하에서 이산화질소가 오존을 생성하는 촉매제 역할을 하기 때문이다.

그림 15.2 **광화학 스모그로 뒤덮인 로스앤젤레스** (출처 : 셔터스톡)

황사와 미세먼지

황사와 미세먼지에 대해 사람들이 감각적으로 느끼는 점은 매우 비슷할 것이다. 그렇지만 황사(wind-blown soil dust)는 미세먼지와는 분명 다르다. 황사는 중국과 몽골의 건조한 사막지역(예 : 타클라마칸 사막, 고비 사막, 텐겔 사막, 황하 중류의 황토지대 등)에서 강한 바람으로 인해 자연적으로 만들어지는 모래와 흙먼지를 가리킨다. 강한 편서풍에 실려 한반도로 유입되기도 하며, 태평양을 가로질러 미국까지 수송되기도 한다. 우리나라에서 관측되는 황사입자는 크기가 다양하지만 대부분 지름이 수 마이크로미터(μm)인 조대입자이다. 따라서 서로 다른 지름에서 관측된 미세먼지 질량 농도 자료나 지름별 수농도 관측자료로부터 황사와 인위적 발생원에서 배출된 초미세먼지($PM_{2.5}$)를 쉽게 구분할 수 있다. 예를 들어 그림 15.R1은 황사 경보[황사로 인해 1시간 평균 미세먼지(PM_{10}) 농도가 800 μg m^{-3} 이상이 2시간 이상 지속] 수준의 강한 황사가 서울로 유입된 기간

에 관측된 미세먼지(PM_{10})와 초미세먼지($PM_{2.5}$) 농도의 시계열을 나타낸 것으로, 지름 2.5 μm 이상의 큰 황사 입자들이 다량 유입된 2월 22일 18시 이후에는 초미세먼지($PM_{2.5}$) 농도와 비교해 상대적으로 미세먼지(PM_{10}) 농도가 크게 증가하였다. 2월 23일에는 미세먼지(PM_{10})와 초미세먼지($PM_{2.5}$) 농도 차이가 약 700 μg m^{-3}으로 나타났다.

황사는 칼륨, 철분 등 토양 성분들로 이루어져 있으며, 인위적 오염물질과 섞이지 않았다면 인체에 커다란 유해성은 없다고 할 수 있다. 물론 황사가 날아오는 도중 오염이 심한 지역을 통과하면서 각종 대기오염물질과 혼합되어 우리나라로 유입되는 경우 유해성이 증가할 수 있다. 한편으로 황사는 해양 플랑크톤에 무기염류를 제공하거나, 산성 토양의 중화 등 생태계에 긍정적인 역할도 하고 있다.

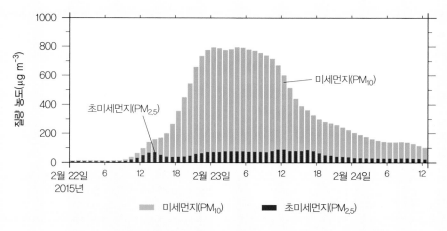

그림 15.R1 서울에서 관측된 미세먼지(PM_{10})와 초미세먼지($PM_{2.5}$) 농도 자료

15.3 대기오염과 기상

대기오염에 영향을 주는 가장 중요한 요소는 대기오염물질 배출량이다. 한편 일정한 양의 대기오염물질이 지속적으로 배출되더라도 대기 상태의 변화, 즉 기상 조건에 따라 짧은 시간에도 인간활동에 직접적인 영향을 미치는 지표 부근의 대기오염물질 농도는 큰 차이를 보인다. 다른 지역으로의 확산 및 깨끗한 주변 공기와의 혼합을 통해 얼마나 빨리 농도가 낮아지는지를 결정하는 주요한 기상요소는 바람과 대기 안정도이다.

15.3.1 바람

바람은 대기오염에 직접적으로 영향을 미친다. 그림 15.3에서 보듯이 풍속이 강해질수록 발생원에서 배출된 오염물질은 수평적으로 더 넓은 지역으로 확산되고, 강한 바람에 의해 발생된 강한 난류 때문에 오염된 공기가 주변 공기와 더 빠르게 혼합됨으로써 오염물질의 농도가 낮아지게 된다. 반대로 바람이 약한 경우 난류 확산이 저하되면서 오염물질의 고농도가 지속되게 된다.

15.3.2 대기 안정도와 오염물 확산

대류권 내에서는 일반적으로 기온이 고도 증가에 따라 감소하는데, 맑은 날 낮에는 일사 가열로 지면 부근의 온도가 증가하여 연직 기온감률이 커지게 되고 하층 공기는 불안정한 상태가 되어, 지표 부근 공기는 상층으로 이동하고, 상층의 공기는 하층으로 이동하는 대류 운동이 발생한다. 그러나 하층이 한랭하고 상층이 온난한 **기온 역전**(temperature inversion)이 발생한 경우, 대류현상이 일어나지 않아 대기층이 매우 안정해진다. 이와 같이 대기의 연직 방향 운동을 좌우하는 **대기 안정도**(atmospheric stability)는 기온의 연직 분포에 의해 결정되며, 이는 오염물질의 확산에 큰 영향을 미친다. **불안정한 대기**(unstable atmosphere)에서는 연직 확산이 일어나기 쉽지만, **안정 대기**(stable atmosphere)에서는 연직 운동이 약화되면서 배출된 연기가 위아래로 잘 섞이지 못하고 수평으로 확산된다. 지표면에서 대류에 의하여 오염물질이 최대 혼합되는 높이를 **혼합 높이**(mixing height) 또는 **혼합 깊이**(mixing depth)라 부른다(그림 15.4). 대기가 안정할 때는 혼합 높이가 낮아져 지표 부근 오염 농도가 높아질 수 있으며, 반대로 불안정한 대기에서는 혼합 높이가 높아져 오염물질은 부피가 큰 깨끗한 공기와 빠르게 혼합되면서 희석된다. 일반적으로 태양에 의한 지표면 가열로 연직 운동이 활발한 오후에, 그리고 겨울철보다는 여름철에 혼합 높이가 높게 나타난다.

일반적으로 굴뚝에서 방출되는 연기의 대기 중 확산 모양은 기온과 바람의 연직분포에 따라 결정된다. 즉, 연직 기온분포와 바람분포를 알면 연기의 모양을 알 수 있고, 반대로 연기의 형태를 보면

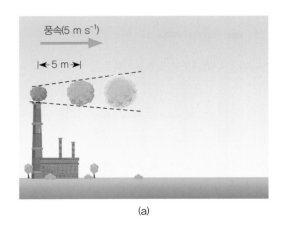
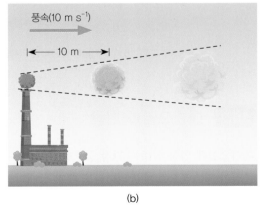

(a)   (b)

그림 15.3 굴뚝에서 나온 연기 모습. (a) 바람이 약하게 부는 날은 연기의 확산이 저하되어 농도가 높게 나타나지만, (b) 바람이 강하게 부는 날은 연기가 더 멀리 퍼지게 되고 난류에 의해 주변 공기와 혼합되면서 농도가 희석된다.

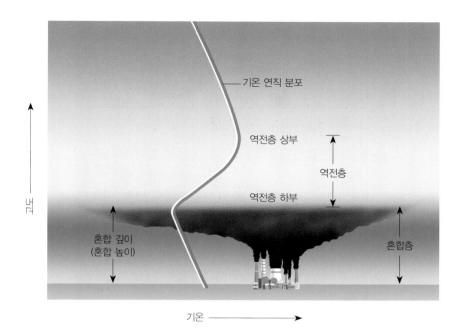

그림 15.4 대류권 내 기온은 고도가 증가함에 따라 감소하지만, 고도에 따라 온도가 증가하는 기온 역전층이 존재하는 경우 지표면 부근에서 배출된 대기오염물질은 기온 역전층을 벗어나지 못하면서 축적되어 고농도 오염 사례를 유발하게 된다.

기온과 바람의 연직분포를 알게 된다. 연기의 모양은 풍속의 크기와 대기 안정도에 따라 분산 형태가 달라지는데, 전형적인 형태는 다음과 같다(그림 15.5).

환상형(looping)

절대 불안정한 대기 조건과 강한 풍속으로 대류혼합이 강할 때 일어난다. 따라서 날씨가 맑아서 태양복사열이 강한 날에 발생한다. 열역학적으로 생긴 난류는 큰 소용돌이를 일으켜 굴뚝 연기 전부를 지표면까지 이동시킬 수 있다. 강한 난류에 의해서 연기는 재빨리 분산되나 연기가 지면에 도달하는 경우 굴뚝 가까운 곳의 지표 농도는 높을 수도 있다.

원추형(coning)

구름이 낀 날이나 밤에 바람이 강하지 않을 때 발생하기 쉽고, 계절과 밤낮에 구애받지 않고 생길 수 있다. 대기 상태가 중립일 때, 즉 날씨가 흐리고 바람이 약할 때 약한 난류에 의해 이러한 균일한 모양이 발생한다. 이 형태의 연기는 거의 지표 가까이에는 도달하지 않는다.

부채형(fanning)

대부분 밤이나 이른 아침에 발생한다. 고기압 구역에서 하늘이 맑고 바람이 약할 때는 지표로부터 열 방출이 커서 복사 역전층이 생기며, 이때 오염물질이 방출되면 평평하고 반듯한 리본 모양의 분산 형태가 나타난다. 굴뚝이 높으면 오염물질은 지표에 도달하지 않지만, 굴뚝이 주위의 지형에 비해 상대적으로 낮을 때는 지표면 부근의 대기오염이 매우 심각해질 수 있다.

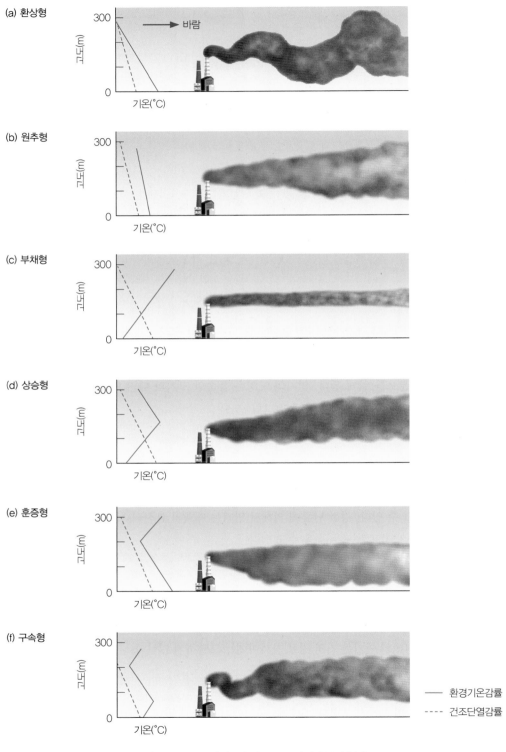

그림 15.5 대기 안정도에 따른 굴뚝 연기의 분산 형태

상승형(lofting)

초저녁부터 이른 아침에 걸쳐 많이 발생한다. 고기압 지역에서 맑고 바람이 약하여 복사 역전층이 오염 방출원의 높이보다 낮은 지표 부근에서 생길 때 역전층 위에서는 약간 불안정한 상태가 되어 오염물질이 위로만 퍼지게 된다. 굴뚝에서 배출된 오염물질에 의한 오염 농도만을 생각한다면 지표 부근에서의 오염 농도는 이 형태일 때 가장 적다.

훈증형(fumigation)

아침 일사에 의해서 점차 지표가 불안정해지면 밤 동안에 생겼던 복사 역전이 점차 하층에서부터 해소되는 과정에서 발생하며 불안정층이 굴뚝의 높이에까지 상승하여 굴뚝에서 배출되는 오염물질이 아래로 분산, 결국 지표면까지 영향을 미친다. 그러나 대체로 이 분산 형태는 길게는 30분 정도밖에 지속되지 않는다. 한편 저기압 구역에서 바람이 강할 때도 훈증형이 발생하기도 한다. 이때 오염물질 배출구 바로 주위에서 오염 농도가 크게 나타나는데, 이런 경우를 하향 날림(downwash) 현상이라고 한다. 이러한 현상은 굴뚝에서 방출되어 나오는 분출 속도가 그 고도의 풍속보다 작을 때 생기며, 분출 속도를 풍속의 2배 이상으로 배출시키면 일어나지 않는다.

구속형(trapping)

계절에 상관없이 고기압 지역에서 장시간 계속되는 침강 역전이 있거나, 혹은 전선면에서 생기는 전선 역전이 생겼을 때, 그리고 이때 하층에 복사 역전이 형성되어 두 역전층 사이에 굴뚝의 연기가 배출되면 연기가 구속되어 정체된다.

15.3.3 대기오염의 악화

대기오염은 약한 바람 및 안정된 대기에 의해 오염물질의 수평 및 연직 확산이 억제될 때 악화될 수 있다. 대기오염을 악화시킬 수 있는 잠재적인 요소들은 아래와 같으며, 이러한 요인들이 복합되면 대기오염은 매우 심각한 수준에 이르게 된다.

- 대기오염물질 배출량 증가
- 입사하는 태양복사 증가에 따른 광화학 반응 활성화
- 정체된 고기압
- 지표면 풍속 약화에 따른 오염물질 수평 확산 약화
- 상층 대기의 침강으로 형성된 침강 역전층
- 낮은 대기 혼합 고도(오염물질 연직 확산 약화)
- 야간 복사냉각에 의한 지표 부근의 기온 역전층
- 계곡 및 분지 등 지형으로 인한 지속적인 오염물질 축적

15.3.4 대기오염과 국지순환

공장과 같은 산업시설에서 배출된 오염물질은 확산되면서 인근 지역의 대기질을 악화시킬 뿐만 아니라 때로는 전 지구적·지역적인 대기오염 문제로 확대되기도 한다. 또한 대기오염 문제는 시간적으로도 1일 이내의 짧은 시간규모로부터 연변화, 나아가서는 기후 변동의 시간규모로까지 확대되기도 한다.

일반적으로 대기 중 어느 장소에서의 오염 농도는 오염물질의 생성, 소멸과 배출원으로부터의 이류와 확산에 의해 결정된다. 즉, 오염 농도의 시간 변화율은 다음과 같이 표현될 수 있다.

농도의 시간 변화율 = 생성 − 소멸 + (이류와 확산)

이류와 확산은 대기 운동에 의해 오염물질의 농도 변화가 일어남을 나타내며, 넓은 의미의 수송 효과라 볼 수 있다. 대기 운동은 지표면 부근의 미세한 기류의 움직임으로부터 대규모의 대기대순환에 이르기까지 광범위한 공간적·시간적 규모에 걸쳐서 존재한다. 도시 규모에 해당하는 수 km에서 수십 km의 수평 규모를 보이는 대기 운동은 수백 km 이상의 대규모 운동과 수 km 이하의 소규모 운동 사이의 중간 규모의 의미로 중규모 운동이라 불린다. 또한 중규모 운동에서 나타나는 바람은 지형 또는 지표면의 영향을 강하게 받기 때문에 지역 특유의 바람이라는 의미로 **국지풍**(local wind)이라고도 하며, 도시의 기상은 대부분 이러한 국지풍계의 영향을 많이 받고 있다. 국지풍 중 **해륙풍**(land and sea breeze)은 해풍과 육풍이 하루 주기로 바뀌는 것을 의미하며, 위도, 계절, 일기 상태, 해안 지형, 지표면의 상태 등에 따라 여러 가지 형태로 나타난다. 해륙풍의 발달은 풍하측뿐만 아니라 풍상측의 공기를 오염시킬 수 있으며, 해풍은 육상의 혼합 높이에도 영향을 줄 수 있다.

하루를 주기로 산과 계곡에서 바람의 방향이 바뀌는 형태로 나타나는 산곡풍의 경우 밤에는 차가운 공기가 산에서 계곡으로 모이기 때문에 계곡 내의 대기는 매우 안정적이며, 대기의 연직 확산은 억제된다. 따라서 계곡 내에서는 밤에 안정된 대기와 함께 오염물질이 축적되어 대기오염이 악화될 수 있으며, 다음날 충분한 태양복사가 도달하지 않아 곡풍이 발달하지 않는 경우 오염물질이 계속 계곡에 축적되어 대기오염이 지속될 수 있다(예 : 벨기에 뮤즈 계곡 대기오염 사건).

한편 인간활동으로 인해 도심지역 온도가 주변지역보다 높게 올라가는 **열섬효과**(heat island effect)

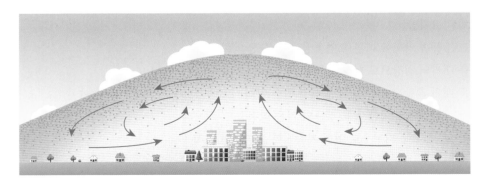

그림 15.6 도시 열섬효과와 먼지 지붕

는 주로 (1) 지표면 복사에너지가 도시 내에 갇히는 야간에, (2) 난방이 증가하는 겨울철에, (3) 바람이 약하고 맑은 날에 강하게 나타난다. 맑고 바람이 없는 밤에는 열섬효과로 인해 도시 상공에 약한 열 저기압이 형성되며, 이로 인해 도시 바깥에서 도시 안으로 바람이 불어드는 경우가 있다. 이 바람은 도시 내에서 발생하는 오염물질을 도시 내에 계속 머무르게 하며, 도시 외곽에 있는 공장 등과 같은 오염물질 발생원이 존재하는 경우 해당 오염물질까지 도심에 축적될 수 있다. 도시에서 생성된 대량의 오염물질들은 대기로 방출되어 도시 상공에 머물러 지표면에 도달되는 태양복사에너지를 감소시키고, 결국 공기의 연직 운동을 방해한다. 그 결과 바람이 없거나 매우 약한 날에는 오염물질이 계속 축적되어 도시의 대기질은 악화된다. 이처럼 오염물질의 수송에 의한 대기오염 측면에서 국지 풍계의 고려는 매우 중요한 의미를 갖는다.

15.4 대기오염과 시정

15.4.1 시정의 정의와 측정

시정(visual range; visibility)은 대기의 혼탁 정도를 나타내는 기상요소로서 지표면에서 정상적인 시각의 사람이 목표를 식별할 수 있는 최대거리이다. 평소보다 시정이 급격히 감소하는 **시정 장애**(visibility impairment) 또는 **시정 감쇄**(visibility reduction)는 보통 안개, 눈, 비 등의 날씨 속에서 자주 일어나나, 에어로졸(미세먼지)이나 가시광선 영역에서의 빛을 잘 흡수하는 일부 기체(예 : 이산화질소)의 농도가 높을 때 발생하기도 한다. 시정 장애는 항공기 · 선박 · 자동차 등 교통수단의 운행 등에 직접적인 영향을 미친다.

대기 중 시정 측정방법으로 목측법과 광학적 측정법이 주로 사용되고 있는데, 목측법은 숙련된 전문가가 이미 거리를 알고 있는 목표물을 설정하고, 식별 가능한 최대거리를 측정하는 방법이다. 종관기상관측소에서의 목측 시정관측은 일반적으로 3시간 간격으로 이루어지고 있으며, 객관성을 확보하기 위해 관측소마다 시정 표시물 지도(plan of visibility markers)를 확보하여 시정을 측정하고 있다.

광학적 측정법은 광원(light source)에서 발생된 빛을 일정 거리에서 수신하여 빛의 양이 어느 정도 감쇄되었는지를 광학장치를 이용하여 측정하는 방법이다. 사람의 눈이 검은색 물체를 하얀색 배경에 대해 구분할 수 있는 최소 명암 대조(C_v, visual contrast)를 다음과 같이 대기의 소산계수(b_{ext})와 시정(V)으로 정의할 수 있다.

$$C_v = \exp(-b_{ext}V)$$

일반적으로 많이 사용하는 2%의 최소 명암 대조($C_v = 0.02$)를 적용하면 시정을 다음과 같이 표현할 수 있다.

$$V = \frac{3.912}{b_{ext}}$$

따라서 대기의 소산 계수(b_{ext})를 측정하면 시정을 계산할 수 있다. 대기의 소산계수 측정을 통한 시

그림 15.7 시정이 매우 좋은 날(a)과 미세먼지에 의해 시정이 악화된 날(b)의 서울 모습 (출처 : 셔터스톡)

정 관측 장비로 시정계(transmissometer)가 주로 활용된다.

15.4.2 대기오염과 시정 감쇄

대기 중에 존재하는 미세먼지는 주로 빛을 산란시켜 우리 눈에 도달하는 빛의 세기를 약화시킴으로써 시정을 악화시키기 때문에, 시정은 대기 오염도를 가장 쉽게 체감할 수 있는 지표이다. 특히 초미세먼지($PM_{2.5}$) 농도가 높아지면 초미세먼지 입자에 의해 빛이 산란되거나 흡수되어 시정이 크게 감소한다. 이는 초미세먼지 대부분을 차지하는 0.1~1.0 μm 크기의 입자들의 높은 빛의 소산 효율 때문이다. 자동차가 많은 대도시의 경우 자동차 배출가스로부터 생성된 이산화질소(NO_2)가 일산화질소(NO)와 산소원자(O)로 분해되는 과정에서 자외선 · 가시광선을 흡수하면서 시정 감쇄가 일어날 수 있다(그림 15.7).

한편 시정 감쇄와 관련이 가장 큰 변수는 상대습도이다. 상대습도가 높은 조건일 때 수증기가 자체적으로 가시광선을 흡수하기 때문에 시정을 낮출 뿐만 아니라 대기 중 수증기의 응결로 생성된 물방울들이 빛을 효율적으로 산란시키기 때문이다. 미세먼지 농도가 높은 상태에서 습도가 높아지면 시정은 더 나빠지게 된다. 이는 초미세먼지에 포함된 친수성 에어로졸들이 높은 습도 조건에서 흡습 성장을 통해 빛을 더욱 효과적으로 산란하기 때문이다.

15.5 산성비

15.5.1 산성비란

산성비(acid rain)란 평소보다 많은 산성물질(질산 및 황산)을 함유한 비(눈, 안개 포함)를 일컫는다. 산업시설 및 자동차 등으로부터 다량 배출된 황산화물이나 질소산화물과 같은 대기오염물질은 건성침적(dry deposition)의 형태로 지상에 내려앉을 수도 있지만, 대부분 비와 눈을 통해 습성 침적물 형태로 대기 중에서 제거된다.

산성비의 정의는 pH가 5.6 이하인 비를 일컫는데, 산성도의 척도를 가리키는 pH는 물속의 수소

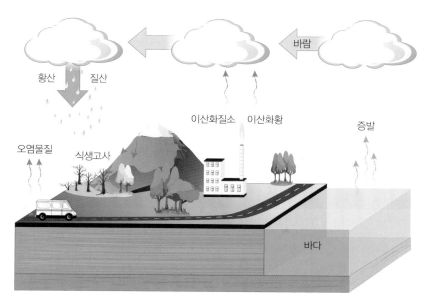

바람

황산 질산

이산화질소 이산화황

증발

오염물질

식생고사

바다

그림 15.8 **산성비의 발생과정** (출처 : 셔터스톡)

이온농도의 역수에 상용로그를 취한 값이다($pH = -\log_{10}[H^+]$). 순수한 물의 pH는 7의 값을 가지며 산성을 띨수록 7보다 작은 값을 갖는다. 청정한 지역에서는 대기 중에 존재하는 이산화탄소(CO_2)가 빗방울에 녹아내리면서 탄산(H_2CO_3)이 되기 때문에 이론적인 깨끗한 비의 pH는 약 5.6이 된다. 그러나 대기 중으로 다량 배출된 황산화물이나 질소산화물과 같은 대기오염물질이 대기 중에서 화학 반응에 의해 황산(H_2SO_4), 질산(HNO_3), 염산(HCl) 등의 강산으로 변하면서 물방울에 녹는 경우 pH 5.6 이하의 산성비를 유발한다. 이러한 산성비를 만드는 원인물질은 화석연료를 사용하는 발전소, 공장, 자동차 등에서 배출될 뿐만 아니라 화산 폭발, 산불 등의 자연적 요인에 의해서도 대기 중으로 배출된다.

산성비를 형성하는 이산화황과 질소산화물은 대기로 배출된 후 그림 15.8에서 보듯이 바람에 의해 장거리 이동할 수 있기 때문에 오염배출원에서 수백 수천 km 떨어진 지역에도 산성비가 내릴 수 있다. 오랜 시간 동안 북아메리카 북동부, 중부 유럽, 스칸디나비아 등 대규모 공업단지의 풍하측 지역에서 산성비가 관측되었던 이유이기도 하다.

우리나라는 현재 40여 곳의 측정소에서 빗속의 pH를 비롯하여 강수의 산성도를 결정하는 주요 원인물질인 이온 성분의 농도를 측정한다. 환경부에서 분석한 2017년 자료를 보면 우리나라 주요 대도시의 빗물 속 연평균 pH는 전 지역이 4.9~5.4 범위로 지역에 따라 다소 차이를 보이지만, 과거와 비교하면 최근 들어 산성도가 많이 개선되었다(그림 15.9).

15.5.2 산성비의 영향

산성비가 수생태계에 미치는 영향은 매우 뚜렷하다. 산성비는 호수(하천 포함)에 직접 내리기도 하지만, 호수 주변에 있는 토양이나 산림, 건물 등에 떨어진 후 호수로 유입되기도 한다. 산성화된 호

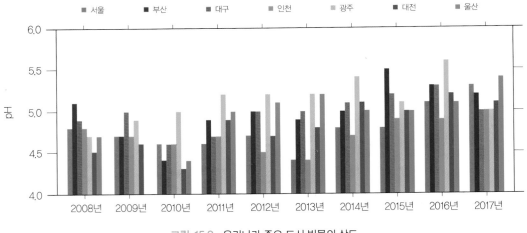

그림 15.9 우리나라 주요 도시 빗물의 산도

수에서 용해된 알루미늄은 어류의 호흡장애를 유발하는 등 수생태계에 생존하는 수많은 생물종에게 치명적이다.

산성비가 산림에 내리면 나무들의 성장이 느려지는 게 일반적이다. 산성비에 포함되어 있는 수소 이온은 토양입자 속에 있는 금속이온과 이온 교환 반응을 일으킨다. 이로 인해 나무를 비롯한 식물에 필수적인 영양소인 칼슘(Ca), 마그네슘(Mg), 칼륨(K), 나트륨(Na) 등의 금속이온 성분들이 상실되며, 그 결과 식물은 토양으로부터 영양분을 공급받을 수 없게 되어 고사하게 된다. 산성비로부터 입는 피해는 호수와 마찬가지로 산림 토양의 완충 능력에 따라 달라지는데, 이는 토양층의 두께와 구성성분에 의존한다. 산성비에 가장 취약한 산림은 고지대에 자리 잡고 있는 산림이다. 이는 고지대일수록 산성 구름과 산성 안개에 둘러싸이는 경우가 많기 때문이다(그림 15.10).

그림 15.10 산성비로 인해 고사된 산림 (출처 : 셔터스톡)

그림 15.11 산성비에 의한 유적지 피해 (출처 : 서터스톡)

산성비는 금속을 쉽게 부식시키고 페인트나 돌(특히 석회암과 대리암)을 약화시켜서 건물뿐 아니라 자동차의 페인트에도 큰 피해를 준다. 이러한 단순한 재산상 피해뿐만 아니라 문화유산인 건축물에 입히는 영향은 그 잠재적 피해액이 상상을 초월할 수 있다(그림 15.11). 또한 그 피해를 줄이기 위해서 건축물을 청결하게 유지하는 관리비용과 보수비용도 상당할 것으로 추측할 수 있다.

15.6 대기오염물질 농도 예측

대기오염물질의 농도 예측은 오염물질의 배출량, 기상학적 변수, 오염물질의 제거와 변환과정에 따른 변수 등 여러 독립변수를 이용하여 특정 시간과 공간 내에서 한 종류 이상의 대기오염물질의 농도를 예측하는 것으로, 목적에 맞는 적절한 대기오염 모델이 이러한 농도 예측의 작업 수행을 위해 사용되어야 한다.

15.6.1 대기오염 모델의 분류

대기오염 모델은 모델 구조와 접근 방법에 따라 수학적 모델과 물리적 모델로 구분된다. 수학적 모델은 기상학적 변수와 과거로부터의 대기오염 자료 및 관련 자료의 통계학적인 관계를 이용해서 대기오염물질의 농도를 계산하는 모델로, 장·단기 예측에 유용하다. 물리적 모델은 실제적인 대기오염 현상을 소규모 재현을 통해 대기오염물질이 대기질에 미치는 영향과 기여과정을 모의하는 것으로 실제 상황으로 실험하기 어렵거나 비경제적일 경우에 주로 이용된다.

대기오염 모델의 또 다른 분류체계로 광범위한 실측 자료의 상관관계로부터 유도되는 실험 모델, 대기오염 현상을 규정하는 기본원리로부터 유도되는 이론 모델, 그리고 양자를 동시에 고려하여 얻는 준실험 모델로 분류하기도 한다. 또한 주어진 기상 조건과 배출원 자료를 이용하여 배출원에서 떨어진 지점에서의 오염물질 농도를 결정하는 배출원 중심 모델과 기상 조건과 피해 지점에서의 농도로 오염물질의 배출원을 결정하는 피해 지점 중심 모델(착지점 모델)로 크게 대별하기도 하는데, 일반적으로 배출원 중심 모델이 폭넓게 사용된다.

한편 확산론적인 분류를 기준으로 하면 물리적 이론에 의한 상자 모델과 경도 모델(K-이론)이 있으며, 통계기반확산 모델로는 가우시안 모델(Gaussian model), 그리고 수치해석을 통한 오일러 모델(Eulerian model)과 라그란지안 모델(Lagrangian model)이 있다. 또한 장기간(계절 또는 연 단위) 기상 조건의 가중 평균조건을 사용하는 장기 모델과 1~24시간 정도의 단시간 기상 조건이 변하지 않는다는 가정 아래 세워진 정상상태 모델, 그리고 한 시간 정도의 단기에 기상 조건이 변한다는 가정하에 시간 평균 기상 조건을 사용하는 단기 모델로 분류하는 체계도 있다. 그 외에도 오염원의 수에 따라 단일 배출원 모델과 다수 배출원 모델, 그리고 오염물질의 화학적 반응의 고려 여부에 따라 비반응성 모델과 반응성 모델로 분류하기도 한다.

15.6.2 대기오염 모델

대기오염 모델링이란 오염원의 정량적·정성적 자료와 온도, 풍향, 풍속, 운량 등의 기상자료, 실험실에서 측정되는 광화학 및 화학반응 자료 그리고 지표면의 거칠기 길이 및 지형 등을 수학적으로 가장 가깝게 묘사하여 해를 구하는 과정이라 할 수 있다. 이러한 과정의 흐름도와 모델의 구성요소는 그림 15.12와 같다.

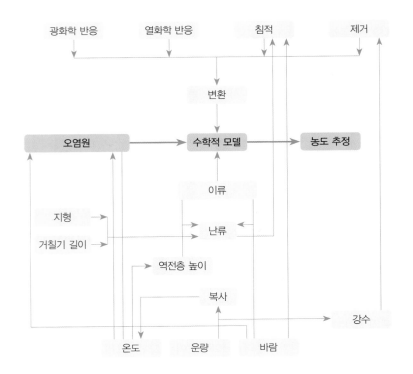

그림 15.12 대기오염 모델링의 흐름도와 구성요소

현재까지 많은 종류의 모델들이 개발되어 사용되고 있으나, 이 절에서는 가장 기본이 되는 상자 모델과 대기확산 모델, 가우시안 모델에 관해 설명하고자 한다.

상자 모델

대기오염 농도를 추정하기 위한 상자 모델에서는 다음과 같은 가정하에서 이론이 전개된다.

- 상자 내의 오염물질 농도는 균일하다.
- 오염물질 배출원이 상자 내 지표면에 균등히 분포되어 있다.
- 오염원은 방출과 동시에 상자 내에서 균등하게 혼합된다.
- 고려되는 공간의 수직 단면에 직각 방향으로 부는 바람의 속도가 일정하여 환기량이 일정하다.
- 오염물질의 분해는 1차 반응에 의한다.

위와 같은 가정을 기초로 하고 그림 15.13과 같은 상자를 고려한다. 상자 내에서의 오염물질의 변화량은 다음 식과 같이 유입량과 유출량 간의 차이로 나타낼 수 있다.

(오염물질의 변화량)＝(유입량)＋(배출량)−(유출량)±(화학반응에 의한 생성 및 소멸)

유입량은 바람을 따라 유입되는 양이며, 유출량은 바람에 의해 상자 밖으로 빠져나가는 양이다. 그림 15.13에서는 단순화하여 한 방향의 화살표로 표시하였으나 3차원의 바람 방향에 의해 상자의 모든 면으로 유입되거나 유출되는 양을 의미한다. 배출량은 상자 내에서 배출되는 양을 나타낸다. 여기에 오염물질이 화학반응으로 소멸되는 양을 고려하기도 한다.

만약 바람이 불지 않고, 오염물질의 화학반응에 의한 생성 및 소멸이 없다면 상자 내의 오염물질 농도 변화는 배출량에 의해서만 결정된다. 따라서 배출량이 일정할 때 상자 내의 오염물질 농도는 시간에 따라 일정하게 증가하는 모습을 보일 것이다. 바람이 불게 되면 바람의 강도와 상자 내·외의 농도 차이에 의해 오염물질의 농도 변화량이 결정된다. 상자 외부의 오염물질 농도가 내부보다 높다면 유출되는 양보다 유입되는 양이 많아 상자의 오염물질 농도는 증가할 것이며, 반대로 상자 외부의 농도가 낮다면 상자의 오염물질 농도는 점차 감소할 것이다. 바람의 세기는 농도가 얼마

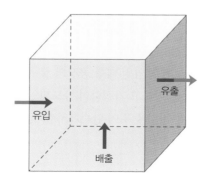

그림 15.13 상자 모델을 위한 설명도

나 빠르게 변하는지를 결정하며 배출 및 화학적 분해가 없다고 가정할 때, 많은 시간이 지나면 결국 유입량과 유출량이 같아지고 상자 내부와 외부의 농도도 같아지게 된다. 화학적 반응에 의한 분해는 모의 중인 오염물질의 반응성이 낮아 다른 물질과 화학 반응하지 않는다면 고려할 필요가 없다. 그러나 대기 중 다른 물질이나 햇빛 등에 의해 화학 반응하여 다른 물질로 변할 수 있는 경우에는 이를 고려해야 하며 일반적으로 반응속도는 오염물질의 양(농도)에 비례한다.

대기확산 모델

대기확산 모델은 대기오염물질의 확산, 이류, 화학반응, 지표면에서의 침적 등 대기 중에서 일어나는 물리·화학적 현상을 수학적으로 나타내어 해를 구함으로써 대기오염물질의 시·공간적 분포, 침적량, 이류에 의한 수송량 그리고 기상현상의 변화에 따른 농도 변화 등을 예측할 수 있는 모델이다. 상자 모델이 한 지점만 고려하는 반면 대기확산 모델은 3차원 격자를 고려한다는 차이가 있으나, 대기 확산식은 상자 모델의 식과 유사하게 다음과 같은 형태를 갖는다.

$$(\text{국지 변화율}) + (\text{이류}) = (\text{난류 확산}) + (\text{배출}) + (\text{화학 반응}) + (\text{침적 제거})$$

국지 변화율은 각 격자에서 시간에 따른 농도 변화를 나타내며, 이류항은 3차원 바람장에 의한 오염물질의 이동, 그에 의한 농도 변화를 의미한다. 즉, 위 식에서 이류항을 우변으로 이항하면 대기확산 모델의 3차원 각 격자에서 오염물질의 농도는 오염물질의 바람에 의한 이동, 난류에 의한 확산, 지상 배출에 의한 유입, 화학 반응에 의한 생성 및 소멸, 지상이나 다른 물체에 침적되어 대기 중으로부터 제거되는 효과의 총합으로 결정된다고 할 수 있다. 여기서 이류항과 난류 확산항은 모두 공기의 이동에 의한 농도 변화를 나타낸 항이라고 볼 수 있으나 그 성질이 다르다. 일반적으로 바람은 매우 불규칙하여 수평(x, y) 및 수직(z) 성분의 풍속은 관측 가능한 성분과 관측 불가능한 난류 성분의 합으로 나타낼 수 있다. 따라서 이류항은 관측 가능한 바람 성분에 의한 오염물질의 이동으로 볼 수 있으며, 난류 확산항은 불규칙한 바람 성분에 의해 좁은 범위에서 오염물질이 확산되는 효과를 나타낸 것이다. 또한 대기확산 모델에서는 이류 및 난류 확산의 계산을 위해 질량보존에 기초한 연속방정식(제5장 참조)을 사용하며 공기를 비압축성 유체로 가정한다.

가우시안 모델

가우시안 모델은 가장 널리 쓰이는 고전적 대기오염 모델 중의 하나로서 장기적인 대기오염도 예측에 사용이 용이하며 간단한 화학 반응을 묘사할 수 있으나, 주로 평탄한 지역에 적용할 수 있도록 개발된 제한점을 갖고 있다. 이 모델은 점 오염원(대형 공장의 굴뚝)에서 풍하 방향으로 확산되어 가는 연기가 가우시안 분포, 즉 정규분포를 한다고 가정하여 유도되었다. 일반적으로 가우시안 모델은 대기확산 모델의 기본식에 다음과 같은 가정을 두어 단순화시킨다.

- 정상상태이다.
- 오염물질은 점 오염원에서 일정하게 배출된다.
- 풍하 방향은 x 방향이며 풍속은 일정하다.

• 난류 확산계수는 상수이며, x 방향의 난류 확산은 이류에 의한 항에 대해 무시한다.

상기 가정을 적용하면 가우시안 모델의 기본식은 대기확산 모델에 비해 간단하게 표현된다. 먼저 정상 상태를 가정하기 때문에 시간에 따른 농도의 국지 변화가 없다. 이는 시간에 상관없이 오염물질의 분포 형태가 일정함을 의미한다. 오염물질은 오염원(공장 굴뚝)에서 일정하게 배출되며 x 방향으로만 이동한다. x 방향만을 고려하기 때문에 3차원 풍속을 고려한 대기 확산식의 이류항은 1차원으로 간략화되며, 풍속 또한 일정하므로 오염원에서 배출된 오염물질은 x 방향으로 시간에 비례하여 멀어진다. 난류 확산계수가 상수이고 x 방향의 난류 확산은 무시하므로 오염원에서 멀어짐에 따라 y 및 z 방향으로 일정하게 퍼져나가는 단순한 형태를 갖는다. 즉, 이류항은 오염물질의 x 방향 이동에만 기여하고 난류 확산항은 y 및 z 방향 이동에만 기여하는 것이다. 이때 오염원이 퍼져나가는 모양은 모델의 정의에 따라 가우시안 분포를 보인다.

가우시안 모델을 통해 산출된 오염물질의 농도 분포는 그림 15.14와 같은 형태이다. 그림에서 H_s 는 오염원의 실제 배출 높이(굴뚝 높이), H_e는 오염원에서 배출된 오염물질의 중심 높이(유효 굴뚝 높이)를 나타내는데, 일반적으로 가우시안 모델은 x 방향의 이동만을 고려하기 때문에 두 높이를 같게 하거나 배출될 때 일정 높이로 상승(하강) 후, 이후에는 일정한 값을 갖는다고 가정한다. y 및 z 방향으로의 이동은 난류 확산만을 통해 이루어지므로 그림에서 볼 수 있는 것처럼 오염물질의 중심축을 기준으로 상하좌우 모두 대칭이 되는 가우시안 분포를 보인다.

가우시안 분포의 표준편차는 오염물질이 확산되는 정도를 나타내며, 이는 난류 확산계수에 의해 결정된다. 또한 난류 확산계수는 대기의 안정도와 밀접한 관련이 있어 대기가 불안정할수록 오염물질은 y 및 z 방향으로 넓게 퍼지며 가우시안 분포의 표준편차도 더 커진다. 그러나 실제 대기 중에서 대기오염 농도를 측정하여 표준편차의 값을 구한다는 것은 매우 어렵다. 이에 Pasquill(1961)은 지상 10 m 높이에서의 바람과 일사 또는 운량으로 대기 안정도를 추정하는 조견표를 산출하여 쉽게 y 및

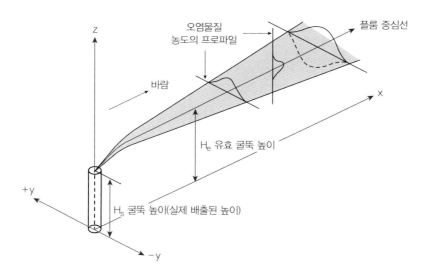

그림 15.14 **가우시안 모델 결과의 모식도** (출처 : Leelössy et al., 2014)

z 방향 표준편차를 구하는 방법을 고안해냈다. 표 15.3에서 안정도가 결정되고 풍하거리를 알면, 그림 15.15를 이용하여 수평 및 수직 방향 표준편차를 각각 구할 수 있게 되고, 이때 배출량 자료만 알면 가우시안 모델을 이용하여 쉽게 농도 예측을 할 수 있게 된다.

표 15.3 Pasquill 안정도 결정법

구분	주간(일사량)			야간(운량)	
지면 풍속(m s^{-1})	많음	보통	적음	>4/8	<3/8
<2	A	A~B	B	–	–
2~3	A~B	B	C	E	F
3~5	B	B~C	D	D	E
5~6	C	C~D	D	D	D
>6	C	D	D	D	D

※ A : 매우 불안정, B : 불안정, C : 약간 불안정, D : 중립, E : 약간 안정, F : 안정

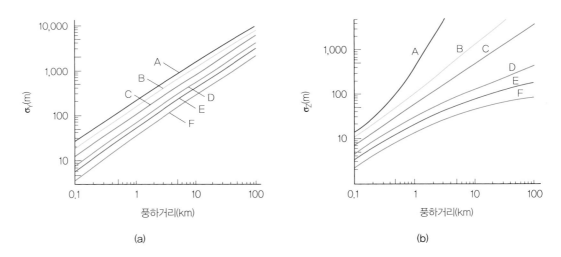

(a)   (b)

그림 15.15 (a) 풍하거리와 수평 방향의 표준편차, (b) 풍하거리와 수직 방향의 표준편차

연습문제

1. 대기오염물질의 축적과 대기의 안정도는 어떤 관계가 있는가?
2. 하루 중 혼합 높이가 어떻게 변하는지, 그리고 혼합 높이의 변화가 지표면 오염물질의 농도에 어떠한 영향을 줄 수 있는지 설명하라.
3. 왜 바람이 약하거나 무풍일 때 대기오염이 심화되는가?
4. 미세먼지(PM_{10})와 초미세먼지($PM_{2.5}$)는 어떻게 다른가?
5. 1차 오염물질과 2차 오염물질의 가장 큰 차이점은 무엇인가?
6. 산성비의 생성에 가장 높은 기여를 하는 1차 오염물질은 무엇인가?
7. 공장 굴뚝에서 방출된 연기는 대기 안정도에 따라 달라진다. 구름 없이 맑은 날 일출부터 다음 날 일출까지 변화하는 연기의 모습을 대기 안정도와 함께 나타내라.
8. 대기오염 농도를 추정하기 위한 상자 모델에서의 주요 가정은 무엇인가?
9. 대기오염의 악화를 유발하는 주요 요인들을 열거하라.
10. 가우시안 모델의 주요한 가정을 나열하라.

참고문헌

김경익 외 8인, 2015 : 환경대기과학. 동화기술, 350pp.
대기환경연구회, 2000 : 대기환경개론. 동화기술. 402pp.
안중배 외 7인, 2009 : 대기과학. 시스마프레스, 602pp.
우완기 외 3인, 2010 : 대기오염개론. 신광문화사, 294pp.
한국기상학회, 2012 : 대기과학개론. 시그마프레스, 405pp.
한국기상학회, 2013 : 대기과학용어집. 시그마프레스, 1042pp.
한국기상학회, 2014 : 대기과학용어사전. 시그마프레스, 800pp.
Ahrens, C. D., 2013 : *Essentials of Meteorology*. 6th Edition, Cengage Learning, 450pp.

제16장

대기광학

비 갠 뒤의 아름다운 무지개, 푸른 하늘, 붉은 저녁놀, 햇무리와 사막의 신기루 등 많은 사람들의 눈을 끄는 아름답거나 신기한 현상들은 모두 가시광선과 대기를 구성하는 입자와의 상호작용에 의해 발생하는 광학현상이다. 대표적인 상호작용으로는 산란, 반사, 굴절, 회절, 흡수가 있으며, 대기 중에서 일어나는 많은 광학현상들은 이들 중의 하나 또는 그 이상의 원리로 설명이 된다. 본 장에서는 이들 상호작용에 대해 정리하고, 대기 중에서 발생하는 다양한 광학현상을 소개하고 그 발생 원리 등에 대해 다룬다.

16.1 빛과 매질의 상호작용

대기의 광학현상을 일으키는 빛은 가시광선 파장대에 해당하며, 이 파장대에서의 매질과의 상호작용은 흡수와 산란으로 설명된다. 빛의 산란은 **레일리 산란**(Rayleigh scattering), **미 산란**(Mie scattering), **기하광학**(geometric optics 또는 ray optics) 등으로 구분될 수 있으며, 기하광학에는 반사, 굴절, 회절 등이 포함된다. 본 절에서는 공기분자, 구름입자, 강수입자 등과 가시광선이 상호작용할 때 주로 발생하는 현상에 대해서 간단히 소개하고자 한다.

16.1.1 산란

한 방향으로 진행하던 빛이 매질과의 상호작용에 의해 여러 방향으로 흩어져서 진행되는 현상을 말한다. 산란의 특성은 그 세기와 방향성에 따라 결정되는데, 빛의 파장 λ와 산란입자의 지름 D에 의해 결정되는 크기인자 $x(=\dfrac{\pi D}{\lambda})$에 따라 구분될 수 있다. x가 1보다 매우 작을 경우에는 레일리 산란으로,

1보다 크고 50보다 작을 경우에는 미 산란으로, 그리고 50보다 클 경우에는 기하광학으로 설명된다. 대기 중에서의 광학현상은 가시광선(파장 범위가 약 0.38~0.75 μm)과의 상호작용에 의해 발생하므로 공기분자와의 상호작용은 레일리 산란으로, 구름방울이나 에어로졸과 같은 경우에는 미 산란으로, 그리고 이들보다 더 큰 물방울이나 빙정의 경우에는 기하광학으로 설명된다.

레일리 산란의 특징은 산란의 세기가 파장이 증가할수록 약해지며(파장의 4제곱에 반비례), 산란된 빛은 특정 방향으로 치우치지 않고 전 방향으로 퍼져나가는 데 있다. 따라서 태양빛이 대기 중의 공기분자에 의해 레일리 산란이 일어날 경우 파장이 짧은 파란색 계열이 빨간색에 비해 산란이 더 잘 일어난다. 또한 산란된 빛은 모든 방향에서 볼 수 있게 된다.

반면 미 산란의 경우에는 파장에 따른 산란의 세기 변화가 크지 않아 여러 파장을 골고루 산란시키는 특성이 있다. 방향별 산란광의 세기는 입자의 크기, 밀도, 모양 등에 따라 다양한 형태인데, 일반적으로 크기인자가 클수록 **전방산란**(forward scattering)(원래 빛이 진행하는 방향과 같은 방향)이 **후방산란**(back scattering)(원래 빛이 진행하는 방향과는 정반대 방향)에 비해 더 강하게 발생한다. 예를 들어 구름입자의 경우 평균지름이 20 μm이므로 크기인자가 10 이상의 값을 가지므로 대표적인 미 산란에 해당한다. 따라서 구름에 입사되는 가시광선은 모든 파장에서 비슷한 산란광을 만들어 옅은 구름은 하얗게 보인다.

크기인자 x가 커질수록 전방산란이 강해져 50 이상일 경우에는 전방산란으로만 산란 특성을 설명할 수 있게 되며, 이런 경우에는 빛이 여러 방향으로 퍼지지 않고 직진하는 것처럼 해석할 수 있다. 이를 기하광학이라 하며 **반사**(reflection), **굴절**(refraction), **회절**(diffraction) 등의 현상이 포함된다.

16.1.2 반사

거울에 비친 자신의 모습을 볼 수 있는 것은 거울의 반사 특성에 의한 것이며, 어떻게 보이는가를 설명할 수 있는 것이 **반사법칙**(law of reflection)이다. 즉, 입사된 빛과 반사된 빛은 동일한 평면에 존재하며, 입사한 각도와 같은 각도로 반사된다(그림 16.1). 따라서 반사 표면의 연직 방향을 기준으로 입사각과 반사각은 대칭을 이루게 되며, 이 원리는 반사물질의 모양에 관계없이 적용된다. 예를 들어

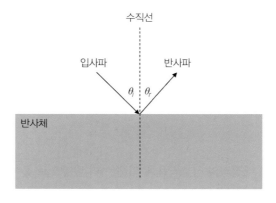

그림 16.1 반사법칙을 설명하는 그림으로 θ_i와 θ_r은 각각 입사파와 반사파가 수직선과 이루는 각도를 나타내며, 반사법칙에 의하면 이들 각도는 동일하다.

오목거울의 경우 반사된 빛은 한 지점으로 모이는 반면, 볼록거울의 경우 여러 지점으로 퍼져나가게 된다.

16.1.3 굴절

굴절은 밀도가 변하는 매질 속을 진행하는 빛의 속도가 달라지면서 그 진행 방향이 휘어지는 현상을 말하며, **스넬의 법칙**(Snell's law)(읽을거리 참조) 또는 **굴절법칙**(refraction law)에 의해 설명된다. 굴절은 빛의 진행경로에 따른 매질의 밀도 변화가 불연속적인 경우(예 : 공기에서 물로 진행하는 경우)뿐 아니라 연속적인 경우(예 : 공기의 밀도가 고도에 따라 서서히 감소하는 경우)에도 발생한다. 지구에 입사된 태양빛이 지표면을 향해 전달되는 경우 진행 방향으로의 밀도가 점차 높아지기 때문에 빛은 지구 방향으로 굴절된다. 태양이 지평선 아래로 내려간 이후에도 일정 시간 태양이 관측되는 것은 태양빛이 지구대기를 통과하면서 굴절되기 때문이다.

스넬의 법칙

밀도가 다른 두 매질 사이의 경계를 통과하는 빛이나 파동의 입사각과 굴절각의 관계를 나타내는 법칙으로 스넬–데카르트의 법칙 또는 굴절법칙이 있다. 그림 16.R1에서와 같이 밀도가 다른 두 매질 i와 r의 굴절지수[매질에서 빛의 속력(v)과 진공에서의 속력(c)의 비로서, $n = c/v$로 정의됨]를 각각 n_i와 n_r이라고 할 때, 매질의 밀도가 다르기 때문에 진행하는 빛의 속도가 달라지면서 그 진행 방향이 변하게 된다. 스넬의 법칙에 의하면 입사각 θ_i와 굴절각 θ_r은 다음과 같은 관계를 갖는다.

$$\frac{\sin\theta_r}{\sin\theta_i} = \frac{n_i}{n_r} \quad \text{또는} \quad n_r\sin\theta_r = n_i\sin\theta_i$$

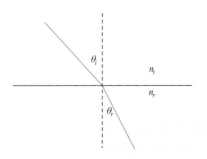

그림 16.R1 두 매질 i와 r의 굴절률이 다를 경우 입사각 θ_i와 굴절각 θ_r의 관계는 스넬의 법칙으로 주어진다.

따라서 굴절지수가 작은 매질에서 굴절지수가 큰 매질로 이동하는 경우에는 진행 방향의 오른쪽으로 휘게 되고(위의 식에서 n_r이 n_i보다 크기 때문에, θ_r은 θ_i에 비해 작아야 한다), 반대의 경우에는 왼쪽으로 휘게 된다.

스넬의 법칙의 중요한 특성 중 하나로 동일한 물질의 굴절지수가 파장에 따라 달라진다는 점이다. 예를 들어 물의 경우에는 가시광선 영역에서 표 16.R1과 같은 굴절지수를 가지게 되어 백색광선(모든 파장의 빛이 중첩되어 만들어지는 빛)이 공기 중에서 물로 입사되는 경우 파장에 따른 굴절각이 달라져 색 분리가 일어난다(공기의 굴절계수 n은 약 1.0003으로 물에 비해 작은 값을 가진다). 따라서 대기 중에 떠 있는 물방울이 프리즘과 같은 역할을 하게 된다.

스넬의 법칙에서 유도되는 또 다른 특성은 **내부 전반사**(total internal reflection)인데, 굴절지수가 높은 매질에서 낮은 매질로 진행하는 경우(그림 16.R2에서 $n_i > n_r$인 경우) **임계각**(critical angle) θ_c보다 입사각이 큰 경우에는 굴절되어 진행하는 빛이 사라지고 모든 빛이 반사되며, 이를 내부 전반사라 한다. 따라서 매질 r에 위치한 관찰자는 θ_c보다 큰 각도에서는 매질 i에 위치한 물체를 볼 수 없게 된다. 우리가 물속을 들여다볼 때 바로 위에서는 보이는 물체가 비스듬한 위치에서 보면 보이지 않는 것이 좋은 예이다.

표 16.R1 물의 가시광선에서의 파장별 굴절지수 및 입사각에 대한 굴절각

색	중심파장(μm)	굴절지수	굴절각	
			입사각 30°	입사각 60°
빨강	0.656	1.3310	22.0649	40.5912
주황	0.600	1.3320	22.0475	40.5544
노랑	0.587	1.3325	22.0388	40.5360
초록	0.555	1.3330	22.0303	40.5176
파랑	0.454	1.3368	21.9642	40.3785
보라	0.410	1.3386	21.9331	40.3131

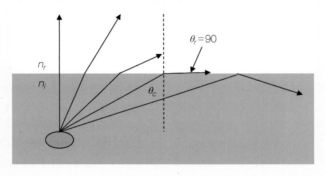

그림 16.R2 내부 전반사가 발생하는 경우를 나타내는 그림으로 매질 i에 있는 물체에서 방출되는 빛의 각도가 천정에서 점차 멀어져 θ_c가 될 경우 굴절된 빛은 두 매질 i에서 r로 이동하지만 θ_c보다 클 경우에는 굴절된 빛이 매질 i로 되돌아와 전반사가 일어난다.

스넬의 법칙을 이용하면 내부 전반사가 일어나기 위한 임계각과 굴절계수의 관계식은 다음과 같이 주어진다.

$$\theta_c = \sin^{-1}\left(\frac{n_r}{n_i}\right)$$

두 매질의 굴절계수 차이가 클수록 임계각은 점차 작아짐을 알 수 있다. 예를 들어 물의 경우 임계각은 약 48°지만, 굴절계수가 큰 다이아몬드($n_r = 2.42$)의 경우에는 훨씬 작은 24° 정도이다.

16.1.4 회절

진행하는 빛이 장애물(대기 중의 에어로졸과 같이 아주 작은 입자)을 만났을 때 여러 방향으로 분리되면서 발생한다. 분리된 빛들이 장애물을 통과하는 경로(길이)가 달라지면서 **위상차**(phase difference)가 발생하며, 이들 위상이 다른 파동들이 제2장에서 다룬 것처럼 중첩됨에 따라 상쇄 및 보강간섭이 발생하여 특징적인 **회절무늬**(diffraction pattern)가 만들어지게 된다. 따라서 회절과 간섭은 물리적으로 중요한 차이가 없으며, 특히 회절은 진행하는 파의 방향이 변할 때는 언제나 발생할 수 있지만, 그 효과는 진행하는 파의 파장과 장애물의 크기가 유사할 경우에 가장 크게 나타난다. 촘촘

한 간격의 슬릿이 중첩되어 형성된 장애물의 경우에는 다양한 파장의 빛이 다양한 경로로 전파되면서 간섭이 발생하므로 아주 복잡하고 화려한 회절무늬가 형성될 수 있다.

16.1.5 흡수

산란 현상은 진행하는 빛을 여러 방향으로 분산시키는 현상인 반면, **흡수**(absorption)는 진행하는 빛의 에너지를 다른 형태로 변환시키는 현상이다. 따라서 흡수가 발생할 경우 빛에너지가 감소하게 된다. 예를 들어 두꺼운 적란운이 발생하면 맑은 대낮임에도 불구하고 깜깜해지는 것은 적란운 내의 구름과 강수입자들에 의한 강한 산란뿐 아니라 흡수에 의해 진행하는 빛이 약해지기 때문에 발생한다. 가시 영역에서 중요한 흡수기체로는 오존과 수증기가 있으며, 가을 하늘이 여름 하늘에 비해 청명하게 느껴지는 것은 대기 중의 수증기량이 훨씬 적어 수증기에 의한 가시광선의 흡수 효과가 낮아지기 때문이다.

16.2 대기에 의한 광학현상

16.2.1 푸른 하늘과 붉은 노을

태양복사와 공기분자와의 레일리 산란에 의해 발생하는 대표적인 광학현상이다. 레일리 산란의 세기는 파장의 4제곱에 반비례하므로 파장이 짧은 보라색에서 가장 활발하게 산란이 일어나고, 파장이 가장 긴 빨간색에서는 산란이 가장 적게 발생한다. 예를 들면 보라색(중심파장 0.410 μm)과 빨간색(중심파장 0.656 μm)을 비교하면 보라색이 빨간색보다 7배 이상 더 강하게 산란된다. 그렇지만 하늘이 보라색으로 보이지 않고 파랗게 보이는 것은 두 가지 이유 때문이다. 그 하나는 보라색의 경우 워낙 산란이 강하게 발생하여 산란된 빛이 지상까지 도달하지 못하기 때문이다(비행기를 타고 대기 상층으로 올라가면 옅은 보라색 하늘을 볼 수 있다). 또 다른 이유로는 제2장에서 살펴본 것처럼 플랑크 함수에 따른 태양복사의 세기가 가장 강한 파장이 파란색 부근이기 때문이다.

하늘의 푸른 정도는 태양으로부터의 위치, 대기 상태(수증기나 에어로졸의 농도 등)에 따라 달라진다. 태양 부근의 하늘은 흰색에 가까운 반면 태양에서 어느 정도 떨어진 하늘이 더 푸르게 보이는 것은 태양 부근의 하늘을 바라볼 경우에는 산란된 빛보다는 산란되지 않은 직달일사가 더 강하기 때문이다. 또한 다량의 수증기가 존재할 경우에는 앞에서 설명한 흡수에 의한 영향으로 도달하는 빛의 세기가 약화되므로 옅은 파란색이 된다. 반면 에어로졸이 존재하는 경우 미 산란이 발생하여 파장에 따른 산란광의 세기 차이가 줄어들기 때문에 파란색이 약해지면서 전체적으로 흐릿한 색으로 나타난다.

일출이나 일몰 시 하늘이 붉게 보이는 것도 레일리 산란으로 설명된다. 이 경우에는 태양광선의 **광경로**(optical path)가 길어지면서 산란이 잘 일어나는 짧은 파장의 빛들은 공기 중에서 산란되어 지표에 도달하지 못하는 반면, 산란이 약하게 일어나는 빨간색은 광경로가 길어지면서 더 많은 산란이 일어나는 동시에 더 많은 산란광이 지표에 도달하기 때문에 일몰과 일출 시 태양 주변의 하늘이 붉게 보인다. 그렇지만 태양으로부터 멀리 떨어진 하늘(예 : 관측자의 머리 바로 위 하늘)은 여전히 파란 색 계열로 나타나는데, 이는 산란광의 광경로가 여전히 정오의 경우와 같이 짧기 때문이다.

16.2.2 신기루

신기루(mirage)는 공기의 밀도가 고도에 따라 급격하게 변하는 경우, 진행하는 빛의 경로가 굴절되면 서 발생하는 대표적인 대기 광학현상이다. 구름이나 안개, 비 등 특이한 기상현상이 나타나지 않는 맑은 날에도 잘 나타난다. 특히 지표면에 인접한 공기의 밀도가 연직 방향으로 크게 변할 경우 빛의 경로가 크게 굴절되어 없는 물체가 있는 것처럼 보이거나, 실제 물체의 위치보다 높거나(**위 신기루** : superior mirage) 낮게(**아래 신기루** : inferior mirage) 있는 것처럼 보이거나, 거꾸로 보이기도 한다.

이는 사람이 물체를 인식하는 방법이 물체에서 반사되어 눈에 입사되는 빛에 의존하기 때문이다. 또한 물체는 입사되는 빛을 모든 방향으로 반사하기 때문이다(우리가 나무를 볼 때 여러 방향에서 비 슷하게 보이는 것은 나무가 모든 방향으로 비슷한 빛을 반사하기 때문). 만약 그림 16.2(a)에 보 인 예와 같이 물체에서 반사된 빛의 방향이 변하지 않은 채로 사람의 눈에 입사되는 경우에는 물체 의 특정한 지점에서 반사된 빛만 사람의 눈에 들어오기 때문에 그 물체는 정상적으로 보이게 된다. 반면 그림 16.2(b)나 (c)의 경우에는 고도가 증가할수록 대기의 밀도가 크게 변하는 경우로 물체의 한 점에서 반사된 빛이 굴절에 의해 한 방향뿐 아니라 다른 방향에서도 사람의 눈에 입사되기 때문에 하 나의 물체가 아니라 2개의 물체로 보이게 된다.

그림 16.2(b)는 고도가 증가함에 따라 대기의 밀도가 증가하는 경우로 물체와 사람 눈과의 최단거 리 외에 아래 방향으로 반사된 빛이 밀도차에 의해 지구 곡률과 반대 방향으로 굴절되어 사람 눈에 입사되는 경우이다. 이런 경우 물체의 상이 실제보다 아래에 있는 것으로 인식된다. 이와 같은 원리 로 발생되는 아래 신기루는 여름철 아스팔트, 고속도로 표면, 사막 등에서도 쉽게 볼 수 있다. 일사가 강한 경우 표면이 가열되어 자동 대류감률을 능가하는 수 m 이내의 얇은 대기층이 형성되면 물체의 거꾸로 된 상이 나타나는 동시에 공기에 의해 아래 방향으로 산란된 빛이 사람의 눈에 입사되어 마치 도로 위에 물이 있는 것처럼 보이게 된다.

반면 그림 16.2(c)와 같은 경우에는 고도 증가에 따라 밀도가 감소하므로 진행하는 빛이 지구 곡률 과 같은 방향으로 굴절되어 물체의 상이 실제보다 위에 있는 것으로 인식되는 경우로 위 신기루의 발 생원리가 된다. 지표와 인접한 대기층이 역전층인 경우에 형성될 수 있는데, 눈 덮인 지표면이나 차 가운 해수면 등과 인접하고 있는 공기는 쉽게 냉각되어 그 위의 공기보다 온도가 낮아진다. 그 결과 역전층 하부의 공기 밀도는 역전층 위의 공기 밀도보다 상당히 높아지고, 이로 인해 역전층 밖에서 안으로 들어온 빛은 공기 밀도가 큰 아래쪽으로 굽어서 위 신기루를 형성한다.

16.2.3 녹색 섬광

일출 또는 일몰 시 태양 상부에 짧은 시간 동안(대부분 2초 이내) 녹색의 모자가 덮여 있는 것처럼 보 이는 현상으로, 태양빛이 지구대기 때문에 굴절되어 발생하는 현상이다.

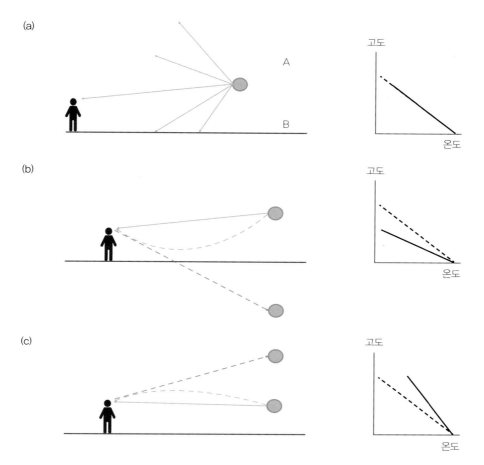

그림 16.2 연직 기온분포(오른쪽 그림)와 이에 따른 반사된 빛의 경로 및 사람의 눈에 맺히는 물체의 상을 나타낸다(왼쪽 그림). (a)는 자동 대류감률(대기온도가 고도 10 m 증가마다 0.3°C 감소를 말하며, 오른쪽 그림에서 검은색 점선)과 실제 대기의 기온감률(오른쪽 그림에서 검은색 실선)과 일치하는 경우로 진행하는 빛의 굴절이 없어 물체의 상이 그대로 관측자에게 전달되는 상황을 나타내며, (b)의 경우에는 실제 대기의 기온감률이 자동 대류감률에 비해 훨씬 높아 고도가 증가하면서 대기밀도가 급격하게 증가하는 경우로, 물체에서 지면으로 반사된 빛(그림에서 파란색 점선)이 진행하는 과정에서 위로 굴절되어 관측자에게 도달하는 경우로 물체의 상이 빨간색 점선으로 보인 것처럼 아래쪽에 뒤집혀 나타난다. 반대로 (c)의 경우에는 진행하는 빛이 아래로 굴절되어(파란색 점선) 실제 물체보다 위에 있는 것(빨간색 점선)으로 나타난다.

　일출이나 일몰 시에는 태양빛이 지구대기를 통과하는 경로가 길어진다. 또한 파장에 따른 굴절계수의 차이에 의해 지구대기가 프리즘 같은 역할을 하게 되어 태양에서 방출되는 백색광이 무지개색으로 분리된다. 이 과정에서 산란이 잘 일어나는 파란색은 지상에 도달하지 못하는 반면, 초록색이 지상에 도달할 때 관측되는 현상이 **녹색 섬광**(green flash)이다. 녹색 섬광이 관측될 가능성이 큰 조건들로는 대기층 전체가 안정하여 고도가 낮아짐에 따라 밀도가 증가하고(즉, 굴절현상이 정상적으로 발생하여 지구대기의 프리즘 역할이 활성화되고), 공기분자를 제외하고는 태양빛을 산란시킬 수 있는 입자의 개수가 적은 경우 및 수증기나 에어로졸에 의한 흡수가 적은 경우이다.

16.3 물방울에 의한 광학현상

태양복사와 구름입자와의 상호작용은 16.2절에서 설명한 바와 같이 기하광학으로 설명될 수 있으며, 여기에는 굴절, 반사, 회절에 의해 설명될 수 있는 다양한 현상들이 포함된다. 가장 잘 알려진 예로는 무지개(rainbow), 그림자광륜(glory), 광환(corona), 무지갯빛 구름(iridescent clouds) 등이 있다.

16.3.1 무지개

대기 광학현상 중에서 심심찮게 발생하면서 사람들에게 가장 많이 알려진 현상으로 공기 중에 떠 있는 물방울에 의한 가시광선의 굴절과 반사에 의해 발생하는 것이 **무지개**(rainbow)다. 그림 16.3에 보인 것과 같이 물방울에 입사된 태양복사가 물방울 안으로 진행할 때, 짧은 파장의 보라색이 긴 파장의 빨간색에 비해 더 크게 굴절되어 백색의 태양빛이 여러 색으로 분리된다. 분리된 빛이 물방울 내부에서 반사가 일어나고 물방울 밖으로 나가면서 2차 굴절이 발생한다. 이때 무지개색의 파장이 짧을수록 더 많이 굴절된다(즉, 빨간색에서 보라색으로 갈수록 더 크게 굴절된다). 따라서 각각의 색이 진행하는 방향이 더 크게 분리되면서 무지개색이 관측된다.

무지개의 특성 중에서 가장 눈에 띄는 것은 그림 16.4에 보인 것과 같이 무지개를 구성하는 색의 위치가 항상 일정하다는 점이다. 즉, **1차 무지개**(primary rainbow)의 가장 바깥에 나타나는 호는 항상 빨간색이고 안으로 들어오면서 주황색, 노란색, 초록색, 파란색이 나타나며 가장 안쪽에 보라색이 나타난다. 이를 관측자를 중심으로 한 고도각으로 나타내면 파장이 가장 긴 빨간색이 가장 큰 42.2° 각에 위치하며, 파장이 가장 짧은 보라색은 40.6°에서 나타난다. 이와 같이 특정 색이 나타나는 고도각이 정해지는 것을 처음으로 밝힌 사람은 데카르트로, 그는 구름을 구성하는 각각의 물방울은 입사된 모든 색을 분산시키고, 색깔별로 입사되는 태양빛을 기준으로 한 분산되는 빛의 각도가 일정하여, 관측자의 눈에 들어오는 색깔별 고도각이 일정하기 때문에(굴절각에 따라서 일정한 값을 가짐), 특정한 색은 특정한 각도에서 관측됨을 보였다. 따라서 관측자별로 무지개를 형성하는 물방울 조합들이 다를 수 있는데, 관측자의 위치에 따라 조합은 크게 차이날 수 있어 똑같은 구름일지라도 관측되는 무지개의 밝기나 선명함이 다를 수 있게 된다.

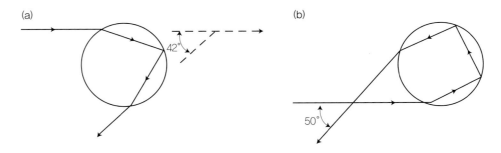

그림 16.3 무지개 생성 시 수적과 태양빛의 상호작용을 나타내는 그림. (a)는 입사된 빛이 물방울 내부에서 굴절된 후 내부 벽에서 반사되어 물방울 밖으로 굴절되면서 나오는 과정을 보인 것으로 1차 무지개의 생성을 설명하며, (b)는 물방울 내부에서 2번의 반사가 일어나는 광경로를 보이며 2차 무지개의 생성 원리를 보인다.

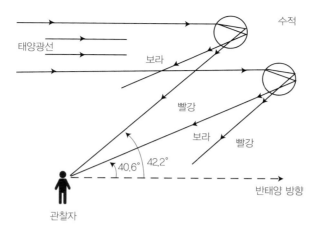

태양광선

수적

보라

빨강

보라　빨강

40.6°　42.2°

반태양 방향

관찰자

그림 16.4　물방울 내부에서 1번 반사된 빛이 관측자에게 전달되는 과정에서 파장에 따른 굴절률의 변화 때문에 특정한 파장의 빛은 특정한 각으로 관측자에 입사되는데, 고도각이 가장 낮은 보라색이 무지개의 가장 안쪽 원호를 형성하며, 가장 높은 빨간색이 가장 바깥쪽 원호를 형성한다.

　무지개도 놀라운 광경인데 가끔은 그림 16.5와 같은 **쌍둥이 무지개**(twins rainbow)가 발생하기도 한다. 2개의 무지개 중 아래에 보이는 좀 더 선명한 무지개가 **1차 무지개**, 그 위에 발생하는 무지개가 **2차 무지개**(secondary rainbow)이다. 2차 무지개도 1차 무지개와 유사한 방식으로 발생하는데, 가장 큰 차이점은 그림 16.3에 보인 것처럼 물방울 내부에서 반사가 1번 더 일어난 후에 물방울을 빠져나온 빛이 만들어내는 것이다. 따라서 1차 무지개는 물방울 내에서 2번의 굴절과 1번의 반사로 만들어지는 반면, 2차 무지개는 2번의 반사와 2번의 굴절로 만들어진다. 1번의 반사가 더 이루어지는 과정에서 빛의 강도도 약해지고(물방울 내에서 반사가 일어날 때 일부는 반사되지만, 일부는 굴절되어 물방울 밖으로 투과되기 때문) 색 분리도 분명해지며(반사과정에서 각 색깔이 가지는 각도 차이가 증가) 색 배열도 1차 무지개와는 반대(추가적인 반사에 의해 진행하는 경로가 반대가 됨)가 된다. 2차 무지개는 빨간색이 50°(1차 무지개보다 약 8° 더 높은)에서 나타나고 보라색이 이보다 더 큰 약 54°

그림 16.5　해질 무렵의 쌍둥이 무지개 [출처 : 2008년 7월 14일 촬영. Jeremy Austin(https://www.flickr.com/photos/jermudgeon/2669650598)]

에서 나타나므로 색 배열이 반대가 된다. 또한 1차 무지개에 비해 빨간색과 보라색 사이의 각도가 증가하여 더 넓은 띠를 형성한다. 반대로 강도가 약하기 때문에 2차 무지개들은 항상 형성되지만 드물게 관측된다.

무지개와 관련된 다양한 속담이 있는데 대표적인 것으로 "아침 무지개는 비, 저녁 무지개는 맑음"이라는 속담이 있다. 이는 편서풍이 탁월한 지역에서는 전반적인 기압계의 이동이 서쪽에서 동쪽이라는 점을 감안하면 과학적으로 설득력이 있는 속담이다. 즉, 아침 무지개가 관측되었다는 점은 비구름이 서쪽에 존재한다는 의미이며(아침에는 태양이 동쪽에 있으므로 무지개가 관측되었다는 것은 태양과 반대인 서쪽에 비구름이 있다는 뜻이므로), 이 비구름이 시간이 감에 따라 동쪽으로 이동해오기 때문에(관측자 방향으로) 비가 내릴 가능성이 크며, 그 반대의 경우에는 관측자로부터 멀어지기 때문에 맑은 하늘이 될 가능성이 커진다는 의미이다.

16.3.2 그림자광륜

그림자광륜(glory)은 무지개와 마찬가지로 항상 태양 정반대편[대일점(對日點)이라고도 함]에 나타나지만 크기가 훨씬 작고 색 분리도 무지개보다 선명하지 못한 반면 2차, 3차 광륜(光輪)이 더 자주 관측되는 특성이 있다. 산, 언덕, 비행기, 선박 등 여러 곳에서 볼 수 있으며, 그림 16.6에 보인 것과 같이 밝게 빛나는 광륜의 중심에는 항상 관측자나 관측자가 타고 있는 비행기 그림자가 함께 나타나므로 그림자광륜이라고 불린다. 고리들의 색 배열은 무지개와 비슷하게 안쪽의 파란색에서 밖으로 나갈수록 녹색, 빨간색의 고리가 나타난다. 그렇지만 무지개와는 달리 2차, 3차 그림자광륜의 색 배열은 무지개와는 달리 바뀌지 않고 같은 순서를 유지한다. 또한 그림자광륜의 색채는 1차 무지개보다 선명하지 않은 편이다.

그림자광륜의 생성 원리는 아직 정확하게 밝혀지진 않았다. 예를 들어 광환 형성을 설명하는 단순한 회절이론으로는 그림자광륜의 발생 위치(관측자가 태양을 등지고 섰을 때 나타나는 반면, 광환은 태양과 관측자 사이에 구름이나 에어로졸이 존재할 때 발생)나 고리들의 위치(관측자 중심으로 5°

그림 16.6 그림자광륜 (트라이판 정상에서. 아래에는 구름이 있지만, 위는 맑아 태양이 밝게 비추고 있는 상황 [출처 : Andrew(https://www.flickr.com/photos/arg_flickr/29634926444)]

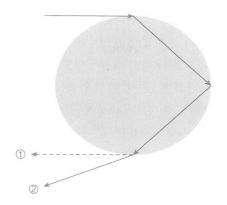

그림 16.7 그림자광륜의 생성 원리를 설명하는 하나의 가설로서 ②번 경로를 따르는 실선은 관측자에서 멀어지므로 그림자 광륜의 형성을 설명하기 어려우며, 그림자광륜은 점선의 ①번 경로를 따를 경우에 발생한다.

이내의 각지름 내에서 발생)를 설명하진 못한다. 다만 대일점을 중심으로 좁은 범위에서 발생한다는 관측을 바탕으로, 그림자광륜의 생성 원리를 정확하게 설명하기 위해서는 물방울에 180° 반사가 필요하다는 점이다. 이를 위해서는 물방울 내에서 최소 한 번의 내부반사가 있어야만 가능할 것이므로, 그림 16.7에 보인 것과 같은 광경로를 고려할 수 있다. 우선은 물방울의 외부 가장자리에 태양빛이 입사되어 한 번의 내부반사를 거친 후 입사한 빛과 반대 방향으로 진출하는 1차 무지개 생성 원리를 고려할 수 있다. 다만 물방울에서 방출되는 빛은 물방울의 굴절계수를 고려할 경우 ②번 경로를 거치게 되어 ①번 경로를 따르는 그림자광륜을 설명하지 못하는 한계가 있다. 따라서 내부반사된 빛이 물방울을 벗어날 때 물방울의 굴절계수보다 더 심하게 굴절되도록 만드는 기작이 요구되며, 여기에 방출된 빛들이 좁은 입자들 사이를 지나면서 회절현상이 발생한다는 이론과 표면파(surface wave)에 의해 물방울의 표면을 따라 이동하여 굴절되어 후방산란된다는 이론이 존재한다. 결과적으로 그림자광륜의 형성과정에 대한 정확한 설명은 불가능하지만 물방울에 입사된 빛의 굴절, 내부반사 그리고 회절이 결합되어 발생하는 것으로 이해되고 있다.

그림자광륜을 설명하는 정확한 이론은 완성되지 않았지만 잘 알려진 특성들은 존재하는데, 광륜의 선명함과 크기는 광환에서와 유사하게 물방울 크기에 근사적으로 반비례한다. 따라서 그림자광륜은 물방울의 반지름이 25 μm보다 작을 경우에 형성되며, 이보다 더 큰 경우에는 태양의 각반경(angular radius, 약 5°)보다 커져 태양빛에 가리게 된다. 또한 물방울 입자의 크기분포가 일정할 때 선명한 색 분리가 나타나며, 크기분포가 다양할 경우에는 색 분리가 흐릿해지거나 사라진다.

16.3.3 광환

광환(corona, 코로나)은 공기 중에 있는 작은 입자(반지름 10 μm에서 100 μm 정도의 수적, 빙정 또는 에어로졸)로 이루어진 얇은 층이 베일처럼 태양이나 달을 가릴 때, 진행하는 빛의 회절과 굴절에 의해 태양이나 달 주변으로 밝은 동심원이 발생하는 현상이다. 광환이 잘 형성된 경우 은은한 색조를 띠는 여러 개의 동심원이 광원과 **오레올**(aureole; 미술에서 흔히 후광이라 부르는 밝은 원)이라 불리는 중앙의 밝은 영역을 둘러싸는 형태로 나타난다. 3개 이상의 동심원이 나타나기도 하지만(주로 광원이 태양이면서 균질한 회절입자가 존재할 때 발생), 대부분의 경우 하나의 동심원만 나타나거나, 동심원은 없이 오레올만 나타나기도 한다(특히 광원이 달빛일 때). 수적에 의해 형성된 광환의 경우 빛의 굴절 때문에 파장이 짧은 파란색 동심원이 가장 안쪽에 나타나며, 밖으로 갈수록 빨간색 계열이 나타난다. 광환의 각반경은 보통 5° 이내로 무리보다 훨씬 작다(16.4절 참조).

광환은 태양보다는 달 주변에서 자주 관측되는데, 이는 달빛은 맨눈으로 보는 데 지장이 없는 반면 태양빛은 맨눈으로 직접 보는 것이 불편할 뿐 아니라 태양의 백색광이 채색된 광환빛을 가리기 때문이다. 따라서 태양 주변에서 발생하는 광환을 찾기 위해서는 태양을 가릴 수 있는 장치를 이용하면 편리하다. 가릴 수 있는 어떤 물건이라도 좋은데, 가로등 뒤, 건물 뒤, 또는 손바닥도 좋은 차단 도구가 될 수 있다. 일식 관측과 비슷한 주의와 방법을 적용하면 된다.

광환과 **무리**(halo)는 둘 다 달이나 해와 같은 광원을 중심으로 밝은 빛의 동심원을 만드는 현상이지만 생성 원리가 다를 뿐 아니라 나타나는 원의 특성도 다르다. 광환의 경우에는 동심원의 각지름(angular diameter)이 5° 이하이지만 무리는 22°의 각을 이룬다. 또한 광환은 크기가 100 μm 이하의 작은 입자들의 회절현상에 의해 발생하기 때문에 광환의 각지름은 만들어내는 수적의 크기에 따라 달라지며, 크기가 작을수록 더 큰 광환을 형성한다. 같은 이유로 수적의 크기가 균질할수록 더 뚜렷한 광환을 만들어낸다. 반면 무리는 비교적 큰 빙정입자에 의한 태양빛의 굴절현상으로 발생한다(16.4절 참조). 또한 광환의 경우 안쪽의 청백색으로부터 바깥쪽의 적색까지 분포하지만 22° 무리는 색깔 순서가 이와 반대로 나타난다. 더욱이 광환의 색깔 순서는 반복될 수 있어(이 현상이 회절에 의해 발생하는 현상임을 다시 한 번 확인), 무리와는 확실하게 구분된다. 광환이 무리보다 자주 발생하지만 뚜렷한 동심원을 형성하면서 선명하게 나타나는 광환은 흔하게 발생하진 않는다.

16.3.4 무지갯빛 구름

무지갯빛 구름(iridescent clouds 또는 색채를 띠는 구름이라는 의미로 채운이라고도 함)은 광환과 같이 빙정, 물방울 등의 회절에 의해 발생하는 것으로 그림 16.8에 보인 것과 같이 구름의 일부분에서만 발생한다. 이는 무지갯빛 구름이 발생하는 근처에서 구름입자의 크기분포가 일정하지만 발생하지 않는 부분에서는 크기분포가 균질하지 않기 때문이다. 따라서 전체적인 입자분포가 균질한 경우에는 광환이 발생하는 반면, 부분적으로 균질할 경우에는 무지갯빛 구름이 발생하는 것이므로, 무지갯빛 구름은 부분적인 광환으로도 해석될 수 있다. 따라서 발생과 특성은 광환과 거의 일치하지만, 부분적인 현상이므로 지속시간, 발생지역, 발생시키는 매질은 광환에 비해 다양하다. 고층운, 권적운 또는 렌즈운 등에서 주로 발생하며 일반적으로 보라색, 분홍색, 녹색과 같은 밝은색으로 나타난다.

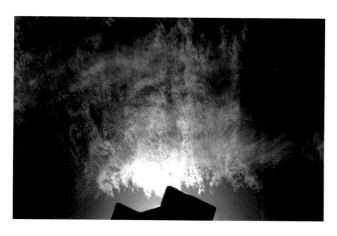

그림 16.8 무지갯빛 구름 (출처 : https://commons.wikimedia.org/wiki/File:Iridescent_Clouds.jpg)

광환의 생성 원리 읽을거리

광환은 프라운호퍼(Fraunhofer) 회절이론을 사용해 설명할 수 있는데, 이 이론은 코로나의 일반적인 특징(광원 주변은 밝은 흰색이며 특정한 색깔의 동심원이 특정한 위치에서 나타나며, 그 위치는 회절입자의 크기와 반비례함)을 잘 설명해준다. 이는 단일파장의 점광원(point source)을 슬릿(slit)이나 구경(aperture)에 입사시켰을 때 발생하는 회절현상이 일정한 크기의 광원(달이나 태양은 점광원이 아니고 일정한 각지름을 가지는 광원임)이 다양한 크기의 장애물(물방울이나 빙정)에 입사되어 발생하는 현상인 코로나를 설명하는 데 이용될 수 있다는 것이다.

에어리 원반

단일파장의 점광원에서 방출된 빛이 망원경과 같은 원형의 구경을 통과할 때는 회절에 의해 중앙에 밝은 빛이 형성되고, 그 주위로 밝고 어두운 동심원이 교대로 나타나며, 중앙에서 멀어질수록 그 강도는 약해지는 에어리 원반(airy disk)이 발생한다. 에어리 원반의 강도는 다음과 같이 주어진다.

$$\frac{2J_1(u)}{u}$$

여기서 $J_1(u)$는 중심에서 일정한 값을 가지는 1차 베셀함수를 나타내며, 변수 u는 다음과 같이 정의된다.

$$u = \frac{\pi D}{\lambda} \sin(\theta)$$

여기서 D는 구경의 지름을, λ는 입사되는 빛의 파장을, θ는 중심을 기준으로 한 각반경을 나타낸다.

따라서 이때 발생하는 원반 패턴은 입사되는 빛의 파장, 구경의 크기, 광원에서 떨어진 거리, 그리고 1차 베셀함수의 특성에 의해 결정된다. 베셀함수는 u가 증가하면서 특정한 값들에서 0의 값을 가지는데, 파장과 구경이 변하지 않는다면 u는 각지름 θ에 의해 결정된다. 따라서 일반적인 경우 u는 원반의 중심에서 얼마나 떨어진 지점인가를 나타낸다. 베셀함수가 일정한 u값마다 0이 되므로, 이런 지점들에서 어두운 원반이 나타나게 된다(u값이 0, 3.8317, 7.0156, 10.1735 … 등). 이에 따라 에어리 원반의 첫 번째 0이 나타나는 지점은 위 식을 이용할 경우 다음과 같이 파장과 구경의 크기함수로 주어진다.

$$\sin(\theta) = \frac{3.8317}{\pi} \times \frac{\lambda}{D} \simeq 1.22 \times \frac{\lambda}{D}$$

따라서 θ(즉, 원반의 반지름)는 파장에는 비례하고 구경(또는 입자)의 크기에는 반비례하는 특성이 있다. 입자가 작을수록 θ는 증가하는데, 이는 구름입자의 크기가 작을수록 더 큰 코로나를 만들어내는 원리를 설명해준다. 예를 들어 파장이 0.5 μm이면서 입자크기가 10 μm일 경우에는 첫 번째 어두운 영역이 나타나는 각반경은 $\theta = \sin^{-1}(1.22 \times 0.5/10) = 3.5°$이며 20 μm일 경우에는 1.75°가 되어, 입자크기가 증가할수록 원반의 크기는 줄어든다.

16.4 빙정에 의한 광학현상

16.4.1 무리

무리는 빙정에 의한 굴절현상으로 발생한다. 따라서 빙정으로 구성되는 얇은 권운이나 권층운이 태양(때로는 달)을 가렸을 때 나타나며, 태양을 중심으로 동그란 원으로 나타난다. 또한 태양의 광경로가 긴 이른 아침이나 늦은 오후에 일반적으로 더 잘 보인다. 이런 연유로 태양의 고도각(elevation angle)이 낮고 권운이나 권층운이 자주 발생하는 한대지역에서 무리가 자주 발견된다.

빙정의 굴절계수는 가시광선에서 물방울과 유사하게 약 1.31의 값을 가지므로 빙정에 입사되는 가시광선은 물방울과 유사하게 굴절된다. 또한 파장에 따라 굴절계수가 다르기 때문에 프리즘 같은 색 분리가 발생할 수 있다. 따라서 빛이 빙정을 통과할 때 굴절과 분산이 동시에 나타난다. 다양한 모양의 빙정 중에서 6면체 구조를 가지는 빙정에 가시광선이 입사될 경우 가시광선의 진행 방향과 빙정의 위치에 따라 탁월하게 발생하는 굴절각이 달라진다. 이에 따라 흔히 알려진 22° 무리와 46° 무리가 발생할 수 있다. 예를 들어 그림 16.9(a)와 같이 수평으로 놓여 있는 육각기둥의 한 측면에서 입사되어 다른 측면으로 나오는 경우로서 두 면이 이루는 각도는 60°가 된다. 따라서 빙정이 흔히 사용하는 프리즘 같은 역할을 하며 진행하는 빛과 굴절된 빛이 이루는 각도의 최소가 22°에서 나타난다. 반면, 그림 16.9(b)와 같이 육각기둥의 한 면을 통과한 후 밑면이나 윗면으로 진행할 경우에는 입사면과 방출면이 이루는 각도는 90°가 되며, 진행하는 빛과 굴절된 빛이 이루는 최소 각도는 46°가 된다. 따라서 빙정에 의한 가시광선의 굴절에 의해 발생하는 무리는 빙정의 모양과 입사되는 가시광선과 빙정의 상대적인 위치에 따라 다양한 형태의 무리가 발생하게 된다.

무리는 무지개보다는 색 분리가 뚜렷하지 않고 선명하지 않은 경우가 많다. 이는 빙정이 물방울에 비해 그 모양이 불규칙하고 빛의 진행 방향과 이루는 각도도 다양하며, 크기분포도 다양하기 때문이다. 이와 같은 경우 하나의 빙정에 의한 색 분리는 잘 일어나더라도 다양한 방향에서 다양한 빙정에 의해 만들어진 다양한 색들이 서로 중첩되면서 색 분리가 상쇄되기 때문이다. 여러 색이 중첩될 경

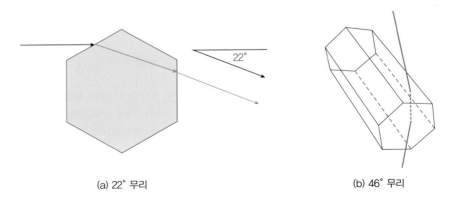

(a) 22° 무리   (b) 46° 무리

그림 16.9 빙정에 입사되는 태양빛의 방향에 따라 22° 무리(a)와 46° 무리(b)가 발생한다. 22° 무리는 태양빛이 육각기둥 모양 빙정의 한 측면에서 입사되어 다른 측면으로 굴절될 때 발생하는 반면, 46° 무리의 경우에는 육각기둥의 한 측면에서 입사된 빛이 밑면 또는 윗면으로 굴절될 때 발생한다.

그림 16.10 2019년 2월 18일에 촬영된 무리해 [출처 : Steve Moses(https://www.flickr.com/photos/54726908@N00/47027843441/)]

우에는 밝은 흰색으로 나타나므로 무리의 일부분이 흰색으로 나타나는 이유가 된다.

무리가 빙정의 굴절에 의해 만들어지기 때문에 무리는 권운, 권층운 등과 같이 온도가 낮아 구름 입자가 주로 빙정으로 구성되는 높은 구름에서 발생한다. 만약 한랭전선에 동반되어 이동해 온 높은 구름에 의해 무리가 관측되면, 다음날 날씨가 나빠진다는 속담은 나름대로 과학적인 설명이 가능할 것이다.

16.4.2 무리해

그림 16.10에 보이는 **무리해**(sun dog 또는 parhelia)는 태양 양옆에 밝은 지역[또는 **가짜태양**(mock suns)이라 부름]을 말한다. 발생 원리도 22° 무리와 비슷하게 빙정에 의한 태양빛의 굴절에 의해 발생하므로 발생하는 위치 또한 태양에서 약 22° 각반경에서 나타난다. 또한 빨간색이 파란색에 비해 굴절이 적게 일어나기 때문에 무리해의 안쪽이 빨간색을 띤다. 태양의 양옆에 나타나는 것은 권운이나 권층운을 구성하는 육각형의 판 모양 결정의 넓은 면이 수평으로 놓여 있을 경우에 가능하며, 무리와 달리 수직으로 나타나는 것은 이들 빙정이 연직 방향으로 놓여 있을 경우 굴절된 빛이 연직 방향으로 형성되기 때문이다. 또한 태양과 무리해 사이의 각반경은 태양의 고도 증가에 따라 증가한다. 태양이 관측자와 동일한 각도일 경우(즉, 지평선상에 있을 경우)에는 각반경이 22°이지만 태양의 고도가 60°인 때는 각반경이 45°로 증가하며, 태양의 고도가 60° 이상이 되면 무리해는 나타나지 않는다.

16.4.3 해기둥

해기둥(sun pillar)은 일출이나 일몰 시 태양 바로 위 또는 아래로 향하는 얇은 빛기둥으로 보통은 5~10° 정도의 시야각을 차지하지만 가끔은 훨씬 더 큰 기둥이 관측되기도 한다. 이는 태양빛이 위아래로 비추어 발생하는 현상이 아니고 공기 중의 빙정에 의해서 태양빛이 반사되어 나타나는 현상이

그림 16.11 노르웨이 펜스피오르덴에서 촬영한 해기둥 [(출처 : Thorleif Rødland(https://apod.nasa.gov/apod/ap180606. html)]

다. 판 모양의 육각형 빙정이 공기 중을 펄럭이면서 떨어질 때 공기 저항에 의해 육각면의 넓은 면이 수평으로 놓일 확률이 높아진다. 만약 입사되는 태양빛과 넓은 면이 적절한 각을 이룰 경우 좋은 반사체가 되어 반사된 빛이 연직 방향으로 향하게 된다. 수백만 개의 빙정이 비슷한 방향을 향하게 된다면 여기에서 반사된 빛이 모여서 마치 빛기둥이 있는 것처럼 보이게 되는 것이다. 태양과 빙정의 기울어진 방향에 따라 태양 위로 치솟는 해기둥이 존재할 뿐 아니라 태양 아래로 뻗치는 해기둥도 관측될 수도 있다. 그림 16.11은 태양 위로 치솟는 해기둥과 수면에 반사된 해기둥이 함께 보인다.

해기둥의 색깔은 무리와는 달리 입사되는 빛의 색깔에 의해 결정되므로 백색광이 입사될 경우에는 하얗게도 보이지만 해질녘에는 붉은색으로도 보일뿐 아니라, 노란색, 보라색으로도 나타난다. 또한 무리는 빙정들의 배열이 일정할 때 가장 깨끗하게 발생하는 반면, 해기둥은 빙정이 얼마나 기울어졌느냐에 따라 달라진다. 더 많이 기울수록 해기둥은 더 크게 나타난다.

16.5 요약

본 장에서는 대기 중에서 발생하는 다양한 광학현상은 가시광선과 대기 중에 존재하는 매질과의 상호작용에 의해 발생한다는 사실을 설명하였다. 설명된 현상, 이를 발생시키는 상호작용은 표 16.1과 같이 요약될 수 있다.

표 16.1 대기 광학현상 및 이를 발생시키는 매질과 물리과정에 대한 정리

광학현상	매질	물리과정
푸른 하늘	공기분자	레일리 산란
붉은 저녁놀	공기분자	레일리 산란
신기루	공기분자	굴절
무지개	물방울	반사와 굴절
그림자광륜	물방울	굴절, 반사, 회절
광환	물방울, 빙정, 에어로졸	회절
무지갯빛 구름	물방울, 빙정	회절
무리	빙정	굴절
무리해	빙정	굴절
해기둥	빙정	반사

연습문제

1. 스넬의 법칙을 이용하여 0.5 μm 가시광선이 공기에서 유리표면에 입사할 때 발생하는 굴절각을 구하라.
2. 만약 지구에 대기가 존재하지 않는다면 밤낮의 길이가 달라질까?
3. 아스팔트 위에 나타나는 신기루가 아무리 가까이 다가가도 항상 나와 일정한 거리를 두면서 잡히지 않는 이유에 대해 설명하라.
4. 해질 무렵 태양이 있는 지평선이나 수평선 근처의 하늘은 붉게 보이지만 태양에서 멀어진 하늘은 푸르게 보이는 이유에 대해 설명하라.
5. 해를 등진 채로 폭포를 바라볼 때 무지개가 자주 관측되는데, 그 이유를 설명하라.
6. 1차 무지개와 2차 무지개의 색 배치가 반대로 나타날 뿐 아니라 밝기 차이가 발생하는 이유에 대해 설명하라.
7. 해무리와 광환의 유사점과 차이점을 그 발생 원리를 이용하여 설명하라.
8. 녹색 섬광이 선선하고 맑은 가을날 저녁에 관측될 가능성이 큰 이유에 대해 설명하라.
9. 해기둥은 공기 중에 존재하는 빙정의 반사에 의해 발생하는데, 해기둥의 크기는 태양빛과 빙정이 이루는 각도가 클수록 크게 나타나는 이유에 대해서 설명하라.
10. 태양빛이 물방울과의 상호작용으로 발생하는 현상 가운데, 태양의 반대 방향에서만 나타나는 현상들을 적고, 그 원인에 대해서 간단하게 설명하라.

참고문헌

김경익 외 8인, 2015 : 환경대기과학, 동화기술, 350pp.

한국기상학회, 2012 : 대기과학개론, 시그마프레스, 405pp.

한국기상학회, 2013 : 대기과학용어집, 시그마프레스, 1042pp.

한국기상학회, 2014 : 대기과학용어사전, 시그마프레스, 800pp.

Ahrens, C. D., 2013 : *Essentials of Meteorology*. 6th Edition, Cengage Learning, 450pp.

AMS: Glossary of Meteorology. 2nd Edition, 2000 : American Meteorological Society, 855pp.

Liou, K. N., 2002 : *An Introduction to Atmospheric Radiation*, 2nd Ed., Academic Press, 584pp.

Wallace, J. M. and P. Hobbs, 2006 : *Atmospheric Science, An Introductory Survey*, Elsevier, 484pp.

부록 : 대기과학의 주요 상수와 변환

1 국제단위계(System of International Unit, SI 단위)

(1) SI 기본단위

양	이름	기호
길이	미터(meter)	m
질량	킬로그램(kilogram)	kg
시간	초(second)	s
전류	암페어(ampere)	A
온도	켈빈(Kelvin)	K
물질의 양	몰(mole)	mol

(2) SI 유도 단위

양	단위의 이름	기호	SI 단위
진동수	헤르츠(Hertz)	Hz	s^{-1}
밀도	입방미터당 킬로그램		$kg\ m^{-3}$
속력, 속도	초당 미터		$m\ s^{-1}$
각속도	초당 라디안		$rad\ s^{-1}$
가속도	초제곱당 미터		$m\ s^{-2}$
각가속도	초제곱당 라디안		$rad\ s^{-2}$
힘	뉴턴(Newton)	N	$kg\ m\ s^{-2}$
압력	파스칼(Pascal)	Pa	$N\ m^{-2}=kg\ m^{-1}\ s^{-2}$
일, 에너지, 열의 양	주울(Joule)	J	$N\ m=kg\ m^2\ s^{-2}$
일률	와트(Watt)	W	$J\ s^{-1}=kg\ m^2\ s^{-3}$
전기의 양	쿨롬(Coulomb)	C	$A\ s$
전위차, 기전력	볼트(Volt)	V	$W\ A^{-1}=kg\ m^2\ s^{-3}\ A^{-1}$
전기장의 세기	미터당 볼트		$V\ m^{-1}$
자기장의 세기	미터당 암페어		$A\ m^{-1}$
소리의 크기	데시벨(decibel)	dB	$10\ \log(p_1/p_2)$
엔트로피	켈빈당 줄		$J\ K^{-1}$
비열용량	킬로그램 켈빈당 줄		$J\ kg^{-1}\ K^{-1}$
열전도	미터 켈빈당 와트		$W\ m^{-1}\ K^{-1}$
복사선 강도	스테라디안당 와트		$W\ sr^{-1}$

2 10배수 접두사표

10배수	접두사	기호	10배수	접두사	기호
10^{12}	tera	T	10^{-2}	centi	c
10^9	giga	G	10^{-3}	milli	m
10^6	mega	M	10^{-6}	micro	μ
10^3	kilo	k	10^{-9}	nano	n
10^2	hecto	h	10^{-12}	pico	p
10^1	deka	da	10^{-15}	femto	f
10^{-1}	deci	d	10^{-18}	atto	a

3 주요 상수

(1) 지구와 태양 관련 상수

지구의 평균 반지름, R_E	6.37×10^6 m
지구 표면에서의 평균 중력, g	9.81 m s^{-2}
지구의 회전율, Ω	7.292×10^{-5} s^{-1}
태양의 반지름, r_{sun}	6.96×10^8 m
태양 중심–지구 중심 간의 평균거리, d	1.50×10^{11} m
태양 상수, S_o	1.367×10^3 W m^{-2}

(2) 보편 상수(universal constants)

만유인력의 상수, G	6.67×10^{-11} N m^2 kg^{-2}
보편기체 상수, $R*$	8.3143 J K^{-1} mol^{-1}
빛의 속도, c	2.998×10^8 m s^{-1}
플랑크 상수, h	6.626×10^{-34} J s
스테판–볼츠만 상수, σ	5.67×10^{-8} J s^{-1} m^{-2} K^{-4}
볼츠만 상수, κ	1.38×10^{-23} J K^{-1} molecule^{-1}
아보가드로수, N_A	6.022×10^{23} molecules mol^{-1}
로슈미트수, L	2.69×10^{25} molecules m^{-3}

(3) 공기 관련 상수

건조 공기의 평균 분자량, M_d	28.97
건조 공기의 기체상수, R_d	287 J K^{-1} kg^{-1}
건조 공기의 밀도(온도 0°C, 기압 1000 hPa), ρ_d	1.275 kg m^{-3}
건조 공기의 정압비열, C_{pd}	1004 J K^{-1} kg^{-1}
건조 공기의 정적비열, C_{vd}	717 J K^{-1} kg^{-1}
건조 공기의 열전도율(온도 0°C), k	2.40×10^{-2} J m^{-1} s^{-1} K^{-1}

(4) 물 관련 상수

물의 분자량, M_w	18.016
수증기의 기체상수, R_v	461 J K^{-1} kg^{-1}
액체수의 밀도(온도 0°C), ρ_{water}	10^3 kg m^{-3}
얼음의 밀도(온도 0°C), ρ_{ice}	0.917×10^3 kg m^{-3}
수증기의 정압비열, C_{pw}	1952 J K^{-1} kg^{-1}
수증기의 정적비열, C_{vw}	1463 J K^{-1} kg^{-1}
수증기의 비열(온도 0°C), C_w	4218 J K^{-1} kg^{-1}
얼음의 비열(온도 0°C), C_i	2106 J K^{-1} kg^{-1}
물의 증발 잠열(온도 0°C), L_v	2.50×10^6 J kg^{-1}
물의 증발 잠열(온도 100°C)	2.25×10^6 J kg^{-1}
승화 잠열(H_2O, 온도 0°C), L_s	2.83×10^6 J kg^{-1}
융해(녹음) 잠열(H_2O, 온도 0°C), L_f	3.34×10^5 J kg^{-1}

4 단위 환산

섭씨온도-화씨온도 환산	T(°C)=5/9 {T(°F) − 32}, T(°F)=(9/5) T(°C) + 32
절대온도-섭씨온도 환산	T(K)=T(°C) + 273.15
기압 단위 환산	1 hPa=1 mb=100 N m^{-2}=0.75006 mmHg
풍속 단위 환산	1 m s^{-1}=3.6 km h^{-1}=1.944 knot 1 knot=0.514 m s^{-1}=1.852 km h^{-1}
칼로리와 줄	1 cal=4.1855 J

5 종관 일기도에 사용되는 기호

종관일기도(synoptic weather chart)는 정해진 시각에 세계 각지의 지상기상관측소와 고층기상관측소에서 동시에 관측된 기상 관측자료가 기입되고, 기입된 여러 기상 요소들에 대한 등치선 작성 등 다양한 분석을 통해 주어진 시각의 대기 구조와 세계 기상 상황을 보여주는 매우 중요한 것이라 하겠다(제10장 참조). 날씨예보뿐만 아니라 여러 대기과학 분야에서 사용되는 종관일기도를 이해하기 위해서는 일기도에 표시된 관측자료의 내용을 알고 있어야 한다. 이를 위해 여기에서는 일기도에 표시되는 관측자료의 내용과 표시 형식, 그리고 일기도에서 사용되는 국제 공용 일기 기호들에 대해 설명한다.

(1) 지상기상관측과 고층기상관측 자료의 기입

종관일기도는 지상일기도와 상층일기도로 구분되며, 지상기상관측소에서 관측된 자료들은 지상일기도에 기입되고(그림 A1a), 고층기상관측소에서 관측된 고층 기상자료들은 상층일기도에 기입된다(그림 A1b). 지상일기도 기입 모델(그림 A1a)에서 원 속의 N은 운량, dd 풍향(deg), ff 풍속(knot), PPP 해면기압, TT 현재 기온($^\circ$C, 0.1도 단위), T_dT_d 이슬점온도($^\circ$C, 0.1도 단위), pp 지난 3시간 기압변화량, a 기압 경향, RR 마지막 6시간의 강수량(mm 6h^{-1})을 나타낸다. 이 외에도 VV는 시정(km), ww 현재 날씨, W 과거 날씨, Nh 하층운 또는 중층운 운량 등을 나타낸다. 상층일기도 기입 모델은 그림 A1b에서와 같이 기입할 관측 요소의 수가 상대적으로 적어 비교적 간단하다. hhh는 기압 고도(m), TT는 기온($^\circ$C), DD는 기온과 이슬점온도의 차이($^\circ$C)를 나타내며, 풍향(dd)과 풍속(ff)은 지상일기도 기입 모델에서의 그것과 같다. 상층일기도 기입 내용 중 바람을 제외한 나머지 요소들은 숫자로 표시된다. 지상과 상층일기도에서 수치로 표시되는 요소들은 요소별로 숫자 표시 방법을 알아야 한다. 여기에서는 지상일기도 기입 모델에 사용되는 주요 일기 기호(weather symbol)와 숫자들에 대한 해석을 제시하였다.

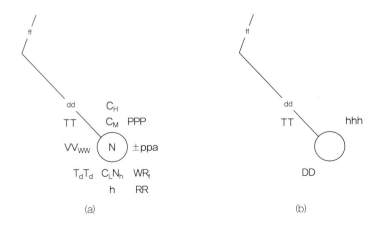

(a)　　　　　　　　　　(b)

그림 A1　(a) 지상 일기도와 (b) 상층일기도의 기상관측자료 기입 모델

(2) 지상일기도 기입 모델에 사용되는 숫자와 일기 기호의 설명

① 지상일기도 기입 모델에 포함되는 기상 요소

그림 A1a에 제시된 기호의 내용과 해석은 다음과 같다.

전운량(N) : 표 A1 참조

풍향(dd) : 각도(예 : 90°는 동풍, 180°는 남풍, 270°는 서풍 그리고 0° 또는 360°는 북풍)

풍속(ff) : 완전 깃 10 knot, 반깃 5 knot, 깃발 50 knot

시정(VV) : 00, 0.1 km 미만; 01~50, 0.1 km 단위; 51~55, 사용하지 않음; 56~80, 50을 뺀 km
단위; 81~88; 35~70 km; 89, 70 km 이상

현재 날씨(ww) : 표 A3 참조

과거 날씨(W) : 지난 시간의 날씨

해면기압 (PPP) : 1000 hPa 이상일 경우는 1,000을 생략한 0.1 hPa 단위; 900 hPa 이상일 경우는
900을 생략한 0.1 hPa 단위(예 : 247은 1024.7 hPa, 986은 998.6 hPa)

현재온도(TT) : 0.1℃ 단위

하층운 혹은 중층운 운량(N$_h$)(표 A1 참조)

하층운(CL) : 하층 구름 상황(층운, 층적운, 적운, 적난운 등)(기호로 표시)

중층운(CM) : 중층 구름 상황(고층운, 고적운, 난층운 등)(기호로 표시)

고층운(CH) : 상층 구름 상황(권운, 권적운, 권층운 등)(기호로 표시)

운저고도(h) : 가장 낮은 구름의 밑면 고도(코드로 표시)

이슬점온도(T$_d$T$_d$) : 0.1℃ 단위

기압 경향(a) : 지난 3시간 동안의 지상기압 변화 경향(표 A2 참조)

지상기압 변화량(pp) : 지난 3시간 동안의 지상기압 변화량(예 : +28 → +2.8 hPa)

강수량(RR) : 001~988, 1 mm 단위; 989, 989 mm 이상; 990, 강수 흔적; 991~999, 0.1~0.9 mm
(예 : 011 → 11 mm)

강수 시작 시간(R$_t$)

② 지상일기도 기입 모델에 사용되는 일기 기호

여기에서는 일기 기호로 표시되는 기상 요소 중 상대적으로 많이 사용되는 요소에 대해서만 표를 제
시하였다.

표 A1 운량의 표시 : 전운량과 하층운 또는 중층운 운량 코드표

	N	전운량		N_n	하층운 또는 중층운 운량(okta : 1/8 단위)
0	○	0(구름이 한 점도 없음)		0	0(구름 한 점 없음)
1	◐	1 이하, 그러나 0은 아님		1	1 옥타 혹은 1 옥타보다 작으나 구름은 있음
2	◕	2~3		2	2 옥타
3	◕	4		3	3 옥타
4	◑	5		4	4 옥타
5	◕	6		5	5 옥타
6	◕	7~8		6	6 옥타
7	◕	9~10(9 이상, 그러나 10은 아님)		7	7 옥타
8	●	10(틈새가 없음)		8	8 옥타
9	⊗	안개나 기타 기상현상에 의하여 하늘이 가려 알 수 없는 경우		9	안개 등의 기상현상에 의한 관측 불가
				10	기상현상 외의 다른 이유에 의한 관측 불가 또는 결측

표 A2 지난 3시간 동안의 지상기압 변화 경향을 나타내는 일기 기호

	a	지난 3시간 동안의 기압 변화 경향	
0	╱╲	상승 후 하강 : 현재 기압은 3시간 전의 기압과 같거나 높음	
1	╱⎯	상승 후 일정, 상승 후 느린 상승	
2	╱	일정하게 상승, 변동 상승	현재기압은 3시간 전의 기압보다 높음
3	╲╱	하강 후 상승, 일정 후 상승, 상승 후 급상승	
4	⎯	일정 : 현재의 기압은 3시간 전의 기압과 같음	
5	╲	하강 후 상승 : 현재의 기압은 3시간 전의 기압과 같거나 또는 낮음	
6	╲⎯	하강 후 일정, 하강 후 느린 하강	
7	╲	일정 하강, 변동 하강	현재기압은 3시간 전의 기압보다 낮음
8	╱╲	일정 후 하강, 상승 후 하강, 하강 후 급하강	

표 A3 현재 날씨를 나타내는 일기 기호의 해설

	0	1	2	3	4	5	6	7	8	9
00	구름 없음	구름 소멸/감소 중	하늘 상태 변화 없음	구름 생성/발달 중	연기 화산재 포함	연무	광범위한 부유먼지, 관측시점에 바람에 의해 불어 올려진 것은 아님	관측시점에 바람에 의해 불어 올려진 먼지 또는 모래	지난 시간 동안에 잘 발달한 먼지 회오리	지난 시간 동안, 시계 내 또는 관측지점에서 먼지 폭풍 관측
10	엷은 안개	흩어져 나타나는 얇은 안개 (육지 2m 이내 깊이)	다소 지속적인 얇은 안개 (육지2m 이내 깊이)	번개, 천둥 없음	시계 내에 강수, 지면에 도달하지 않음	시계 내에 강수, 지면 도달, 먼거리에서 나타남	시계 내에 강수, 지면 도달, 관측지점을 제외한 근거리에서 나타남	천둥소리 들림, 관측지점에서 강수는 없음	지난 시간 동안 시계 내에 스콜	지난 시간 동안 시계 내에 깔때기 구름
20	지난 시간 동안 이슬비, 관측시각 이전에 그침	지난 시간 동안 비, 관측시각 이전에 그침	지난 시간 동안 눈, 관측시각 이전에 그침	지난 시간 동안 진눈깨비, 관측시각 이전에 그침	지난 시간 동안 어는 비 또는 어는 이슬비, 관측시각 이전에 그침	지난 시간 동안 소나기, 관측시각 이전에 그침	지난 시간 동안 소낙눈 또는 소낙 진눈깨비, 관측시각 이전에 그침	지난 시간 동안 우박 또는 우박과 비, 관측시각 이전 그침	지난 시간 동안 안개, 관측시각 이전 사라짐	지난 시간 동안 뇌우, 관측시각 이전 사라짐
30	약한/보통의 먼지 또는 모래 폭풍, 지난 시간 동안 약해짐	약한/보통의 먼지 또는 모래 폭풍, 지난 시간 동안 변화 적음	약한/보통의 먼지 또는 모래 폭풍, 지난 시간 동안 증가함	강한 먼지 또는 모래 폭풍, 지난 시간 동안 약해짐	강한 먼지 또는 모래 폭풍, 지난 시간 변화 적음	강한 먼지 또는 모래 폭풍, 지난 시간 동안 증가함	약한/보통 땅날림눈, 대체로 낮음	강한 땅날림눈, 대체로 낮음	약한/보통 땅날림눈, 대체로 높음	강한 땅날림눈, 대체로 높음
40	관측시각에 시계 내 안개, 지난 시간 동안 관측지점에는 안개 없음	흩어져 나타나는 안개	지난 시간 동안 안개, 하늘 보임, 엷어짐	지난 시간 동안 안개, 하늘 안 보임, 엷어짐	안개, 하늘 보임, 지난 시간 동안 변화 없음	안개, 하늘 안 보임, 지난 시간 동안 변화 없음	안개, 하늘 보임, 지난 시간 동안 시작 또는 짙어짐	안개, 하늘 안 보임, 지난 시간 동안 시작 또는 짙어짐	안개, 하늘 보임, 상고대 발생	안개, 하늘 안 보임, 상고대 발생

(계속)

표 A3 현재 날씨를 나타내는 일기 기호의 해설(계속)

	0	1	2	3	4	5	6	7	8	9
50	간헐적 이슬비	지속적 이슬비	간헐적 이슬비, 관측시각에 보통의 이슬비	지속적 이슬비, 관측시각에 보통의 이슬비	간헐적 이슬비, 관측시각에 강한 이슬비	지속적 이슬비, 관측시각에 강한 이슬비	어는 이슬비, 약함	어는 이슬비, 보통 또는 강함	비 섞인 이슬비, 약함	비 섞인 이슬비, 보통 또는 강함
60	간헐적 비, 관측시각에 약함	지속적 비, 관측시각에 약함	간헐적 비, 관측시각에 보통	지속적 비, 관측시각에 보통	간헐적 비, 관측시각에 강함	지속적 비, 관측시각에 강함	어는 비, 약함	어는 비, 보통 또는 강함	약한 진눈깨비	보통/강한 진눈깨비
70	간헐적 눈, 관측시각에 약함	지속적 눈, 관측시각에 약함	간헐적 눈, 관측시각에 보통	지속적 눈, 관측시각에 보통	간헐적 눈, 관측시각에 강함	지속적 눈, 관측시각에 강함	얼음바늘, (안개가 있거나 없음)	알갱이 눈, (안개가 있거나 없음)	고립된 별모양 결정 눈, (안개가 있거나 없음)	얼음 싸라기, 또는 싸락눈
80	약한 소나기	보통/강한 소나기	격렬한 소나기	약한 소낙 진눈깨비	보통/강한 소낙 진눈깨비	약한 소낙눈	보통/강한 소낙눈	약한 작은 우박 소나기, 비 또는 진눈깨비가 동반될 수 있음	보통 또는 강한 작은 우박 소나기, 비 또는 진눈깨비가 동반될 수 있음	약한 우박 소나기, 비 또는 진눈깨비가 동반될 수 있음. 천둥과 연관되지 않음
90	보통 또는 강한 우박 소나기, 비 또는 진눈깨비가 동반될 수 있음. 천둥과 연관되지 않음	약한비(관측시각), 지난 시간 동안 뇌우가 있었으나 관측시각엔 없음	보통/강한 비(관측시각), 지난 시간 동안 뇌우가 있었으나 관측시각엔 없음	약한 눈 또는 진눈깨비 또는 우박(관측시각), 지난 시간 동안 뇌우가 있었으나 관측시각엔 없음	보통/강한 눈 또는 진눈깨비 또는 우박(관측시각), 지난 시간 동안 뇌우가 있었으나 관측시각엔 없음	약한 또는 보통의 뇌우, 우박 없음, 비 또는 진눈깨비 동반(관측시각)	약한 또는 보통의 뇌우, 우박 동반(관측시각)	강한 뇌우, 우박 없음, 비 또는 진눈깨비 동반(관측시각)	뇌우, 관측시각에 먼지 또는 모래 폭풍 동반	강한 뇌우, 관측시각에 우박 동반

찾아보기

ㅈ

ㅊ

기타